机床电气控制与可编程控制器

主　编　吴志东
副主编　宋武生
参　编　矫玉辉　郭　强
　　　　蔡有杰　周　冬

武汉理工大学出版社
·武　汉·

内容简介

本书内容共分为10个部分，包括绪论、机床电气控制线路的分析、机床电气控制线路的设计、直流拖动调速系统、交流调速系统、可编程控制器概述、可编程序控制器结构和工作原理、可编程控制器S7-200软/硬件特性、S7-200编程语言及基本指令系统、可编程控制器控制系统应用设计。

本书从机床电气控制线路入手，对常用的控制电器、基本控制环节、控制方式方法以及典型的电力拖动控制线路做了较全面的分析，对直流和交流电动机的工作原理及调速系统做了详细的介绍，从第8章开始以西门子品牌的可编程控制器为例进行介绍，包括硬件结构、软件特点、系统组成、指令系统、编程方法和编程实例，使读者对机床电气控制与可编程控制器有比较全面的认识，可以提高学生或生产技术人员在实践过程中对控制系统的分析和解决实际问题的能力。

本书适用于普通高等本科院校机械设计制造及其自动化、机械电子工程、过程装备与控制、电气工程与智能控制等相关专业，以及智能装备产业学院等现代产业学院师生使用，也可供工程技术人员自学或作为培训教材使用。

图书在版编目(CIP)数据

机床电气控制与可编程控制器 / 吴志东主编. -- 武汉 ：武汉理工大学出版社，2025. 6.
ISBN 978-7-5629-7400-0

Ⅰ. TG502. 35；TP332. 3

中国国家版本馆CIP数据核字第20252ZU616号

机床电气控制与可编程控制器

Jichuang Dianqi Kongzhi yu Kebiancheng Kongzhiqi

项目负责人：彭佳佳　　**责任编辑**：彭佳佳

责任校对：黄　鑫　　**排版设计**：正风图文

出版发行：武汉理工大学出版社

社　　址：武汉市洪山区珞狮路122号　　**邮　　编**：430070

网　　址：http://www.wutp.com.cn

印 刷 者：武汉兴和彩色印务有限公司

经 销 者：各地新华书店

开　　本：787×1092　1/16　　**印张**：18　　**字　　数**：460千字

版　　次：2025年6月第1版

印　　次：2025年6月第1次印刷

定　　价：55.00元

凡购本书，如有缺页、倒页、脱页等印装质量问题，请向出版社发行部调换。

本社购书热线电话：027－87391631　027－87523148　027－87165708(传真)

前　　言

机床电气控制与可编程控制器是一门非常重要的专业技术课。为适应各专业拓宽专业面和满足智能制造的需求，我们依据最新教学标准和课程大纲要求，特别是国家发布的纲领性文件《中国制造 2025》，特编写本书。

本书由高校教师与企业工程师共同编写，主要介绍常用普通机床电气控制技术和可编程控制器的基本原理及应用实例，包括典型机床的继电器—接触器基本环节控制电路、机床控制电路、直流调速系统、交流调速系统、可编程控制器的基本原理及应用设计举例等。

本书由吴志东、宋武生、娇玉辉、郭强、蔡有杰和周冬（齐重数控装备股份有限公司）编写。其中吴志东编写第 4、5、9 章，宋武生编写第 6、8、10 章，娇玉辉编写第 2、7 章，郭强、蔡有杰和周冬编写第 1、3 章。吴志东担任主编，并进行最终统稿。本书中的部分内容参照了有关文献，部分实例参考相关行业企业资料编写，谨此对所有参考文献的作者及参编的工程师表示感谢。

尽管编者为本书付出了很多的心血和努力，但仍难免存在疏漏和欠妥之处，敬请广大读者批评指正。

编者

2025 年 3 月

目　　录

第1章 绪　论

1.1 电力拖动在现代机床中的地位

传统的生产机械由工作机构、传动机构、原动机三个主要部分组成。现代机床由工作机构、传动机构、原动机和自动控制系统四个主要部分组成。

所谓“自动控制”是指在没有人直接参与或只有少数人参与的情况下，利用自动控制系统，使得被控对象（或生产过程），自动地按预定的规律去进行工作的过程。如设备按预定的程序自动地启动或停止；利用微机控制数控机床，使数控机床按照计算机程序发出的指令，按预定的轨迹自动加工；利用可编程控制器（PLC），按照预先编制的程序，使机床实现各种自动加工循环。这些都是电气自动控制的应用。

实现自动控制的手段是多种多样的，可以用电气控制的方法来实现自动控制，也可以用机械控制、液压控制、气动控制等方法来实现自动控制。现代化的金属切削机床均用交、直流电机作为动力源，因而电气控制是现代化机床的主要控制手段。即使采用其他控制方法，也离不开电气自动控制系统的配合。

电气自动控制主要包括以下三个主要环节。

① 动力部分：是整个系统的电源供给环节，是整个系统的主干，是电能转换为其他能量的通道部件，包括动力电源开关、电器控制部件和电动机等。

② 生产过程自动控制部分：是生产过程自动化的核心，也是间接控制、指挥动力电器及系统工作的部件，包括继电器和各种控制仪表、智能仪表等。

③ 传动装置：是生产机械的连接及传动环节，位于电动机和工作机械之间，如减速箱、皮带和联轴器等。

通过电气控制装置实施对电机的控制方式内容的组合，即“机床电气控制”。以电气为主的自动控制系统使机床的性能不断提高，使其工作机构、传动机构的结构大为简化。经过一个多世纪的发展，电力拖动及电气控制系统不断更新，机床设备结构不断改进，性能不断提高。在电气自动控制方面，现代化机床更是综合应用了许多先进科学技术成果，如计算机技术、电子技术、传感技术、伺服驱动技术等。近年来出现的各种机电一体化产品如数控机床、机器人、柔性制造系统等均是电气自动控制现代化的硕果，可见电气自动控制对于现代机床的发展起着极其重要的作用。

1.2 机床电气自动控制系统的发展简史

1. 电气拖动的发展

用电动机带动生产机械运动的拖动方式称为电力拖动。电气控制与电气拖动有着密切关系。蒸汽机的出现，使得机床工业得到了很大发展。19 世纪末 20 世纪初，电动机的出现，使得机床的拖动发生了变革，用电动机代替蒸汽机，机床的电气拖动随电动机的发展而发展。

（1）成组拖动

一台电动机、一根天轴、一组生产机械设备。机构复杂、损耗大、效率低，工作可靠性差，不适合于现代化生产的需要。

（2）单电机拖动

一台电动机、一台设备。一台电动机拖动一台机床，较之成组拖动简化了传动机构，缩短了传动线路，提高了传动效率。至今中小型通用机床仍有部分采用单电机拖动，但拖动大型机床时，机床尺寸比较大，运动部件比较多，必然导致机械装置的复杂与庞大。

（3）多电机拖动

由于生产的发展，机床的运动增多以及要求提高，目前已出现了采用多台电机驱动一台机床的拖动方式。采用了多电机拖动以后，不但简化了机械结构，提高了传动效率，而且易于实现各运动部件的自动化，易实现自动化生产。多电机拖动是现代机床最基本的拖动方式。

（4）交直流无级调速系统

交直流无级调速系统的主要特点是此系统可大大简化或取消电动机与机械运动部件之间的齿轮变速箱，满足机床各运动的调速要求。

2. 机床电气控制系统的发展概况

（1）继电器—接触器控制系统

系统由一些按钮开关、行程开关、继电器、接触器等元器件组成，可实现对控制对象的启动、停车、调速、自动循环以及保护等控制。系统具有控件结构简单、控制方式直观、易掌握、工作可靠和易于维护等优点，在机床控制中得到长期、广泛的应用。但是当体积大、功耗大、控制速度慢、改变控制程序困难以及控制复杂时，系统的可靠性差，多用于自动化程度不高的通用机床。

（2）计算机数字控制系统

1952 年出现第一台数控铣床，1958 年出现加工中心，20 世纪 70 年代 CNC 应用于数控机床和加工中心，20 世纪 80 年代出现了柔性制造系统（FNS）。计算机数字控制系统提高了生产机械的通用性和效率，实现机械加工全面自动化。但对于以手工为主的通用机床和自动化循环比较简单、比较固定的自动化机床，采用计算机控制成本太高且功能不能被充分发挥。

（3）可编程控制器（PLC）

可编程控制器是继电器常规控制技术与微机技术的结合，是一种专用的工业控制器。它可以代替继电器－接触器控制系统，其逻辑电路和编程指令简单，程序编制方法易于掌握，工作程序的改变也很方便，价格又远低于电子计算机，因而已在机床上得到了广泛应用。

3. 国内外发展状况

德国特别重视数控机床主机及配套件的先进实用性，其机、电、液、气、光、刀具、测量、数控系统和各种功能部件，在质量和性能上均居世界前列。日本政府对机床工业的发展也非常重视，通过规划引导发展，在重视人才及机床元部件配套上向德国学习，在质量管理及数控机床技术上向美国学习。美国结合汽车和轴承生产等需求，充分发展了大批生产自动化所需的自动生产线，而且美国的电子和计算机技术在世界上领先。美国在数控机床的主机设计、制造及数控系统上基础扎实，且一贯重视科研和创新，因此其高性能数控机床技术在世界居于领先地位。瑞士结合本国特点，以发展精密优质产品取胜，将传统技术与微电子计算机新技术有机结合，新品种发展较快，实现机床加工的高精、高效和高自动化，从而得到用户认可，逐步占领了广大市场 。

我国已连续几年成为世界最大的机床消费国和机床进口国。由于机床行业对国防军工和制造业竞争力起到的关键作用，我国政府已将机床行业提高到了战略性位置，把发展大型、精密、高速数控设备和功能部件列为国家重要的振兴目标之中。

1.3　本课程要求掌握的主要内容

① 典型机床的继电器—接触器控制系统的分析与设计；

② 直流拖动系统的原理与应用；

③ 交流拖动系统的原理与应用；

④ 可编程控制器的原理与应用。

第 2 章　机床电气控制线路的分析

2.1　机床电气控制线路的基本环节

数制是人们对事物数量计数的一种统计规律。在日常生活中最常用的是十进制，但在计算机中，计算机的电气元件最易实现的是两种稳定状态：器件的“开”与“关”、电平的“高”与“低”，因此，采用二进制数的“0”和“1”可以很方便地表示机内的数据运算与存储。在编程时，为了方便阅读和书写，人们还经常用八进制或十六进制来表示二进制数。虽然一个数可以用不同计数制形式表示它的大小，但该数的量值是相等的。

2.1.1　电气控制线路的表示符号及阅读方法

1. 电气控制线路的表示符号

在电力拖动电气控制系统中，该系统包括各种元件，如继电器、接触器、各种开关和电动机等。为了设计分析及安装维修时的阅读方便，在绘制电气原理图时，必须使用国家统一规定的电气图形符号和文字符号。

2. 电气控制线路中电气控制原理图的绘制与阅读方法

电气控制原理图只表示控制线路的工作原理及各电气元件的作用和相互关系，不考虑电路中各元件的实际安装位置和连线情况，绘制阅读电气控制原理图应遵循以下原则：

① 主回路用粗线画在左侧，控制回路用细线画在右侧；

② 同一电器元件的各导电部件如线圈和触点常常不画在一起，但用同一文字标明；

③ 电气控制线路图的全部触点都按常态绘制，即触点、开关均按未通电、未受力的状态绘制。

2.1.2　其他电路图简介

1. 电气设备安装图

电气设备安装图用于表示各种电气设备在机械设备和电气控制柜中的实际安装位置。各电气元件的安装位置是由机床的结构和工作要求决定的，如电动机要和被拖动的机械部件在一起，行程开关放在要取得信号的地方，操作元件放在操作方便使用的地方，一般电气元件应放在控制柜内。

2. 电气设备接线图

电气设备接线图表示各电气设备之间的实际接线情况，要求电气元件的各部件必须画在一起，文字符号、元件连接顺序和线路号码的编制都必须与电气原理图相一致，主要在安装接线、检查维修和施工之时使用。

2.1.3　机床电气控制线路的基本环节

以继电器—接触器控制方式组成的机床电气控制系统，将按照生产工艺提出的要求，控制机床的各种运动，达到合理生产的目的。因此，机床电气控制线路的复杂程度很大。但不管多么复杂的控制线路，也都是由启动、停止、正反转和电气制动等基本线路以及长动、点动和循环往复等基本环节组成的。

1. 鼠笼型三相异步电动机的启动控制线路

鼠笼型三相异步电动机的启动方式从具体实现和实际需求上分为直接启动控制线路和降压启动控制线路两种。

(1) 直接启动控制线路

直接启动控制线路在实际应用中又有用开关控制的直接启动的控制线路(图 2.1)和用按钮、接触器控制的直接启动控制线路(图 2.2)两种，其中一般机床的冷却泵、普通的小型台钻和砂轮机等都直接用开关启动，而大部分小型卧式车床的主电机都采用按钮、接触器控制启动。

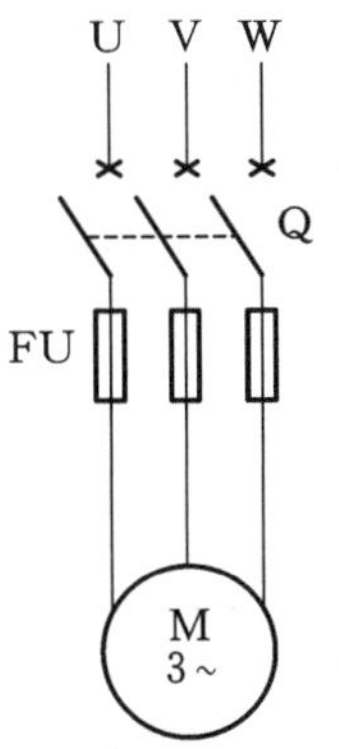

图 2.1　开关直接启动控制线路

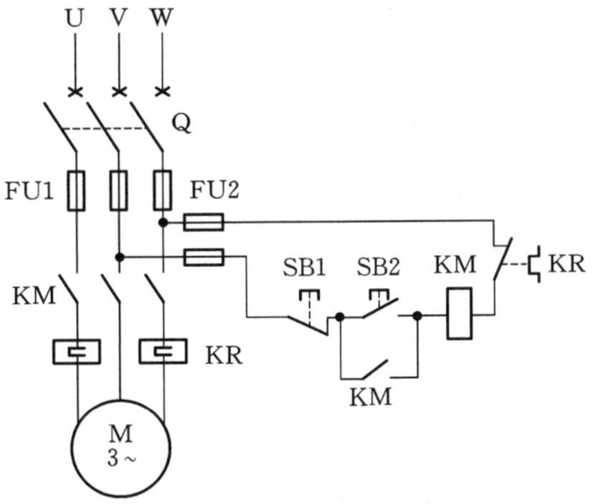

图 2.2　按钮、接触器直接启动控制线路

在图 2.2 中，启动电动机时先合上电源开关 Q，按启动按钮 SB2，接触器 KM 的线圈得电，其主触点 KM 吸合，电动机启动。接触器的辅助触点 KM 并接于启动按钮，因此，当松手断开启动按钮后，吸引线圈 KM，通过其辅助触点可以继续保持通电，维持其吸合状态。这个辅助触点通常称为自锁触点，其作用是当放开启动按钮 SB2 后，仍可保证 KM 线圈通电，电动机正常运行。通常将这种用接触器本身的触点来使其线圈保持通电的环节称为自锁环节。

如想使电动机停转则按停止按钮 SB1，接触器 KM 的吸引线圈失电，其主触点断开，电动机失电停转。

控制线路中的接触器辅助触点 KM 是自锁触点。

图 2.2 中 KR 是热继电器，用于电机的过载保护。当负载过载或电动机缺相运行时，KR 动作，同时其常闭触点将控制电路切断，吸引线圈 KM 失电，切断电动机主电路，使电动

机失电停转。

（2）降压启动控制线路

较大容量的鼠笼型异步电动机一般都采用降压启动的控制方式启动。

① 星—三角降压启动控制线路

星—三角降压启动控制线路适用于在正常运行时，电动机定子绕组是联成三角形的电动机。该控制线路要求启动时把电动机定子绕组连接成星形，启动即将完毕时再恢复成三角形，以实现降压启动控制。目前 4 kW 以上的 J02、J03 系列的三相异步电动机定子绕组在正常运行时都是接成三角形的，对这种电动机就可采用星—三角降压启动。

绕组角连接与星连接的原理分别如图 2.3 和图 2.4 所示。从图中可看出：Y 连接时绕组的相电压为 220 V，而△连接时绕组的相电压为 380 V。

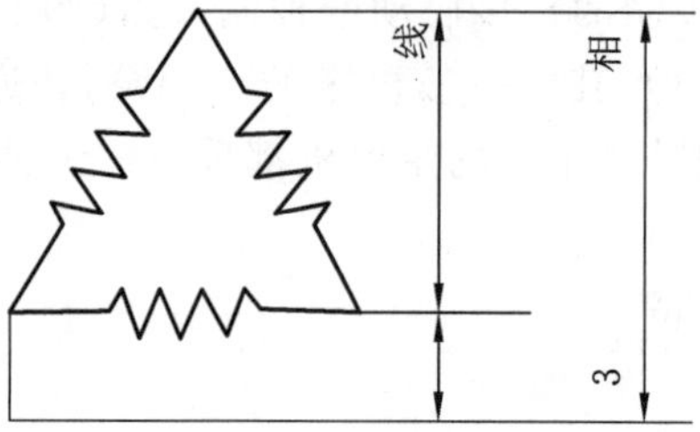

图 2.3　绕组△连接

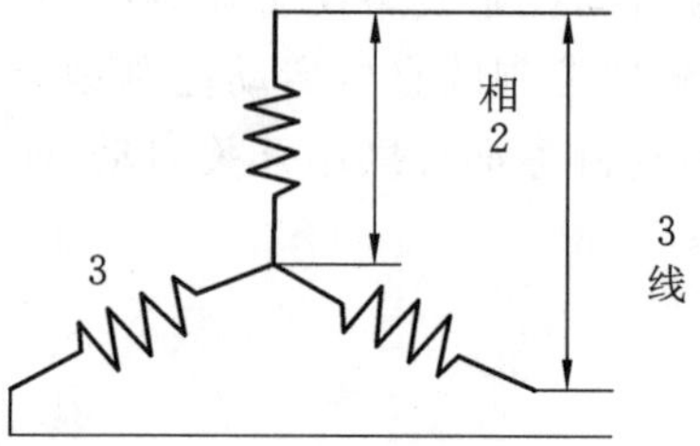

图 2.4　绕组 Y 连接

图 2.5 是一种 Y—△启动控制线路。从主回路可知，如果控制线路能使电动机接成星形（即 KM3 主触点闭合），并且经过延时后再接成三角形（即 KM3 主触点打开，KM2 主触点闭合），则电动机就能实现降压启动，而后再自动转换到正常速度运行。工作过程如下：

$$按\begin{cases}\left.\begin{array}{l}\text{KM1}\quad\text{ON}\\\text{KM3}\quad\text{ON}\end{array}\right\}\ \text{Y 启}\\\text{KT}\quad\text{ON(延时)}\ \rightarrow\end{cases}\qquad\begin{cases}\text{KM3}\quad\text{OFF}\\\left.\begin{array}{l}\text{KM2}\quad\text{ON}\\\text{KM1}\quad\text{ON}\end{array}\right\}\triangle\text{运行}\end{cases}$$

其中，KM2 与 KM3 的动断触点是互锁关系，保证接触器 KM2 与 KM3 不会同时通电，以防电源短路；KM2 的动断触点同时也使时间继电器 KT 断电（启动后不需要 KT 得电）。

图 2.6 是另一种 Y—△启动控制线路。此图是用两个接触器和一个时间继电器进行 Y—△转换的降压启动控制线路。电动机连成 Y 或△都是由接触器 KM2 完成的。KM2 断电时电动机绕组由其动断触点连接成 Y；KM2 通电时电动机绕组由其动合触点连接成△，适用于小容量的电动机。工作过程如下：

$$按\ \text{SB2}\rightarrow\begin{cases}\text{KM1 on}\rightarrow\text{电动机处于启动状态，呈星形联结。}\\\text{KT on(延时)}\rightarrow\text{KM2 on}\rightarrow\text{电动机处于工作状态，呈三角形联结。}\end{cases}$$

② 定子电路串电阻降压启动控制线路

电动机启动时在三相定子电路串接电阻，使定子绕组电压降低，启动后再将电阻短接，使电动机仍在正常电压下工作。此种启动方式不受电动机接线形式的限制，设备简单，因而适用于中小型机床。

图 2.7(b)工作过程如下：

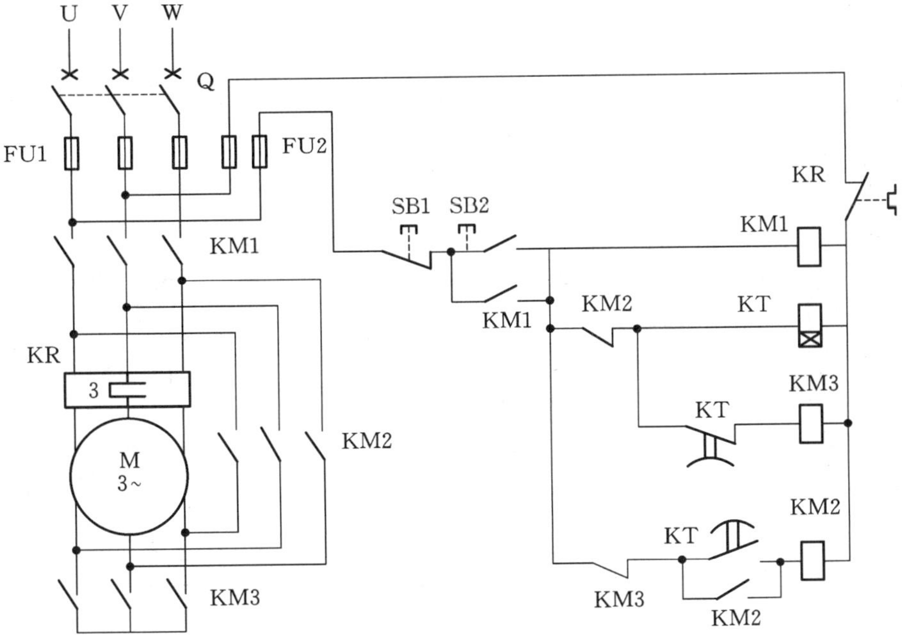

图 2.5　Y—△启动控制线路(1)

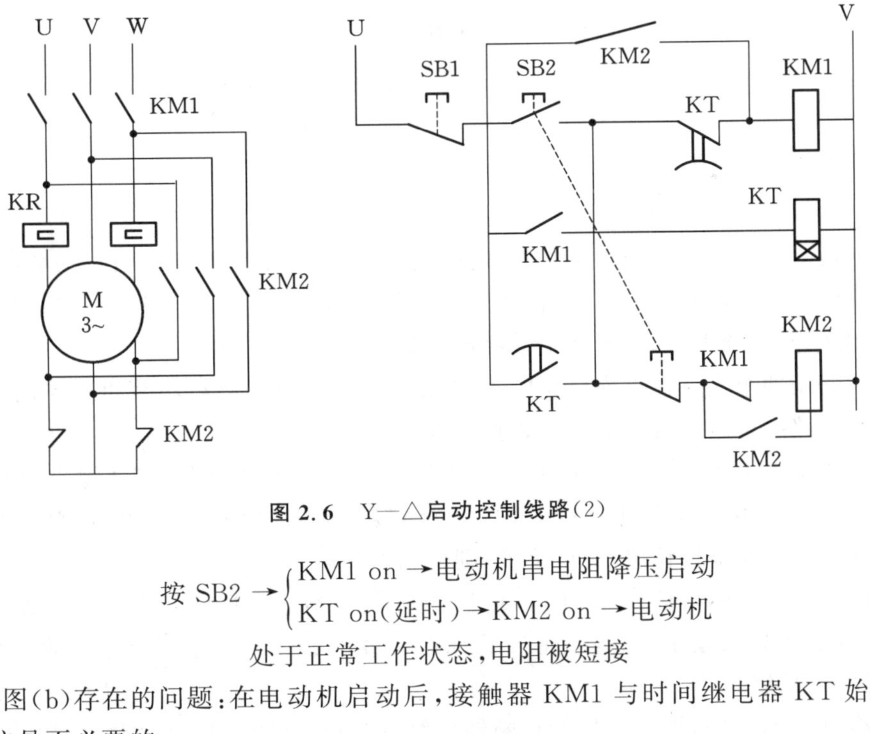

图 2.6　Y—△启动控制线路(2)

按 SB2 →{KM1 on →电动机串电阻降压启动
KT on(延时)→KM2 on →电动机处于正常工作状态,电阻被短接

线路图(b)存在的问题:在电动机启动后,接触器 KM1 与时间继电器 KT 始终处于通电状态,这是不必要的。

图 2.7(c)图工作过程如下:

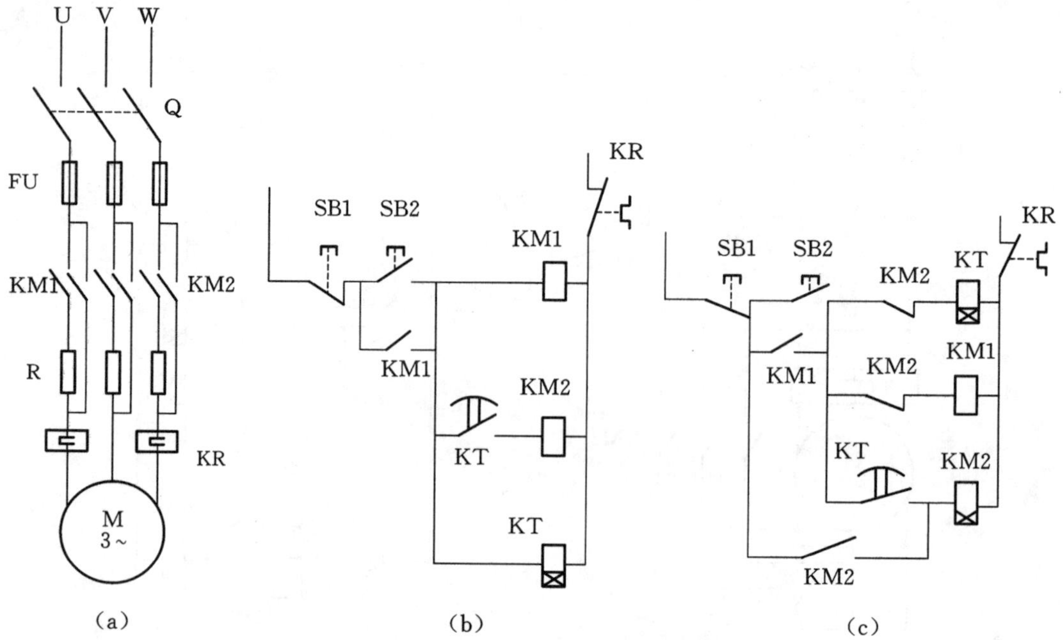

图 2.7　电动机定子电路串电阻降压启动控制线路

$$\text{按 SB2} \rightarrow \begin{cases} \text{KM1 on} \rightarrow \text{电动机串电阻降压启动} \\ \text{KT on(延时)} \rightarrow \text{KM2 on} \rightarrow \begin{cases} \text{KT off} \\ \text{KM1 off} \end{cases} \end{cases}$$

电动机处于正常运转的工作状态,同时电阻 R 被短接。

2. 电动机的正、反转控制线路

正反向运行线路又称双向可逆控制线路。大多数机床的主轴或进给运动都需要两个方向的运行,因而要求电动机能够正反向旋转。我们知道,只要把电动机定子三相绕组中任意两相调换相序,并接通电源,便可使电动机改变运转方向。

如果我们用两个接触器 KM1 和 KM2 来完成电动机定子绕组相序的改变,那么将正转与反转启动线路组合起来就成了正反转控制线路。

从图 2.8(1)中可知,按下启动 SB1,正向接触器 KM1 得电运作,其主触点闭合,使电动机正转。按下 SB3,电动机停止。按下 SB2,反向接触器 KM2 得电运作,其主触点闭合,此时电动机定子绕组与正转相比,相序反了,则电动机反转。

从主回路看,如果 KM1、KM2 同时通电动作,就会造成主回路短路。在线路图 2.8(1)中,如果先按了 SB2 又按了 SB3,或先按了 SB3 又按了 SB2 都会造成上述事故,因此图 2.8(1)线路是不能采用的。

在线路图 2.8(2)中,把接触器的动断辅助触点互相串联在对方的控制回路中进行联锁控制。当按下 SB1 时,接触器 KM1 线圈得电,它的常开触点闭合,SB2 按钮自锁。同时,主电路的主触点闭合,电动机正转。按下停止按钮 SB3,电动机停止。当需要反转时,按下按钮 SB2,KM2 线圈得电,主触点闭合。同时,KM2 的常闭触点打开,使 KM1 线圈失电,主触

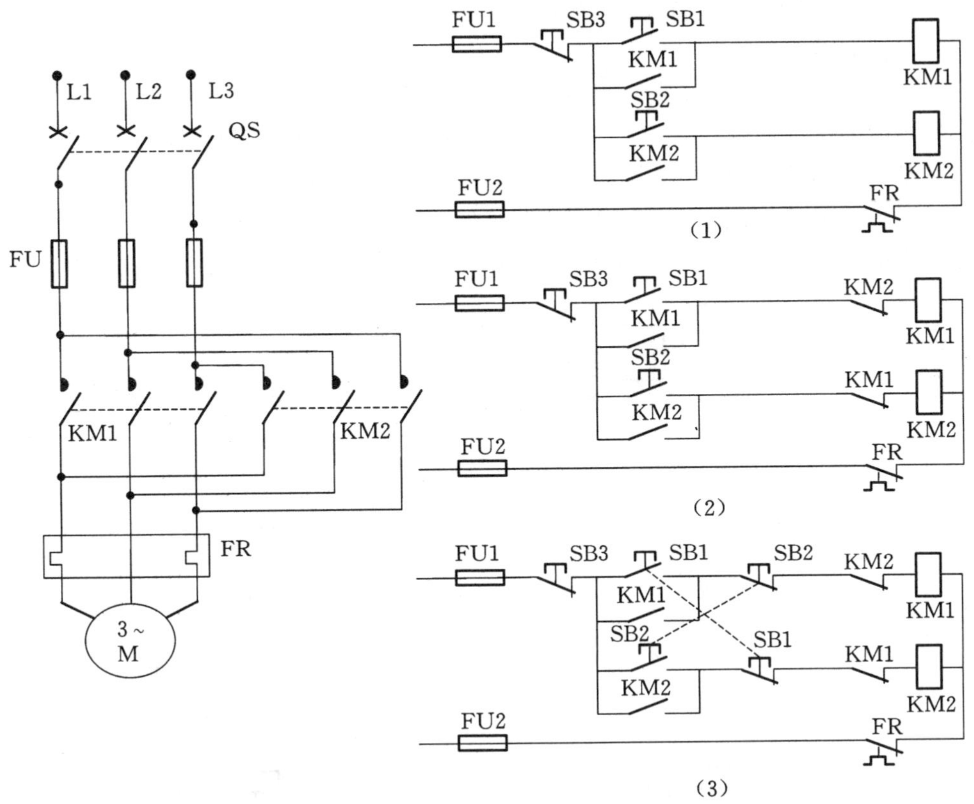

图 2.8　电动机的正、反转控制线路

点 KMl 断开，电动机定子绕组与正转时相比相序反了，则电动机反转，而且不会出现主回路短路的问题。

联锁控制：从主回路的线路可以看出，如果 KMl、KM2 同时通电动作，就会造成电源短路。为防止短路事故，在控制回路中，把接触器的常闭触点互相串接在对方的控制回路中，这样，当 KM1 得电时，由于 KMl 常闭触点打开，使 KM2 不能通电，此时即使按下 SB2 按钮，也不会造成短路事故。反之亦然。这种互相制约的关系叫“联锁”或是“互锁”。在机床控制线路中，这种联锁关系的应用是极为广泛的。

图 2.8(2)所示制线路的操作有这样的问题：电动机从正转到反转，或从反转到正转，都要在停止的状态下进行，即从一个方向到相反方向运行时，必须先按下停止按钮，方可重新启动电动机，显然，这样的操作很不方便。另外，当 KM1 与 KM2 的互锁常闭触点由于某种原因有一个或全部发生粘连后，互锁作用将不复存在，再改变电动机转向时仍然会造成电源短路。

图 2.8(3)则是采用复合按钮和接触器的双重联锁实现电动机正反转的。构成了既有接触器联锁又有复合按钮机械联锁的双重联锁正反向控制线路，这样的控制线路比较完善，既能实现直接正反转控制，又能得到可靠的联锁，故应用非常广泛。

(1) 行程开关控制线路

机床的运动机构常常需要根据运行的位置来决定其运动规律，如工作台的往复运动、刀架的快移、自动循环等。电气控制系统中通常采用直接测量位置信号的元件——行程开关来实现限位控制的要求。

图 2.9(a)为限位断电(停止)、通电(运行)控制线路。限位断点(停止)、通电(运行)控制线路的功能为达到预停点后能自动断电的控制线路,其工作原理是:按下启动按钮 SB,接触器 KM 线圈通电自锁,电动机旋转,经丝杠 3 传动使工作台向左运动。当至预停点时,撞块 2 压下行程开关 SQ,KM 线圈断电,电动机停转,工作台便自动停止运动。图 2.9(b)所示为达到预定点后能自动通电的电气控制线路,行程开关相当于启动按钮的作用。

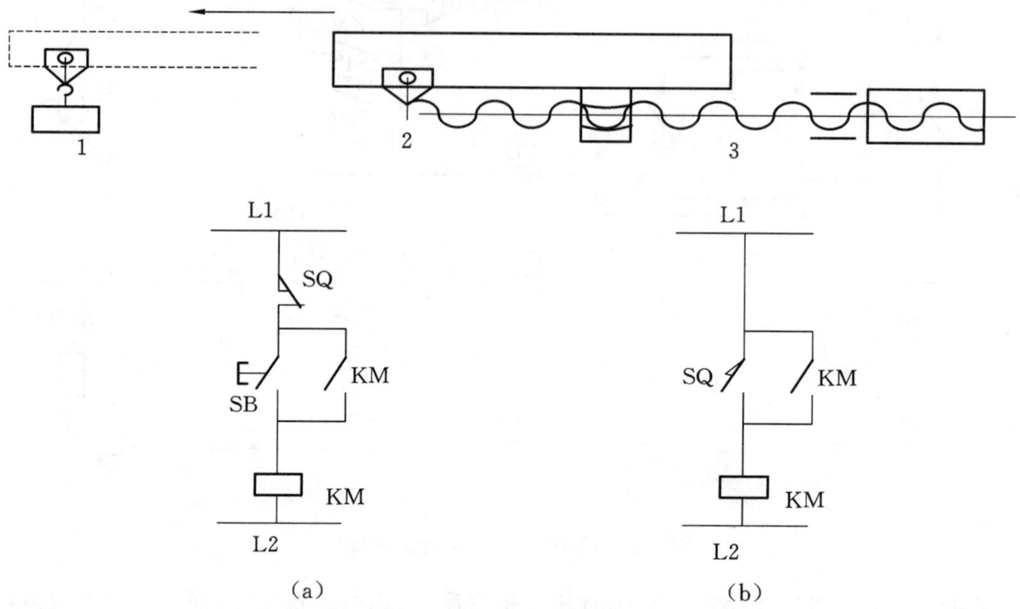

图 2.9 限位断电(停止)、通电(运行)控制线路

(2) 正、反转自动循环控制线路

在实际加工生产中,有些机床的工作台或刀架等都需要自动往复运动。图 2.10 所示是一种最基本的自动往复循环控制线路,ST1、ST2、ST3、ST4 均为行程开关,按要求安装在固定的位置上,当撞块压下行程开关时,其动合触点闭合,动断触点打开。其实这种控制线路是根据一定的行程用撞块压行程开关,代替了人按按钮。它的工作原理是:按下启动按钮 SB2,接触器 KM1 线圈通电自锁,电动机正转,工作台向左前进运动。当运行到 ST2 位置时,撞块压下 ST2,ST2 动断触点使 KM1 断电,但 ST2 的动合触点使 KM2 得电动作并自锁,电动机反转使工作台向右后退运动。当撞块又压下 ST1 时,使 KM2 断电,KM1 又得电动作,电动机又正转使工作台前进,这样便实现了工作台的自动往复运动,直至按下停止按钮 SB1 时,工作台才停止运动。

图中 SB1 为停止按钮。SB2 与 SB3 为不同方向的复合启动按钮。之所以用复合按钮,是为了满足改变工作台方向时,不按停止按钮可直接进行换向操作。行程开关 ST3 和 ST4 起限位保护作用。当由于某种故障,工作台到达 ST1 或 ST2 位置时,未能切断 KM2 或 KM3,工作台将继续移动到达极限位置,压下 ST3 或 ST4,最终把控制回路断开,使电动机

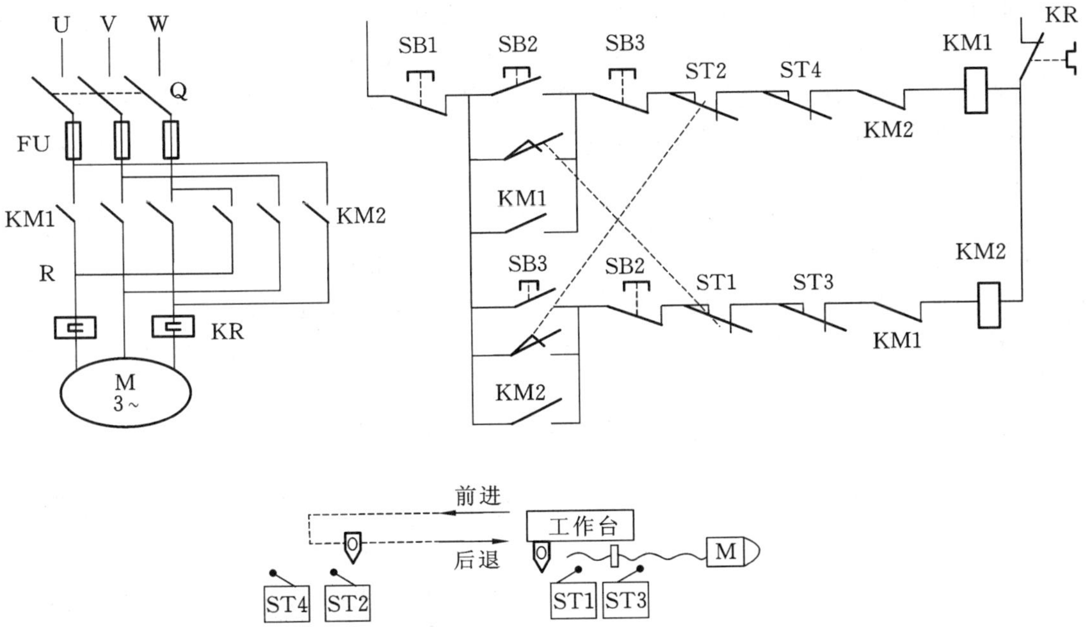

图 2.10　自动往复循环控制线路

停止，避免工作台越出允许位置导致事故的发生。因此，ST3、ST4 起限位保护作用，也称作限位保护开关。

3. 电动机的制动控制线路

许多机床，如万能铣床、卧式车床和组合机床等，都要求能迅速停车和准确定位。这就要求对电动机进行制动，强迫其立即停车。制动停车的方式有两大类：机械制动和电气制动。机械制动采用机械抱闸或液压装置制动；电气制动实质是使电动机产生一个与原来转子的转动方向相反的制动转矩。机床中经常应用的电气制动是能耗制动和反接制动。

(1) 反接制动控制线路

反接制动控制线路的工作过程，实质上是改变了异步电动机定子绕组中的三相电源的相序，产生与转子转动方向相反的转矩，因而起制动作用。

反接制动具体实现的过程：当想要停车时，首先将三相电源切换，然后当电动机转速接近零时，再将三相电源切除。

图 2.11 中(a)、(b)均为反接制动的控制线路。我们知道，当电动机正方向运行时，如果把电源反接，电动机转速将由正转急速下降到零。如果反接电源不及时切除，则电动机又要从零速反向启动运行。所以我们必须在电动机制动到零速时，立即将反接电源切断，电动机才能真正停下来。控制线路中接近零速信号的检测元件通常采用速度继电器，以直接反映控制过程的转速信号，用速度继电器来“判断”电动机的停与转。电动机与速度继电器的转子同轴，当电动机转动时，速度继电器的常开触点闭合；当电动机停止时，速度继电器的常开触点打开。

在图 2.11(a)中，按下启动按钮 SB2，接触器 KM1 得电动作并自锁，电动机正转。速度继电器 KS 常开触点闭合，为制动做好准备。如果需要停车，按下停止按钮 SB1，使 KM1 失电，KM1 的常闭触点闭合，此时 KM2 得电动作，电动机电源反接，电动机制动。当电动机转速下降到接近零时，速度继电器常开触点打开，KM2 失电，切除电源，电动机停止。

线路图 2.11(a)存在的问题是：在停车期间，如果调整机件，需要用手转动机床主轴时，这样速度继电器的转子也将随着转动，其常开触点闭合。接触器 KM2 得电动作，电动机接通电源发生制动作用，不利于调整工作。

线路图 2.11(b)是铣床主轴电动机的反接制动线路，显然解决了上述问题。控制线路中停止按钮使用了复合按钮，且在其常开触点上并联了 KM2 的常开触点，使 KM2 能自锁。这样在用手使电动机转动时，速度继电器 KS 的常开触点闭合，但只要不按停止按钮 SB1，KM2 是不会得电的，电动机也就不会反接电源。只有操作停止按钮 SB1 时，KM2 才能得电，从而接通制动线路。

因电动机反接制动电流很大，故在主回路中串入电阻 R，以防止制动时电动机绕组过热。

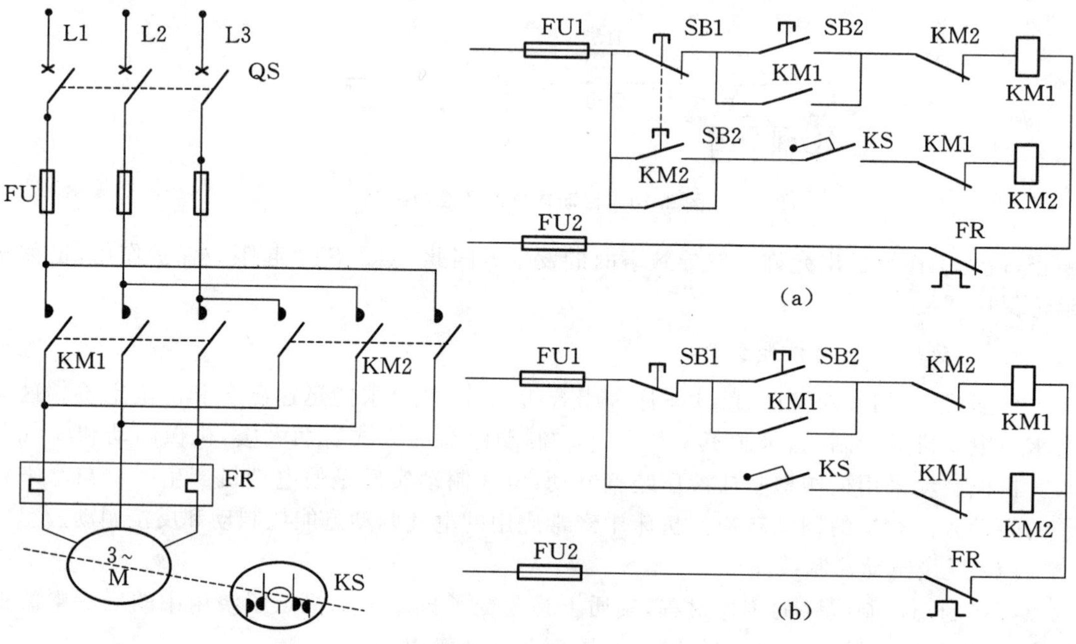

图 2.11　反制动控制线路

当反接制动时，旋转磁场的相对速度很大，定子电流也很大，因此制动效果显著。但在制动过程中有冲击，对传动部件有害，能量损耗较大，故反接制动用于不经常启、制动的设备，如铣床、镗床、键床和中型车床主轴等设备的制动。

(2) 能耗制动控制线路

能耗制动是在三相异步电动机要停车时切除三相电源的同时，把定子绕组接通直流电源，在转速为零时再切除直流电源的制动过程。

图 2.12 为能耗制动控制线路。图中的整流装置是由变压器和整流元件组成。KM2 为制动用接触器，KTl 为时间继电器。

图 2.12(a)是一种手动控制的简单的能耗制动线路。按下启动按钮 SB2，接触器 KM1 得电动作并自锁，电动机启动。停车时，按下停止按钮 SB1，其常闭触点使 KMl 断电，同时

其常开触点在 KM1 失电后接通 KM2，切断了电动机的交流电源，并将直流电源引入电动机定子绕组，电动机进行能耗制动并迅速停车。放开停止按钮 SB1，KM2 失电，切断直流电源，制动结束。

为了简化操作，实现自动控制，图 2.12(b)采用了时间继电器，时间继电器 KT 的作用是代替手动控制按钮。停车时，按下停止按钮 SB1，KM1 失电切断交流电源，并使 KM2 得电，电动机加入直流电源进行能耗制动。KM2 得电的同时 KT 得电。

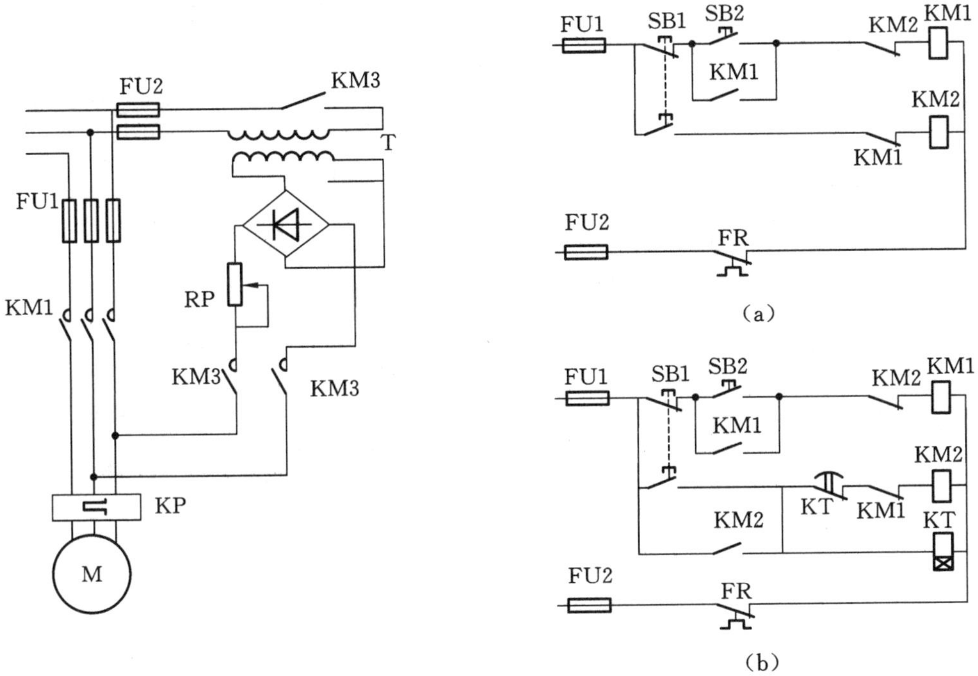

图 2.12　能耗制动控制线路

当制动到零速时，延时打开的常闭触点按预先调整好的时间打开，使 KM2 失电，切断直流电源，制动完毕。KM2 失电，使 KT 也失电。

能耗制动与反接制动相比较，具有制动准确、平稳和能量消耗小等优点。但能耗制动的制动力较弱，特别是在低速时尤为突出。另外，它还需要直流电源，故适用于制动准确、平稳的场合，如磨床、龙门刨床及组合机床的主轴定位等。

4. 双速电动机高低速控制线路

双速电动机在机床中如车床、铣床和镗床等都有较多应用，双速电机是由改变定子绕组的磁极对数来改变其转速的。当定子绕组以三角形连接时，电动机为低速；当定子绕组以双星形连结时，电动机为高速。

图 2.13 是两种双速电动机高、低速控制线路。图 2.13 中接触器 KML 动作电动机低速运转，KMH 动作电动机高速运转。

图 2.13(a)用开关 S 实现高、低速控制，高、低速切换时要先停机，后转换；图 2.13(b)用复合按钮 SB2 和 SB3 连锁，来实现高、低速控制，可使高低速直接转换，而不必经过停止按钮。

图 2.14 是另一种用开关 S 进行高低速转换的控制线路。当接触器 KML 动作时，电动机为低速运行状态；当接触器 KMH 动作时，电动机为高速运行状态。当开关 S 打到高速时，由时间继电器的两个触点首先接通低速，经延时后自动切换到高速，以便限制启动电流。

通常对功率较小的电动机可采用图 2.13 的两种控制方式，对较大容量的电动机可采用图 2.14 的控制方式。

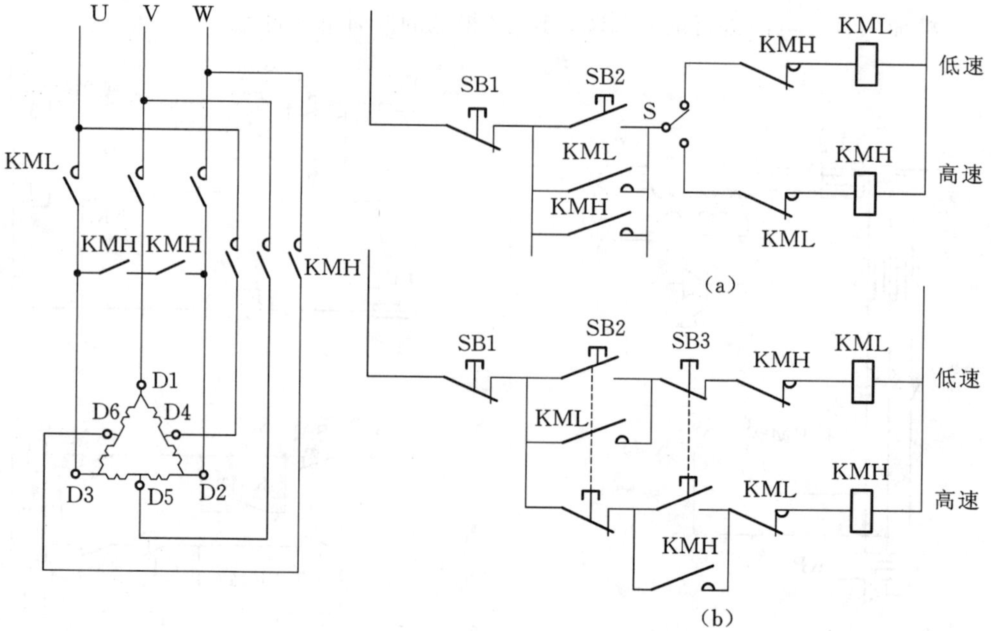

图 2.13　双速电动机高低速控制线路

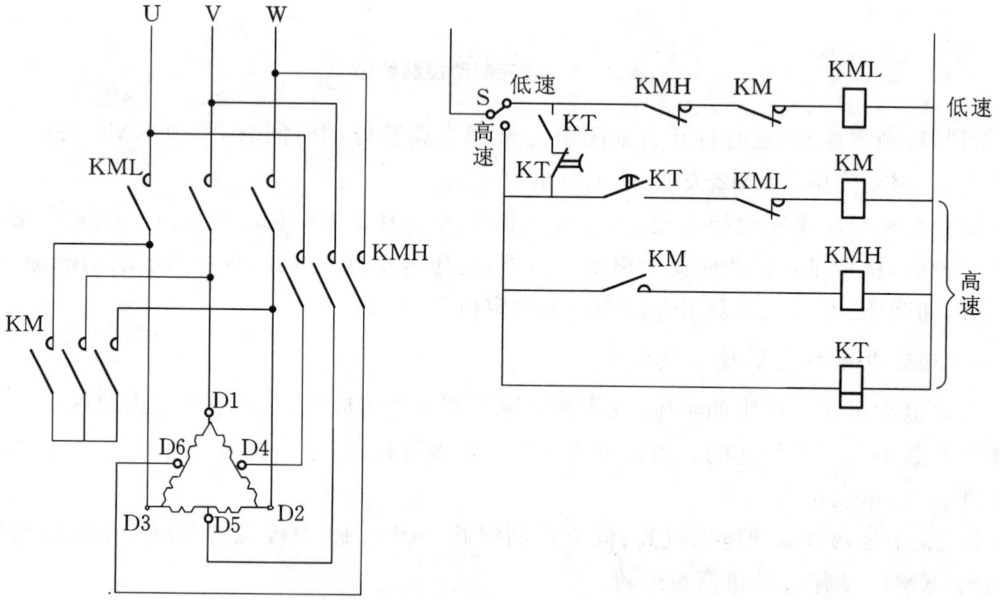

图 2.14　双速电动机高低速控制线路

5. 控制线路的其他基本环节

(1) 电动机的点动控制环节

在实际工作中,机械设备有时候需要短时或瞬时工作,称为点动。例如当数控车床向 Z 方向进给调整时,手动按下点动键“+Z”,Z 轴向正方向点动,松开即停。

图 2.15(a)为用按钮实现的点动控制线路,当按下按钮 SB2 时,KM 得电,其自锁触点闭合,电动机长动;当按下按钮 SB3 时,KM 得电,其自锁触点闭合,但已无自锁环节,电动机点动。

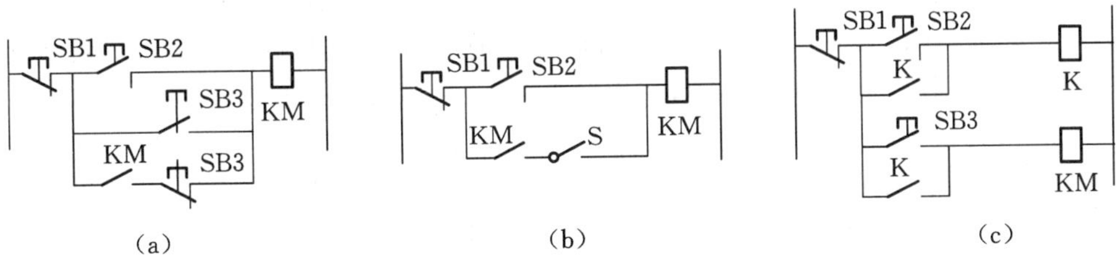

图 2.15　电动机的点动控制环节

图 2.15(b)为用开关 S 实现的点动控制线路,当开关 S 闭合时,按下按钮 SB2,KM 得电,其自锁触点闭合,电动机长动;当开关 S 断开时,按下按钮 SB3,KM 得电,其自锁触点闭合,但已无自锁环节,电动机点动。

图 2.15(c)为用中间继电器实现的点动控制线路,当按下按钮 SB2 时,K 继电器得电,使得其辅助触点接通 KM 接触器,电动机长动;当按下按钮 SB3 时,接触器 KM 得电,但无自锁环节,电动机点动。

(2) 多点控制环节

在大型机床设备中,为了操作方便,常要求能在多个地点进行控制,这种能在多个地点进行同一种控制的电路环节叫做多地控制环节或异地启停控制环节。图 2.16 所示电路是一个具有三地起停控制功能的电路。电路中,把三个启动按钮并联在一起,把三个停止按钮串联起来,并且三只启动按钮和停止按钮分别装在不同的地方,就可实现异地操作。

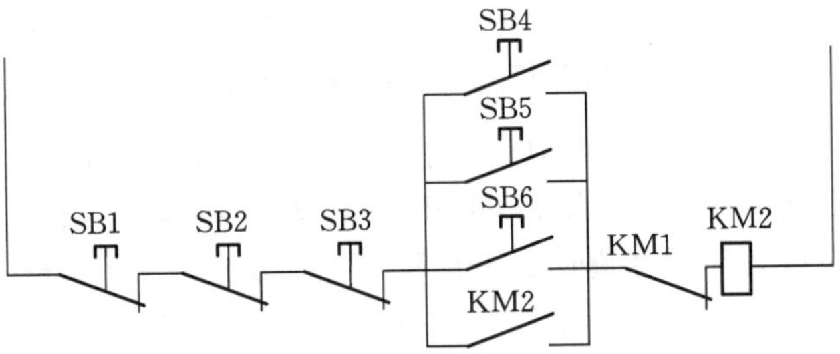

图 2.16　异地启停控制线路

(3) 电动机的顺序启停控制环节

在装有多台电动机的生产机械上,各电动机所起的作用不同,有时需要按一定的顺序启动、停车才能保证操作过程的合理和工作的安全可靠。例如,在铣床上就要求先启动主轴电动机,然后才能启动进给电动机。又如,带有液压系统的机床,一般都要先启动液压泵电动机，然后才能启动其他电动机。这些顺序关系反映在控制电路上，称为顺序控制。按照控制方式顺序控制有手动、自动控制；按照启停先后顺序有先启先停、先启后停、同时启先后停、先后启同时停、任意启先后停和先后启任意停等很多种情况。下面举例说明。

图 2.17 所示是一个手动控制的 M1 先启动，M2 后启动；M2 先停车，Ml 后停车的顺序控制电路。启动时，只有先按下 SB3，使 KMl 线圈得电并自锁，其主触点闭合，电动机 M1 得电转动，并且 KMl 辅助常开触点闭合，此时 KM2 线圈回路具备得电的可能性。按下 SB4，使 KM2 线圈得电并自锁，其主触点闭合，电动机 M2 得电转动，同时 KM2 辅助常开触点闭合自锁。停车时，只有先按下 SB2 使 KM2 线圈失电并解除自锁，其主触点断开，电动机 M2 停止转动，并且 KM2 辅助常开触点断开，此时 KMl 线圈回路具备失电的可能性。按下 SBl 使 KM1 线圈失电并解除自锁，其主触点断开，电动机 M1 停止转动。

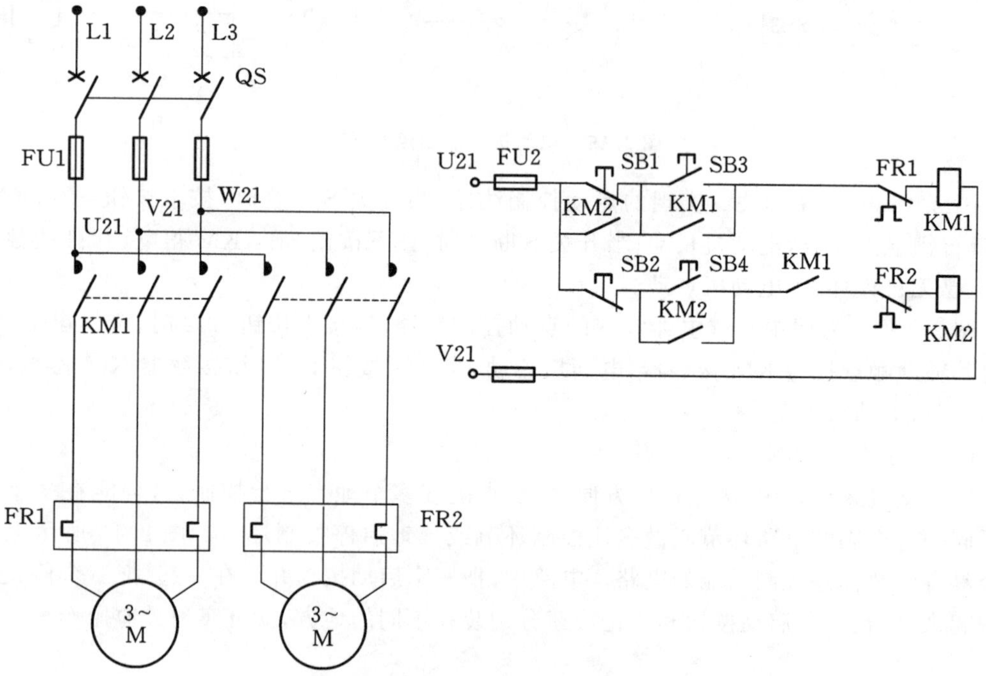

图 2.17　先启后停控制线路

图 2.18 所示是一个自动控制的 M1 先启动，M2 后启动；M1 先停车，M2 后停车的顺序控制。启动时，按下 SB2，使 KM1 线圈得电并自锁，其主触点闭合，电动机 M1 得电转动；同时 KT1 线圈得电，KTl 延时闭合瞬时断开的常开触点延时闭合，使得中间继电器 KA 线圈得电并自锁；KA 的另外一个常开触点闭合使得 KM2 线圈得电并自锁，其主触点闭合，电动机 M2 得电转动；KM2 的辅助常闭触点断开，KT1 线圈失电，其延时闭合的常开触点；KM2 的另一个辅助常开触点闭合，为 KT2 线圈得电做好准备；KM2 的另一个辅助触点断开，KA 线圈失电并解除自锁。停车时，按下 SB1，KM1 线圈失电并解除自锁，其主触点断开，电动机 M1 失电停止转动；同时 KT2 线圈得电并自锁，KT2 延时断开瞬时闭合的常闭触点延时断开，KM2 线圈失电并解除自锁，其主触点断开，电动机 M2 失电停止转动；KM2 另一个辅助常开触点断开，KT2 线圈失电并解除自锁。

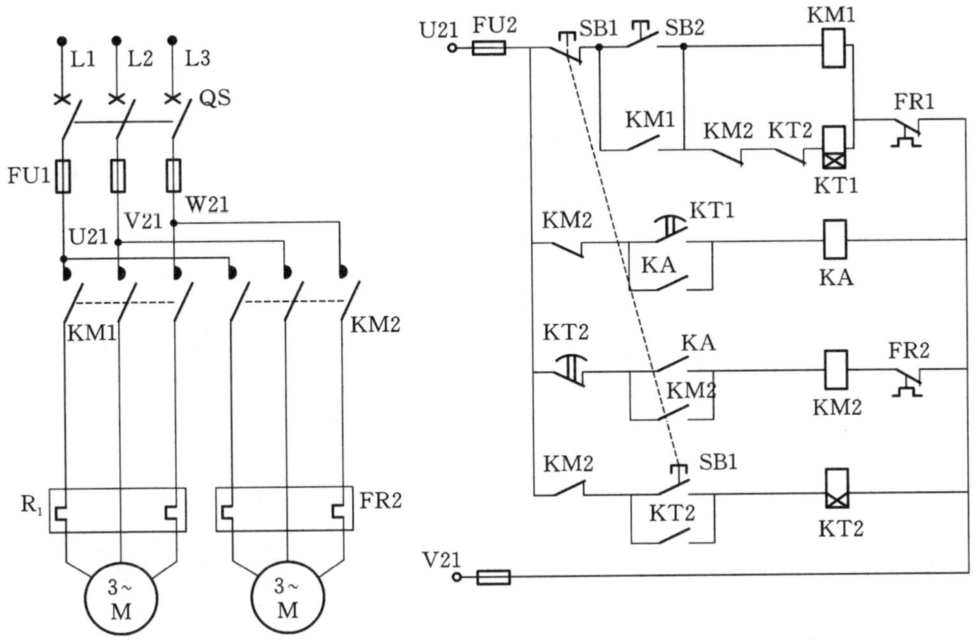

图 2.18　先启先停控制线路

(4) 工作循环自动控制环节

① 正反转自动循环控制

许多机床的自动循环控制都是靠行程控制来完成的。某些机床的工作台要求正反向运动能够自动循环。图 2.19 是龙门刨工作台自动正反向控制线路，用行程开关 SQ1、SQ2 作为主令信号进行自动转换。

线路工作过程如下：按启动按钮 SB2，KM1 得电，工作台前进。当到达预定行程后(可通过调整挡块位置来调整行程)，挡块 1 压下 ST1，ST1 动断触点断开，切断接触器 KM1，同时 ST1 动合触点闭合，反向接触器 KM2 得电，工作台反向运行。当反向到位时，挡块 2 压下 ST2，工作台又转到正向运动，进行下一个循环。

行程开关 SQ3、SQ4 分别为正、反向工作终端保护行程开关，以防 SQ1、SQ2 失灵时，工作台从床身上滑出。

② 动力头行程自动循环控制

图 2.20 是动力头的行程控制线路，它也是由行程开关按行程来实现动力头的往复运动。此控制线路的工作循环如下：

首先使动力头 1 由位置 b 移到位置 a 停下，然后动力头 2 由位置 c 移到位置 d 停下，接着使动力头 1 和动力头 2 同时退回原位停下。

限位开关 ST1、ST2、ST3、ST4 分别装在床身 a、b、c、d 处。电动机 M_1 带动动力头 1，电动机 M2 带动动力头 2。动力头 1 和 2 在原位时分别压下 ST1 和 ST2。线路的工作过程如下：

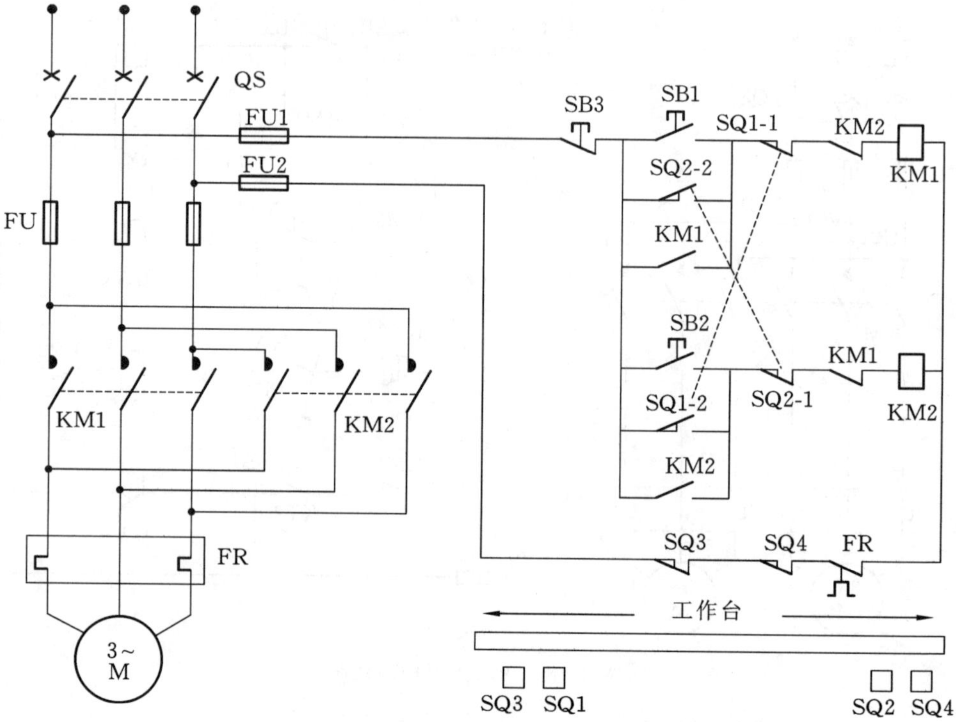

图 2.19 正反转自动循环控制线路

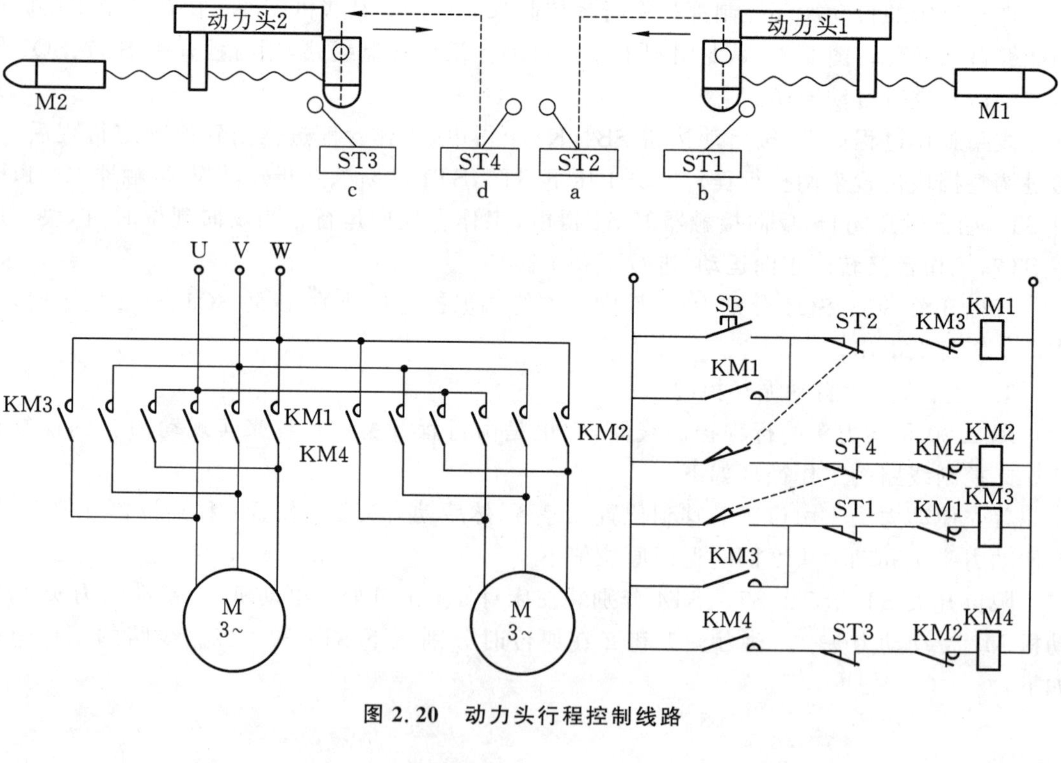

图 2.20 动力头行程控制线路

① 按 SB→KM1 on→M1 正转：动力头 1 由原位 b 点向 a 点运动；

② 当动力头 1 到达 a 点时→ST2 行程开关被压下→KM1 off→动力头 1 停止，同时使 KM2 on→M2 正转→动力头 2 由原位 c 点向 d 点运动；

③ 当动力头 2 到达 d 点时→ST4 行程开关被压下→KM1 off→动力头 1 停止，同时使 KM3 on→M1 反转，KM4 on→M2 反转；

④ 当动力头 1,2 都退回原位，限位开关 ST1 和 ST3 分别被压下，使 KM3 和 KM4 失电，两个动力头都停在原位。

图中 KM3 和 KM4 接触器的辅助动合触点，分别起自锁作用，这样能够保障动力头 1,2 都确实退回到原位。如果只用一个接触器的触点自锁，那另一个动力头就可能出现没退回到原位，接触器就已经失电的问题。

2.1.4　电动机的保护

电气控制系统除了能满足生产机械的加工工艺要求外，要想长期正常地无故障运行，还必须有各种保护措施。保护环节是所有机床电气控制系统不可缺少的组成部分，利用它来保护电动机、电网、电气控制设备以及人身安全等。

电气控制系统中常用的保护环节有短路保护、过载保护、零电压与欠电压保护以及弱磁保护等。

1. 短路电流的保护

为了防止电动机突然流过短路电流而引起电动机绕组和导线绝缘及机械上的损坏，在遇到短路的情况下，保护装置应立即使电动机与电源脱开，即保护具有“瞬动性”。常用的电器元件有熔断器 FU、过电流继电器和自动开关。

(1) 熔断器保护

熔断器的熔体串联在被保护的电路中，当电路发生短路或严重过载时，它自动熔断，从而切断电路，达到保护的目的。

熔断器保护的特点是：结构简单、价格便宜，但动作准确性较差，熔体断后需要重新更换，一般用于单相运行，或自动化程度和准确性要求不高的场合。

(2) 过电流继电器保护

过电流继电器保护准确性较高，可以自动复位，使用方便，但其不能直接断开主回路，需要和接触器配合使用，常用于直流电机和绕线式异步电机的保护。

(3) 自动开关保护

自动开关又称自动空气熔断器，它具有短路、过载和欠电压保护，这种开关能在线路发生上述故障时快速地自动切断电源。它是低压配电重要保护元件之一，常作低压配电室的总电源开关及电动机变压器的合闸开关。

自动开关保护准确性高，易复位，还有过压、过载等保护，但其价格较贵，结构复杂，常用于自动化程度和工作特性要求较高的场合。

2. 过载保护装置

电动机长期超载运行，电动机绕组温升超过其允许值，电动机的绝缘材料就要变脆，寿命减少，严重时电动机损坏。过载电流越大，达到允许温升的时间就越短，即过载保护具有“反时限性”。常用的过载保护元件是热继电器。

热继电器可以满足这样的要求：当电动机为额定电流时，电动机为额定温升，热继电器不动作；在过载电流较小时，热继电器要经过较长时间才动作；当过载电流较大时，热继电器则经过较短时间就会动作。

3. 零压或欠压保护

当电动机正在运行时，电源电压因某种原因消失，这种现象称为失压。失压后如果不采取措施，那么在电源电压恢复时电动机就将自行启动，可能造成生产设备的损坏，甚至造成人身事故。对电网来说，电源电压恢复可能导致许多电动机及其他用电设备同时自行启动以致引起过电流及瞬间网络电压下降等情况。为了防止电压恢复时电动机自行启动的保护为失压(零压)保护。在要求较高的场所一般用电压继电器来实现失压保护；一般场所用按钮配合继电接触器电路即可实现失压保护。

当电动机正常运转时，电源电压下降超过允许值，这种现象称为欠压。欠压会引起电机转速急剧下降，影响正常工作甚至停转烧毁电动机等。因此，需要在电源电压下降到阈值时将电源切断，这就是欠压保护。在要求较高的场所一般常用欠电压继电器来实现欠压保护；一般场所用按钮配合继电接触器电路即可实现欠压保护。

下面以图 2.21“具有长动控制环节的电路”为例，来说明按钮配合继电接触器电路在一般控制场所实现失压保护和欠压保护的原理。

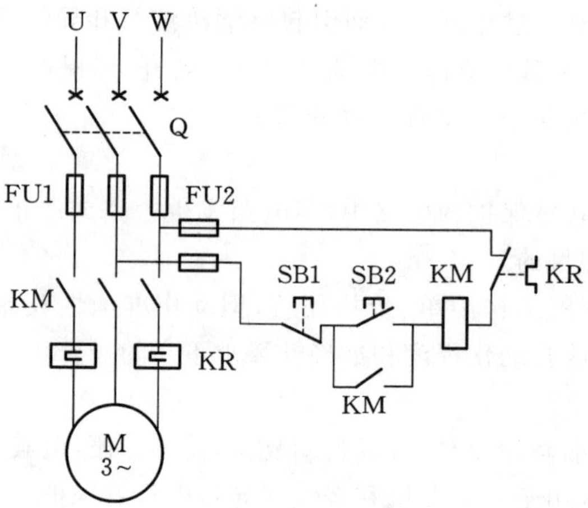

图 2.21 按钮与接触器实现的零压、欠压保护线路

当电路中的电压消失或降低到一定值时，控制回路中接触器线圈 KM 失电，主触点断开，电机脱离电源而得到保护；当电源恢复时，必须重新启动按钮电机方可启动。即电机在电源恢复时不可能自行启动，这样按钮配合接触器实现了零压和欠压保护。

在图 2.22 中，SL 是一个三位转换开关，当 SL 置于第一个位置 SL1 处时，转换开关接通 a、b 两点，使 KVN 线圈吸合，电源指示灯(HL)亮；当 SL 置于第二个位置 SL2 处时，转换开关接通 c、d 两点，使接触器 KM1 得电，电机正转；当 SL 置于第三个位置 SL3 处时，转换开关接通 e、f 两点，使 KM2 得电，电机反转。

当电动机正在运行时，如电源电压因某种原因消失，电动机随即停止运行。而当电压恢复时，转换开关一定处于 SL1 或 SL2 处，KVN 线圈处于失电状态，电动机不会自行启动，起到了零压与欠压保护功能。

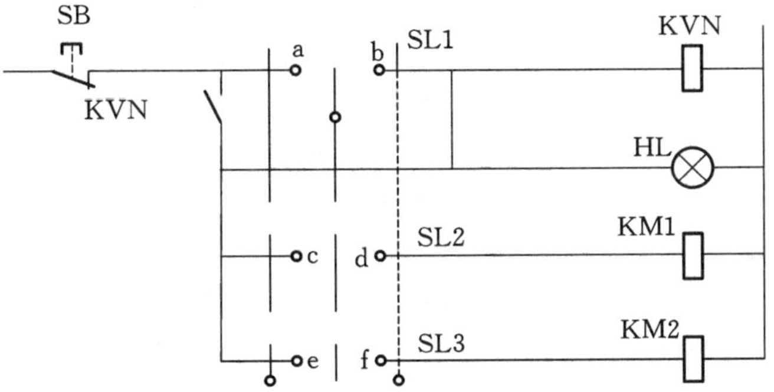

图 2.22　电压继电器实现的零压、欠压保护线路

4. 零磁保护环节

零磁保护环节主要是针对直流电机设置的保护环节。直流电动机在磁场有一定强度下才能启动，如果磁场太弱，电动机的启动电流就会很大。当直流电动机正在运行时磁场突然减弱或消失，电动机转速就会迅速升高，甚至发生飞车的情况。因此需要采取弱励磁保护。弱励磁保护是通过电动机励磁回路串入弱磁继电器(电流继电器)来实现的，在电动机运行中，如果励磁电流消失或降低很多，弱磁继电器就释放，其触点切断主回路接触器线圈的电源，使电动机断电停车。

在图 2.23 中，加合适的直流电源后电流继电器 KAV 线圈吸合工作，此后按下按钮 SB1，直流接触器 KM 得电工作，直流电动机 M 启动正常工作。若某种原因导致流过励磁绕组 FC 中的电流过小($\varphi\downarrow$)，电流继电器 KAV 线圈就会自动失电，从而使电机 M 停机，起到了零磁(弱磁)保护的作用。

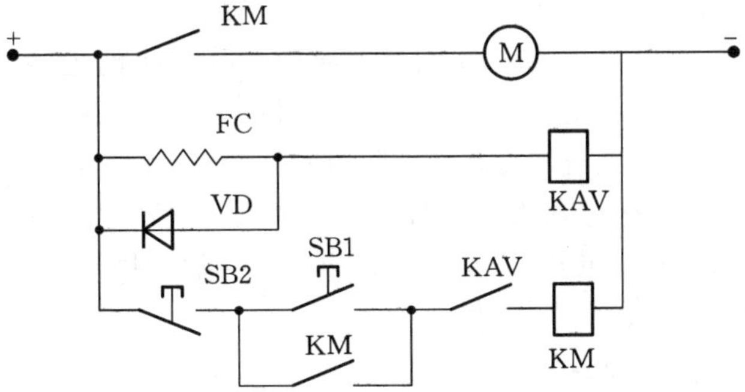

图 2.23　零磁保护或弱磁保护线路

2.2 卧式车床电气控制线路

卧式车床是机床中应用最广泛的一种,它可以用于切削各种工件的外圆、内孔、端面及螺纹。车床在加工工件时,随着工件材料的不同,应选择合适的主轴转速及进给速度。但目前中小型车床多采用不变速的异步电动机拖动,它的变速是靠齿轮箱的有级调速来实现的,所以它的控制线路比较简单。为满足加工的需要,主轴的旋转运动有时需要正转或反转,这个要求一般是通过改变主轴电动机的转向或采用离合器来实现的。进给运动多半是通过主轴运动分出一部分动力,由交换齿轮箱传给进给箱配合来实现刀具的进给。有的为了提高效率,刀架的快速运动由一台单独的进给电动机来拖动。车床一般都设有交流电动机拖动的冷却泵,来实现刀具切削时的冷却。有的还专设一台润滑泵对系统进行润滑。

主电动机通常有两种启动方式,即直接启动和降压启动。启动方式的选取不仅要考虑电动机的容量(一般 5 kW 以下电动机用直接启动,10 kW 以上电动机用降压启动),还要考虑电网的容量。不经常启动的电动机可直接启动的容量为变压器容量的 30%,经常启动的电动机可直接启动的容量为变压器容量的 20%。

主电动机的制动也有两种方式,即电气方法实现的能耗制动和反接制动,以及机械的摩擦离合器制动。

2.2.1 CW6163 型万能卧式车床电气控制线路

图 2.24 为 CW6163 型万能卧式车床的电气原理图,床身最大工件的回转半径为 630 mm,工件的最大长度可根据床身的不同分为 1500 mm 或 3000 mm 两种。

1. 主电路介绍

整机的电气系统由 3 台电动机组成,M1 为主运动和进给运动电动机,M2 为冷却泵电机,M3 为刀架快速移动电动机。三台电动机均为直接启动,主轴制动采用液压制动器。

三相交流电通过自动开关 Q 将电源引入,交流接触器 KM1 为主电动机 M1 的启动用接触器。热继电器 KR1 为主电动机 M1 的过载保护电器,M1 的短路保护由自动开关中的电磁扣来实现。电流表Ⓐ监视主电动机的电流。当机床工作时,可调整切削用量,使电流表的电流等于主电动机的额定电流来提高功率因数和生产率,以便充分地利用电动机。

熔断器 FU1 为 M2、M3 电动机的短路保护。M2 电动机的启动由交流接触器 KM2 来完成,KR2 为它的过载保护。同样 KM3 为 M3 电动机的启动用接触器,因快速移动电动机 M3 短期工作可不设过载保护。ST 为操作开关。

2. 控制、照明及显示电路说明

控制变压器 TC 二次侧 110 V 电压作为控制回路的电源。为便于操作和事故状态下的紧急停车,主电动机 M1 采用双点控制,即它的启动和停止分别由装在床头操纵板上的按钮 SB3 和 SB1 及装在刀架拖板上的 SB4 和 SB2 进行控制。当主电动机过载时,KR1 的动断触点断开,切断了交流接触器 KM1 的通电回路,电动机 M1 停止。行程开关 ST 为机床的限位保护。

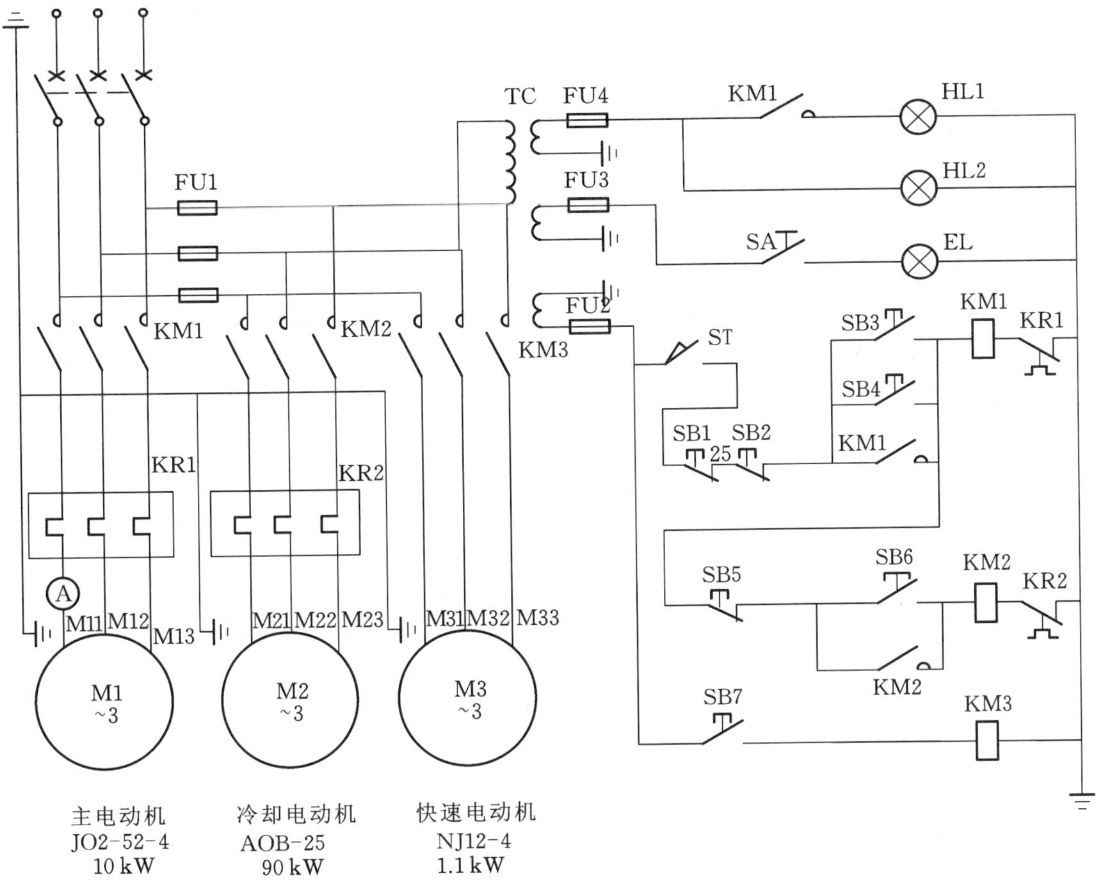

图 2.24　CW6163 型万能卧式车床电气控制线路

冷却泵电动机的启动与停止由装在床头操作板上的按钮 SB6 和 SB5 控制。快速移动电动机由安装在进给操作手柄顶端的按钮 SB7 控制，它与交流接触器 KM3 组成点动控制环节。

信号灯 HL2 为电源指示灯，HL1 为机床工作指示灯，EL 为机床照明灯，SA 为机床照明灯开关。

3. 图 2.24 控制线路工作过程分析

① 合上断路器 Q→电源指示灯 HL2 亮（表示三相交流电源接通），此时合上 SA，则机床照明灯 EL 亮。

② 按下 SB3 或 SB4→KM1 ON，机床主电机 M1 开始工作，机床工作指示灯 HL1 亮 。

③ 按下 SB1 或 SB2 →KM1 OFF，机床主电机 M1 停机。

④ 在 M1 工作的状态下，按下 SB6 →KM2 ON，冷却泵电机 M2 启动工作。

⑤ 按 SB5 →KM2 OFF，冷却泵电机停止工作。

⑥ 在电源接通的任何时候按下 SB7 →KM3 ON，刀架快移电机 M3 启动工作，快移电机只能点动控制。

⑦任何时候只要工作台超出规定行程，行程开关 ST 就自动断开，切断控制回路电源，实现机床的限位保护。

2.2.2 C616 型卧式车床电气控制线路

图 2.25 所示为 C616 卧式车床的电气原理图，它属于小型机床，床身最大工件的回转半径为 160 mm，工件的最大长度为 500 mm。

1. 主电路介绍

该车床有三台电动机：Ml 为主电动机，M2 为润滑油泵电动机，M3 为冷却泵电动机。

三台电动机由 380 V 三相交流电源供电，如图 2.25 所示，图中 U11、V12、W13 是通过车间供电开关送到机床电气柜中的交流电源。由组合开关 Q 接通，完成操作前电路的准备工作。KM1、KM2 为主电动机 M1 的正转接触器和反转接触器。KM3 为 M2 电动机的启动、停止用接触器，KR2、KR3 为 M2 和 M3 电动机的过载保护用热继电器。

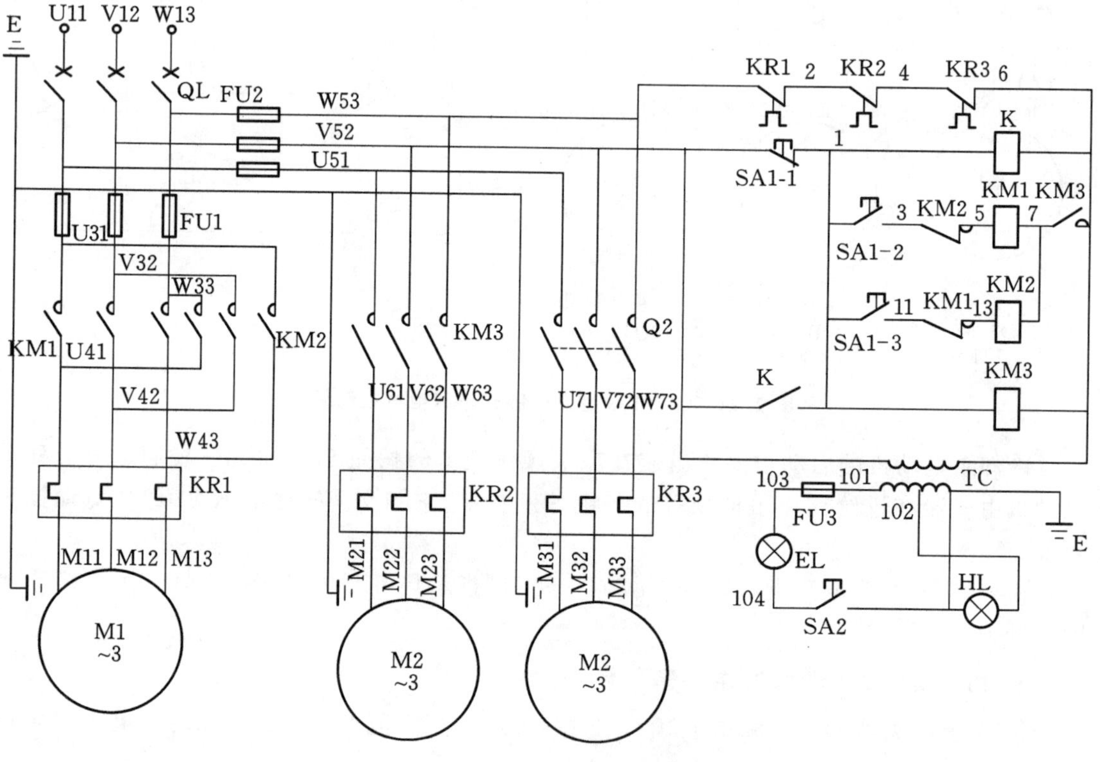

图 2.25 C616 型卧式车床电气控制线路

2. 控制、照明及显示电路说明

控制回路中的 SA1 是一个由操纵手柄控制的三位转换开关。在启动主电动机前，首先控制操纵手柄处于零位，接通 SA1-1，使润滑油泵接触器 KM3 线圈得电，其常开主触点闭合，润滑油泵电动机 M2 启动；与此同时，M2 的辅助触点（常开）也闭合，允许主电动机 M1 启动。KM3 的辅助触点即为联锁触点，其作用是保证 M2 启动后 M1 才能启动。这个环节保证了在车床主轴箱润滑良好后，方可启动主电动机 M1。

操纵手柄控制的开关 SA1 可以控制主电动机的正转与反转。开关 SA1 有一对动断触点和两对动合触点。当开关 SA1 在零位时，SA1-1 触点接通，SA1-2 和 SA1-3 断开，这时中间继器 K 通电吸合，K 的触点闭合将 K 线圈自锁。当操纵手柄搬到向下位置时操纵手柄控制的开关 SA，可以控制主电动机的正转与反转。开关 SA，有一对动断触点和两对动合触点。当开关 SA 在零位时，SA1-1 触点接通，SA1-2、SA1-3 断开，中间继器 K 通电吸合，K 的辅助触点闭合将 K 线圈自锁。当操纵手柄搬到向下位置时，即开关 SA1 打向正向位置，触点 SA1-1、SA1-3 断开，SA1-2 闭合，正转接触器 KM1 线圈得电吸合，主电动机 M1 正转启动。当操纵手柄搬到向上位置时，SA1-3 接通，SA1-2、SA1-1 断开，反转接触器 KM2 线圈得电吸合，主电动机 M1 反转启动。

开关 SA1 的触点在机械上保证了两个接触器只能吸合一个。KM1 和 KM2 的动断触点在电气上也保证了只能有一个接触器吸合，这样就避免了两个接触器同时吸合的可能性。当手柄扳回零位时，SA1-2、SA1-3 断开，接触器 KM1 或 KM2 线圈断电，M1 电动机自由停车。

中间继电器 K 起零压保护作用。在线路中，当电源电压降低或消失时，中间继电器 K 释放，K 的动合触点断开，接触器 KM_3释放，KM_3的动合触点断开，导致 KM1 或 KM2 断电释放。当电网恢复后，因为这时 SA1 开关不在零位，KM3 接触器不会得电吸合，所以 KM1 或 KM2 接触器也不会得电吸合。即使手柄在零位，SA1-2 和 SA1-3 触点断开，KM1 或 KM2 也不会得电造成电动机的自启动，这是因为中间继电器的零压保护作用。

在图 2.25 中，变压器副边为电源指示灯 HL 提供 6.3 V 电压，为机床照明指示灯 EL 提供 36 V 电压，EL 由开关 SA2 控制。

2.2.3　C650 型卧式车床电气控制线路

C650 卧式车床属于中型车床，床身的最大工件回转半径为 1020 mm，最大工件长度为 3000 mm。图 2.26 是 C650 卧式车床的电气原理图。

C650 卧式车床的主电动机功率为 30 kW，为提高工作效率，该机床采用了反接制动。为了减少制动电流，定子回路串入了限流电阻 R。拖动溜板箱快速移动的 2.2 kW 电动机是为了减轻工人的劳动强度和节省辅助工作时间而专门设置的。

1. C650 控制线路的特点

① 主电动机能正反转，省掉了机械换向装置；

② 采用了电气反接制动，能迅速停车；

③ 刀架移动加快，能提高工作效率；

④ 主轴可以点动调整。

2. 主电路介绍

C650 型普通车床共有三台电动机：主电机 M1、冷却泵电机 M2 和刀架快移电机 M3，均为直接启动。组合开关 Q 将三相电源引入，FU1 为主电动机 M1 的短路保护熔断器，KR1 为 M1 电动过载保护用热继电器。R 为限流电阻，防止在启动时连续的启动电流造成电动

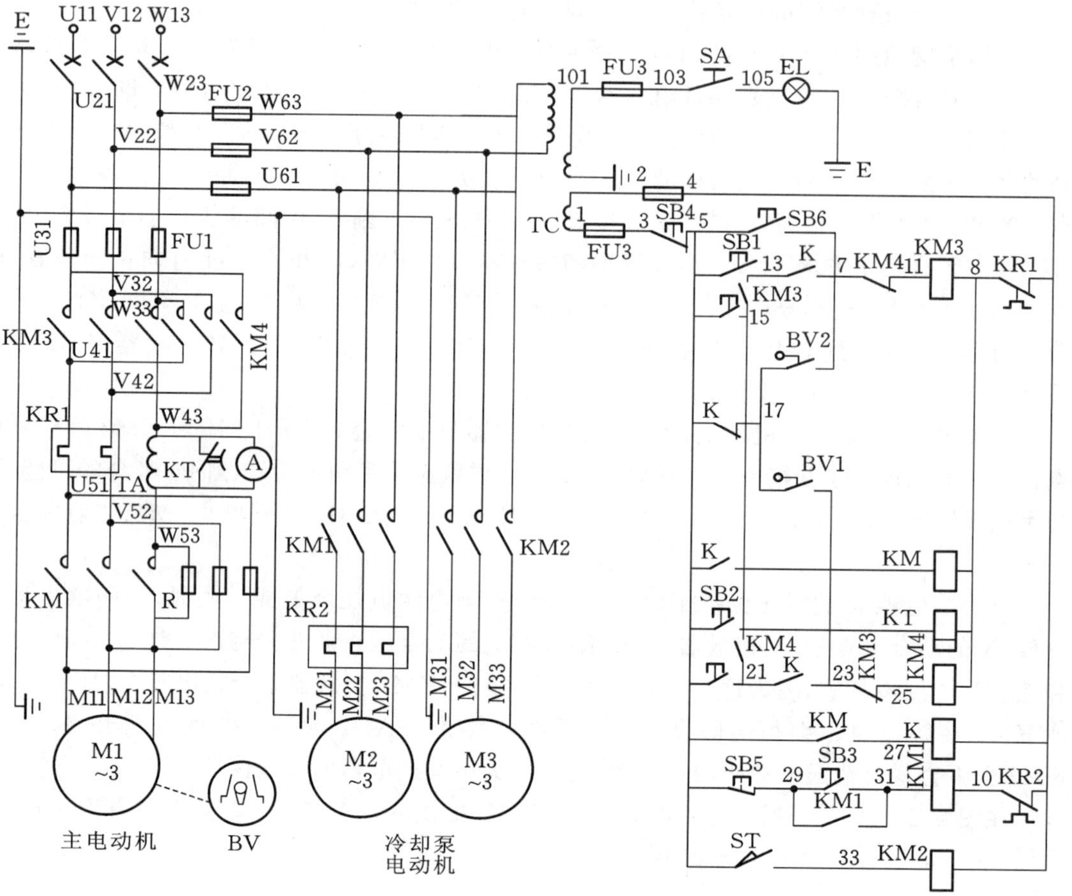

图 2.26　C650 型卧式车床电气控制线路

机的过载。电动机绕组通过互感器 TA 接入电流表Ⓐ以监视主电动机绕组的电流。熔断器 FU2 为 M2、M3 电动机的短路保护，接触器 KM1、KM2 为 M2、M3 电动机启动用接触器。KR2 为 M2 电动机的过载保护，因快速移动电动机 M3 短时工作，所以不设过载保护。主回路的主要特点如下：

① 主电路中接有电流表，以监视主电机的工作电流。为避免启动电流烧坏电流表，在Ⓐ上并有时间继电器 KT 的延时断开触点，启动时短接电流表。

② 为防止制动电流（断续电流、点动）对主电机的冲击，主电路中串有电阻 R，在制动时断开 KM 主触点接入电阻 R，正常工作时由 KM 主触点短接电阻 R。

3. 控制回路的工作过程分析

（1）主轴点动调整控制线路

点动由点动按钮 SB6 操纵，按下按钮 SB6，接触器 KM3 得电动作，主触点 KM3 闭合，电动机经限流电阻 R 接通（接触器 KM 不得电），电动机在低速下转动。松开按钮，KM3 断电，电动机断电停止，在点动过程中中间继电器 K 不会得电，因此 KM3 不会自锁。

(2) 主轴正反转控制线路

正向转动由正向启动按钮 SB1 操作，是通过正向接触器 KM3 和接触器 KM 实现的。按下按钮 SB1，接触器 KM1 首先得电动作，主触点 KM 闭合，所以正常运转时电阻 R 被短接。同时常开辅助触点 KM 闭合，使中间继电器 K 线圈得电。K 的常开触点闭合，使 KM3 线圈得电动作，其主触点 KM3 闭合，电动机接通电源运转。接触器 KM3 是靠中间继电器触点自锁，这是为了实现其点动功能。

主轴反转控制是由 SB2 操作并通过反向接触器 KM4 和接触器 KM 实现的。按下 SB2 时也是接触器 KM 首先得电动作，其辅助触点使中间继电器 K 线圈得电，K 的常开触点闭合，接触器 KM4 得电动作，电源反接，电动机反转。显然当电动机反转时，由于按钮和互锁环节的保障，电源不会正向接通。

(3) 主轴电动机的反接制动控制

C650 车床采用了电气反接制动方式。当电动机制动接近零速时，用速度继电器控制来切断三相电源。因速度继电器与被控电动机是同轴连接的，所以当电动机正转时，速度继电器正转触点动作闭合；当电动机反转时，反转触点动作闭合。

当电动机正向转动时，接触器 KM3、KM 的常开触点和中间继电器 K 都处于得电动作状态。速度继电器的正转触点 BV1 是闭合的，从而给反接制动做好了准备。

如需要停车，可按停止按钮 SB4，此时接触器 KM 线圈失电，其主触点打开，并即刻将电阻 R 接入主回路，以防止制动电流过大。与此同时，KM3 也失电，断开了电动机正转电源，但由于中间继电器 K 线圈失电，其常闭触点闭合，反向接触器 KM4 得电动作，电动机电源反接。由于惯性，电动机仍在正向转动，且速度继电器的正转触点 BV1 仍是闭合的，因此电动机是在主回路串入电阻 R 的情况下进行反接制动。当转速很低时，BV1 触点才断开。接触器 KM4 失电，主触点打开，切断电动机电源，从而使电动机停止。

电动机反向运转时的制动情况与正向运转时的制动情况相似。

(4) 刀架快速移动控制及冷却控制

M3 为刀架快速移动电动机，M2 为冷却泵电动机。刀架手柄压合限位开关 ST，接触器 KM2 线圈得电吸合，M3 电动机工作，带动刀架实现快速移动。冷却泵电动机的启停是由按钮 SB3 和 SB5 操作接触器 KM1 来实现的。

此外，C650 车床主回路采用电流表来监视主电动机负载情况，而电流表Ⓐ是通过电流互感器接入的。为了防止启动电流冲击电流表，线路中加一个时间继电器 KT。当主电动机 M1 启动时，KT 接通，而其延时打开的常闭触点尚未动作，则电流互感器副边电流只流经触点回路，因此不影响电流表Ⓐ。电动机 M1 启动以后，时间继电器 KT 延时完毕，常闭触点打开，电流经由电流表Ⓐ。延时的长短可根据电动机启动时间来调整，这样电流表就不会受到启动电流的冲击。制动时时间继电器 KT 线圈失电，由于其触点是瞬间合上的，所以电流表Ⓐ同样不会受冲击。

2.2.4　Z3040 型摇臂钻床电气控制线路

钻床可以进行钻孔、镗孔和攻丝等多种加工，因此要求主轴运动和进给运动有较宽的调速范围。Z3040 型摇臂钻床的主轴调速范围为 50 : 1；正转最低转速为 40 r/min，最高为

2000 r/min;进给调速范围为 0.05～1.60 mm/r。

摇臂钻床的主轴和进给运动由同一台交流异步电动机拖动,通过机械齿轮进行变速。主轴的正反转是通过机械转换实现的,故主轴电动机只有一个旋转方向。

摇臂钻床除了主轴和进给运动外,还有摇臂的上升、下降及立柱、摇臂、主轴箱的夹紧与放松。摇臂的上升、下降由一台交流异步电动机拖动,还有一台交流异步电动机拖动一台液压泵,供给夹紧装置所需要的压力油。此外有一台冷却泵电动机对加工的刀具进行冷却。具体控制线路如图 2.27 和图 2.28 所示。

1. 主电路分析

主电路(图 2.27)和控制电路的电源均由自动空气开关 Q1 引入,自动空气开关 Q2 能控制摇臂的升降及各夹紧运动与主轴运动解裂,以方便维护和调试。

主电动机 M1 只有一个旋转方向,故只用一个交流接触器 KM1;而摇臂升降电动机 M2 和液压泵电动机 M3 要求正反转两个旋转方向,故分别采用两个接触器 KM2、KM3 和 KM4、KM5。冷却泵电动机 M4 采用自动空气开关 Q5 人工控制。FRl,FR2 分别为主电动机 M1 和液压泵电动机 M3 的过载保护用热继电器;摇臂升降电动机 M2 和冷却泵电动机 M4,由于短时工作,因而不设过载保护。

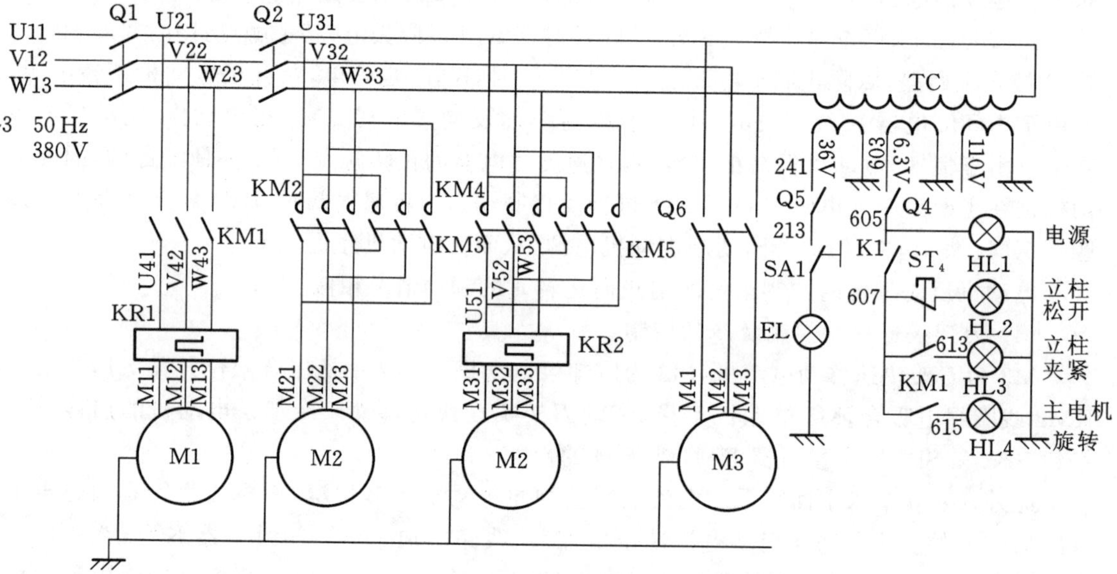

图 2.27　Z3040 型摇臂钻床电气控制线路(主回路)

2. 控制电路分析

控制电路(图 2.28)的电源由控制变压器 TC 二次侧输出 110 V 电压为供电,中间抽头 603 对地为信号灯电源 6.3 V,241 号线对地为照明变压器 TD 二次侧输出 36 V 电压。

(1) 主电动机的旋转控制

在主电动机启动前,首先将自动开关 Q2、Q3、Q4 扳到接通状态,然后再将自动开关 Q1 扳到接通状态,电源指示灯 HL1 亮。此时按下启动按钮 SB1,中间继电器 K 得电并自锁,为主电动机及其他电动机的启动做好了准备。

当按下按钮 SB2 时,交流接触器线圈 KM1 得电并自锁使主轴电动机旋转,同时主电动机工作的指示灯 HL4 亮。主轴的正转与反转是使用手柄通过机械换向的方法来实现的。

主轴电动机的停止由按钮 SB8 来实现,当主轴电动机或液压泵电动机过载时,通过 FR1 或 FR2 使 KMl 或 KM4、KM5 失电,由此主轴电动机或液压泵电动机可停下来。

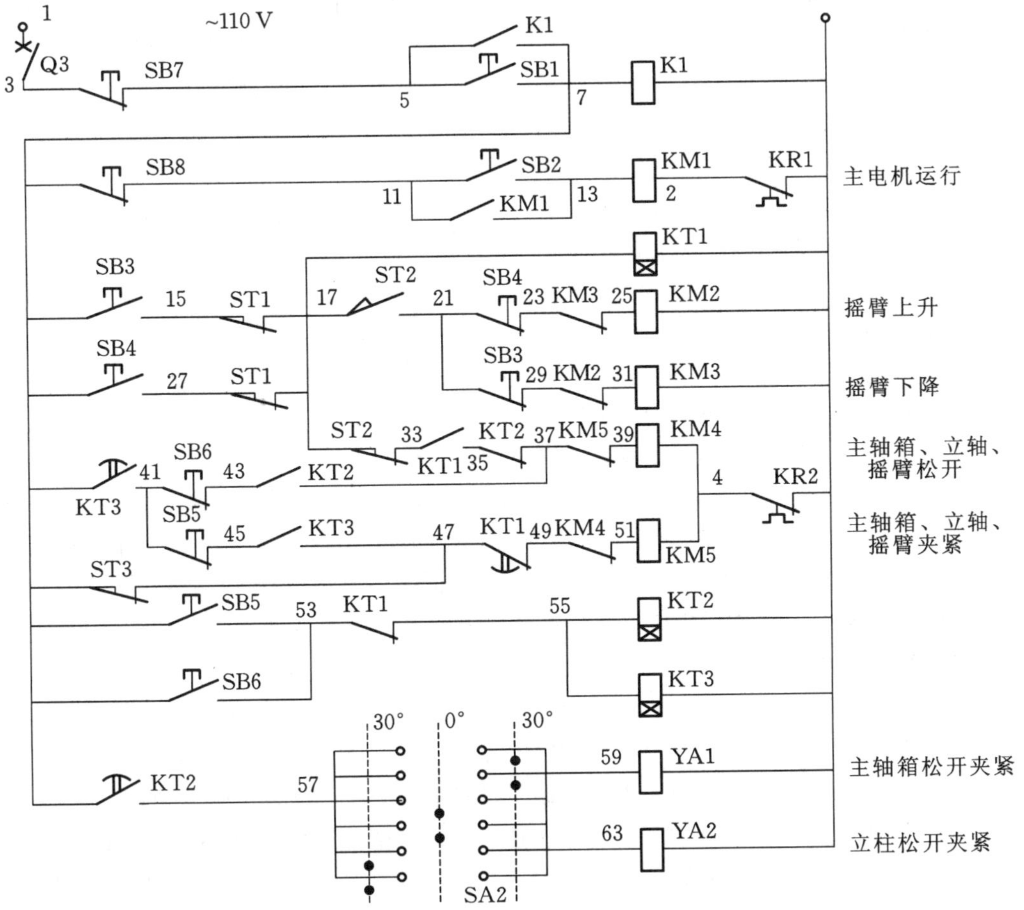

图 2.28　Z3040 型摇臂钻床电气控制线路(控制回路)

(2) 摇臂的升降控制

摇臂的上升与下降,属短时的调整工作,因此采用点动工作方式。

按下按钮 SB3,时间继电器 KT1 得电,其瞬动常开触点(33-35)闭合,接触器 KM4 得电,液压泵电动机 M3 启动供给压力油,经分配阀进入摇臂松开油腔,推动活塞使摇臂松开。同时活塞杆通过弹簧片使限位开关 ST2 的常闭触点(17-33)断开,KM4 失电,液压泵电动机 M3 停止,而 ST2 的常开触点(17-21)闭合,接触器 KM2 得电,摇臂升降电动机 M2 拖动摇臂上升。

如果摇臂没有松开,ST2 的常开触点不能闭合,摇臂升降电动机不能转动,这样就保证了只有在摇臂可靠松开后才可使摇臂上升或下降。

当摇臂上升到所需位置时，松开按钮 SB3，KT1 和 KM2 失电，升降电动机 M2 停止，摇臂上升停止。经过时间继电器 KTl 的断电延时闭合的常闭触点（47-49）闭合，接触器 KM5 得电，M3 反转，使压力油经分配阀进入摇臂的夹紧油腔，夹紧摇臂。同时活塞杆通过弹簧片使限位开关 ST3(3-47)的常闭触点断开，接触器 KM5 失电，电动机 M3 停止，完成了摇臂的松开—上升—夹紧的过程。

摇臂下降是通过按钮 SB4 来实现的，其动作过程为摇臂松开—下降—夹紧。控制摇臂的上升和下降（即电动机 M2 的正转和反转）的接触器 KM2 与 KM3，不能同时动作，否则引起电源短路。为此，在摇臂上升和下降的线路中加入了按钮互锁和触点互锁。

(3) 立柱和主轴箱的松开与夹紧控制

用来使立柱和主轴箱的松开与夹紧的压力油是由电动机 M3 拖动的液压泵提供的。控制主轴箱的松开与夹紧的压力油，需经电磁阀 YA1 进入主轴箱油腔，而控制立柱松开与夹紧用压力油则经电磁阀 YA2 进入立柱油腔。

立柱和主轴箱的松开与夹紧控制，可分别进行，也可同时进行，由组合开关 SAl 和按钮 SB6（或 SB5 实现）。SA1 有三个位置，当扳到左边时，触点(57-63)接通，YA2 得电，可进行立柱的夹紧或放松；当扳到右边时，触点(57-59)接通，YA1 得电，可进行主轴箱的夹紧或放松；当扳到中间位置时，二者可同时进行。

下面以主轴箱的松开与夹紧为例说明它的动作过程。

首先将 SAl 扳向右侧，触点(57-59)接通，(57-63)断开。当要使主轴箱松开时，按下按钮 SB5，时间继电器 KT2、KT3 得电，断电延时打开的常开触点 KT2(3-57)闭合，电磁阀 YA1 得电，为压力油进入主轴箱油腔打开通路。经过时间继电器 KT3 的延时后，延时闭合的常开触点 KT3(3-41)闭合，KM4 得电，油泵电动机正转使压力油进入主轴箱油腔，推动活塞使主轴放松。活塞杆还使行程开关 ST4(607-613)复位主轴箱和立柱松开，指示灯 HL2 亮，至此主轴箱松开过程完成，放开按钮 SB5，KT2、KT3 失电，KM4 也失电，再经时间继电器 KT2 的延时后，触点 KT2(3-57)断开，YA1 失电。当要使主轴箱夹紧时，按下按钮 SB6，YA1 又得电，经延时后 KM5 得电，油泵电动机反转，压力油推动活塞使主轴箱夹紧，同时压紧行程开关 ST4(605-613)受压断开，(3-61)闭合，主轴箱夹紧，指示灯 HL3 亮，HL2 灭。

将 SA1 扳到左侧后，按下按钮 SB5（或 SB6）电磁阀 YA2 得电，实现立柱的松开（或夹紧）。

如果将 SAl 扳到中间位置，触点(57-59)和(57-63)同时接通．再按下 SB5（或 SB6），YA1 和 YA2 将同时得电，就可同时进行主轴箱和立柱的松开（或夹紧）。

2.2.5 X62W 万能铣床电气控制线路

铣床可以用来加工平面、斜面和沟槽等。铣床的种类很多，有卧铣、立铣、龙门铣和仿形铣等，其中以卧式和立式万能铣床应用最广泛。下面以 X62W 万能铣床为例，分析中小型铣床的电气控制线路。

铣床的运动方式分为主运动、进给运动和辅助运动。主运动是铣床主轴的旋转运动；进给运动是工作台的直线运动；辅助运动是工作台的快速移动以及工作台的旋转运动。

铣床加工方式有顺铣和逆铣两种，分别使用顺铣刀和逆铣刀，因此要求主轴电动机能正反转。一旦铣刀选定,铣削方向也就确定了,故工作过程中不需要变换主轴旋转方向。为了加工前对刀和提高生产率,要求主轴电动机有制动装置。铣床的进给运动有工作台前后、左右、上下六个方向的运动。为保证安全,同一时间内只允许一个方向的运动。因此,用一台进给电动机拖动,由手柄选择运动方向。另外,六个方向还能实现快速移动。

主运动和进给运动采用变速孔盘来进行速度选择,为使变速过程中齿轮能顺利啮合,两种运动都要求变速后作瞬时点动。

为了扩大其加工能力,如铣削圆弧和凸轮等曲线,可以在工作台上安装圆形工作台。圆形工作台的旋转是由进给电动机经传动机构驱动的。

为使铣床安全可靠地工作,铣床启动时,要求先启动主轴电动机,再启动进给电动机。停车时,要求先停止进给电动机,再停止主轴电动机,或同时停止两台电动机。

当主轴电动机或冷却泵电动机过载时,进给运动必须立即停止,以免损坏刀具和机床。图 2.29 及图 2.30 所示分别为 X62W 型万能铣床的电气控制原理图的主回路与控制回路。

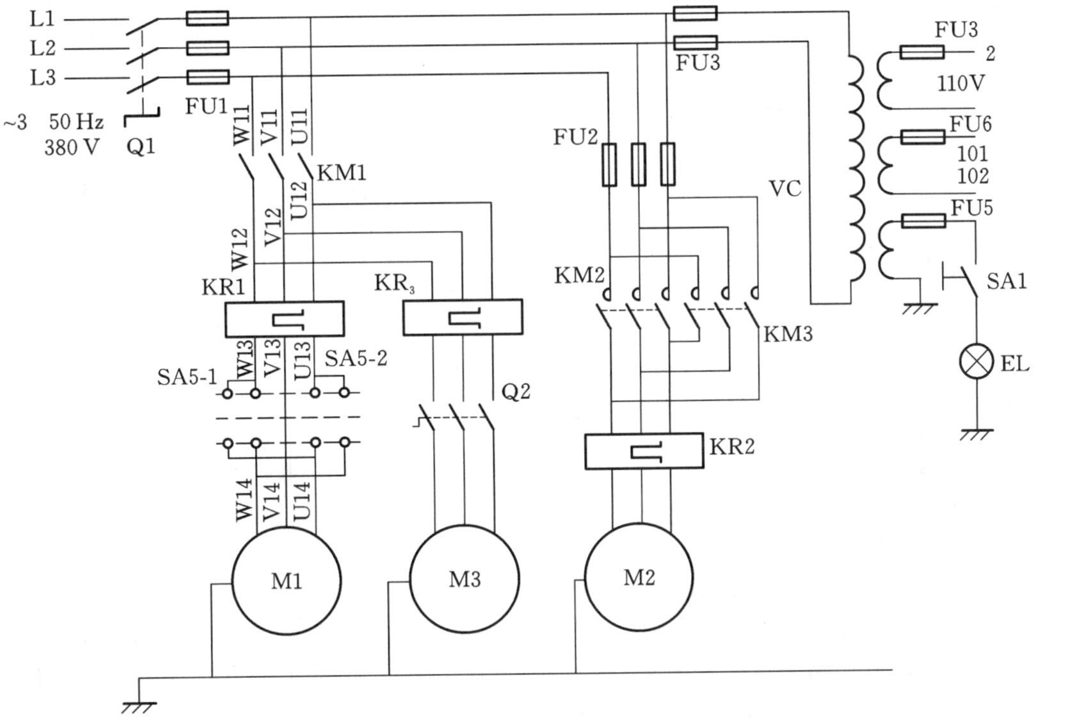

图 2.29　X62W 型万能升降台铣床电气控制线路(主回路)

1. 主电路分析

铣床是采用逆铣方式加工还是顺铣方式加工,在开始工作前即已选定,在加工过程中是不改变的。为简化控制电路,主轴电动机 M1 正转接线与反转接线通过组合开关 SA5 手动切换,控制接触器 KM1 的主触点只控制电源的接入与切断。

进给电动机 M2 在工作过程中频繁变换转动方向,因而仍采用接触器方式构成正转与反转接线。

冷却泵驱动电动机 M3 根据加工需要提供切削液，电路中手动直接接通转换开关 SA3，在主电路中手动直接接通和断开定子绕组的电源。

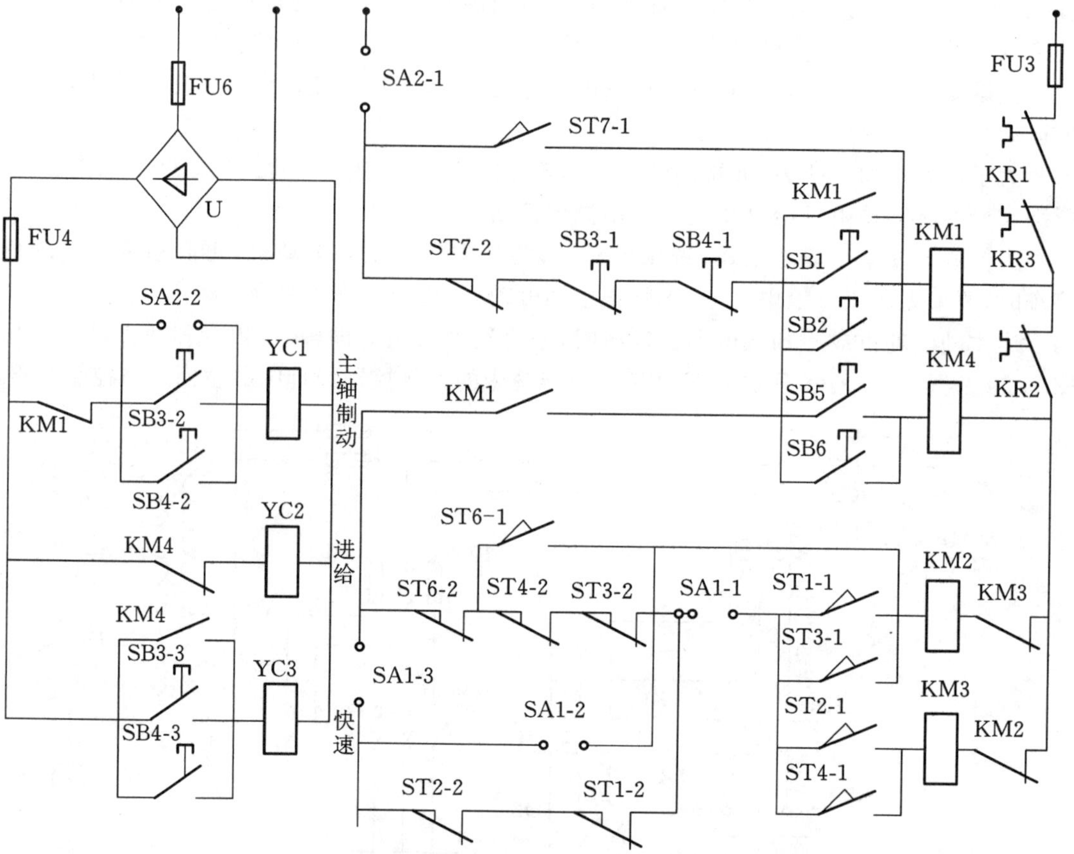

图 2.30　X62 型万能升降台铣床电气控制线路(控制回路)

2. 控制电路分析

(1) 主轴电动机 M1 的控制

① 主轴电动机启动控制。主轴电动机空载直接启动，启动前，由组合开关 SA5 选定电动机的转向，控制电路中选择开关 SA2，选定主轴电动机为正常工作方式，即 SA2-1 触点闭合，SA2-2 触点断开，然后通过按下启动按钮 SB1 或 SB2，接通主轴电动机启动控制接触器 M1 的线圈电路，其主触点闭合，主轴电动机按给定方向启动旋转，按下停止按钮 SB3-1 与 SB4-1，主轴电动机停转。SB3-1、SB1、SB4-1 与 SB2 分别位于两个操作板上，从而实现主轴电动机的两地操作控制。

② 主轴电动机制动及换刀制动。为使主轴能迅速停车，控制电路采用电磁制动器进行主轴的停车制动。按下停车按钮 SB3-1 或 SB4-1，其动断触点使接触器 KM1 的线圈失电，电动机定子绕组脱离电源，同时其动合触点 SB3-2 或 SB4-2 闭合接通电磁制动器 YC1 的线圈电路，对主轴进行停车制动。

当进行换刀和上刀操作时，为了防止主轴意外转动造成事故，也为了上刀方便，主轴必须处在断电停车和制动的状态。此时工作状态选择开关 SA2 由正常工作状态位置扳到上刀制动状态位置，即 SA2-1 触点断开，切断接触器 KM1 的线圈电路，使主轴电动机不能启动；SA2-2 触点闭合，接通电磁制动器 YC1 的线圈电路，使主轴处于制动状态不能转动，保证上刀换刀工作的顺利进行。

③ 主轴变速时的瞬时点动。变速时，变速手柄被拉出，然后转动变速手轮选择转速，转速选定后将变速手柄复位。因为变速是通过机械变速机构实现的，所以变速手轮选定应进入啮合的齿轮，齿轮啮合到位即可输出选定转速。但是当齿轮没有进入正常啮合状态时，则需要主轴有瞬时点动的功能，以调整齿轮位置，使齿轮进入正常啮合。实现瞬时点动是由复位手柄与行程开关 ST7 组合构成点动控制电路。变速手柄在复位的过程中按下瞬时点动行程开关 ST7，ST7 的动合触点 ST7-1 闭合，使接触器 KM1 的线圈得电，主轴电动机 M1 转动，ST7 的动断触点 ST7-2 切断 KM1 线圈电路的自锁，使电路随时可被切断；当变速手柄复位后，松开行程开关 ST，电动机 M1 停转，即完成一次瞬时点动。

手柄复位时要求迅速、连续，一次不到位应立即拉出，以免行程开关 ST7 没能及时松开，电动机转速上升，在齿轮未啮合好的情况下打坏齿轮。当一次瞬时点动不能实现齿轮良好的啮合时，应立即拉出复位手柄，重新进行复位瞬时点动的操作，直至完全复位。

(2) 进给电动机 M2 的控制

进给电动机 M2 的控制电路分为三部分：第一部分为顺序控制部分，当主轴电动机启动后，其控制启动接触器 KM1 辅助动合触点闭合，进给电动机控制接触器 KM2 与 KM3 的线圈电路方能通电工作；第二部分为工作台各进给运动之间的联锁控制部分，可实现水平工作台上各运动之间的联锁，也可实现水平工作台工作与圆工作台工作之间的联锁；第三部分为进给电动机正反转接触器线圈电路部分。

① 水平工作台纵向进给运动的控制。水平工作台纵向进给运动由操作手柄与行程开关 ST1、ST2 组合控制。纵向操作手柄有左右两个工作位和一个中间不工作位。当手柄扳到工作位时，带动机械离合器，接通纵向进给运动的机械传动链，同时按下行程开关，行程开关的动合触点 ST1-1、ST2-1 闭合使接触器 KM2 或 KM3 线圈得电，其主触点闭合，进给电动机 M2 正转或反转，驱动工作台向左或向右移动进给，行程开关的动断触点在运动联锁控制电路部分构成联锁控制功能。选择开关 SA1 是用来选择水平工作台工作或是圆工作台工作。SA1-1 与 SA1-3 触点闭合构成水平工作台运动联锁电路，SA1-2 触点断开，切断圆工作台工作电路。工作台纵向进给的控制过程为：电路由 KM1 辅助动合触点开始，工作电流经 ST6-2→ST4-2→ST3-2→SA1-1→ST1-1→KM3 到 KM2 线圈，或者由 SA1-1 经 ST2-1→KM2 到 KM3 线圈。

当手柄扳到中间位时，纵向机械离合器脱开，行程开关 ST1 与 ST2 不受压，因此进给电动机不转动，工作台停止移动。工作台的两端安装有限位撞块，当工作台运行到达终点位时，撞块撞击手柄，使其回到中间位置，实现工作台的终点停车。

② 水平工作台横向和升降进给运动控制。水平工作台横向和升降进给运动的选择和联锁是通过十字复式手柄和行程开关 ST3 和 ST4 组合控制，操作手柄有上、下、前、后四个工作位置和一个中间不工作位置。扳动手柄到选定运动方向的工作位，即可接通该运动方向的机械传动链。同时按下行程开关 ST3 或 ST4，行程开关的动合触点 ST3-1、ST4-1 闭合

使控制进给电动机转动的接触器 KM2 或 KM3 的线圈得电，电动机 M2 转动，工作台在相应的方向上移动。行程开关的动断触点同纵向行程开关一样，在联锁电路中构成运动的联锁控制。工作台横向与垂直方向进给控制过程为：控制电路由主轴电动机控制接触器 KM1 的辅助动合触点开始，工作电流经 SA1-3→SQT2-2 →ST1-2→SA1-1→ST3-1→KM3 到 KM2 线圈，或者由 SA1-1 经 ST4-1→KM2 到 KM3 线圈。当十字复式操作手柄扳在中间位置时，横向与垂直方向的机械离合器脱开，行程开关 ST3 与 ST4 均不受压，因此进给电动机停转，工作台停止移动。固定在床身上的挡块在工作台移动到极限位置时，撞击十字手柄，使其回到中间位置，切断电路，工作台在进给终点停车。

③ 水平工作台进给运动的联锁控制。操作手柄在工作时，只存在一种运动选择，因此铣床直线进给运动之间的联锁满足两操作手柄之间的联锁即可实现。联锁控制电路由两条电路并联组成，纵向手柄控制的行程开关 ST1、ST2 的动断触点 ST1-2、ST2-2 串联在一条支路上，十字复式手柄控制的行程开关 ST3、ST4 动断触点 ST3-2、ST4-2 串联在另一条支路上，扳动任一操作手柄，只能切断其中一条支路，另一条支路仍能正常通电，使接触器 KM2 或 KM3 的线圈不失电；若同时扳动两个操作手柄，则两条支路均被切断，接触器 KM2 或 KM3 断电，工作台立即停止移动，从而防止机床运动干涉造成设备事故。

④ 水平工作台的快速移动。水平工作台选定进给方向后，可通过电磁离合器接通快速机械传动链，实现工作台空行程的快速移动。快速移动为手动控制，按下启动按钮 SB5 或 SB6，接触器 KM4 的线圈得电，其动断触点断开，使正常进给电磁离合器 YC2 线圈失电，断开工作进给传动链；同时 KM4 的动合触点闭合，使快速电磁离合器 YC3 线圈得电，接通快速移动传动链，水平工作台沿给定的进给方向快速移动；松开按钮 SB5 或 SB6，KM4 线圈失电，恢复水平工作台的工作进给。

⑤ 圆工作台运动控制。当圆工作台工作时，工作台选择开关 SAl 的 SA1-1、SA1-3 两触点打开，SA1-2 触点闭合，此时水平工作台的操作手柄均扳在中间不工作位。控制电路由主轴电动机控制接触器 KM1 的辅助动合触点开始，工作电流经 ST6-2→ST4-2→ST3-2→ST1-2→ST2-2→SA1-2→KM3 到 KM2 线圈，KM2 主触点闭合，进给电动机 M2 正转，拖动圆工作台转动，圆工作台只能单方向旋转。圆工作台的控制电路串联了水平工作台工作行程开关 ST1 至 ST4 的动断触点，因此水平工作台任一操作手柄扳到工作位置，都会按下行程开关，切断圆工作台的控制电路，使其立即停止转动，从而起到水平工作台进给运动和圆工作台转动之间的联锁保护控制。

⑥ 水平工作台变速时的瞬时点动。水平工作台变速瞬时点动控制原理与主轴变速瞬时点动相同。变速手柄拉出后选择转速，再将手柄复位，变速手柄在复位的过程中按下瞬时点动行程开关 ST6，ST6 的动合触点 ST6-1 闭合接通接触器 KM2 的线圈电路，使进给电动机 M2 转动，ST6 的动断触点 ST6-2 切断 KM2 线圈电路的自锁。变速手柄复位后，松开行程开关 ST6。水平工作台变速瞬时点动与主轴瞬时点动操作相同，也要求手柄复位时迅速、连续，一次不到位，要立即拉出变速手柄，再重复瞬时点动的操作，进入正常工作。

3. 冷却泵电动机 M3 的控制

手动闭合 SA3，冷却泵电动机 M3 启动，供给冷却液。

2.2.6　T68 型卧式镗床电气控制线路

镗床分为卧式镗和坐标镗床两种，它属于精密加工机床。卧式镗床是冷加工中使用比较普遍的设备，它主要用于钻孔、镗孔、校孔及加工端面等。加工时，工件固定在工作台上，由镗杆（主轴）或平旋盘的旋转运动，进给运动是镗杆的轴向（进、出）移动、主轴箱的垂直（上、下）移动、工作台的纵向（前、后）和横向（左、右）移动，共八个方向。除有机动进给外，还可以手动进给和快速移动及点动。凡是不应该同时移动的部件，都应该有连锁保护。

图 2.31 及图 2.32 分别为 T68 型卧式镗床电气原理图的主回路和控制回路。

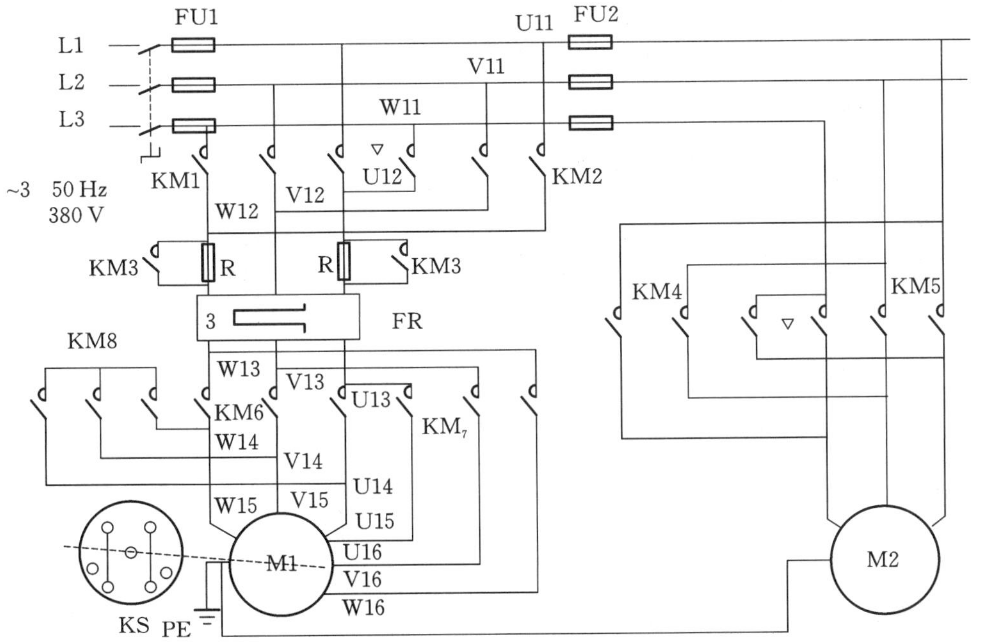

图 2.31　T68 型卧式镗床电气控制线路图（主回路）

1. 控制线路的特点

① 主回路有 2 台电机，主电机 M1 为双速电机。双速电机的高低速转换在控制回路中由主轴孔盘变速机构内的行程开关 ST 控制。当 ST 常态时，M1 定子绕组接成三角形，低速运行；当 ST 被压下时，M1 定子绕组接成双星高速，高速运行。

② 主电动机可实现正转、反转及正、反转时的点动控制，为限制电动机的启动和制动电流，在点动或制动定子绕组串入了限流电阻。

③ 主电机的启动是先低速延时后再高速。

④ 可实现主轴变速或进给变速时主电动机的缓慢移动（保证变速齿轮良好啮合），变速时不必停车。

2. 控制线路分析

(1) 主电动机 M1 的启动控制

① 主电动机 M1 的点动控制。主电动机的点动分为正向点动和反向点动，它分别由点

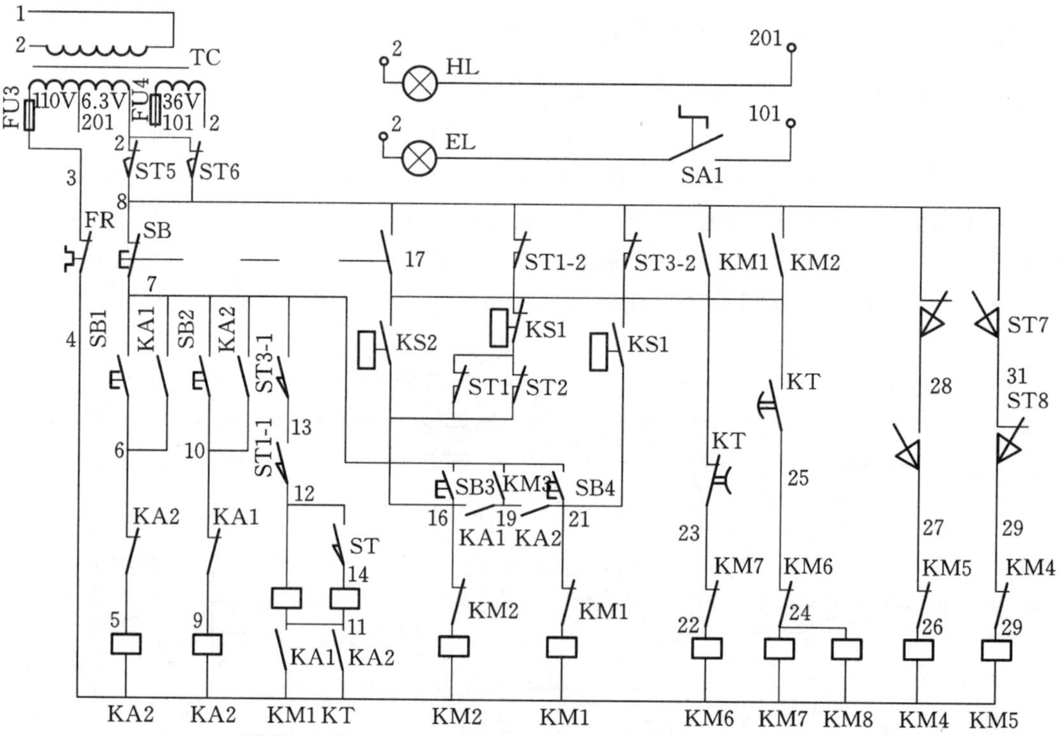

图 2.32　T68 型卧式镗床电气控制线路图(控制回路)

动按钮 SB3 和 SB4 控制。按下 SB3，接触器 KM1 线圈得电吸合，KM1 的辅助常开触点(8-17)闭合，使接触器 KM6 线圈得电吸合。电阻 R 和 KM6 的主触点接通主电动机 M1 的定子绕组，接法为三角形，使电动机在低速下正向旋转。松开按钮 SB3，主电动机断 M1 停止。

反向点动与正向点动控制过程相似，由按钮 SB4、接触器 KM2、KM6 来实现。

② 主电动机 M1 的正、反转控制。当要求主轴电动机正向低速旋转时，行程开关 ST 的触点处于断开位置，主轴变速和进给变速用行程开关 ST1-1 均为闭合状态。按下 SB1，中间继电器 KA 线圈通电吸合，它有三对常开触点，KA1 常开触点(7－6)闭合自锁，KA1 常开触点(11-4)闭合，使接触器 KM3 线圈通电吸合，KM3 的主触点闭合将电阻 R 短接；KA1 常开触点(16-19)闭合和 KM3 的常开触点(7-19)闭合，使接触器 KM1 线圈通电吸合，并将 KM1 线圈自锁；KM1 的辅助常开触点(8-17)闭合，接通主电动机低速用接触器 KM6 线圈，使其通电吸合。接触器 KM1、KM3、KM6 的主触点闭合，故主电动机 M1 在全压、定子绕组三角形连接下直接启动，低速运行。

当要求电动机高速运行时，行程开关 ST 的触点和 ST1-1、ST3-1 的触点均处于闭合状态。按下 SB1 后，一方面 KA1、KM1、KM3、KM6 的线圈相继停电吸合，使主电动机在低速下直接启动；另一方面行程开关 ST 的闭合，使时间继电器 KT 通电吸合，经延时后，KT 的延时断开的常闭触点(17-23)断开，KM6 线圈断电，将主电动机的定子绕组脱离三相电源。KT 的延时闭合的常闭触点(17-25)闭合，使接触器 KM7、KM8 线圈得电动作。KM7、KM8 的主触点闭合，将电动机的定子绕组连接成双星形并重新接到三相电源上，从而电动机从低速转为高速旋转。

主电动机的反向低速或高速启动旋转过程与正向启动旋转过程相似，但参与控制的电器为按钮 SB2、中间继电器 KA2、接触器 KM2、KM3、KM6 及 KM7、KM8 和时间继电器 KT。

(2) 主电动机的反接制动控制

按下停止按钮 SB 后，电动机的电源反接，则电动机在反接状态下迅速制动。当电动机转速下降到速度继电器的复位转速时，速度继电器的触点自动切断控制电路，切断电动机的电源，电动机停止转动。

当主电动机正转时，速度继电器 KS 正转，常开触点 KS1 闭合，而正转的常闭触点 KS3 断开。当主电动机反转时，KS 反转，常开触点 KS2 (17-16)闭合，为主电动机正转或反转停止时的反接制动做准备。按停止按钮 SB 后，主电动机的电源反接，迅速制动。当转速降至速度继电器的复位转速时，其常开触点 KS1 断开，自动切断三相电源，主电动机停转。

① 主电动机正转时的反接制动。当主电动机为低速正转时，电器 KA1、KM1、KM3、KM6 的线圈通电吸合，KS 的常开触点 KS1 闭合。按下 SB，SB 的常闭触点(8-7)断开，使 KA1、KM3 线圈断电。KA1 的常开触点(16-19)断开，又使 KM1 线圈断电，KM1 的主触点断开，主电动机脱离三相电源。SB 的常开触点(8-17)闭合，使 KM2 线圈通电吸合并自锁。KM2 的主触点闭合，使三相电源反接后经电阻 R 和 KM6 的主触点接到主电动机定子绕组，进行反接制动。当转速降至速度继电器的复位转速时，KS 正转常开触点 KS1 断开，KM2 线圈断电，反接制动完毕。

② 主电动机反转时的反接制动。反转时的反接制动过程与正转反接制动过程相似，但是所用的电器是 KM1、KM6、KS 的反转常开触点 KS2。

(3) 主轴或进给变速时主电动机的缓慢转动控制

主轴或进给变速既可以在停车时进行，又可以在镗床运行过程中变速。为了使变速齿轮更好地啮合，可接通主电动机的缓慢转动控制电路。

当主轴变速时，将变速孔盘拉出，行程开关 ST1 常开触点 ST1-1 断开，接触器 KM3 线圈断电，主电路中接入电阻 R，KM3 的辅助常开触点(7-19)断开，使 KM1 线圈断电，主电动机脱离三相电源。所以，该机床可以在运行中变速，主电动机能自动停止。旋转变速孔盘，选好所需的转速后，将孔盘推入。在此过程中，若滑移齿轮的齿和固定齿轮的齿发生顶撞，则孔盘不能推回原位。行程开关 ST1、ST2 的常闭触点 ST1-2、ST2 闭合，接触器 KM1、KM6 线圈通电吸合，主电动机经电阻 R 在低速下正向启动，接通瞬时点动电路。主电动机转动后，速度继电器 KS 正转常闭触点 KS3(17-18)断开，接触器 KM1 线圈断电；而 KS 正转常开触点 KS1 (17-21)闭合，使 KM2 线圈通电吸合，主电动机反接制动。当转速降到 KS 的复位转速后，KS 常闭触点 KS3 (17-18)闭合，常开触点 KS1 (17-21)断开，重复上述过程。这种间歇的启动、制动，使主电动机缓慢旋转，以利于齿轮的啮合。若孔盘退回原位，则 ST1、ST2 的常闭触点 ST1-2 、ST2(18-16)断开，切断缓慢转动电路。ST1 的常开触点 ST1-1 闭合，使 KM3 线圈通电吸合；其常开触点(7-19)闭合，又使 KM1 线圈通电吸合，主电动机在新的转速下重新启动。

进给变速时的缓慢转动控制过程与主轴变速相同，不同的是使用的电器是行程开关

ST3 和 ST4。

（4）主轴箱、工作台或主轴的快速移动

该机床各部件的快速移动，是由快速手柄操纵快速移动电动机 M2 拖动完成的。当快速手柄扳向正向快速位置时，行程开关 ST7 被压动，接触器 KM5 线圈通电吸合，快速移动电动机 M2 正转。同理，当快速手柄扳向反向快速位置时，行程开关 S8 被压动，KM4 线圈通电吸合，M2 反转。

（5）主轴进刀与工作台联锁

为防止镗床或刀具的损坏，主轴箱和工作台的机动进给，在控制电路中必须相互联锁，不能同时接通，它是由行程开关 ST5、ST6 实现。若同时有两种进给时，ST5、ST6 均被压动，切断控制电路的电源，避免机床或刀具的损坏。

习题 2

1. 笼型三相异步电动机有哪几种启动方式？在何种情况下采用降压启动方式？若电动机为三角形联结应采用何种降压启动方式？

2. 普通机床中，三相异步电动机电气制动的方法有哪几种？试述反接制动的原理。

3. 简述自锁互锁（联锁）的含义，并举例说明各自的作用。

4. 一般机床电器控制线路中应设有何种保护？各有什么作用？短路保护和过载保护的区别是什么？零电压保护的作用是什么？

5. 图 2.33 是组合机床机械滑台进给控制线路，滑台的工作进给由电动机 M1 拖动，快速进给由电动机 M2 拖动，试根据滑台的工作循环分析控制线路的工作原理。

6. 试设计出两台电动机 M1、M2 顺序启动停止的控制线路。要求满足下面两个条件：

（1）M1、M2 能顺序启动，并同时或分别停止；

（2）M1 启动后 M2 启动，M1 可点动。

7. 试设计一个工作台前进—退回控制线路。工作台由电动机 M 带动，行程开关 ST1、ST2 分别装在工作台的原位和终点。要求具有以下功能：

（1）前进—后退停止到原位；

（2）工作台到达终点后停一下再后退；

（3）工作台在前进中能立即后退到原位；

（4）有终端保护；

（5）若要实现工作台的往复运动，如何改动？

8. 设计由两台电动机控制一台机械设备，满足下列条件的电气控制电路：

（1）M1 电机正、反向运转，M2 电动机单向运转；

（2）M1 电动机启动工作后，M2 电动机才能启动工作；

（3）M1、M2 电动机同时停机，若其中一台电动机过载，另一台电动机也应停机；

（4）要有必要的保护环节。

9. 设计组合机床的两台动力头的电气控制电路。设计要求如下：

（1）加工时两台动力头电动机同时启动；

（2）两台动力头电动机单向旋转；

（3）两台动力头电动机在加工完成后各自停机；

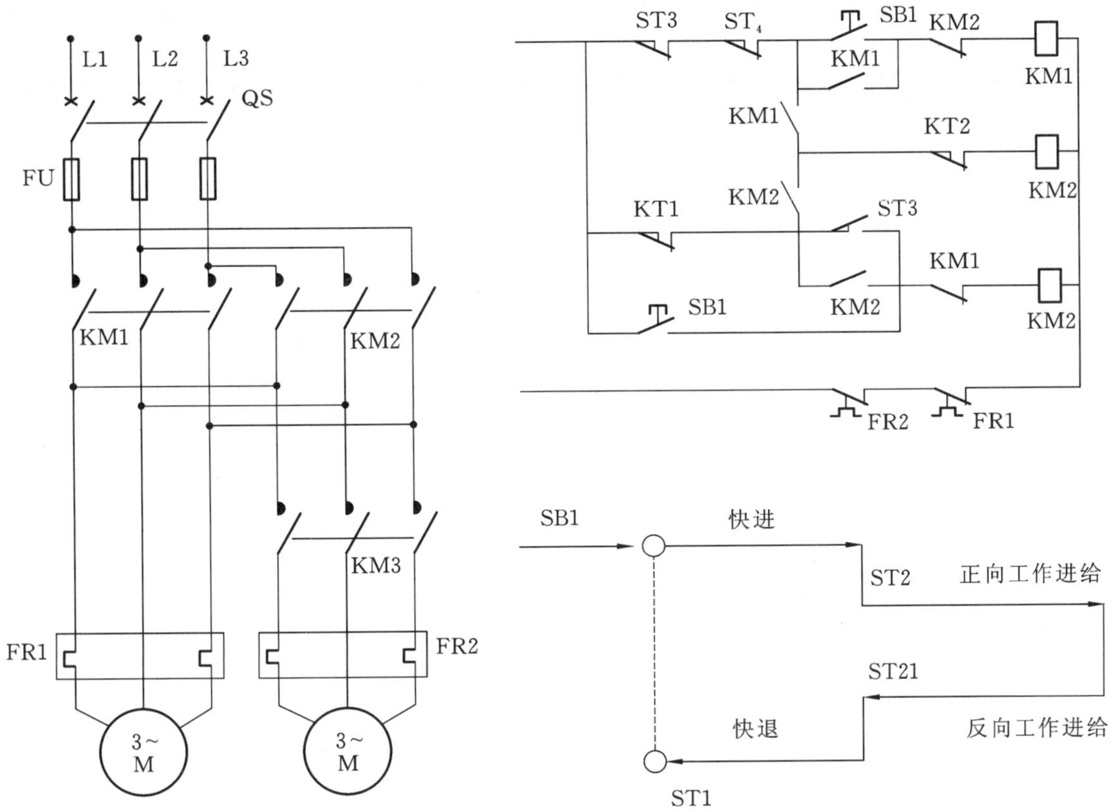

图 2.33　机械滑台进给控制线路

(4) 若其中一台动力头电动机过载，另一台动力头电动机也应停机，且有必要的保护环节。

10. 试设计深孔钻三次进给的控制线路。图 2.34 为深孔钻三次进给工作示意图。ST1，ST2，ST3，ST4 为行程开关，YA 为电磁阀。

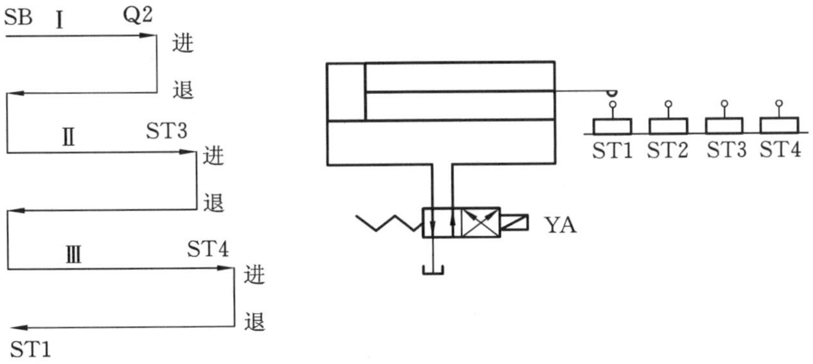

图 2.34　深孔钻三次进给工作示意图

11. 在 C616(图 2.25)卧式车床的电气原理图中，如果用控制按钮和继电器配合代替开关 SA1，怎样来实现失压和欠压保护及主轴电动机的正反转互锁控制？

12. 如果将 C650 卧式车床(图 2.26)电气原理图中的 BV1 和 BV2 触点的位置对调，还有没有反接制动作用？为什么？

13. 在 X62W(图 2.29)电气原理图中,进给电动机的过载保护热继电器 KR2 的触点为什么把它放在主电动机接触器 KM1 的下面?能否移到上面?

14. 在 X62W(图 2.29)电气原理图中,能否将操纵手柄控制的行程开关 ST1～ST4 换成相应的控制按钮?如果可以,要采取什么措施才能保证机床的正常工作?

第3章　机床电气控制线路的设计

在生产实际中，经常遇到一些自制生产设备为其进行电气控制线路的设计。在学习了电力拖动的有关知识，掌握了控制电路的典型环节以及一些典型生产机械电气控制线路以后，通过一定的实际锻炼，是能够完成设计任务的。本章将介绍继电器一接触器电气控制线路的设计方法、设计中常见的问题和常用主要控制电器元件的选择原则。

3.1　机床电气控制系统设计的基本内容

机床电气控制系统是机床不可缺少的重要组成部分，它对机床能否正确与可靠地工作起着决定性的作用。近代机床高效率的生产方式使得机床的结构与电气控制密切相关，因此机床电气控制系统的设计应与机械部分的设计同步进行、紧密配合，拟订出最佳的控制方案。

机床的控制系统绝大多数属于电力拖动控制系统，因此机床电气控制系统设计的基本内容有以下几个方面：

1. 拟定电气设计的技术条件及任务书

电气设计的技术条件是电气设计的主要依据，它是由参与设计的有关人员根据机床的总体技术方案共同讨论拟定的，通常是以设计任务书的形式来表达的。在任务书中首先扼要说明所要设计机床的名称、型号、用途、工艺特点、技术性能、拖动方式和现场工作条件等，然后还应该说明以下几点：

① 用户供电电网的种类、电压、容量、频率等。

② 电力拖动的特性：机床运动部件的数量和用途，负载机械特性，调速性能指标即调速范围、平滑性及允许静差率等，电动机的启动方式，正、反转和制动等的要求。

③ 电气控制的特性：电气控制的基本方式，自动控制的动作程序，电气联锁条件及保护要求等。

④ 对操作方面的要求：操作台的布置，操作按钮的设置，测量仪表的种类，照明、信号和显示等。

⑤ 机床主要电气设备：电动机、行程开关和电磁阀等的布置草图。

2. 确定电力拖动的方式和控制方案

确定电力拖动方式的主要依据：电力拖动的形式，单机拖动或多机拖动；电动机的调速方式与负载机械特性相适应；电动机的启动、制动和正、反转等要求。

控制方案的确定与电力拖动方式的确定两者紧密相关。在确定拖动方式时，应考虑到如何实现对它的控制；在拖动方式确定后，方可进行机床电气控制方案的选择，控制方式应满足工艺要求，且做到简单、方便、可靠和经济。

3. 选择电动机

4. 设计电气控制原理图

5. 选择电气元件，制定电动机和电气元件明细表

6. 绘制机床电气设备的电气安装图和接线图

根据电气原理图和选用的电气元件，绘制电气安装图，它表示各种电气设备在机床和控制(柜)上的实际安装位置。布置电气元件位置的原则是：

① 所有电器元件按实际位置绘制，同一电器的各导电部件应画在一起，体积大和较重的电元件应安装在控制板(柜)的下面。

② 各电器元件的文字符号、图形符号、导线连接点的编号应与电气原理图一致，以便查对。

③ 尽量把外形及结构尺寸相同的电器元件安装在一起，以利于安装和补充加工。布置元件的位置要适当、匀称、整齐和美观。

④ 当安放发热元件时，必须注意电气控制柜内所有元件的温升应保持在它们的允许极限内。

⑤ 电气元件的安装必须遵守国标规定的间隔，以便于操作和维修。

由电气安装图再绘制电气接线图，对于简单的控制系统可以直接画出两个元件之间的连线；对于复杂的电气控制系统；为了读图方便，对导线走向相同的数根线，可以合并画成单线，但需在元件的接线端标明接线的编号和走向。控制板(柜)的进、出线需通过接线端子板，接线端子的线号要排列清晰，以便于查找及配线施工。此外，接线图上应标出连线用的导线的型号、规格和尺寸，成束的接线应标出接线根数及线号。

7. 设计操作台、控制柜及非标准电气元件

机床的电气控制柜(板)、操作台等均有标准的产品，可根据要求进行选择，若不能满足，可自行设计。

8. 编写设计计算书和使用说明书。

设计计算书和使用说明书应包括操作顺序、安装调试及维修等说明。

下面我们针对确定电力拖动的方式和控制方案、选择电动机、机床电气控制线路的设计及常用主要控制电器的选择原则加以说明。

3.2 电力拖动的方式和控制方案

主要根据机床的结构来选择它的电力拖动方式和电气控制方案，以满足机床的使用效能、动作程序和自动循环等基本动作要求。

3.2.1 电力拖动方式确定的原则

对机床及各类生产机械电气控制系统的设计，首要的是选择和确定合适的电力拖动方案，它主要根据生产机械的调速要求来确定。

1. 不要求电气调速的生产机械

在不需要电气调速和启动不频繁的场合，应首先考虑采用鼠笼式异步电动机。仅在负载静转矩很大的拖动装置中，才考虑采用绕线式异步电动机。当负载很平稳、容量大且启、制动次数很少时，采用同步电动机更为合理。这样既可充分发挥同步电动机效率高、功率因数高的优点，调节激磁使它工作在过激情况下，还能提高电网的功率因数。

2. 要求电气调速的生产机械

应根据生产机械的调速要求（调速范围、调速平滑性、机械特性硬度、转速调节级数及工作可靠性等）来选择拖动方案。在满足技术指标前提下，进行经济性比较（设备初投资、调速效率、功率因数及维修费用等），最后确定最佳拖动方案。

3. 电动机调速性质的确定

电动机的调速性质应与生产机械的负载特性相适应。以车床为例，其主轴运动需恒功率传动，进给运动则要求恒转矩传动。对于电动机，若采用双速鼠笼式异步电动机拖动，当定子绕组由三角形连接改为双星形接法时，转速由低速升为高速，功率变化不大，适用于恒功率传动；当由星联结改为双星接法时，电动机输出转矩不变，适用于恒转矩传动。对于他励直流电动机，改变电枢电压调速为恒转矩调速，而改变励磁调速为恒功率调速。

若采用不对应调速，即恒转矩负载采用恒功率调速或恒功率负载采用恒转矩调速，都将使电动机额定功率增大 D 倍（D 为调速范围），且使部分转矩未得到充分利用。所以电动机调速性质是指电动机在整个调速范围内转矩、功率与转速的关系，是容许恒功率输出还是恒转矩输出。为此，在选择调速方法时，应尽可能使它与负载性质相同。

总而言之，确定电力拖动方式主要需要考虑的依据有：机床运动部件的数量和用途；单机拖动还是多机拖动；交流拖动还是直流拖动；采用开环控制还是闭环控制；电动机的启动、制动和正反转要求。

3.2.2　电气控制方案的选择

电气控制方案的选择，根据机床设备组成的复杂程度、加工精度的要求和系统自动化程度的高低，可采用继电器-接触器控制方式和可编程序控制器(PLC)控制方式两种。

1. 继电器-接触器控制方式

继电器-接触器控制方式，又称继电控制方式。继电控制系统是用导线把一个个继电器、接触器、开关及其触点按一定的逻辑关系连接起来构成的控制系统。这种连线方式又称为布线逻辑，此种控制方式具有可控制的功率大、控制方式简单、结构简单、价格低廉、容易操作，对维护技术要求不高的优点，特别适用于工作模式固定、控制要求比较简单的场合，所以至今还在使用，目前在我国应用还比较广泛。

2. PLC 控制方式

随着工业生产的迅速发展，市场竞争激烈，产品更新换代的周期日趋缩短，新产品不断涌现，生产机械、加工规范和生产加工线也必须随之而改变，控制系统经常需要作新的配置。继电控制系统的布线连接不易更新、功能不易扩展已成为生产发展的障碍。当控制对象比较多、要求比较复杂时，由于继电控制系统的器件多、体积庞大、可靠性差而不能满足生产的要求。因此可编程序控制器组成的控制系统在新一代的机床行业中得到了广泛的应用。PLC 控制系统具有可大大缩短机床电气的设计、安装、调试和生产周期，提高生产率和加工精度，并可使机床的工作程序加以更改等优点，所以有着广泛的发展前途。

3.3 电动机的选择

根据机床技术上的要求，需合理选择电动机的功率、转速和结构型式等，而且要考虑设备投资费用少和运行费用低的经济指标。

3.3.1 电动机功率的确定

电动机功率与电动机的允许温升和过载的能力有关。若电动机的功率选择过大，则不能充分利用电动机，且功率因数和效率降低，不经济。若功率选择小了，电动机过载运行，超过允许温升，降低电动机的使用寿命，严重时会使电动机损坏。因此，应合理选择电动机的功率。

由于机床的负载比较复杂，一般采用调查统计类比法和分析计算法来确定电动机的功率，然后查相应的设计手册，最终确定应选电动机的功率。

1. 调查统计类比法

对国内、国外类型机床的电动机进行调查、统计、分析，找出电动机功率与机床主要参数(如切削速度，进刀量、工件材料、直径等)的关系，作为确定电动机功率的依据。

目前，我国机床制造厂对不同类型机床的主电动机功率 P(单位为 kW)的计算公式分别如下：

卧式车床

$$P=36.5D^{1.54} \tag{3.1}$$

式中 D——工件最大直径，m。

立式车床

$$P=20D^{0.88} \tag{3.2}$$

式中 D——工件最大直径，m。

摇臂钻床

$$P=0.646D^{1.19} \tag{3.3}$$

式中 D——最大钻孔直径，mm。

卧式镗床

$$P=0.004D^{1.7} \tag{3.4}$$

式中 D——镗杆直径，mm。

龙门铣床

$$P=\frac{1}{166}B^{1.15} \tag{3.5}$$

式中 B——工作台宽度，mm。

若机床的主运动和进给运动由同一台电动机拖动，则按主运动电动机的功率确定。当进给运动由单独电动机拖动并需快速移动时，电动机功率按快速移动所需的功率来确定。快速移动电动机所需要的功率，一般由经验数据来选择，见表 3.1。

表 3.1　进给电动机功率经验数据

机床类型		运动部件	移动速度/(m/min)	所需电动机功率/kW
卧式车床	D_{max}=400 mm	溜板	6～9	0.6～1.0
	D_{max}=600 mm		4～6	0.8～1.2
	D_{max}=1000 mm		3～4	3.2
摇臂钻床	D_{max}=35～75 mm	摇臂	0.5～1.5	1～2.8
升降台铣床		工作台	4～6	0.8～1.2
		升降台	1.5～2.0	1.2～1.5
龙门镗铣床		横梁	0.25～0.50	2～4
		横梁上的铣头	1.0～1.5	1.5～2
		立柱上的铣头	0.5～1.0	1.5～2

2. 分析计算法

根据机械传动的功率来确定电动机的功率，即

$$P=\frac{P_1}{\eta} \tag{3.6}$$

式中　P——电动机功率，kW；

P_1——机床所需的切削功率，kW；

η——机床总效率。

3.3.2　电动机转速和结构形式的选择

电动机功率的确定是选择电动机的关键，但也要对转速、使用电压等级及结构形式等项目进行选择。

异步电动机具有结构简单坚固、维修方便、造价低廉的优点，因此在机床中使用的最为广泛。

电动机的转速愈低则体积愈大，价格也愈高，功率因数和效率也就低，因此电动机的转速要根据机械的要求和传动装置的具体情况加以选定。异步电动机的转速有 3000 r/min、1500 r/min、1000 r/min、750 r/min 和 600 r/min 等几种，这是由于电动机的磁极对数的不同而定的。由于存在着转差率，电动机转子转速一般比同步转速低 2%～5%。一般情况下，可选用同步转速为 1500 r/min 的电动机，因为这个转速下的电动机适应性较强，而且功率因数和效率也高。若电动机的转速与该机床要求的转速不一致，可选取转速稍高的电动机转速，再通过机械变速装置使其一致。

异步电动机的电压等级为 380 V。但当要求宽范围而平滑的无级调速时，可采用交流变频调速或直流调速。

一般地，金属切削机床都采用通用系列的普通电动机。电动机的结构形式按其安装位置的不同可分为卧式(轴为水平)和立式(轴为垂直)等。为了使拖动系统更加紧凑，电动机尽可能地靠近机床的相应工作部位，如立铣、龙门铣和立式钻床等机床的主轴都是垂直于机床工作台的。这时选用垂直安装的立式电动机，不需要锥齿轮等机构来改变转动轴线的方向。又如装入式电动机，电动机的机座就是床身的一部分，它安装在床身的内部。

在选择电动机时，也应考虑机床的转动条件。对易产生悬浮飞扬的铁屑或废料，或冷却液、工业用水等有损于绝缘的介质能侵入电动机的场合，选用封闭式结构为宜。煤油冷却切削刀具的机床或加工易燃合金材料的机床应选用防爆式电动机。按机床电气设备通用技术条件中规定，机床应采用全封闭扇冷式电动机。机床推荐使用防护等级最低为IP44的交流电动机。在某些场合下，还必须采用强迫通风。

3.4 机床电气控制线路的设计

一般中小型机床电气传动控制系统并不复杂，大多数都是由继电器接触器系统来实现控制的，因此在设计时，机床电气控制线路设计的重点就是设计继电器接触器控制线路及选择电气元件。

当机床的控制方案确定后，可根据各电动机的控制任务不同，参照典型线路逐一分别设计局部线路，然后再根据各部分的相互关系综合成完整的控制线路。

控制线路的设计应在满足机床电气控制系统具体要求的前提下，力求操作、安装和维修方便。

在设计控制线路时，应遵循下述几项原则：

(1) 控制回路应尽可能选用主回路电源，以简化供电设备。

(2) 注意控制线路中的逻辑关系。控制线路中常见的逻辑关系有以下四种：

① 动合触点并联(或)：其中一个动合触点吸合，线圈就可接通动作。

② 动断触点串联(与)：其中一个动断触点断开，线圈就可断电。

③ 动合触点串联(与)：所有串联的动合触点均吸合，线圈方可接通动作。

④ 动断触点并联(或)：所有并联的动断触点均断开，线圈才可断电。

其中，前两种逻辑关系是为操作方便设计，如设备的多地启停控制；后两种逻辑关系是为安全着想，要求几个条件同时满足线圈才可动作(或得电或失电)。

(3) 应根据具体要求，设计各种保护环节。

电气控制线路的安全工作主要靠完善的保护环节，控制线路中常用到保护环节有：短路、过载、零压或欠压 、限流、弱磁、自锁和联锁等。有时还设有合闸、正常工作、事故和分闸等指示信号。保护环节应工作可靠和满足负载的需要，做到动作准确，正常操作下不发生误动作，事故情况下能准确可靠动作，切断事故回路。

(4) 控制线路力求简单、经济。

① 当设计控制线路时，应考虑各电器元件的实际位置，尽可能地减少连接导线的根数和缩短连接导线的长度。图3.1所示是不合理的，因为按钮一般是安装在操作台上，而接触器是安装在电气柜内，这样接线就需要由电气柜二次引出连接线到操作台上，所以一般都将

启动按钮和停止按钮的一端直接连接,另一端再与接触器连接,这样就可以减少一次引出线,如图 3.2 所示。

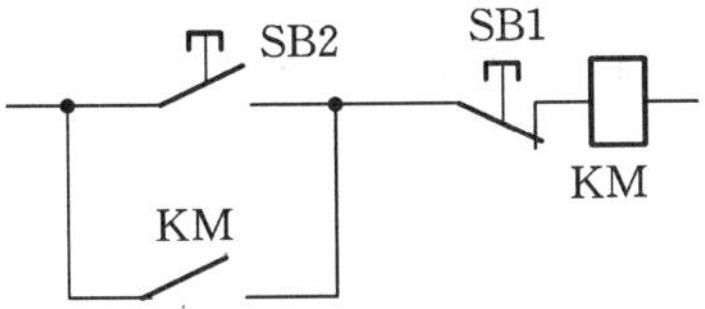

图 3.1 电器连接图(不合理)

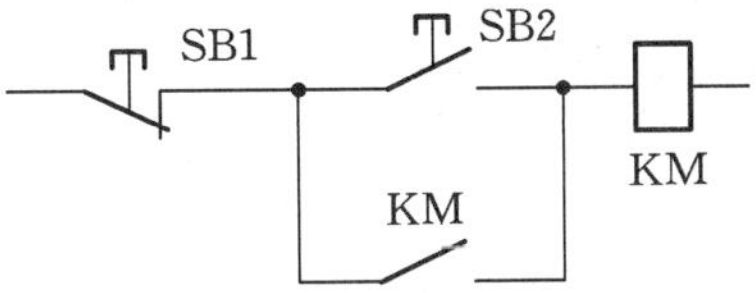

图 3.2 电器连接图(合理)

② 尽量减少电器元件的品种、规格与数量,同一用途的电器元件尽可能选用相同品牌、型号的产品。

③ 尽量减少电器元件触点的数目。在控制线路中,应尽量减少触点,以提高线路的可靠性。在简化和合并触点过程中,应主要合并同类性质的触点,或一个触点能完成的动作,不用两个触点。但在简化过程中还应同时注意触点的额定容量是否允许,也应考虑对其他回路的影响。如图 3.3、图 3.4 所示。

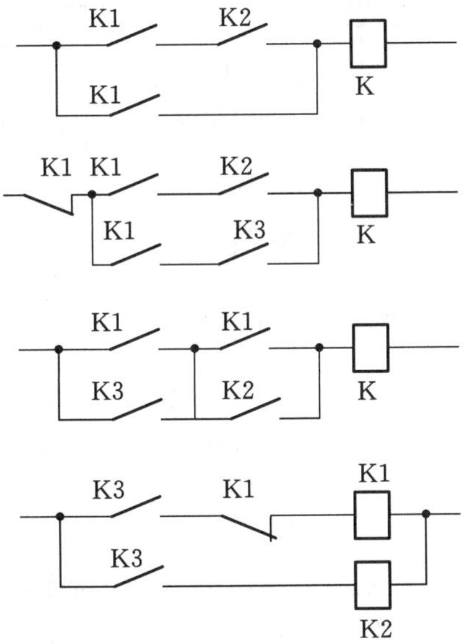

图 3.3 触点合并前的线路

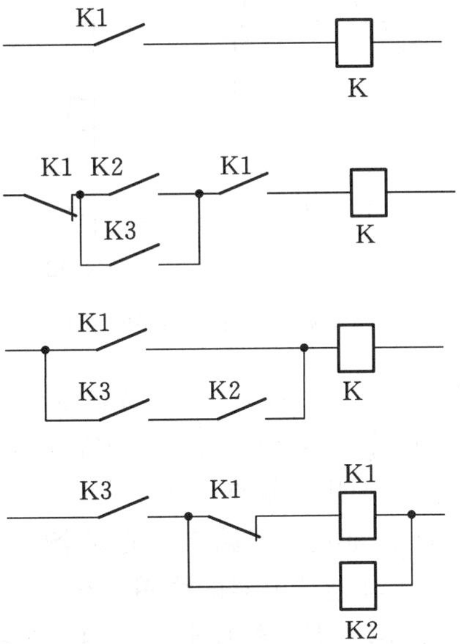

图 3.4 触点合并后的线路

④ 应尽量避免许多电器依次动作才能接通另一电器的现象,尽量减少线路中的触点数以提高线路的可靠性。如图 3.5 与图 3.6 所示。

其中,图 3.5 中(a)图可无条件简化为(b)图,(a)图中的 KA2 触点对继电器 KA 的工作毫无用途。在图 3.6(a)中,当其中任一个 KA1 动短触点接线不牢时,电路就不能正常工作,但当图 3.6 中(a)图简化为(b)图时,应注意触点的额定容量是否允许。

⑤ 控制线路在工作时,应尽可能减少通电电器的数量,以利节能,延长电器元件寿命以及减少故障。如图 3.7 所示电路,其功能是接触器 KM1 先通电,经过一段时间后接触器 KM2 通电,延时时间由时间继电器 KT 完成。当 KM2 通电后,时间继电器 KT 就不起作用了,应切除 KT 线圈的电源,故应改接成图 3.8 所示电路。

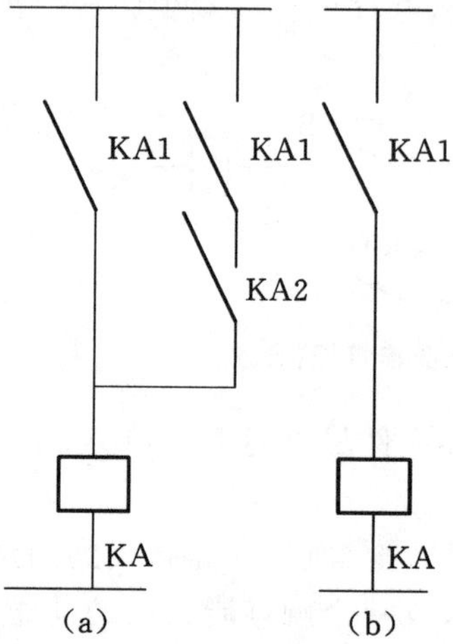

图 3.5 触点的合理使用

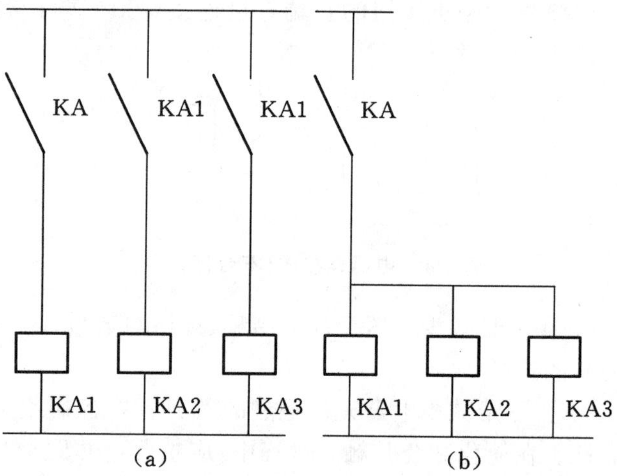

图 3.6 触点的合理使用续

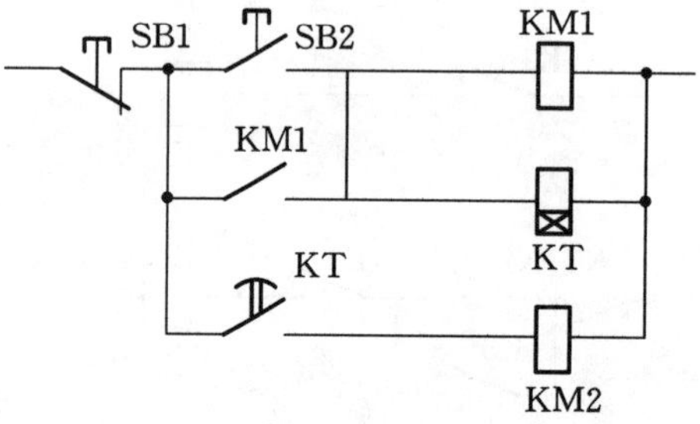

图 3.7 减少通电电器(不合理)

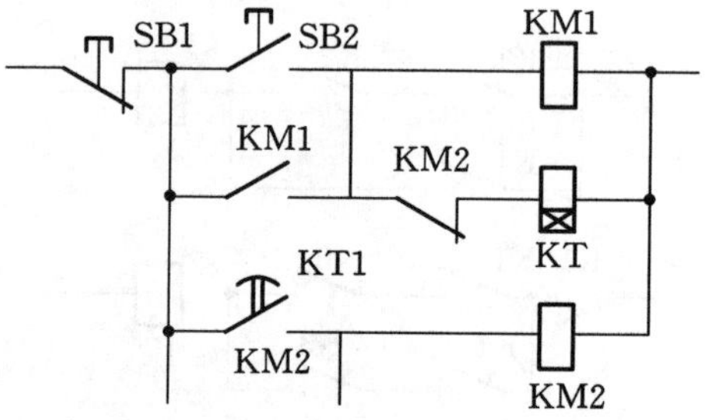

图 3.8 减少通电电器(合理)

⑥ 设计控制线路时,应考虑继电器触点的接通和分断能力。若容量不够,可在线路中增加中间继电器,或增加线路中触点数目。若需增加接通能力,就用多触点并联。若需增加分断能力,则用多触点串联。

(5) 保证控制线路工作的安全性和可靠性。

① 正确连接电器的线圈。在交流控制线路中,同时动作的两个电器线圈不能串联,如图 3.9 所示。即使外加电压是两个线圈额定电压之和,也是不允许的。因为每个线圈上所分配到的电压与线圈阻抗成正比,由于制造上的原因,两个电器总有差异,不可能同时吸合。假如交流接触器 KM1 先吸合,KM1 的磁路闭合,线圈的电感显著增加,因而在该线圈上的电压降也相应增大,从而使另一个接触器 KM2 的线圈电压达不到动作电压。因此,当两个电器需要同时动作时,其线圈应并联,如图 3.10 所示。

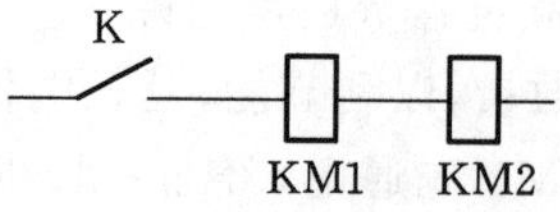

图 3.9 线圈的错误连接

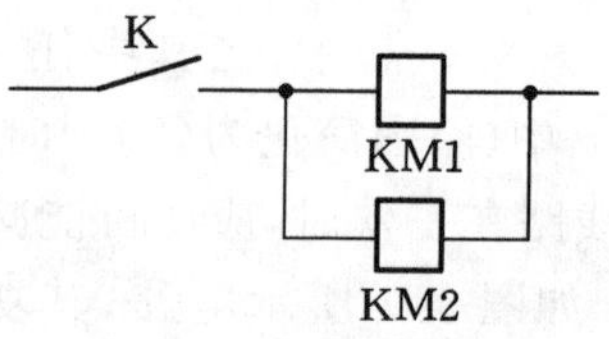

图 3.10 线圈的正确连接

② 两电感值相差悬殊的直流电压线圈不能并联连接。图 3.11 所示为直流电磁铁 YA 与直流继电器 K 并联。在接通电源时可以正常工作,但在断开电源时,电磁铁线圈 YA 的电感比继电器线圈 K 的电感大得多,因此,在断电时,继电器很快释放,但电磁铁线圈产生的自感电势可能使继电器又吸合,一直到继电器电压再次下降到释放值为止,这就造成了继电器的误动作。解决的办法是电磁铁和继电器各用一个触点来控制,如图 3.12 所示。

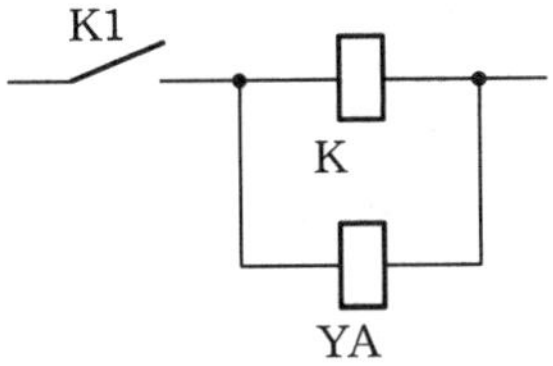

图 3.11　电磁铁与继电器线圈的不合理连接

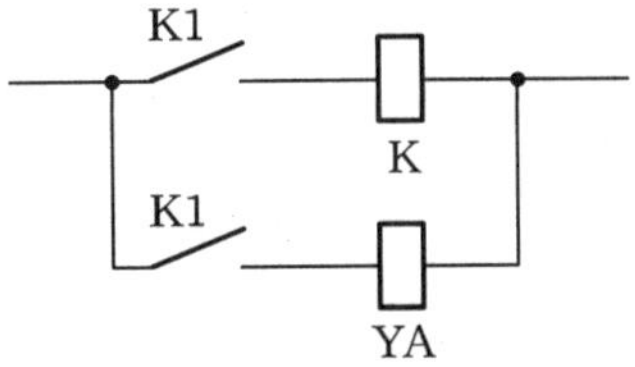

图 3.12　电磁铁与继电器线圈的正确连接

③ 正确连接电器的触点。设计时应使分布在线路不同位置上的同一电器触点接到电源的同一相上,以避免在电器触点上引起短路。如图 3.13 所示,开关 SQ 的常开、常闭触点靠得很近,如果分别接在电源的不同相上,则当触点断开产生电弧时,可能在两触点间形成飞弧而造成电源短路。此外绝缘不好也会造成电源短路。因此在一般情况下,将共用同一电源的所有接触器、继电器以及执行电器线圈的一端,均接于电源的一侧,如图 3.14 所示。

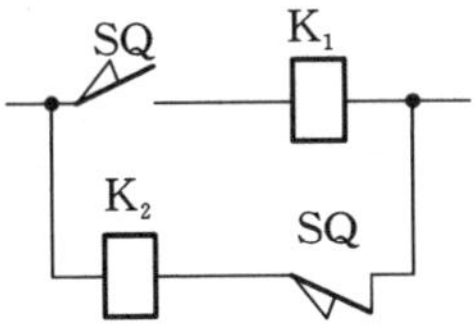

图 3.13　触点不合理连接

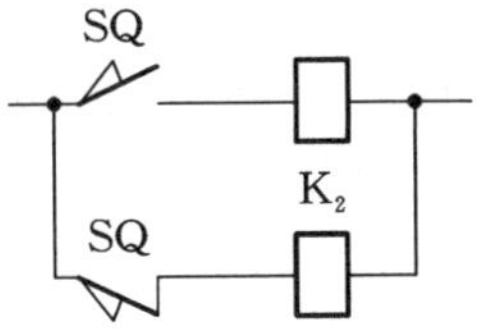

图 3.14　触点正确连接

(6) 避免电路中存在有寄生回路。

在控制线路的动作过程中,意外接通的线路称为寄生回路。图 3.15 所示为一个具有指示灯和热继电器保护的两台电动机单向工作的控制回路。在正常工作时能实现两台电动机独立启动、停止和信号指示的功能。但在两台电动机同时工作或 KM2 控制的电动机工作时,当热继电器 KR1 或 KR2 之一断开时,线路中就出现了寄生回路,如图中虚线所示,使接触器 KM1、KM2 在电动机过载时不能可靠释放,起不到保护作用。

在图 3.16 所示的线路中,将指示灯 HL 只与 KM1 线圈并联,则可防止出现寄生回路。两台电动机在工作过程中任意一台发生过载,接触器 KM1、KM2 均可被可靠释放,起到保护作用。

(7) 避免发生触点"竞争"现象。

当控制线路从一个状态向另一个状态转换时,常常有几个电器的状态发生变化。由于电器元件总有一定的固有动作时间,往往会发生不按预定时序动作的情况,触点争先吸合,发生振荡,这种现象称为电路的"竞争"。"竞争"现象将会造成控制电路不能按要求动作,引起控制失灵。实际上,由于电磁线圈的电磁惯性和机械惯性等因素,通断过程中总存在一定的动作时间(几十毫秒到几百毫秒),这是电器元件的固有特性。

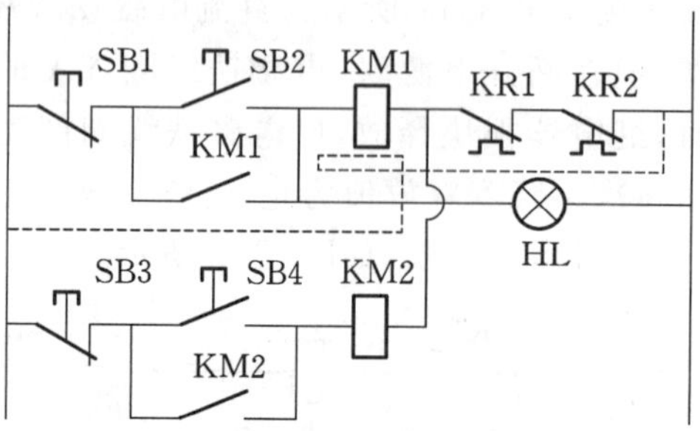

图 3.15　存在寄生回路的控制线路

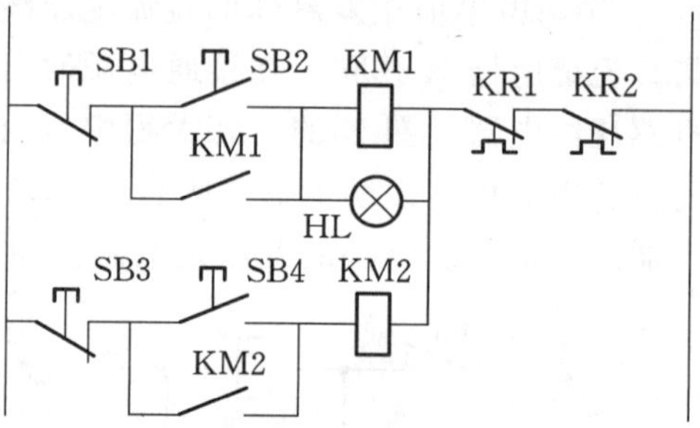

图 3.16　可防止寄生回路产生的控制线路

如图 3.17 所示电路，按下 SB2 后，KM1、KT 线圈同时得电动作，延时时间到后，KT 的动合延时触点闭合接通 KM2 线圈。KM2 的动断触点使时间继电器线圈失电，KM2 的动合触点自锁，但若 KM2 的常开触点尚未闭合，KT 常开触点先断开，就会使 KM2 线圈失电，造成误动作。即电路中存在着 KM2 的动合触点与 KT 常开触点争先动作的现象。

在图 3.18 中，时间继电器的线圈由接触器 KM1 的常开触点单独控制。这样可以保证 KT 常开触点断开前，KM2 的常开触点一定先闭合，电器元件的动作时间就不会再影响到控制线路的动作程序，从而消除了竞争现象。

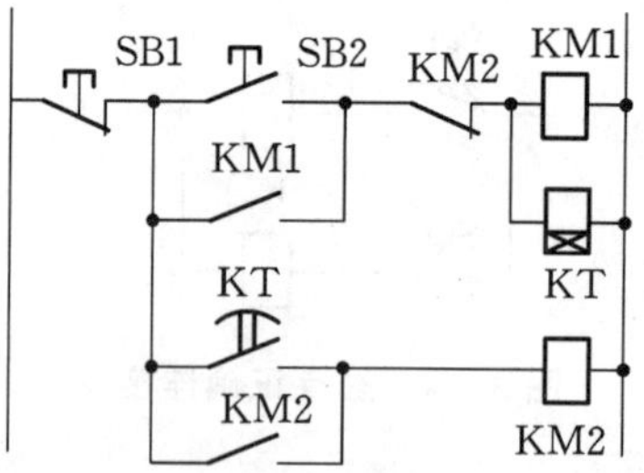

图 3.17　存在竞争现象的控制线路

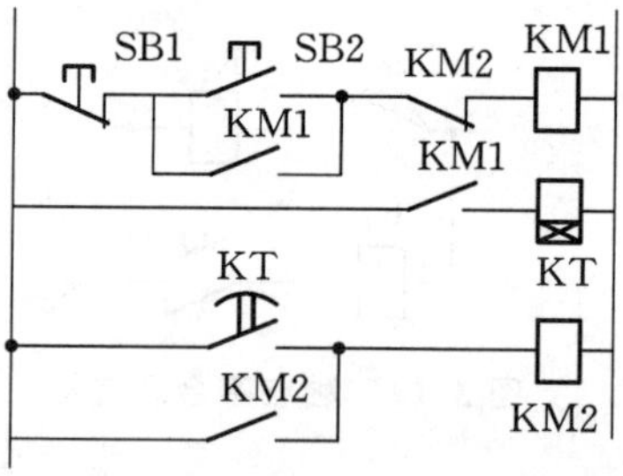

图 3.18　可消除竞争现象的控制线路

(8) 电器连锁与机械连锁共用。

对频繁操作的可逆控制线路，正、反向接触器之间不仅要有电器连锁，而且还要有机械连锁，以避免误操作可能带来的危害。

(9) 线路设计要考虑操作、使用、维修与调试方便。

操作回路数较多，如要求正反向运转并调速，应采用主令控制器，而不能用许多个按钮。为了检修电路方便，应设隔离电器，避免带电操作。为了调试电路的方便，应采取方便的转换控制方式，如从自动控制转换到手动控制。可设多点控制，以便于在生产机械旁进行控制调试。

(10) 在设计控制线路时，还应考虑检测仪表、信号指示、报警及照明等要求。

3.5　常见电器元件的选择

完成电气控制线路的设计之后，应开始选择所需要的控制电器。机床常用电器的选择，主要是根据电器产品目录上的各项技术指标（数据）来进行的，正确合理地选择控制电器是电气系统安全运行、可靠工作的保证。下面对一些常用电器的选用作一简单介绍。

1. 接触器的选用

选择接触器主要依据以下数据：电源种类（直流或交流）；主触点额定电压和额定电流；辅助触点的种类、数量和触点的额定电流；电磁线圈的电源种类、频率和额定电压，额定操作频率等。

交流接触器的选择主要考虑主触点的额定电流、额定电压、线圈电压等，其中交流接触器主触点电流可根据式(3.7)所示的经验公式进行选择：

$$I_N \geqslant \frac{P_N \times 10^3}{KU_N} \tag{3.7}$$

式中　I_N——接触器主触点额定电流，A；

K——比例系数，一般取1～1.4；

P_N——被控电动机额定功率，kW；

U_N——被控电动机额定线电压，V。

交流接触器主触点额定电压一般也要按高于线路额定电压。

根据控制回路的电压决定接触器的线圈电压。接触器辅助触点的数量、种类应满足线路的需要。为保证安全，一般接触器吸引线圈选择较低的电压。但如果在控制线路比较简单的情况下，为了省去变压器，可选用380 V电压。值得注意的是，接触器产品系列是按使用类别设计的，所以要根据接触器负担的工作任务来选用相应的产品系列。

2. 继电器的选择

(1) 一般继电器的选用

一般继电器是指具有相同电磁系统的继电器。选用时，除满足继电器线圈或线圈电流的要求外，还应按照控制需要分别选用过电流继电器、欠电流继电器、过电压继电器、欠电压继电器和中间继电器等。另外电压、电流继电器还有交流、直流之分，选择时也应注意。

(2) 时间继电器的选择

时间继电器形式多样，各具特点，选择时应从以下几方面考虑：

① 根据控制线路的要求来选择延时方式，即通电延时型或断电延时型；

② 根据延时准确度要求和延时长、短要求来选择，即延时的范围和精确度；

③ 根据控制回路中所需要的延时触点的数目和瞬时触点的数目来选择；

④ 根据使用场合、工作环境选择，对于电流电压波动大的场合可选用空气阻尼式或电动式时间继电器，电源频率不稳场合不宜选用电动式时间继电器，环境温度变化大的场合不宜选用空气阻尼和晶体管式时间继电器。

(3) 热继电器的选用

热继电器主要用作电动机的过载保护，所以应按电动机的工作环境、启动情况和负载性质等因素来考虑。

① 根据热继电器结构型式选择。星形连接的电动机可选用两相或三相结构热继电器；三角形连接的电动机应选用带断相保护装置的三相结构热继电器。

② 根据被保护电动机的实际启动时间，热继电器选取6倍额定电流工作下的可返回时

间。一般热继电器的可返回时间为6倍额定电流下动作时间的50%～70%。

③ 热元件额定电流的选择。一般可按式(3.8)选取：

$$I_N=(0.95\sim1.05)I_{NM} \tag{3.8}$$

式中 I_N——热元件的额定电流,A；

I_{NM}——电动机的额定电流,A。

对工作环境恶劣、启动频繁的电动机,则按式(3.9)选取：

$$I_N=(1.15\sim1.5)I_{NM} \tag{3.9}$$

热元件选好后,还需用电动机的额定电流来调整它的额定值。

3. 熔断器的选择

熔断器用于短路保护,其选择内容主要是熔断器种类、额定电压、额定电流等级和熔断体的额定电流。这里熔断体额定电流是个主要的技术参数,如果保护异步电动机,熔断体的额定电流 I_R 可按式(3.10)或(3.11)选择：

$$I_R=\frac{I_S}{2.5} \tag{3.10}$$

或

$$I_R=(1.5\sim2.5)I_N \tag{3.11}$$

式中 I_S——异步电动机的启动电流,A；

I_N——异步电动机的额定电流,A。

如果用一组熔断器保护多台电动机,则熔断体的额定电流可按式(3.12)选择：

$$I_R\geqslant\frac{I_{MAX}}{2.5} \tag{3.12}$$

式中 I_{MAX}——可能出现的最大电流,A。

如果不同时启动几台电动机,则 I_{MAX} 为容量最大的电动机启动电流与其他电动机额定电流之和。

4. 自动开关的选择

(1) 自动空气开关

自动空气开关可按下列条件选择：

① 根据线路计算电流和工作电压,确定自动空气开关的额定电流和额定电压。显然,自动空气开关的额定电流应不小于线路的计算电流。

② 确定热脱扣器的整定电流。热脱扣器的整定电流数值应与被控制的电动机的额定电流或负载的额定电流一致。

③ 确定过电流脱扣器瞬时动作的整定电流：

$$I_Z\geqslant KI_S \tag{3.13}$$

式中 I_Z——瞬时动作的整定电流值；

I_S——线路中的尖峰电流,若负载是电动机,则 I_S 即为启动电流；

K——考虑整定误差和启动电流允许变化的安全系数,对于动作时间在0.02 s以上的自动空气开关(如DW型),取 $K=1.35$；对于动作时间在0.02 s以下的自动空气开关(如DZ型),取 $K=1.70$。

必要时，还应根据电路中可能出现的最大短路电流校验自动空气开关的分断能力。

(2) 支流快速自动开关

直流快速自动开关适用于硅整流机组、可控硅整流机组和直流机组的保护，也用作短路和过载保护。

(3) 电源开关连锁机构

电源开关连锁机构与相应的断路器和组合开关配套使用，主要用于电气柜接通电源、断开电源和柜门与开关连锁，以达到在切断电源后才能打开门、门关闭好后才能接通电源的效果。当门打开时，电源开关不能闭合，除非采取其他措施。当操作者不用机床时，锁住开关和柜门，以起到安全保护作用。

习题 3

1. 机床电气控制线路设计一般主要包括哪些内容？
2. 在设计控制线路时，应遵循几项原则？
3. 将图 3.19 所示电路进行简化。

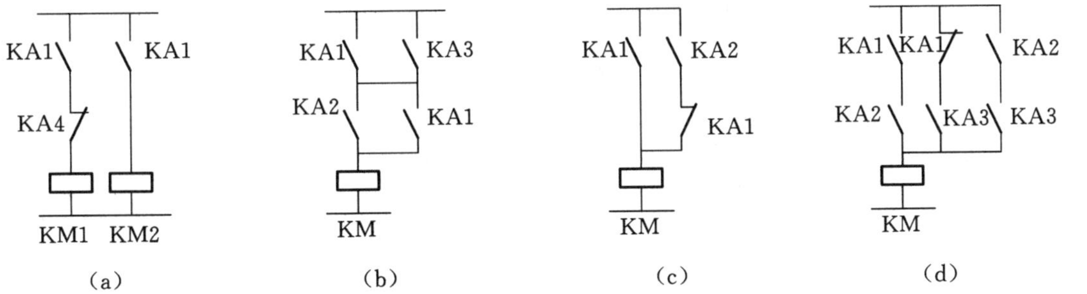

图 3.19　触点未简化的线路图

4. 选用时间继电器时应注意什么问题？
5. 对保护一般照明线路的熔体电流如何选择？对保护一台电动机和多台电动机的熔体额定电流如何选择？
6. 设主电路的电压为 380 V，控制电路的电压为 220 V，笼型异步电动机的功率和额定电流列于表 3.2 中，试选择控制线路中的组合开关、熔断器、接触器、热继电器。

表 3.2　笼型异步电动机的功率和额定电流

电动机功率/kW	3	4	7.5	10	13
额定电流	6.5	8.4	15.1	20	25.6
组合开关型号					
熔体额定电流/A					
热继电器型号					
接触器型号					

第4章 直流拖动调速系统

前面章节讲了机床电气控制的基本环节及典型机床的电气控制线路，这些内容偏重于电动机的启制动和正反转等方面的控制。换言之，是对机床动作的控制。从本章开始，主要讲电动机的调速，即机床在整个生产过程中速度(电机转速)的调节控制。

4.1 他励直流电动机的机械特性

4.1.1 机械特性

他励直流电动机的机械特性是指电动机的转速 n 与转矩 T 的关系 $n=f(T)$。机械特性曲线是电动机机械特性的主要表现，将会决定系统的运行状态。

实际运行时的他励直流电动机等效电路如图4.1所示。

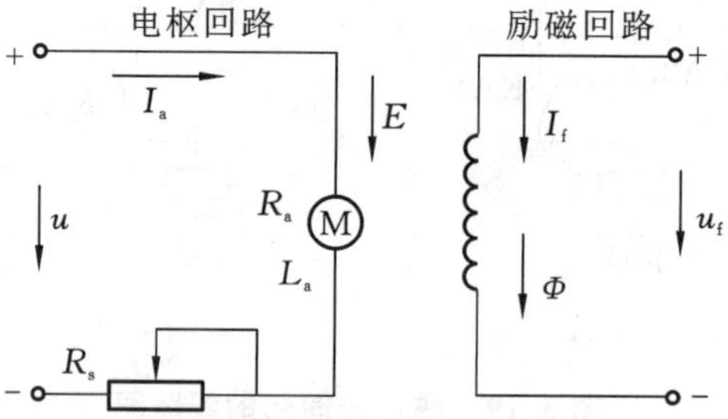

图4.1 他励直流电动机等效电路

根据这一电路列出电枢回路电压平衡方程：

$$u=E+L_a\frac{dI_a}{dt}+I_a(R_a+R_s)$$

式中，E——电枢电路反电动势，V；

R_a——电动机绕组的固有电阻(内阻)，Ω；

R_s——电枢回路外串电阻、调节电阻，Ω；

I_a——电动机电枢电流，A；

L_a——电枢绕组电感，H。

当电动机稳定运行时，I_a 为常数，即 $\frac{dI_a}{dt}=0$，所以：

$$u=E+I_a(R_a+R_s) \tag{4.1}$$

电枢回路的反电动势：

$$E=C_e\varphi n \tag{4.2}$$

$$C_e=\frac{PN}{60a}$$

式中　φ——磁通量，Wb；

C_e——电势常数，V/rad；

P——电机极对数；

N——电机转速，r/min；

a——电机绕组的并联支路对数。

他励直流电动机输出转矩为

$$T=C_T\varphi I_a \tag{4.3}$$

$$C_T=\frac{PN}{2\pi a}$$

式中　C_T——转矩常数。

$$C_T=9.55C_e \tag{4.4}$$

将式(4.2)、式(4.3)、式(4.4)代入式(4.1)，可得他励直流电动机的机械特性方程：

$$n=\frac{u}{C_e\varphi}-\frac{R_a+R_s}{C_eC_T\varphi^2}\cdot T=\frac{u}{C_e\varphi}-\frac{R_a+R_s}{C_e\varphi}\cdot I_a \tag{4.5}$$

式中　u——电源电压，V。

① 当 $T=0$ 时，有：$n=n_0=\frac{u}{C_e\varphi}$，$n_0$ 为电动机的理想空载转数。

② 当 $T\neq0$ 时，随着电动机负载的增加，转数下降。

③ 在 u、φ 及 R_a+R_s 均为常数的情况下，他励直流电动机的机械特性 $n=f(T)$ 是一条向下倾斜的直线，其斜率为 $\beta=\frac{R_a+R_s}{C_eC_T\varphi^2}$。

电动机带载后的转数降 $\Delta n=\beta T$，β 越大，Δn 就越大，电动机转数下降越快，机械特性越软，一般称 β 大的为软特性，β 小的为硬特性。当他励直流电动机电枢没有外接电阻时，机械特性都比较硬。

④ 当 $R_s=0$，u 与 φ 为额定值时，$n=\frac{u}{C_e\varphi}-\frac{R_a}{C_eC_T\varphi^2}\cdot T=\frac{u}{C_e\varphi}-\frac{R_a}{C_e\varphi}\cdot I_a$，称为他励直流电动机的固有机械特性；

当 R_s、u 与 φ 三者任一发生变化后，$n=f(T)$ 称为人为机械特性。

4.1.2　调速方法

由直流电动机的机械特性方程(4.5)可知调速方法有 3 种。

1. 电枢回路串电阻

当 $u=u_n$，$\varphi=\varphi_n$，$R_s\neq0$ 时，人为特性如图 4.2 所示。

① 当 $R_s=0$ 时，为电动机的固有机械特征；

② R_s 的变化与 n_0 无关；

③ $T=C_T\varphi_n I_a$ 与 R_s 的变化无关，恒转矩调速；

④ 当 R_s 增加时，β 增加，所以曲线下倾得越厉害，系统的特性曲线就愈软，转速降 Δn

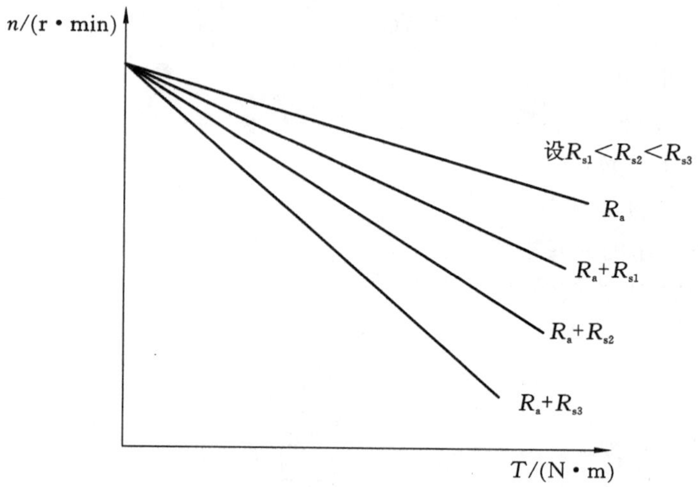

图 4.2　直流电动机的人为特性

越大。

2. 调压调速

机械特性方程中 $\varphi=\varphi_n$，$R_s=0$，只改变 u 的调速方法称为调压调速。在改变 u 的过程中，$T=C_T\varphi_n I_a$，与 u 无关，所以也称为恒转矩调速（指输出转矩与电枢电流成正比），此方法应用最广。调压调速机械特性如下：

① $T=C_T\varphi_n I_a$，为恒转矩调速；

② 因为 $\beta=\dfrac{R_a}{C_e C_T \varphi^2}$ 与 u 无关，所以 u 变化时直线斜率不变，但 $n_0=\dfrac{u}{C_e\varphi}$，所以特性曲线是一组平行线；

③ 受元器件承压的限制，一般 u 只能下调，所以转速只能下降。当 $u=u_n$ 时，它就是固有机械特性，此时转速最高；

④ 斜率 β 不随 u 变化，所以调压调速不改变系统特性的硬度；

⑤ 可实现连续的无级调速；

⑥ 因为 $T=\dfrac{9.55P}{n}$，所以当 n 上升而 T 不变时，P 随 n 线性增加。

3. 调磁调速

一般他励直流电动机在额定磁通下运行时，电机磁路已接近饱和，因此改变磁通实际上只能减弱磁通。当减弱磁通时，机械特性的条件是 $u=u_n$，$R_s=0$，φ 可调。

在改变 φ 的过程中，保持电流不变，n 与 φ 成反比（$E=C_e\varphi_n\approx u_n$），$T$ 与 φ 成正比（$T=C_T\varphi I_a$）。由 $T=\dfrac{9.55P}{n}$ 知道 P 基本不变，所以此方法也称恒功率调速。

调磁调速特点：

① 因为 $\beta=\dfrac{R_a}{C_e C_T \varphi^2}$，所以 φ 越小，特性直线下倾的愈厉害，硬度也下降，即系统的特性

变软。

② 当 $\varphi=\varphi_n$ 时，它就是固有特性，此时转速最低。

③ 当 φ 减弱时，$T=C_T\varphi I_a$ 成比例下降。此时若要维持输出转矩 T 不变，必须使电枢电流 I_a 增大，但一般不允许 I_a 太大，所以当 φ 减弱时 T 减小。

④ 由于

$$P=Tw=C_T\varphi I_a\cdot\frac{2n\pi}{60}=C_T\varphi I_a\frac{2\pi}{60}\left(\frac{u_n}{C_e\varphi}-\frac{R_aI_a}{C_e\varphi}\right)$$

$$=\frac{2\pi}{60}\cdot\frac{C_T}{C_e}(u_nI_a-R_aI_a^2)$$

与 φ 无关，所以无论 φ 如何变化，功率不变。

4.1.3　电动机与负载的匹配

在调速过程中，电动机以不同的转速下运行时，实际输出转矩和功率能否达到且不超过其允许长期输出的最大转矩和功率，并不取决于电动机本身，而取决于机床在调速过程中负载转矩 T_L 与功率 P_L 的大小和变化规律。所以在选择调速方案时，必须注意电动机的调速性质与生产机械（机床）的调速性质相匹配。具体讲，恒转矩的负载应尽可能选用恒转矩性质的调速方式，恒功率负载应尽可能选用恒功率性质的调速方式，这样才能使电动机得到充分利用。一般，机床的主运动要求恒功率调速，机床的进给运动要求恒转矩调速。

4.2　他励直流电动机的启、制动特性

4.2.1　他励直流电动机的启动特性

电动机的启动就是指使其从静止状态转动。电动机的启动过程就是指电动机从静止过渡到某一稳定转速的整个过程。

1. 他励直流电动机的启动过程

电动机要转动，就要有转矩推动，而转矩 $T=C_T\varphi I_a$，所以在启动时应首先将电动机的励磁绕组通过电流建立磁场，再将电枢绕组通电，带电导体在磁场中受力产生转矩，使电动机转子转动。

在启动过程中要求电动机的电磁转矩必须大于负载转矩。因此他励直流电动机在启动过程中既要有足够大的启动转矩，又不能使电枢电流过大。由于励磁绕组的电阻较大，额定电压可以直接加在励磁绕组上。当电动机静止时，额定电压不可以直接加在电枢绕组上。因为启动瞬间，由于惯性，电动机转速为 0，感应电动势也为 0，此时电枢电流 $I_a=\frac{U_N}{R_a}$，电枢电阻 R_a 很小，导致电枢电流过大，通常是额定电流的 10～20 倍。这么大的启动电流会引起非常严重的后果：首先对电动机来说，大电流使电枢绕组受到过大的电磁力，易损坏绕组；其次使换向困难，在换向器表面产生火花及环火，烧坏电刷与换向器；再次，过大的启动电流还会产生过大的启动转矩，从而使传动机构受到很大的冲击力，加速过快，易损坏传动变速机

构；最后，过大的启动电流会引起电网电压的波动，影响电网上其他用户的正常用电。因此，直流电动机不允许直接启动。

2. 他励直流电动机的启动方式

（1）降压启动

启动时由低到高调节电枢回路的电压值，在启动瞬间，电流通常要限制在 1.5～2 倍额定电流内，因此启动时最低电源电压为 $U_1=(1.5\sim2)I_N R_a$。随着转速 n 的升高，应调节电源电压 U 不断升高，并保证 I_a 在 $(1.5\sim2)I_N$ 范围内，直至电压升至额定电压 U_N，电动机进入稳定运行状态，启动过程结束。

（2）电枢回路串电阻启动

电枢回路串接启动电阻，待电动机转速逐渐升高，感应电动势增大，电枢电流相对减小后再切除外电阻，直到电动机转速达到要求。

4.2.2 他励直流电动机的制动特性

他励直流电动机有两种运转状态：一是电动运行状态，电动机的电磁转矩方向与转速方向相同，电动机从电网获得电能并转化为机械能；二是制动运行状态，电动机的电磁转矩方向与转速方向相反，使电力拖动系统迅速停车或反向运行。要使电力拖动系统停车，最简单的方法是断开电枢电源，系统在摩擦转矩的作用下自由停车。但是用时较长，如果要使系统快速停车，可以使用机械抱闸，也可以使用电气制动方法。常用的电气制动方法有三种，即能耗制动、反接制动和回馈制动。

1. 能耗制动

把电动机的电枢与电网断开（励磁绕组仍接在电源上），在电枢回路中串入适当的附加电阻 R_i 形成闭合回路就实现了能耗制动。

当能耗制动时无外加电压（$U=0$），感应电势 E 将使闭合的电枢回路产生电流：

$$I=-\frac{E}{R_0+R_s}$$

电枢电流为负值，说明其方向与电动状态时的方向相反，电磁转矩 T 与电动状态时反向，即 T 与 n 方向相反，转速降低。在转速降低的同时，感应电动势也减小，电枢电流和电磁转矩也随制动过程减小。当 $n=0$ 时，$T=0$，小车停止，能耗制动过程结束。在能耗制动过程中，电动机把它轴上的惯性动能转换成电能，消耗在电枢电路中的电阻上。当系统的动能耗尽时，电动机停车，因此称之为能耗制动。

2. 反接制动

他励直流电动机在电动状态下改变端电压 U 的极性，使电动机电磁转矩方向与电动机实际运行方向相反，由此形成的制动称为反接制动。

在反接制动过程中，电路中感应电动势的极性与外加电压的极性相同，有较大的电压加到电枢回路两端。电枢电阻 R_a 很小，将会产生非常大的反向电流。为了限制电枢电流，在电枢回路中要串接制动电阻 R_f。

反接制动时电枢电流为

$$I=\frac{-U-E}{R_a+R_f}$$

由 $E=C_e\varphi n$，反接制动的机械特性方程为 $n=\frac{-U}{C_e\varphi}-\frac{R_a+R_f}{C_e\varphi}I=-n_0-\frac{R_a+R_f}{C_eC_T\varphi^2}T$

为保证反接制动最大电流不超过 $2I_N$，则应使

$$R_a+R_f\geqslant\frac{U_N+E_a}{2I_N}\approx\frac{2U_N}{2I_N}=\frac{U_N}{I_N}$$

则

$$R_f\geqslant\frac{U_N}{I_N}-R_a$$

【例 4-1】他励直流电动机的技术数据如下：$P_N=29$ kW，$U_N=440$ V，$I_N=76.2$ A，$n_N=1050$ r/min，$R_a=0.068R_N$（$R_N=U_N/I_N$ 为电动机的额定电阻）。

(1) 电动机在发电反馈制动状态下工作，设 $I=-60$ A(与感应电势 E 方向一致，与 UN 反向)，附加电阻 $R_f=0$，求电动机的转速；

(2) 当电动机在动力制动状态工作，转速 $n=500$ r/min 时，电枢电流为额定值，求接入电枢回路中的附加电阻和电机轴上的转矩；

(3) 当电动机在反接制动状态下工作，转速 $n=600$ r/min 时，电枢电流 $I=50$ A，求接入电枢回路中的附加电阻，电机轴上的转矩，电网供给的功率，电枢回路中电阻上消耗的功率以及从轴上输入的机械功率。

解：(1)在发电反馈制动状态下，电动机的电枢电阻 R_a：

$$R_a=0.068R_N=0.068\frac{U_N}{I_N}=0.093\ \Omega$$

电动机的电势系数：

$$C_e\varphi=\frac{U_N-I_NR_a}{n_N}=\frac{440-76.2\times0.393}{1050}=0.39$$

电动机的转速：

$$n=\frac{U_N-I_NR_a}{C_e\varphi}=\frac{440-(-60)\times0.393}{0.39}=1190\ \text{r/min}$$

(2) 电动机在动力制动状态下，电动机的转矩系数：

$$C_T\varphi=9.55C_e\varphi=9.55\times0.39=3.7$$

电动机在额定电流时的电磁转矩：

$$T_N=C_T\varphi I_N=3.7\times76.2=282\ \text{Nm}$$

电枢回路中的总电阻 R：

$$R=-\frac{C_eC_T\varphi^2 n}{T}=-\frac{C_e\varphi C_T\varphi n}{T}=-\frac{0.39\times3.7\times500}{-282}=2.56\ \Omega$$

附加电阻 $R_f=R-R_a=2.56-0.393=2.167\ \Omega$

电动机轴上的额定输出转矩 $T'_N=9.55\frac{P_N}{n_N}=9.55\frac{29}{1050}=263.8$ Nm

电动机空载损耗转矩：

$$T_0=T_N-T'_N=282-263.8=18.2\ \text{Nm}$$

制动时电动机轴上的转矩：

$$T_{BR}=T_N+T_0=-282-18.2=300.2\ \text{Nm}$$

(3) 电动机在反接制动状态下，电枢回路中所需的总电阻：

$$R=\frac{-U_N-C_e\varphi n}{I}=\frac{-440-0.39\times600}{-50}=13.5\ \Omega$$

附加电阻　$R_f=R-R_a=13.5-0.393=13.107\ \Omega$

电动机的电磁转矩　$T=C_T\varphi I=-3.7\times50=-185\ \text{Nm}$

电动机轴上的制动转矩　$T_{BR}=T+T_0=-185+(-18.2)=-203.2\ \text{Nm}$

电网供给的功率　$P=U_N I\times10^{-3}=-440\times50\times10^{-3}=-22\ \text{kW}$

电枢回路中电阻消耗的功率：$P_R=-I^2R\times10^{-3}=-50^2\times13.5\times10^{-3}=-33.7\ \text{kW}$

从轴上输入的机械功率：$P_T=P_R-P=-33.7-(-22)=-11.7\ \text{kW}$

4.3 调速指标

在生产实践中，同一型号相同容量的电动机所服务的对象不同，而且不同的生产机械要求的速度也不同，因此，要采用一定的方法改变系统的工作速度，以满足实际生产工艺的需要，这种方法称为调速。

调速一般采用两种方法，一是机械调速，不改变电动机的速度，只改变电动机与生产机械之间传动装置的速度比进行调速；二是电气调速，通过改变电动机参数，得到不同的速度。速度调节就是指人为地改变电动机参数，使电力拖动系统运行在不同的机械特性上，从而在相同的负载下，得到不同的运转速度。电力拖动系统由于负载变化等其他因素引起的速度变化，不属于调速范围。在生产实践中，为了选择合理的调速方案，必须对调速方法的技术指标、经济指标进行比较，本节主要介绍调速的主要指标。

4.3.1 调速种类

据机床及生产工艺的不同，对机床本身的调速要求也不同，常见的调速种类有两大类。

1. 纯机械调速

电动机转速不变，机床所需的各种转速是通过改变齿轮箱的齿轮的变速比(传动比)得到的。此类调速方法对电动机要求不高。

2. 纯电气调速

设备所需的各种不同转速由电动机直接提供，此时机械变速机构非常简单，但电气控制系统复杂，投资较大。

此外，还可将上述两种方法配合使用，这样即可加宽调速范围，又可使中间传动机构相对简单。

4.3.2 调速指标

1. 静差率(度)s

静差率是指在同一条机械特性上，额定负载时电动机转速降与理想空载转速之比。

$$s=\frac{n_0-n_N}{n_0}=\frac{\Delta n_N}{n_0}$$

含义为当负载变化时，拖动装置转速降落的程度。

显然，电动机的机械特性越硬，静差率越小，转速的相对稳定性越高。对于硬度相等的两条机械特性，理想空载转速越低，静差率越大。静差率用来衡量调速系统在负载变化时的转速稳定度。系统静差率大，当负载增加时，电动机转速会下降很多，就会降低设备的生产能力，也会影响产品质量。这对数控机床加工而言，就会使产品表面质量下降。系统要求的静差率是根据生产机械工艺要求确定的，因为对一个调速系统而言，静差率要求越高，系统的调速范围 D 越窄，即静差率的要求限制了调速范围。在调压调速中，不同的电枢电压，对应不同的理想空载转速，而转速降$\triangle n$ 却是常数。可见当高速时，静差率 s 小；当低速时，静差率 s 大。所以，一般提到的静差率 s 均以系统最低转速时为准。低速达到了要求，高速就不成问题。所以在采用恒转矩调速时，为保证 s 不超过规定值，转速不能调得太低（n_0不可太小），但系统的硬度提高，一定会使 s 减小。此外，对于不同的设备，允许的速度波动不同，规定的 s 值也不同，如普通机床要求 $s\leqslant 0.3$，精密机床要求 $s<0.1$。

2. 调速范围 D

调速范围即电动机在额定负载时，电动机最高转速与最低转速之比，它表示设备在生产过程中所要求的转速的最大调节范围。

$$D=\left.\frac{n_{max}}{n_{min}}\right|_{T=T_N}$$

n_{max}受电动机的换向及机械强度等方面的限制；n_{min}除了受调速方法决定外，还受低速静差率的限制。不同的生产机械要求的调速范围不同。现在的机械制造趋向是简化机械结构，并首先简化各种减速机构，因此，这就要求电力拖动系统具有较大的调速范围，如车床 $D=20\sim50$，龙门刨床 $D=10\sim40$，轧钢机 $D=3\sim10$ 等。

$$D=\frac{n_{max}}{n_{min}}=\frac{n_{max}}{n_{0min}-\Delta n_N}=\frac{n_{max}}{n_{0min}\left(1-\frac{\Delta n_N}{n_{0min}}\right)}=\frac{n_{max}s_{max}}{\Delta n_N(1-s_{max})}$$

说明：

① 当 Δn_N 不变时，s_{max}增大→D 增大，但 s_{max}必须小于 1；当 $s_{max}=1$ 时，$n=0$，停车；

② 当 n_{max}增大→D 增大，但一般情况下电动机的 n_{max}为定值，不易改变；

③ 当 Δn_N 减小→D 增大，这是提高调速范围 D 的最佳途径。

3. 跟随性能

跟随性能是控制系统一个动态指标，它是指在给定信号作用下，系统输出量变化的反映。当给定信号的变化方式不同时，输出响应不同。对一个闭环控制系统，通常用输入单位阶跃信号，然后观察它的响应过程，从而来评价其动态性能的好坏。图 4.3 所示为输入$R(t)$的动态跟随过程曲线。

（1）上升时间 t_r

上升时间是输出响应曲线第一次上升到稳态 $C(\infty)$所需要的时间。

（2）超调量 M_p（%）

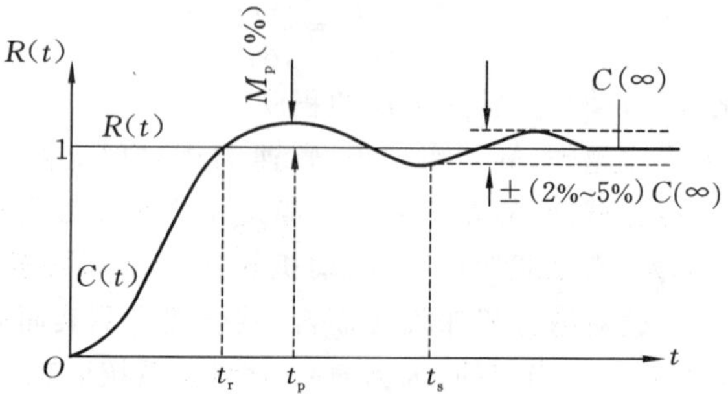

图 4.3　输入 $R(t)$ 的动态跟随过程

超调量是控制系统动态性能指标中的一个，指响应超出稳态值的最大偏离量与稳态值之比的百分数。

$$M_p = \frac{C(t_p) - C(\infty)}{C(\infty)} \times 100\%$$

(3) 调节时间 t_s

输出响应与稳态值的差值在允许范围(±2%～5%)内，且以后不再超出此范围的最短时间。

(4) 振荡次数 N

响应曲线在 t_s 时刻之前发生振荡的次数。

以上指标中，调节时间越小，表明系统跟随性能越好；超调量越小，表明系统的稳定性越好。显然，作为数控机床的伺服系统，希望以上性能指标都做到越小越好。然而，在实际控制中，快速性经常与稳定性相矛盾。要求系统的响应速度快，系统的稳定性就会受影响，超调量就会加大；要求系统的稳定性好，它的响应速度就会变慢，因此要做出合理的选择。

4. 抗干扰能力

控制系统在稳态运行中，由于受到电动机负载发生变化、电网电压的波动等其他干扰因素的影响，会引起系统输出量的变化，经历一段动态过程后，系统总能达到新的稳定状态。所以抗干扰能力也是一个动态性能，它反映的是系统受到干扰后，克服扰动的影响而自行恢复的能力。常用最大动态降落和恢复时间指标来衡量系统的抗干扰能力。图 4.4 所示为一个调速系统在突然增加负载时转速的动态响应曲线。

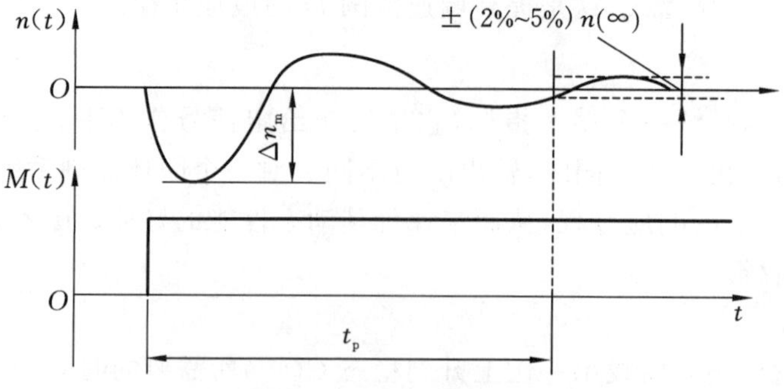

图 4.4　突加负载时转速的动态响应曲线

（1）最大动态速度 Δn_m

Δn_m 反映系统在突加负载后及时作出反应的能力，常以原稳态值的百分数表示，即

$$\Delta n_m=\frac{\Delta n_m}{n(\infty)}\times 100\%$$

（2）恢复时间 t_p

恢复时间即由扰动作用瞬间至输出量恢复到允许范围内（一般取稳态值的±2%～±5%）所经历的时间。

当扰动输入后，同时要做到动态降落与恢复时间两项指标最小。有时存在矛盾，一方面，当系统的时间常数越大，则输出响应的最大动态降落越小，而恢复时间越长；反之，时间常数越小，动态降落越大，但恢复时间短。另一方面，伺服系统在给定输入作用下输出响应的超调量越大，上升时间越短，则它的抗干扰性能就越好；而超调量较小、上升时间较长的系统，恢复时间就长。这就是闭环控制系统的局限性。

5. 平滑系数

调速时相邻两级转速的接近程度叫调速的平滑性，可用平滑系数 ϕ 来衡量，它是相邻两级的转速之比，$\phi=\frac{n_{i+1}}{n_i}$。ϕ 表示一定调速范围内调速级数的多少。调速级数愈多，ϕ 愈接近 1。转速连续可调，级数接近无穷多，称作无级调速。对于无级调速，因为 $n_{i+1}\approx n_i$，所以 $\phi\approx 1$。

【例 4-2】 一台他励直流电动机铭牌数据如下：$P_N=10\ \text{kW}$，$U_N=220\ \text{V}$，$I_N=55\ \text{A}$，$n_N=1100\ \text{r/min}$，$R_a=0.3\ \Omega$。试求在静差率 $s\leqslant 0.3$ 和 $s\leqslant 0.2$ 时，降压调速时的调速范围。

解： 当降压调速时，$n_{max}=n_N=1100\ \text{r/min}$

$$C_e\varphi_N=\frac{U_N-I_NR_a}{n_N}=\frac{220-55\times 0.3}{1100}=0.185$$

$$n=\frac{U_N}{C_e\varphi_N}=\frac{220}{0.185}=1189\ \text{r/min}$$

$$\Delta n=n_0-n_N=1189-1100=89\ \text{r/min}$$

当 $s\leqslant 0.3$ 时，$D=\frac{n_{max}s_{max}}{\Delta n_N(1-s_{max})}=\frac{1100\times 0.3}{89(1-0.3)}=5.3$

当 $s\leqslant 0.2$ 时，$D=\frac{n_{max}s_{max}}{\Delta n_N(1-s_{max})}=\frac{1100\times 0.2}{89(1-0.2)}=3.1$

4.4　直流调速系统

4.4.1　闭环直流调速系统的组成

开环调速系统只调节控制电压就可以改变电动机的转速。如果负载工艺对运行时的静差率要求不高，可以应用开环调速系统实现一定范围内的无级调速，但是，许多需要调速的生产机械常常对静差率有一定的要求。对静差率要求比较高的生产工艺，开环调速系统往往不能满足要求。

根据自动控制原理，反馈控制的闭环系统是按被调量的偏差进行控制的系统。只要被调量出现偏差，它就会自动产生纠正偏差的作用。显然，调速系统引入转速反馈将使调速系统能够大大减少转速降落。图 4.5 所示为一种反馈控制的闭环直流调速系统。

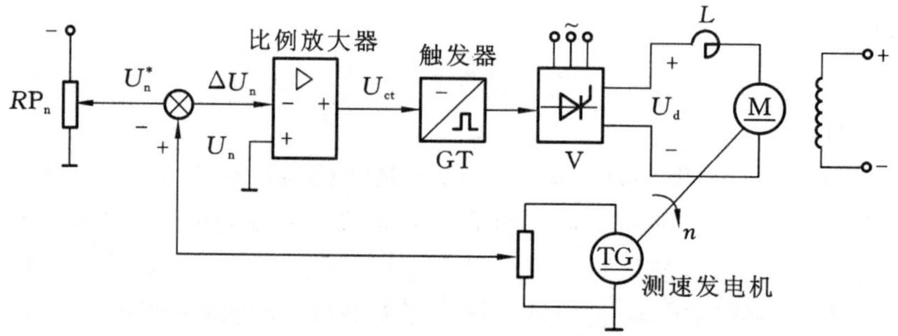

图 4.5　反馈控制闭环直流调速系统

目前，反馈控制闭环直流调速系统的组成有如下几种选择方案：

① 对于中、小容量系统，多采用由绝缘栅双极型晶体管 IGBT 或 P-MOSFET 组成的 PWM 变换器；

② 对于较大容量的系统，可采用其他电力电子开关器件，如集成门极换流晶闸管 IGCT 等；

③ 对于特大容量的系统，则常用晶闸管触发与整流装置。

TG 是与电动机同轴安装的一台测速发电机，从而引出与被调量转速成正比的负反馈电压 U_n^*，与给定电压 U_n^* 相比较后，得到转速偏差电压 ΔU_n，经调节器调节后产生电力电子变换器所需要的控制电压 U_{ct}，用以控制电动机的转速。放大器可为比例、比例微分、比例积分和比例积分微分四种类型。由 PD 调节器构成的超前校正，可提高系统的稳定性，并获得足够的快速性，但稳态精度可能受到影响；由 PI 调节器构成的滞后校正，可以保证稳态精度，但是却牺牲了快速性；由 PID 调节器实现的滞后—超前校正，可以全面提高系统的控制性能，但具体实现与调节比较复杂。

一般调速系统要求以动态稳定性和动态精度为主，对快速性要求会稍低一些，所以主要采用 PI 调节器；在随动系统中，快速性是主要要求，必须用 PD 或 PID 调节器。

4.4.2　系统的工作原理

系统的工作原理如下：转速给定信号为 U_n^*，转速反馈信号 U_n 与其进行比较，得到转速偏差信号 $\Delta U_n = U_n^* - U_n$。该偏差信号经比例调节器放大后，得到触发器移相控制信号 U_{ct}。U_{ct} 通过控制触发器的脉冲移相角 α 来控制晶闸管整流器的整流电压，进而控制电动机的转速。改变转速给定信号 U_n^* 的大小，就能改变电动机的转速，实现电动机的平滑无级调速。

启动：

$$\text{给定 } U_n^* \to \Delta U_n\,(\text{开始 } \Delta U_n = U_n^*) \to U_{ct} = K_p \Delta U_n \to \alpha\,(\text{减小}) \to$$

$$\to U_d\,(\text{增大}) \to I_d \uparrow > I_L \to n \uparrow (\text{从 0 开始}) \to U_n \uparrow \to \Delta U_n \downarrow \to U_{ct} \downarrow$$

$$\to \alpha \uparrow \to U_d \downarrow \to \to I_d \downarrow \begin{cases} > I_L \\ = I_L \end{cases}$$

当 I_d 大于 I_L 时，重复上述过程；当 I_d 等于 I_L 时，启动结束，电机稳定运行。

4.4.3 转速闭环调速系统的静态特性

1. 转速闭环调速系统的静态特性

四个环节的静态特性如下：

(1) 比例调节器

$$\Delta U_n = U_n^* - U_n$$

$$U_{ct} = K_p \Delta U_n$$

式中　K_p——比例调节器的放大倍数。

(2) 触发器及晶闸管变流装置

$$U_{d0} = K_s U_{ct}$$

式中　K_s——触发器及晶闸管整流装置的电压放大倍数。

(3) 转速检测环节(测速发电机 TG)

$$U_n = \alpha n$$

式中　α——转速反馈系数。

测速发电机检测转速的原理(图 4.6)：

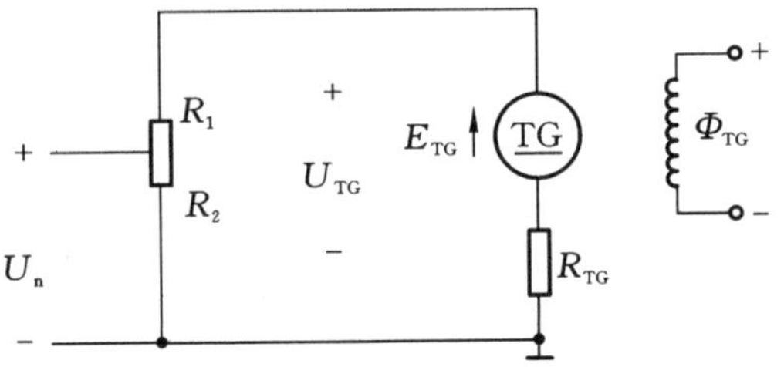

图 4.6　测速发电机检测转速原理图

在图 4.6 中，E_{TG} 为测速发电机电动势；U_{TG} 为测速发电机输出电压；R_{TG} 为电枢绕组电阻及电刷与换向器之间的接触电阻；R_1+R_2 为测速发电机负载电阻。

$$U_{TG} = \frac{E_{TG}(R_1+R_2)}{R_1+R_2+R_{TG}} = \frac{C_{eTG}\Phi_{TG}(R_1+R_2)}{R_1+R_2+R_{TG}} n = C_{TG} n$$

$$U_n = \frac{R_2}{R_1+R_2} U_{TG} = \frac{R_2}{R_1+R_2} C_{TG} n = \alpha n$$

令 $\alpha = \frac{R_2}{R_1+R_2} C_{TG}$(转速反馈系数)，则 $U_n = \alpha n$。

(4) 主电路

直接引用式(4.3)：

$$n = \frac{U_{d0} - I_d R_\Sigma}{C_e \Phi}$$

根据以上四个环节的静态输入/输出关系，可画出转速负反馈单闭环直流调速系统的静态结构(图 4.7)：

由图 4.7 可推导出：

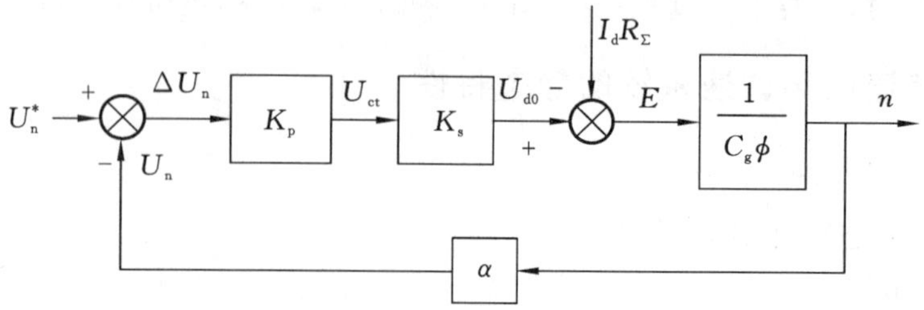

图 4.7　转速闭环系统静态结构

$$n=\frac{U_{d0}-I_dR_\Sigma}{C_e\Phi}=\frac{K_pK_s\Delta U_n-I_dR_\Sigma}{C_e\Phi}=\frac{K_pK_s(U_n^*-\alpha n)-I_dR_\Sigma}{C_e\Phi}$$

整理得：

$$n=\frac{K_pK_sU_n^*-R_\Sigma I_d}{C_e\Phi\left(1+\dfrac{K_pK_s\alpha}{C_e\phi}\right)}$$

令 $K=\dfrac{K_pK_s\alpha}{C_e\Phi}$(闭环系统的开环放大倍数)，则转速闭环调速系统的静态特性：

$$n=\frac{K_pK_sU_n^*}{C_e\Phi(1+K)}-\frac{R_\Sigma I_d}{C_e\Phi(1+K)}=n_{0cl}-\Delta n_{cl} \tag{4.6}$$

式中　$n_{0cl}=\dfrac{K_pK_sU_n^*}{C_e\Phi(1+K)}$——闭环系统的理想空载转速；

$\Delta n_{cl}=\dfrac{I_dR_\Sigma}{C_e\Phi(1+K)}$——闭环系统的静态速降。

静特性方程表明了系统闭环后电动机转速与负载电流的静态(稳态)关系。它与开环系统的机械特性方程式虽然在形式上相同，但两者的含义却有本质上的区别。

2. 转速闭环调速系统静特性与开环系统机械特性的比较

为便于比较，把闭环系统的反馈回路断开，变成开环系统，得闭环系统的开环机械特性方程：

$$n=\frac{U_{d0}-I_dR_\Sigma}{C_e\Phi}=\frac{K_pK_sU_n^*}{C_e\Phi}-\frac{I_dR_\Sigma}{C_e\Phi}=n_{0op}-\Delta n_{op} \tag{4.7}$$

式中　$n_{0op}=\dfrac{K_pK_sU_n^*}{C_e\Phi}$——开环系统的理想空载转速；

$\Delta n_{op}=\dfrac{I_dR_\Sigma}{C_e\Phi}$——开环系统的静态速降。

比较式(4.6)和式(4.7)，可知闭环系统的特点如下：

① 闭环系统静特性比开环系统的机械特性硬——负载扰动时转速变化小，在相同负载下，$\Delta n_{cl}=\dfrac{\Delta n_{op}}{1+K}$。

② 当要求的静差率 S 相同时，闭环系统的调速范围大。

$$D_{cl}=(1+K)D_{op}$$

$$D_{cl}=\frac{Sn_{nom}}{\Delta n_{nom_{cl}}(1-S)}=\frac{Sn_{nom}}{\frac{\Delta n_{nomop}}{1+K}(1-S)}=(1+K)D_{op} \tag{4.8}$$

③ 当要求的调速范围相同时，闭环系统的静差率小。$S_{cl}<S_{op}$，K 越大，小得越多。

综上，闭环系统的静特性要远远好于开环系统的机械特性，使开环系统无法解决的 D、S 之间的矛盾得以解决。

闭环调速系统比开环调速系统有着更多的优越性，闭环调速系统可以获得比开环调速系统硬得多的稳态特性，从而在保证一定静差率的要求下，能够提高调速范围，为此所需付出的代价是，须增设电压放大器及检测与反馈装置。

上述三项优势的显现，需要 K 值足够大，即在闭环系统中设置放大器。如在上述的速度反馈闭环系统中引入转速反馈电压 U_n 后，若要使转速偏差小，就必须把 $\Delta U_n=U_n^*-U_n$ 压得很低，所以必须设置放大器，才能获得足够的控制电压 U_c。在开环系统中，由于 U_n^* 和 U_c 是属于同一数量级的电压，可以把 U_n^* 直接当作 U_c 来控制，放大器便是多余的了。

因此，闭环系统能够减少稳态速降，能使转速随着负载的变化而相应改变电枢电压，以补偿电枢回路的电阻压降达到自动调节的目的。

讨论：

① 闭环系统的机械特性比开环系统机械特性更硬的本质——闭环系统的自动调节作用。

例如：负载增加。

开环系统：U_{d0} 不变，$U_{d0}=\uparrow I_dR_\Sigma+C_e\phi n\downarrow$ $(I_d=I_{L1}\rightarrow I_d=I_{L2})$。

闭环系统：$I_L\uparrow\rightarrow n\downarrow\rightarrow U_n\uparrow\rightarrow U_{ct}\uparrow\rightarrow U_{d0}\uparrow\rightarrow I_d\rightarrow\begin{cases}\leqslant I_L\\ >I_L\rightarrow n\uparrow\end{cases}$。

当 I_d 小于 I_L 时，重复上述过程；当 I_d 大于 I_L 时，导致转速 n 上升，直到进入下一个稳定状态，$I_d=I_L$。

② K 值大小对静特性的影响。K 值越大，系统的静特性越好。（S 相同，$D_{cl}=(1+K)D_{op}$；D 相同，K 越大，闭环比开环的 S 小得越多）

注意：K 值过大会造成系统不稳定——无静特性可言。

3. 静态参数计算举例

【例 4-3】 某一转速负反馈单闭环调速系统如图 4.8 所示。

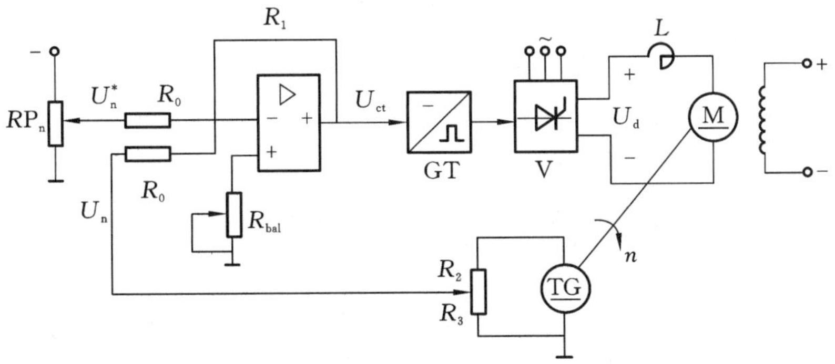

图 4.8　转速负反馈单闭环调速系统

已知，直流电动机技术数据为 $P_{nom}=45$ kW，$U_{nom}=220$ V，$I_{nom}=226$ A，$n_{nom}=1750$ r/min，电枢电阻 $R_a=0.04\ \Omega$；电枢回路总电阻 $R_\Sigma=0.1\ \Omega$；晶闸管变流装置的移相控制信号 U_{ct} 在 0～7 V 范围内调节时，对应的整流电压 U_d 在 0～250 V 范围内变化。

测速发电机为永磁式直流测速发电机，技术数据为 $P_{nomTG}=0.0231$ kW，$U_{nomTG}=110$ V，$I_{nomTG}=0.21$ A，$n_{nomTG}=1900$ r/min。

当调整系统时，使 $U_{n\max}^*=10$ V 对应 $n=n_{nom}=1750$ r/min。

设计要求的静态技术指标为 $D=10$；$S=0.05$。

试计算：(1)静态技术指标要求的转速降；(2)闭环系统的开环放大倍数；(3)比例调节器输入和反馈电阻 R_0、R_1 及测速发电机负载电阻 R_2、R_3。

解：(1) 因为 $D=\dfrac{Sn_{nom}}{\Delta n_{nomcl}(1-S)}$

所以，静态技术指标要求的静态速降为

$$\Delta n_{nomcl}=\frac{Sn_{nom}}{D(1-S)}=\frac{0.05\times1750}{10\times(1-0.05)}\approx9.2\ \text{r/min}$$

(2) 因为
$$U_{nom}=I_{nom}R_a+C_e\Phi n_{nom}$$

所以
$$C_e\Phi=\frac{U_{nom}-I_{nom}R_a}{n_{nom}}=\frac{220-226\times0.04}{1750}\approx0.12\ \text{V}\cdot\text{min/r}$$

$$\Delta n_{nomop}=\frac{I_{nom}R_\Sigma}{C_e\Phi}=\frac{226\times0.1}{0.12}\approx188.3\ \text{r/min}$$

因为
$$\Delta n_{nomcl}=\frac{\Delta n_{nomop}}{1+K}$$

所以
$$K=\frac{\Delta n_{nomop}}{\Delta n_{nomcl}}-1=\frac{188.3}{9.2}-1\approx19.5$$

(3) $K_s=\dfrac{\Delta U_d}{\Delta U_{ct}}=\dfrac{250}{7}\approx36$

因为稳态时，$\Delta U_n=U_n^*-U_n$ 很小，所以，可以认为 $U_n\approx U_n^*$。因此，转速反馈系数可估算为

$$\alpha\approx\frac{U_{n\max}^*}{n_{nom}}=\frac{10}{1750}\approx0.006\ \text{V}\cdot\text{min/r}$$

因为
$$K=K_pK_s\alpha\frac{1}{C_e\Phi}$$

所以，$K_p=\dfrac{KC_e\Phi}{K_s\alpha}=\dfrac{19.5\times0.12}{36\times0.006}\approx10.8$

预选调节器输入电阻 $R_0=20$ kΩ(衰减输入电流到 mA 级)，则调节器反馈电阻：

$$R_1=R_pR_0=10.8\times20=216\ \text{k}\Omega$$

因为
$$C_{TG}=\frac{U_{nomTG}}{n_{nomTG}}=\frac{110}{1900}\approx0.058\ \text{V}\cdot\text{min/r}$$

$$\alpha=\frac{R_3}{R_2+R_3}C_{TG}$$

所以，$\dfrac{R_3}{R_2+R_3}=\dfrac{\alpha}{C_{TG}}=\dfrac{0.006}{0.058}\approx0.1$

选：$R_2+R_3=6\ \text{k}\Omega$，则 $R_3=0.1\times 6=0.6\ \text{k}\Omega$，$R_2=6-0.6=5.4\ \text{k}\Omega$

直流测速发电机的负载电阻 R_2+R_3 阻值一般不能选得过小，否则会使直流测速发电机负载电流过大而引起过强的电枢反应，从而影响测量精度。

选择一个 1 kΩ 的电位计与一个 5.1 kΩ 的固定电阻串联作为测速发电机的负载。

【例 4-4】 已知：$n_n=1500\ \text{r/min}$，$\Delta n_n=75\ \text{r/min}$，$S_{max}=0.2$，求 $D_k=$？若 $S_{max1}=0.1$，n_n 不变，$D_B=10$，求 $k=$？

解：

$$D_k=n_n\cdot S_{max}/\Delta n_n(1-S_{max})$$
$$=1500\times 0.2/[75\times(1-0.2)]=5$$
$$D_B=n_N\cdot S_{max1}/\Delta n_{nB}(1-S_{max}),$$

所以
$$\Delta n_{nB}=n_N\cdot S_{max1}/D_B(1-S_{max})=50/3$$

因为
$$\Delta n_{nB}=\Delta n_n/(1+k),$$

所以
$$k=\Delta n_n/\Delta n_{nB}-1=3.5\ 。$$

【例 4-5】 某直流转速调速系统调速范围 $D=1:10$，额定转速 $n_{ed}=1000\ \text{r/min}$，开环转速降落 Δn_{ed} 为 100 r/min，如果要求系统的静差率由 15%减至 5%，则闭环系统的开环放大倍数如何变化？

解：

$$D=n_{ed}\ S_{max}/\Delta n_{ed}(1-S_{max})$$
$$\Delta n_{ed1}=n_{ed}S_{max1}/D(1-S_{max1})$$
$$=1000\times 15\%/10\times(1-15\%)=17.65$$
$$\Delta n_{edk}=(1+k_1)\Delta n_{edB1}$$

于是 $k_1\approx 4.7$。

$$\Delta n_{ed2}=n_{ed}\cdot S_{max2}/D(1-S_{max2})$$
$$=1000\times 5\%/10\times(1-5\%)=5.26$$
$$\Delta n_{edk}=(1+k_2)\Delta n_{edB2}$$

所以 $k_2\approx 18$。

4.4.4　闭环控制系统的特征

转速反馈闭环调速系统是一种基本的反馈控制系统。它具有以下三个基本特征：

① 只用比例放大器的反馈系统，它的被控量仍然有静差。

闭环系统的稳态速降为

$$\Delta n_{cl}=\frac{RI_d}{C_e(1+K)}$$

K 越大，系统的稳态性能越好。只有当 $K=\infty$ 时，才能使 $\Delta n_{cl}=0$，K 又不可能为无穷大，所以稳态误差只能减小，不能消除。这种只用比例放大器的调速系统为有静差调速系统。

② 抗干扰性。反馈控制系统具有良好的抗干扰性能，它能有效地抑制一切被负反馈环所包围的前向通路上的扰动作用，服从输入。也就是说，对于反馈以外的给定输入，它的微小差别都会使被控量随之变化。对于被包围在负反馈环内前向通路上的扰动，例如交流电源电压的波动，放大器输出电压的波动，由温升引起的主电路电阻的增加等都会得到很好的

抑制。

③ 如果给定电压的电源发生波动，反馈控制系统无法鉴别是对给定电压的正常调节还是属于干扰的电压波动。因此，高精度的调速系统必须有更高精度的给定稳压电源。

④反馈检测装置的误差是反馈控制系统无法克服的问题，采用高精度光电编码盘的数字测速系统，可以大大提高调速系统的精度。

4.4.5 比例调节器突加负载的动态过程

在采用比例调节器的调速系统中，调节器的输出是电力电子变换器的控制电压 $U_c=K_p\Delta U_n$。只要电动机在运行，就必须有控制电压 U_c，因而也必须有转速偏差电压 ΔU_n，这是此类调速系统有静差的根本原因。

动态过程中，在比例调节器的调速系统中负载的突增会干扰电动机，使其转速下降，即 U_n 降低。根据 $\Delta U=U_n^*-U_n$ 可知，偏差电压 ΔU 跟随转速增加。控制电压 $U_c=K_p\Delta U$ 增加，从而使电机转速升高，达到一种新的稳态，整个过程只要电动机运行就必须有控制电压 U_c。因而也必须有转速偏差电压 ΔU_n，只要偏差电压发生变化，就会影响比例调节器的输出，从而影响转速的变化。

4.4.6 电流截止负反馈

对于转速反馈调速系统，突然加上给定电压，由于惯性，转速不可能立即突变，反馈电压为零，即 $\Delta U_n=U_n^*$。此时对电动机来说相当于全压启动。

直流电动机在全压启动时，如果没有限流措施，会产生很大的冲击电流。这对电动机换向及电子器件都是非常不利的。另外，电动机在运行过程中可能会遇到堵转，由于堵转时 $\Delta U_n=U_n^*$，若无电流限制环节，电流将远远超过允许值。为了解决反馈闭环调节系统启动和堵转时电流过大的问题，系统中采取了一种当电流大到一定程度时才出现的电流反馈，即电流截止负反馈，简称截流反馈。

这种反馈只在启动和堵转时存在，在正常运行时又被取消，让电流自由地随着负载进行增减。图 4.9 为利用二极管的单向导电性来实现电流反馈的引入与切除。电流反馈信号取自串入电动机电枢回路中的小电阻 R_s，I_dR_s 正比于电流。

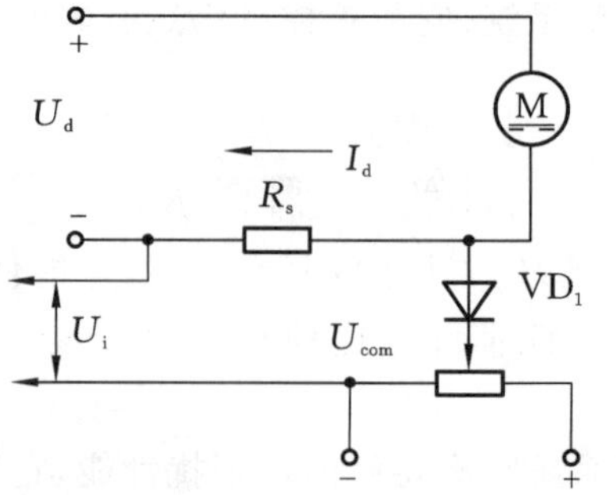

图 4.9 利用二极管的电流截止负反馈

4.5 无静差调速系统

4.5.1 积分调节器

比例反馈控制系统在放大系数足够大时，就可以满足系统的稳定性的要求，然而，放大系数太大又可能引起闭环系统的不稳定，用比例积分调节器代替比例放大器后，可使系统稳定，并有足够的稳定裕度，同时还能满足稳态精度指标。PI 调节器的功能不仅如此，还可以进一步提高稳态性能，达到消除稳态速差的目的。

为了弄清楚比例积分的控制规律，首先分析积分控制器的作用。

图 4.10 所示为由运算放大器构成的积分调节器（I 调节器）的原理图，由图可知：

$$U_o = \frac{1}{C}\int i\mathrm{d}t = \frac{1}{R_0 C}\int U_i \mathrm{d}t = \frac{1}{\tau}\int U_i \mathrm{d}t \tag{4.9}$$

式中 τ 为积分时间常数，$\tau = R_0 C$。

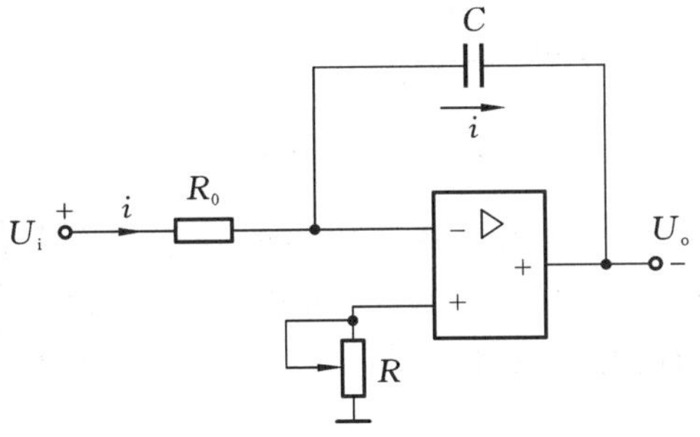

图 4.10 积分调节器

当 U_o 的初始值为零时，在阶跃输入作用下，对式(4.9)进行积分运算，得积分调节器的输出时间特征，如图 4.11 所示。

$$U_o = \frac{U_i}{\tau}t$$

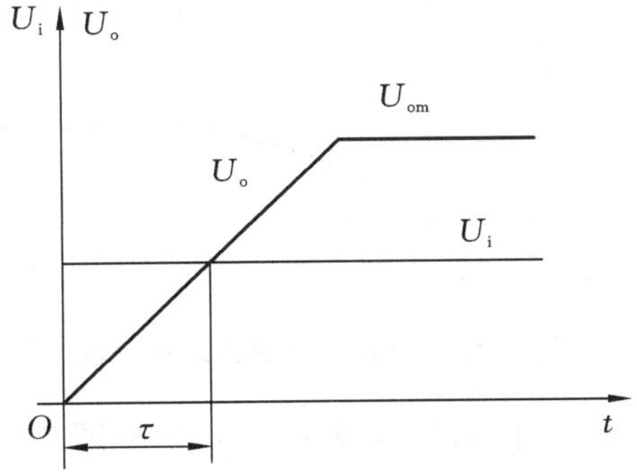

图 4.11 阶跃输出特性

积分调节器的传递函数为

$$F(s)=\frac{U_o(s)}{U_i(s)}=\frac{1}{\tau s}$$

如果直流调速系统采用积分调节器，则电力电子变换器的控制电压 U_c 就是转速偏差电压的积分：

$$U_c = \frac{1}{\tau}\int_0^t \Delta U_n \mathrm{d}t$$

如果转速偏差电压 ΔU_n 是阶跃函数，则 U_c 按线性规律增长，每一时刻 U_c 的大小和 ΔU_n 与横轴所包围的面积成正比(图 4.12)。

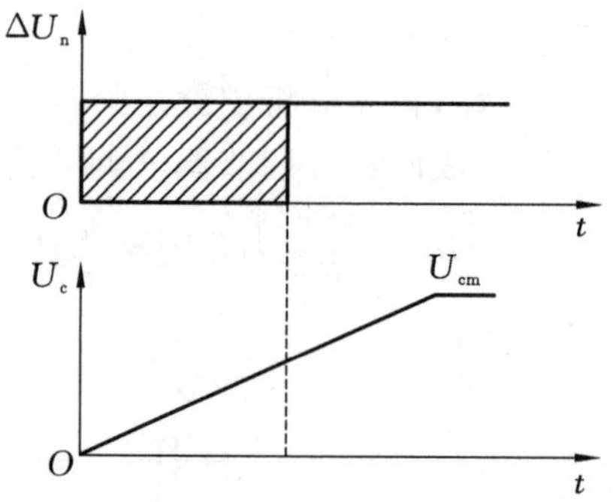

图 4.12　阶跃输入

如图 4.13 所示的 $\Delta U_n(t)$曲线是负载变化时的偏差电压波形。按照 ΔU_n 与横轴所包围面积的正比关系，可得相应的 $\Delta U_c(t)$曲线，图中 ΔU_n 的最大值对应于 $U_c(t)$的拐点。以上都是 U_c 的初始值为零的情况，若初始值不是零，还应加上初始电压 U_{c0}，则积分式变成：

$$U_c(t) = \frac{1}{\tau}\int_0^t \Delta U_n(t)\mathrm{d}t + U_{c0}$$

所以动态过程曲线也会发生相应的变化。

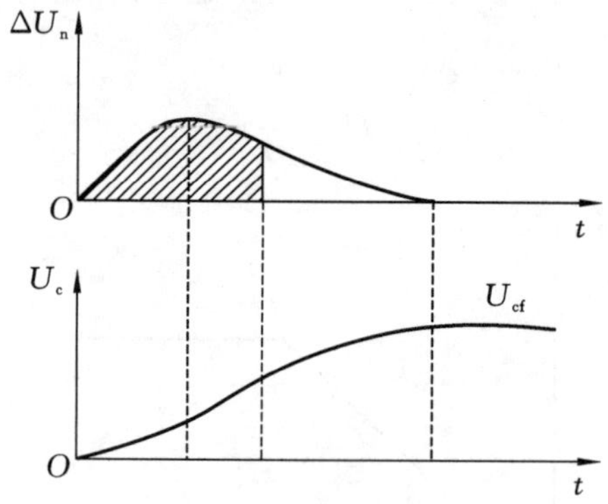

图 4.13　负载变化时的动态过程

在动态过程中，当 ΔU_n 变化时，只要其极性不变，积分调节器的输出 U_c 便一直增长；只有达到 $U_n^* = U_n$，$\Delta U_n = 0$ 时，U_c 才停止上升。

这里特别强调的是，当 $\Delta U_n = 0$ 时，U_c 并不是零，而是一个终值 U_{cf}；如果 ΔU_n 不再变化，这个终值便保持恒定，不再变化，这是积分控制的特点。因为如此，积分控制可以使系统在无静差的情况下保持恒速运行，实现无静差调速。

当负载突然增加时，积分控制的无静差调速系统动态控制曲线如图 4.14 所示。在稳态运行时，转速偏差电压 ΔU_n 为零。如果 ΔU_n 不为零，则 U_c 继续变化，就不是稳态了。在突加负载引起动态降速时产生 ΔU_n，达到新的稳态时，ΔU_n 又恢复为零，但 U_c 已从 U_{c1} 上升到 U_{c2}，使电枢电压由 U_{d1} 上升到 U_{d2}，以克服负载电流增加的压降。这里 U_c 的改变并非仅仅依靠 ΔU_n 本身，而是依靠 ΔU_n 在一段时间内的积累。

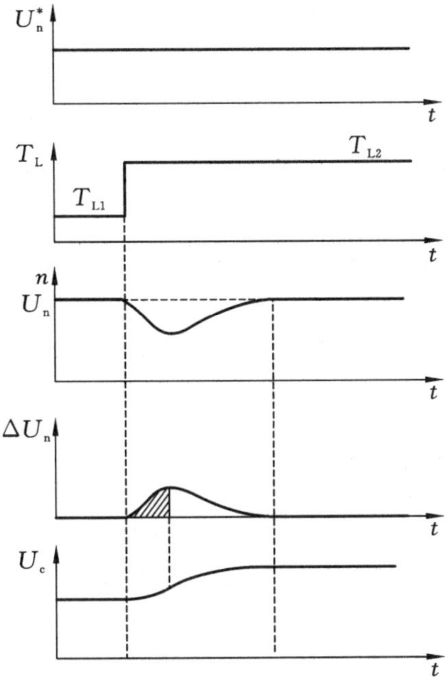

图 4.14　负载突然增加时积分控制的无静差调速系统动态控制曲线

将以上的分析归纳起来，可得下述论断：比例调节器的输出只取决于输入偏差量的现状，而积分调节器的输出则包含了输入偏差量的全部历史。虽然现在 $\Delta U_n=0$，但只要历史上有过 ΔU_n，其积分就有一定数值，足以产生稳态运行所需要的控制电压 U_c。积分控制规律和比例控制规律的根本区别就在于此。

4.5.2　比例积分调节器

积分控制可以使系统在无静差的情况下保持恒速运行，实现无静差调速，而比例控制的被调量仍有静差，这是积分控制优于比例控制的地方。但从快速性看，积分控制却不如比例控制，同样在阶跃输入的作用下，比例调节器可以立即响应，而积分调节器的输出只能逐渐变化。为了使调速系统既具有稳态精度高，又具有动态响应速度快的特点，就需要将比例和积分两种控制方法结合起来，这便是比例积分控制。图 4.15 所示为比例积分调节器(PI 调节器)线路图。

从 PI 调节器原理图上可以看出，当突然加输入信号时，电容 C_1 两端电压不能突变，相当于两端瞬间短路。在运算放大器反馈回路中只剩下电阻 R_1，等效于一个放大系数为 K_{pi}

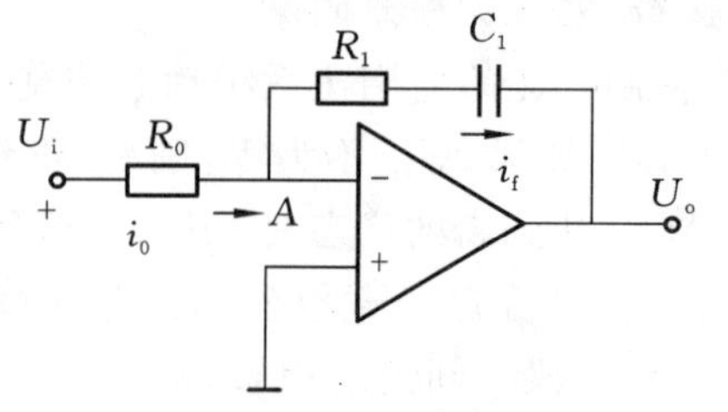

图 4.15　PI 调节器

的比例调节器，在输出端立即呈现电压 $K_{pi}U_i$，实现快速控制，发挥了比例控制的长处。此后，随着电容 C_1 充电，输出电压 U_o 开始积分，且数值不断增大，直到稳态。稳态时，C_1 两端电压等于 U_o，R_1 不起作用，相当于积分调节器，这时才能发挥积分控制的优点，实现稳态无静差。

由此可见，PI 控制综合了比例控制和积分控制两种控制规律的优点，又克服了各自的缺点，扬长避短，互相补充。比例部分能迅速响应，积分部分则最终消除稳态误差。

除此以外，PI 调节器还是提高系统稳定性的校正装置。因此，它在调速系统和其他控制系统中获得了广泛的应用。

4.5.3　无静差直流调速系统

采用比例积分调节器的闭环调速系统即为无静差调速系统。图 4.16 所示为一个带电流截止负反馈的比例积分控制直流调速系统，可以实现无静差调速。TA 为检测电流的交流互感器，经整流后得到电流反馈信号 U_i。当电流超过截止电流临界值 I_{dcr} 时，U_i 高于稳压管 VS 的击穿电压，使晶体三极管 VBT 导通，则 PI 调节器的输出电压 U_c 接近于零，电力

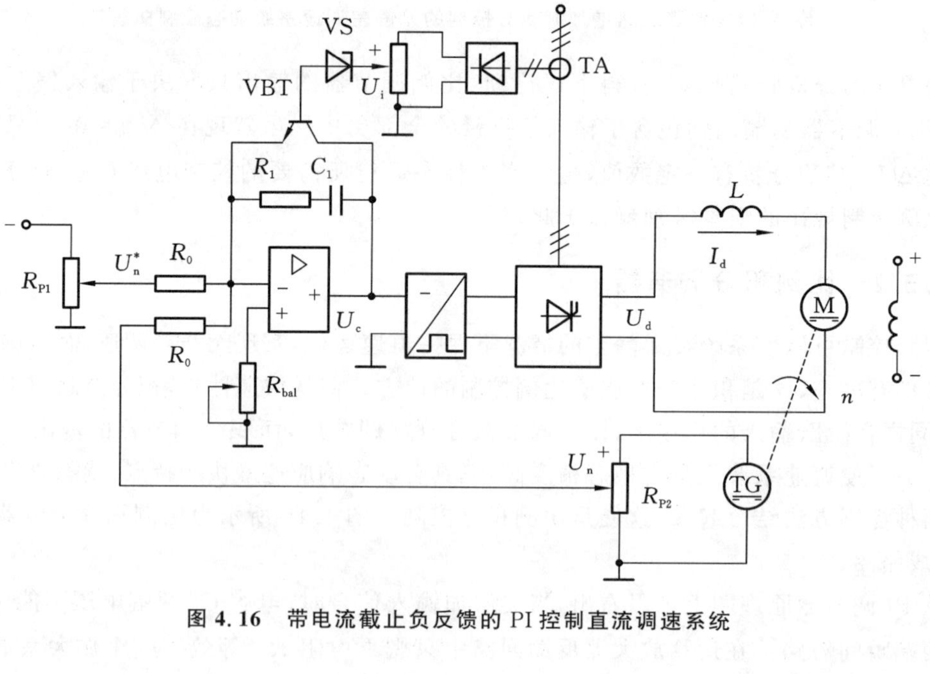

图 4.16　带电流截止负反馈的 PI 控制直流调速系统

电子变换器 UPE 的输出电压 U_d 急剧下降，达到限制电流的目的。当电动机电流低于截止值时，切除截止电流反馈环节。上述系统就是一个无静差的 PI 调节系统，严格地说，“无静差”只是理论上的。实际系统在稳态时，PI 调节器积分电容 C_1 两端电压不变，相当于运算放大器的反馈回路开路，其放大系数等于运算放大器本身的开环放大系数，数值虽大，但并不是无穷大。因此其输入端仍存在很小的 ΔU_n，而不是零。这就是说，实际上仍有很小的静差，只是在一般精度要求下可以忽略不计。

在实际系统中，为了避免运算放大器长期工作产生零点漂移，常常在 R_1C_1 两端再并联一个几兆欧的电阻，以便把放大系数压低一些。这样就成为一个近似的 PI 调节器，或称“准 PI 调节器”。图 4.16 中的转速反馈装置采用的是测速发电机。

4.6　转速、电流双闭环调速系统

4.6.1　转速电流双闭环直流调速系统的组成

前一节介绍的是采用 PI 调节的单个转速闭环直流调速系统。系统中的电流截止负反馈只能在超过临界电流值以后，靠强烈的负反馈作用限制电流的冲击，并不能很理想地控制电流的动态波形。启动电流突破临界电流后，受电流负反馈作用，电流只能再高一点。经过某一最大值后就降下来，电动机的电磁转矩也随之减小，因而加速过程变长。

为了缩短启动、制动过程的时间，提高生产率，最好在过渡过程中始终保持电流（转矩）为电动机允许的最大值。为使电力拖动系统以最大的加速度启动，当到达稳态转速时，应立即让电流降下来，使转矩与负载相平衡，从而进入稳态运行。当然，由于主电路电感的作用，电流不能突变，只能得到近似的波形。按照反馈控制规律，采用电流负反馈应该能够得到近似的恒流过程。根据前面的快速启动过程的要求，在启动过程如果只有电流负反馈，没有转速负反馈，达到稳态转速后，只让转速负反馈起作用，不再让电流负反馈起作用就可以实现理想的快速启动过程。为此，直流调速系统可以采用转速和电流两个调节器，如图 4.17 所示，把转速调节器的输出当作电流调节器的输入，再用电流调节器的输出去控制电力电子变换器 UPE。从闭环结构上看，电流环在里面，称为内环；转速环在外面，称为外环。这就形成了转速、电流双闭环调速系统。

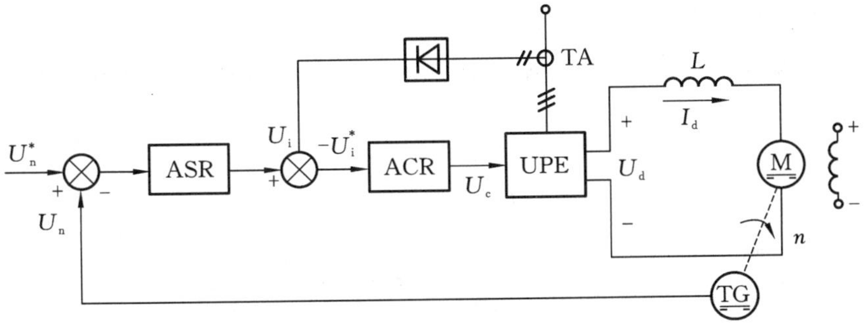

图 4.17　转速、电流双闭合直流调速系统结构

ASR—转速调节器；ACR—电流调节器；TG—测速发电机；TA—电流互感器；UPE—电力电子变换器

为了获得良好的静、动态性能，转速和电流两个调节器一般都采用 PI 调节器，这样构成的双闭环直流调速系统的电路原理图，如图 4.18 所示。

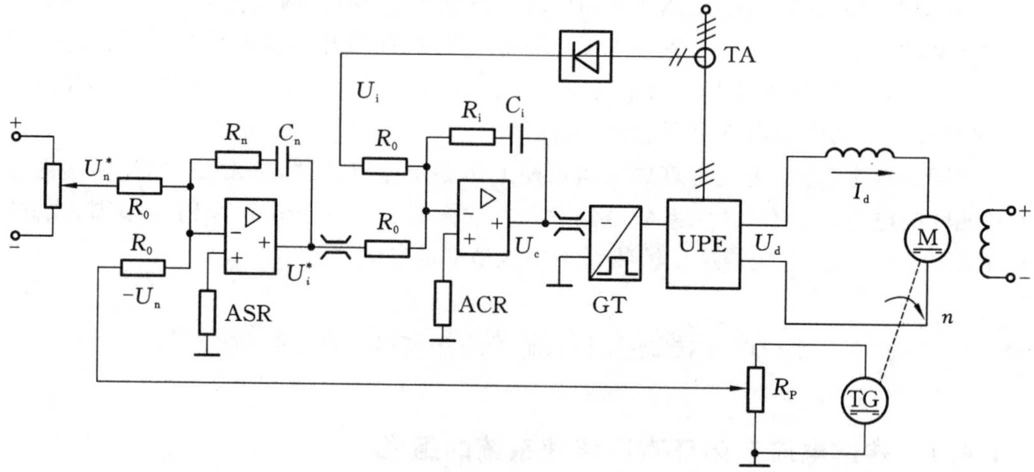

图 4.18 转速、电流双闭环直流调速系统电路原理图

图 4.18 中标出了两个调节器输入/输出电压的实际极性，它们是按照电力电子变换器的控制电压 U_c 为正电压情况标出的，并考虑到运算放大器的倒相作用。图中还表示了两个调节器的输出都是带限幅作用的，转速调节器 ASR 的输出限幅电压 U_{im}^* 决定了电流给定电压的最大值，电流调节器 ACR 的输出限幅电压 U_{cm} 限制了电力电子变换器的最大输出电压 U_{dm}。

4.6.2 双闭环调速系统的静特性和稳态参数计算

PI 调节器的稳态特征，一般存在两种状况：饱和——输出达到限幅值；不饱和——输出未达到限幅值。饱和时，相当于该调节器开环，暂时隔断了输入和输出间的关系。不饱和时，PI 的作用使输入偏差电压 ΔU 在稳态时总为零。

在实际应用的调速系统中，当正常运行时，电流调节器是不会达到饱和的，因此，当分析静特性时，按转速调节器饱和与不饱和两种情况进行分析。其中，α 为转速反馈系数；β 为电流反馈系数。

1. 转速调节器不饱和

当转速调节器不饱和时，即两个调节器都不饱和。稳态时，它们的输入偏差电压都为零。因此稳态时

$$U_n^* = U_n = \alpha n = \alpha n_0$$

$$U_i^* = U_i = \beta I_d$$

则

$$n = n_0 = \frac{U_n^*}{\alpha}$$

$$I_d = \frac{U_i^*}{\beta}$$

从而得到双闭环直流调速系统的特性，它是一条水平的直线。

2. 转速调节器饱和

当 ASR 输出达到限幅值 U_{im}^* 时，转速外环呈开环状态，转速的变化对系统不再产生影响，双闭环系统变成一个电流静电差的单电流闭环调节系统。稳态时

$$I_d - I_{dm} - \frac{U_{im}^{\beta}}{\beta} \tag{4.10}$$

其中最大电流 I_{dm} 是由设计者选定的，取决于电动机的容许过载能力和拖动系统允许的最大加速度。式(4.10)所描述的静特性是一条垂直的直线。这样的下垂特性只适合于 $n<n_0$ 的情况，因为如果 $n>n_0$，则 $U_n>U_n^*$，ASR 将退出饱和状态。

双闭环调速系统的静特性在负载电流小于 I_{dm} 时，转速负反馈起主要调节作用。当负载电流达到 I_{dm} 时，对应于转速调节器的饱和输出 U_{im}^*，这时，电流调节器起主要调节作用，得到过电流的自动保护。这就是采用了两个 PI 调节器分别形成内、外两个闭环的效果。这样的静特性显然比带电流截止负反馈的单闭环系统静特性好。又由于

$$U_c = \frac{U_{d0}}{K_s} = \frac{C_e n + I_d R}{K_s} = \frac{C_e U_n^* / \alpha + I_{dL} R}{K_s}$$

在稳态工作点上，转速 n 是由给定电压 U_n^* 决定的；ASR 的输出量 U_i^* 是由负载电流 I_{dL} 决定的；控制电压的大小同时取决于 n 和 I_d，或者说，同时取决于 U_n^* 和 I_{dL}；到达稳态时，输入为零，输出的稳态值与输入无关，而应由后面环节的需要决定；反馈系数由各调节器的给定与反馈值计算。

转速反馈系数为

$$\alpha = \frac{U_{nm}^*}{n_{max}}$$

电流反馈系数为

$$\beta = \frac{U_{im}^*}{I_{dm}}$$

U_{nm}^* 和 U_{im}^* 由设计者选定，受运算放大器允许输入电压和稳态电源的限制。

4.6.3　双闭环直流调速系统的动态分析

下面通过分析系统的启动过程来理解控制系统的工作原理。

双闭环调速系统在阶跃信号电压 U_n^* 作用下，当电动机由静止开始启动时，整个启动过程可以分成三个阶段。

1. 第 1 阶段——电流上升阶段

系统加上速度指令电压 U_n^* 以后，由于电动机的机械惯性较大，转速增长较慢，即反馈电压 U_n 很小，使速度调节器 ASR 输入偏差 $\Delta U_n = U_n^* - U_n$ 数值很大，很快到达饱和限幅值 U_{im}^*。这个电压加在电流调节器的输入端，使 U_{ct} 上升，因而电力电子变换器输出电压 U_d、电枢电流 I_d 都很快上升，直到电流上升到设计时所选的最大值 I_{dm} 为止。

2. 第 2 阶段——恒流升速阶段

从电流上到最大值 I_{dm} 开始一直到转速升到指令值为止，属于恒流升速阶段，是启动的

主要阶段。在这个阶段中速度调节器一直处于饱和状态，速度环相当于开环状态，系统表现为在恒值电流给定 U_{im}^* 作用下的电流调节系统，基本上保持电流 $I_d=I_{dm}$ 恒定，电流超调或不超调取决于电流环的结构和参数。电动机在恒定最大允许电流 I_{dm} 作用下，以最大恒定加速度使转速线性上升。同时，电动机的反电动势 E_a 也线性上升。对电流调节系统而言，这个反电动势是一个线性增长的斜坡输入扰动量。为了克服这个扰动，U_{ct} 和 U_d 也必须基本按线性增长，才能保持 I_{dm} 恒定。这也就要求电流调节器的输入电压 $\Delta U_n=U_n^*$ 为恒值。同时，实际电枢电流 I_d 略小于 I_{dm}。这要求在整个启动过程中，电流调节器不应该饱和。

3. 第 3 阶段——转速调节阶段

当转速上升到指令值后，转速输入偏差 ΔU_n 为零，但速度调节器的输出却由于积分作用仍维持在限幅值 U_{im}^*，因此，电动机仍在最大电流作用下加速，使电动机转速出现超调。超调后，速度调节器的输入信号 $\Delta U_n=U_n^*-U_n<0$，出现负偏差电压，使速度调节器退出饱和状态，其输出电压也从最大限幅值 U_{im}^* 降下来。主电路电流也会从最大值下降。但由于 I_d 仍大于负载电流 I_{dL}，在一段时间内，转速仍会继续上升，只是上升的加速度逐渐减小。

当电枢电流 I_d 下降到与负载电流 I_{dL} 相平衡时，加速度为零，转速达到最大峰值，此后电动机才开始在负载作用下减速。与此相对应，电流 I_d 也出现一小段小于 I_{dL} 的过程，直到稳定。在这个阶段中，速度调节器和电流调节器同时起调节作用。速度环处于主导地位最终实现转速无静差；电流环的作用是尽快地跟随速度调节器输出量，即电流环是一个电流随动子系统。上述启动过程如果指令信号只是在小范围内变化，则速度调节器来不及饱和，整个过渡过程只有第 1、3 阶段，没有第 2 阶段。对于转速电流双闭环调速系统，在其运行过程中，整个系统表现为两个调节器的线性串级调节。如果干扰作用在电流环以内，如当电网电压的波动引起电枢电流 I_d 变化时，这个变化立即可以通过电流反馈环节使电流环产生对电网电压波动的抑制作用，以减少转速的变化。如果干扰作用在电流环之外，如负载突然增加，转速下降，形成动态降速。ΔU_n 的产生，使双闭环调速系统处于自动调节状态，只要不是太大的负载干扰，速度调节器和电流调节器均不会饱和。由于它们的调节作用，转速下降到一定值后即开始回升，形成抗扰动的恢复过程，最终使转速回升到干扰发生前的指令值，仍然实现稳态无静差的抗扰过程。

综上所述，转速调节器和电流调节器在双闭环调速系统中的作用可归纳如下：

转速调节器 ASR 的作用：使转速跟随给定电压 U_n^* 变化，保证转速稳态无静差；对负载变化起抗干扰作用；其输出限幅值决定了电枢主回路的最大允许电流值 I_{dm}。

电流调节器 ACR 的作用：对电网电压波动起及时抗干扰作用；启动时保证获得允许的最大电枢电流；在转速调节过程中，使电枢电流跟随其给定电压值变化；当电动机过载或堵转，即有很大的负载干扰时，可以限制电枢电流的最大值，从而快速起到过流安全保护作用。如果故障消失，系统能自动恢复正常工作。

4.7 直流电动机脉冲调速

脉冲调压方式：在直流电源和电动机之间接入可控开关，通过开关的接通与断开，使电动机端点得到可调的平均电压称为脉冲调压方式。

脉冲调速：利用开关的通断规律，改变电动机端点电压的平均值，从而达到调速的目的，这种调速方法称为直流电动机脉冲调速。

定频调宽：脉冲宽度调制简称调宽（图 4.19），特点是开关频率固定；当通电时间改变时，又称定频调宽。通电时间越长，施加的电压脉冲越宽，输出电压的平均值越高。

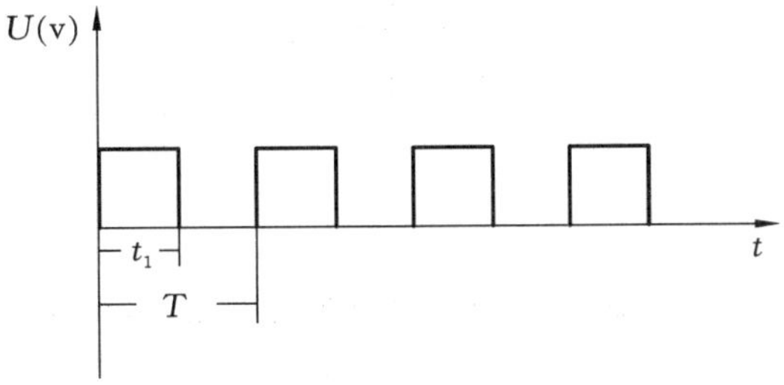

图 4.19　脉宽调制

定宽调频：脉冲频率调制简称调频，特点是通电时间固定，开关频率改变，又称定宽调频。频率越高，输出电压的平均值越高。

混合调制：脉冲电压的频率与宽度同时改变的方法称为混合调制，该方法可获得较宽的电压调节范围，但线路结构较复杂。

4.8　数字控制直流调速系统

直流调速模拟控制系统物理概念清晰，控制信号流向直观，便于学习，但其控制规律体现在硬件电路及所用的器件上，因而线路复杂，通用性较差。控制效果受到器件性能、温度等因素的影响。计算机数字控制系统的稳定性好，可靠性高，此外还拥有信息存储、数据通信及故障诊断等模拟控制系统无法实现的功能，是目前直流调速控制的主要手段。

4.8.1　计算机数字控制双闭环直流调速系统的硬件结构

图 4.20 所示为计算机数字控制双闭环直流调速系统。就控制规律而言，计算机数字控制双闭环直流调速系统与模拟器件组成的双闭环直流调速系统完全相同，只是将原来用电压表示的给定量和反馈量，改为数字量且用下标“dig”表示，例如 n_{dig}、I_{ddig} 等。图中虚线框着的部分由计算机实现。

图 4.21 所示为采用 PWM 功率变换器的计算机控制双闭环直流调速系统图。该计算机控制双闭环直流调速系统主电路 UPE 的控制部分 PWM 由计算机生成。如果 UPE 采用晶闸管可控整流器，只要采用不同的控制方式控制晶闸管的触发相角即可。

1. 主电路

三相交流电源经过可控整流器变换为电压恒定的直流电源，再经过 PWM 变换器的变换得到可调的直流电压，给直流电动机供电。

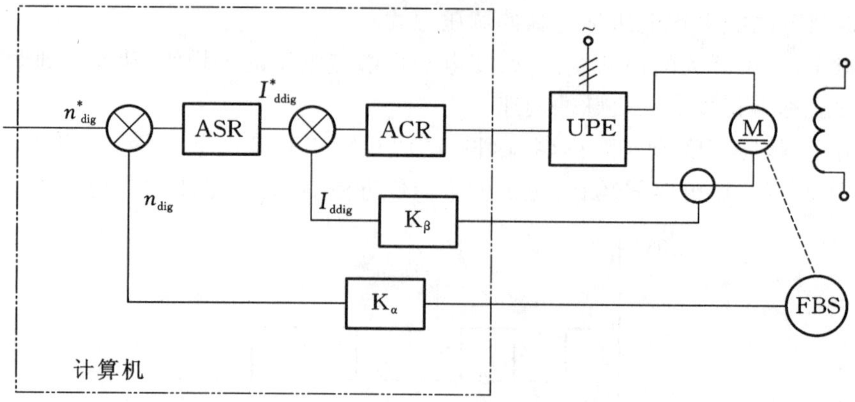

图 4.20　计算机数字控制双闭环直流调速系统原理图

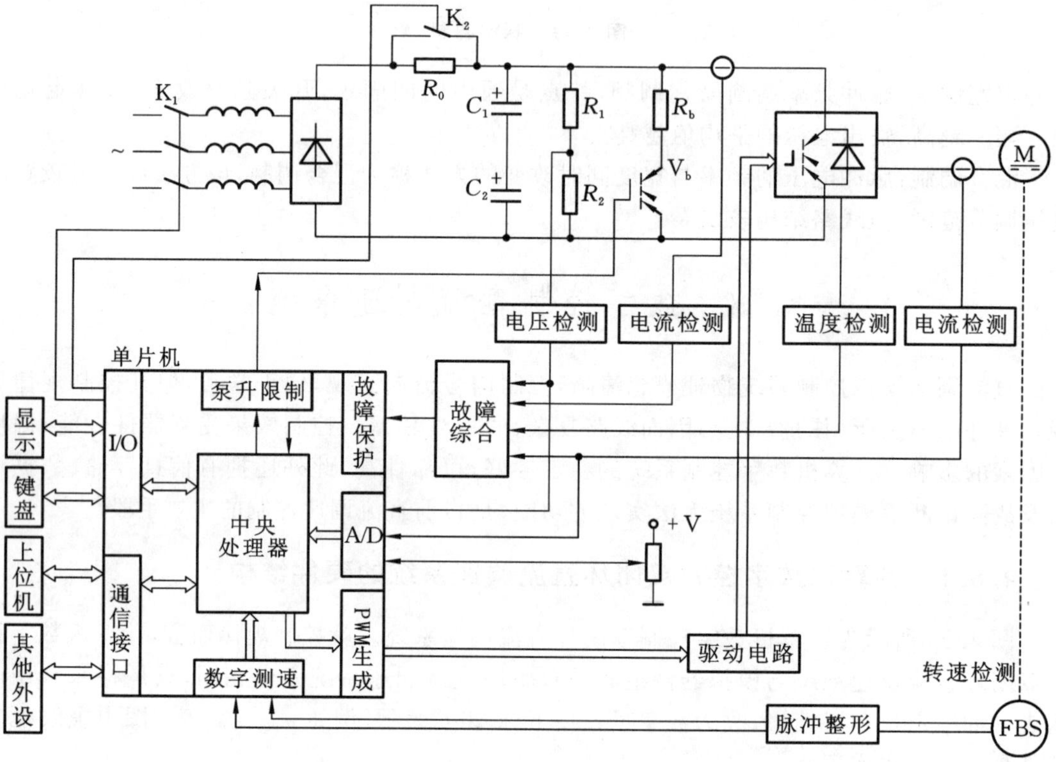

图 4.21　计算机数字控制双闭环直流调速系统的硬件结构

2. 检测回路

检测回路包括电压、电流、温度和转速检测，其中电压、电流和温度的检测由 A/D 转换通道变为数字量送入计算机，转速检测可用数字测速。数字测速具有测速精度高、分辨能力强、受器件影响小等优点，被广泛应用于调速要求高、调速范围大的调速系统和伺服系统。在检测得到的转速信号中，不可避免地混入一些干扰信号。在数字测速中，可以采用软件来实现数字滤波。数字滤波具有使用灵活、修改方便等优点，不但能代替硬件滤波器，还能实现硬件滤波器无法实现的功能。数字滤波器既可以用于测速滤波，也可以用于电压、电流检测信号的滤波。

3. 数字控制器

数字控制器是系统的核心，选用专为电动机控制设计的 Intel 8X196MC 系列或 TMS320X240 系列单片机，配以显示器、键盘等外围电路，通过通信接口与上位机或其他外设交换数据。这种计算机芯片本身都带有 A/D 转换器、通用 I/O 和通信接口，还带有一般计算机并不具备的故障保护、数字测速和 PWM 生成功能，可大大简化数字控制系统的硬件电路。

4. 故障检测

数字控制系统除了控制手段灵活和可靠性高等优点外，在故障检测、保护与自诊断方面也有与模拟系统无法比拟的优势。利用计算机的逻辑判断和数值运算功能，对实时采样的数据进行必要的处理和分析。利用故障诊断模型或专家知识库进行推理，对故障类型或故障发生处作出正确的判断。

如图 4.21 所示，R_1、R_2 的分压得到与供电电压幅值成正比的直流电压，经 D/A 转换输入计算机。数字控制系统定时采样该电压，并与上、下限值进行比较，即可判断是否出现过电压或欠电压现象。过电流过载是电力拖动控制系统较易出现的故障，检测功率变换器 UPE 的输入/输出电流可判别是否出现故障及故障类型。当 I_{in} 或 I_{out} 大于或等于设定故障电流值 I_{GZ} 时，认为出现过电流故障；当 I_{in} 或 I_{out} 大于过载电流值 I_{GL}，且持续时间 $t>t_{GL}$ 时，认为出现过载故障。

如果仅需检测过电流或过载故障，只要检测 I_{in} 或 I_{out} 即可。同时检测 I_{in} 或 I_{out}，还可以判别故障点。若 $I_{in}\geqslant I_{GZ}$，而 $I_{out}\approx 0$，则表明故障出现在 UPE 内部；若 $I_{in}\geqslant I_{GZ}$，$I_{out}\geqslant I_{GZ}$，则表明故障出现在负载回路。

系统中还可以设置失磁检测和超速检测及主回路故障自诊断功能。发生故障时，必须进行保护，以免故障进一步扩大。一般系统具有硬件保护和软件保护。

① 硬件保护快速封锁功率变换器 UPE 的驱动信号，并将 UPE 与供电电源断开。

② 软件保护进入故障保护中断程序，锁存故障信号，禁止 UPE 驱动信号输出，通过外围电路显示故障类型，并同时产生声、光等报警信号。

保护起作用后，必须待故障消除后才能够重新启动系统。

4.8.2　数字 PI 调节器

数字 PI 调节器可以通过模拟调节器的数字化来实现，即可以先按模拟系统的设计方法设计调节器，然后再离散化。当模拟调节器的采样频率足够高时，就可以得到数字控制器的算法。下面以图 4.15 所示比例积分调节器为例进行分析。

当输入是误差函数 $e(t)$，输出函数是 $u(t)$ 时，PI 调节器的传递函数为

$$F_{PI}(s)=\frac{U(s)}{E(s)}=\frac{K_{PI}\tau s+1}{\tau s}$$

$$K_{PI}=\frac{R_1}{R_0}$$

$$\tau = R_0 C_1$$

式中　K_{PI}——PI 调节器比例部分的放大系数；

τ——PI 调节器的积分时间常数。

$U(t)$和 $e(t)$关系的时域表达式为

$$u(t) = K_{PI}e(t) + \frac{1}{\tau}\int e(t)\mathrm{d}t = K_P e(t) + K_I\int e(t)\mathrm{d}t$$

式中　$K_P = K_{PI}$——比例系数；

$K_I = \frac{1}{\tau}$——积分系数。

将上式离散化分成差分方程，其第 k 拍输出为

$$u(k) = K_p e(k) + K_I T_{sam}\sum_{i=1}^{k} e(i) = K_p e(k) + K_I T_{sam} e(k) + u_1(k-1) \tag{4.11}$$

式中　T_{sam}——采样周期。

由等号右侧可以看出，比例部分只与当前的偏差有关，而积分部分则是系统过去所有偏差的累积。此种表述的差分方程为位置式算法，这种算法结构清晰，P 和 I 两部分作用分明，参数调整简单明了。

由式(4.11)可知，PI 调节器的第 $k-1$ 拍输出为

$$u(k-1) = K_P e(k-1) + K_I T_{sam}\sum_{i=1}^{k-1} e(i) \tag{4.12}$$

式(4.11)减去式(4.12)，可得：

$$\Delta u(k) = u(k) - u(k-1) = K_p[e(k) - e(k-1)] + K_I T_{sam} e(k) \tag{4.13}$$

式(4.13)是增量式调节算法。可以看出增量式算法只需要当前和上一拍的偏差即可计算输出的偏差值，即

$$u(k) = u(k-1) + \Delta u(k)$$

只要在计算机中保存上一拍的输出值就可以了。

在控制系统中，为了安全起见，常常需设置限幅保护。增量式 PI 调节器算法只需输出限幅，而位置式算法必须同时设积分限幅和输出限幅。若没有积分限幅，当反馈大于给定，使调节器退出饱和时，积分项可能仍很大，将产生较大的退饱和超调。当不考虑限幅时，位置式算法和增量式算法完全相同。

采用模拟 PI 调节时，由于受到物理条件的限制，对于不同指标只有进行折中处理。在高性能的调速系统中，有时仅仅靠调整 PI 参数难以同时满足各项静、动态性能指标。而计算机数字控制系统具有很强的逻辑判断和数值运算能力，充分利用这些能力，可以衍生多种 PI 算法，提高系统的控制性能。

1. *积分分离法*

在 PI 调节器中，比例部分能快速响应控制作用，而积分部分是偏差的积累，能最终消除稳态误差。在模拟 PI 调节器中，只要有偏差存在，P 和 I 就同时起作用。因此，在满足快速调节功能的同时，会不可避免地带来过大的退饱和超调，严重时将导致系统的振荡。在计算机数字控制系统中，很容易把 P 和 I 分开。当偏差大时，只让比例部分起作用，以快速减少

偏差；当偏差降低到一定程度后，再将积分作用投入，既可最终消除稳态偏差，又能避免较大的退饱和超调。这就是积分分离算法的基本思想。

积分分离算法的表达式为

$$u(k)=K_{\mathrm{p}}e(k)+C_1K_{\mathrm{I}}T_{\mathrm{sam}}\sum_{i=1}^{k}e(i) \tag{4.14}$$

其中

$$C_1=\begin{cases}1,|e(i)|\leqslant\delta\\0,|e(i)|>\delta\end{cases}\qquad(\delta\text{ 为常值})$$

2. 分段 PI 算法

在双闭环直流调速系统中，电流调节作用之一是克服反电动势的扰动。在转速变化过程中，必须依靠积分作用抑制反电动势，使电枢电流快速跟随给定值，以保证最大的启、制动电流。因此，在转速偏差大时，电流调节器应选用较大的 K_{P} 和 K_{I} 参数，使实际电流能迅速跟随给定值。在转速偏差较小时，过大的 K_{P} 和 K_{I} 又将导致输出电流的振荡，增加转速调节器的负担，严重时还将导致转速的振荡。

分段 PI 算法可以解决动态跟随性和稳定性的矛盾。分段 PI 算法的表达式与式(4.11)完全一样，但有两套或多套 PI 参数，可根据转速或(和)电流偏差的大小，在多套参数间进行切换。

3. 积分量化误差的消除

积分部分是偏差的积累，当采样周期 T_{sam} 较小，且偏差 $e(k)$ 也较小时，当前的积分项 $K_{\mathrm{I}}T_{\mathrm{sam}}e(k)$ 可能很小，在运算时被计算机整量化而舍掉，从而产生积分量化误差。

扩大运算变量的字长，提高计算精度和分辨率，都能有效地减小积分量化误差，但这会使存储空间和运算复杂程度成倍地增加。为了解决这个矛盾，可以只增加积分项的有效字长，并将它分为整数与尾数两部分，整数与比例部分构成调节器输出，尾数保留下来作为下一拍累加的基数值。这样做的好处是，可以减小积分量化误差，而存储空间和运算复杂程度增加得不多。

利用计算机丰富的逻辑判断和数值运算能力，还产生了多种智能型 PI 调节器，使其控制算法不依赖或不完全依赖于对象模型。如专家系统、模糊控制、神经元及其网络控制、遗传算法等等。以上是通过模拟 PI 调节器的数字化得到的数字控制算法。在直流高速系统中，电流调节器一般都可以采用这种方法设计。至于转速环，由于采样频率不能很高，其控制系统应根据离散控制理论来设计数字转速调节器。

4.8.3　产品化的数字直流调速装置简介

当前市场上，直流调速系统多数采用产品化的设备，而非自行研制的系统，这与交流调速系统普遍采用商品化的变频调速器完全相同。由于制造厂家、产品型号不同，装置的外形、尺寸、配置、内部参数等均会有所不同，这里只能就其共同之处进行一些简单的介绍。

通常的数字直流调速装置，无论在硬件还是软件上，都为系统设计人员提供了很大的灵活性。在硬件上，除了标准配置之外，通常还提供多种可选件和附件，以实现多种驱动功能和最优的系统性价比。例如通过订购不同型号的模块，可实现直流电动机第二象限、第四象限运行；通过配置通信模块实现现场总线通信功能；针对不同性质的负载可选择不同形式的变流模块；多种型号的励磁单元等等。在软件方面，数字直流调速装置如同商业化的交流变频调速器一样，面向用户提供了大量可调整、可设定的参数。这些参数一般被分成若干组，每一组对应一个功能块，例如转速调节模块（ASR）、转矩/电流调节模块（ACR）等。在模块内部和模块之间，通过参数的彼此传递实现特定的控制、驱动功能。而参数的传递路径在多数情况下，是允许设计人员调整和修改的，也就是说，设计人员在参数设定的过程中，实际上是完成了一次针对装置内部参数的编程工作。这就意味着对于同一台数字直流调速装置，通过不同的参数组态，可以完成不同的驱动任务，例如速度链控制系统、主从控制系统和加工材料的张力控制系统等等。

1. 装置的接口单元

数字直流调速装置的硬件接口通常提供如下五类信号通道：

① 开关量输入通道。用于装置的启动/停止、风机连锁，主合闸连锁、紧急停车等。

② 开关量输出通道。用于输出控制信号和状态信号。如主接触器合闸、风机启动、允许启动（REDY）、励磁单元 REDY 等。

③ 模拟量输入通道。多路模拟量输入，允许 0～10 mA、0～10 V 等多种形式的模拟量。通过内部参数的组态，可实现不同形式的速度给定、转矩/电流给定等功能。

④ 模拟量输出通道。多路模拟量输出，允许 0～10 mA、0～10 V 等多种形式的模拟量。通过参数组态，可实现电动机运行状态（如转速、电流等）的外部仪表显示。也可将外部仪表连接至其他装置上，能够轻易实现速度链控制、主从控制等功能。

⑤ 通信接口。通常需要订购专用通信模块，可实现数字给定、远程数据传输和监控，也可用于分布式系统的组网。

无论输入和输出，每一个信号通道都分配有特定的内部数据缓冲单元，并指定特定的地址，这些数据与内部参数的传递路径可以由技术人员组态来确定。通常情况下，装置出厂时都有默认设置。若非特殊要求，一般可以直接利用，但在进行外围硬件电路的设计时，应当参考厂家提供的技术文件。

2. 内部参数组成

数字直流调速装置的内部参数以模块的形式给出，每一个模块对应一个组别，每一个参数都有固定编号。模块的划分主要以功能为依据，一般的数字直流调速装置大都具有如下几个功能模块。

① 电动机数据模块。这一模块中的参数包括了主要的设备数据，例如电动机额定电压、额定转速、额定励磁电流、供电电压等。由于其他模块需要使用这些参数，因此在系统运行之前，需要首先正确设置这些数据。

② 速度给定模块。允许通过不同组态，实现多种形式的速度给定。

③ 斜坡发生器。用于设置升、降速时的过渡时间。

④ 速度控制器。即速度调节器 ASR。通常将转速偏差的计算独立出来，构成一个子模块，以利于构成不同的控制结构。调节器模块主要是一个 PID 调节器，提供可设定的 PID

三个参数，以及正负限幅等，通常允许在线实时调整。

⑤ 转矩/电流控制器。即电流调节器 ACR。依据厂家的不同，这一模块的形式也有所不同，但通常会将这一功能模块进一步细分成若干子模块。例如转矩/电流给定选择模块（允许通过组态实现多种形式、多个通道的转矩给定）、转矩给定处理模块（对多路给定进行求和运算以及限幅）、转矩/电流调节器模块（实现 PID 调节，参数可实时在线调整，以及相应的限幅）。

⑥ 转速反馈模块。该模块需要对转速测量装置进行选择和设定。可选项通常包括测速发电机（需设定额定输出电压）、旋转编码器（需设定编码器的分辨率）等。

⑦ 励磁控制模块。厂家不同，具体形式有所不同。通常将该模块细分成电机电压（电动势）控制模块和励磁电流控制模块。分别实现电枢电压的检测、计算及 PID 调节，以及励磁电流的 PID 调节。

⑧ 监控及报警模块。该模块实时检测电动机的运行数据，并给出相应的报警。例如电动机转速、电枢电压、电枢电流（转矩）、励磁电流、风机状态、主合闸状态、设备温度等。模块根据检测数据，可输出报警信号。例如超速报警、励磁丢失报警、风机故障报警、温度超限报警、直流母线过压报警、过流报警等。通常，这些报警信号可通过组态实现不同的控制输出功能。比如将过流、超速报警等设置成一旦发生就立即停机（急停）；也可设置成输出信号，驱动声光报警设备，但不自动停机等。此外，大部分报警信号的阈值可设定和调整。但也有一些关键参数（例如失磁报警）通常不允许修改它的默认组态。

⑨ 驱动逻辑模块。该模块相关参数均为数字量，用于实现输入/输出开关量信号之间的逻辑关系。例如主合闸信号与启动/停止控制信号的互锁、风机启动与启动/停止之间的互锁等。

以上对各个功能模块的划分只是一个大致的概括，不同厂家的产品，无论是在具体的模块划分上，还是在称呼上，都有所不同，但是它们所实现的基本功能都是建立在双闭环调速理论基础上的。显然，相对于采用模拟电路搭建的双闭环控制器来说，基于微处理器的数字直流调速装置所具有的功能要强大得多，例如数字逻辑功能、监测报警功能、多路给定功能和 PID 在线调整功能等，这些功能是很难用模拟电路实现的。

3. 参数组态

所谓参数组态包含了两个方面，其一是参数值的设定，其二是参数传递路径的设置。每个模块都有输入参数和输出参数，每个参数编号都对应一个特定地址。将模块 A 的输出参数地址与模块 B 的输入参数地址连接，就将模块 A 和 B 连接起来，从而实现了某种特定功能。

习题 4

4.1　一台他励直流电动机所拖动的负载转矩 TL＝常数，当电枢电压附加电阻改变时，能否改变其运行状态下电枢电流的大小？为什么？这时拖动系统中哪些要发生变化？

4.2　已知某他励直流电动机的铭牌数据如下：$P_N=7.5$ kW，$U_N=220$ V，$n_N=1500$ r/min，$\eta_N=88.5\%$，试求该电机的额定电流和转矩。

4.3　一台他励直流电动机的铭牌数据为：$P_N=5.5$ kW，$U_N=110$ V，$I_N=62$ A，$n_N=1000$ r/min，试绘出它的固有机械特性曲线。

4.4　一台他励直流电动机的技术数据如下：$P_N=6.5$ kW，$U_N=220$ V，$I_N=34.4$ A，$n_N=1500$ r/min，$R_a=0.242$ Ω，试计算出此电动机的如下特性：

① 固有机械特性；

② 电枢服加电阻分别为 3 Ω 和 5 Ω 时的人为机械特性；

③ 电枢电压为 $U_N/2$ 时的人为机械特性；

④ 磁通 $\varphi=0.8\varphi_N$ 时的人为机械特性；

并绘出上述特性的图形。

4.5　为什么直流电动机直接启动时启动电流很大？

4.6　他励直流电动机直接启动过程中有哪些要求？如何实现？

4.7　转速调节（调速）与固有的速度变化在概念上有什么区别？

4.8　他励直流电动机有哪些方法进行调速？它们的特点是什么？

4.9　他励直流电动机有哪几种制动方法？它们的机械特性如何？试比较各种制动方法的优缺点。

4.10　一台直流他励电动机拖动一台卷扬机构，在电动机拖动重物匀速上升时电枢电源突然反接，试利用机械特性从机电过程上说明：

① 从反接开始到系统新的稳定平衡状态之间，电动机经历了几种运行状态？最后在什么状态下建立系统新的稳定平衡点？

② 各种状态下转速变化的机电过程怎样？

4.11　什么叫调速范围、静差度？它们之间有什么关系？怎样才能扩大调速范围？

4.12　转速单闭环调速系统有哪些特点？改变给定电压能否改变电动机的转速？为什么？如果给定电压不变，调节测速反馈电压的分压比是否能够改变转速？为什么？如果测速发电机的励磁发生了变化，系统有无克服这种干扰的能力？

4.13　有一直流调速系统，其高速时理想的空载转速 $n_{01}=1480$ r/min，低速时的理想空载转速 $n_{02}=157$ /min，额定负载时的转矩降 $\Delta n_N=10$ r/min，试画出该系统的静特性，求调速范围和静差度。

4.14　电流截止负反馈的作用是什么？转折点电流如何选？堵转电流如何选？比较电压如何选？

第5章　交流调速系统

本章要求在了解三相异步电动机结构及工作原理的基础上，熟悉三相异步电动机的机械特性，掌握三相异步电动机的启动、调速和制动的方法及应用场合，同时掌握交流调速系统。

交流电动机分为异步电动机和同步电动机。异步电动机结构简单、维护容易、运行可靠、制造成本较低，具有较好的稳态和动态特征，而且交流电源的获得方便易行。因此，交流异步电动机是工业及民用建筑中使用得最为广泛的一种电动机。它被广泛地用来驱动各种金属切削机床、起重机、锻压机、传送带、铸造机械、功率不大的通风机及水泵等。

5.1　三相异步电动机的结构和工作原理

5.1.1　三相异步电动机的结构

三相异步电动机的两个基本组成部分为定子（固定部分）和转子（旋转部分）。此外还有端盖、风扇等附属部分，如图5.1所示。

1. 三相异步电动机的定子部分

三相异步电动机的定子由定子铁芯、定子绕组与机座三部分组成（表5.1）。

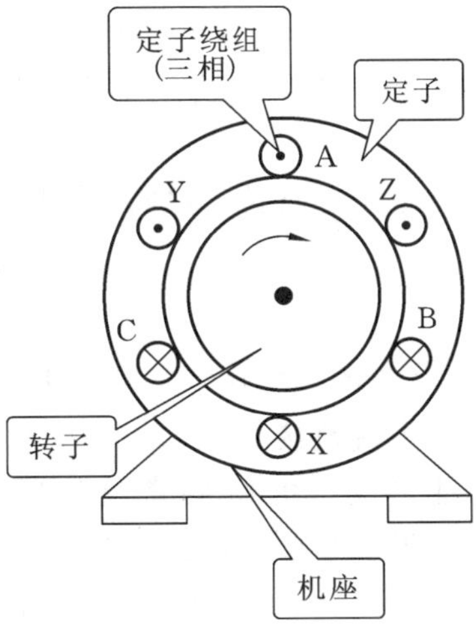

图5.1　三相电动机的结构示意图

表 5.1　三相异步电动机的定子组成

定子	定子铁心	由厚度为 0.5 mm 的，相互绝缘的硅钢片叠成，硅钢片内圆上有均匀分布的槽，槽中安放定子绕组。
	定子绕组	三组用漆包线绕制好的，对称地嵌入定子铁心槽内的相同的线圈。由三个完全相同的绕组 AX、BY、CZ 组成，对外一般有六个出线端(U1、U2、V1、V2、W1、W2)，接于机座外部的接线盒内。这三相绕组可接成星形或三角形。
	机座	机座用铸铁或铸钢制成，其作用是固定铁心和绕组

2. 三相异步电动机的转子部分

三相异步电动机的转子由转子铁芯、转子绕组和转轴三部分组成(表 5.2)。

表 5.2　三相异步电动机的转子组成

转子	转子铁心	转子铁芯压装在转轴上，转子铁芯也是电动机磁路的一部分，转子铁芯、气隙与定子铁芯构成电动机的完整磁路。
	转子绕组	转子绕组有两种形式： 鼠笼式—鼠笼式异步电动机：鼠笼式转子绕组是在转子铁芯槽里插入铜条，再将全部铜条两端焊在两个铜端环上，形成一个自身闭合的多相对称短路绕组。整个转子绕组犹如一个"笼子"，小型鼠笼式转子绕组多用铝离心浇铸而成。 绕线式—绕线式异步电动机：线绕式转子绕组一般是连接成星形的三相绕组，绕线式转子通过轴上的滑环和电刷引出，这样可以把外接电阻或其他装置串联到转子回路里，目的是实现调速。
	转轴	转轴上加机械负载

鼠笼式电动机由于构造简单，价格低廉，工作可靠，使用方便，成为生产上应用最广泛的一种电动机。

为了保证转子能够自由旋转，在定子与转子之间必须留有一定的空气隙，中小型电动机的空气隙在 0.2～1.0 mm 之间。

3. 定子绕组的接线方式

三相异步电动机定子绕组的首段和末端通常都接在电动机接线盒内的接线柱上，一般按图 5.2 所示的方法排列，可以很方便地接成图 5.3(a)星形或 5.3(b)三角形。

定子三相绕组的连接方式(星形或三角形，也常用 Y 形或△形表示)的选择，首先要视电动机铭牌上标注的额定接法(Y 形或△形)而定；另外，还要视电源的线电压和电动机的额定电压而定。

通常我国 4 kW 以上电动机的铭牌上标有符号△接法、额定电压 380 V，即用在电源线电压 380 V 的电网环境中定子绕线应接成△形。4 kW 及以下电动机的铭牌上标有符号△/Y 接法、额定电压 220/380 V，前者表示定子绕组的接法，后者表示对应于不同接法时应加的额定线电压值，即用在电源线电压为 380 V 的电网环境中定子绕线应接成 Y 形；用在

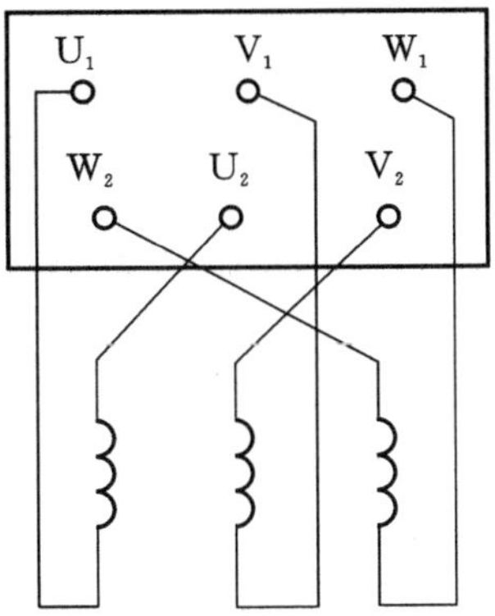

图 5.2　三相异步电动机出线端排列

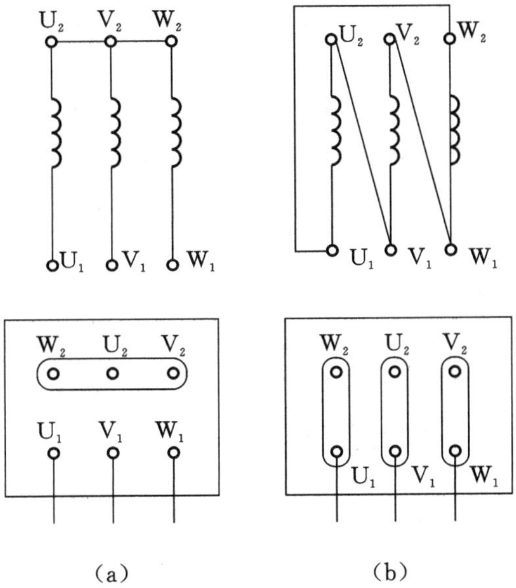

图 5.3　定子三相绕组的六个出线端

(a)星形接法;(b)三角形接法

电源线电压为 220 V 的电网环境中定子绕线应接成△形。

4. 三相异步电动机的铭牌数据

表 5.3 为三相异步电动机的铭牌数据。

表 5.3　三相异步电动机的铭牌数据

型号	Y160L-4	功率	15 kW	频率	50 Hz
电压	380 V	电流	30.3 A	接法	△
转速	1440 r/min	温升	80℃	绝缘等级	B
工作方式	连续	重量	45 kg		

① 型号:型号主要包括产品代号、设计序号、规格代号及特殊环境代号等(图 5.4)。

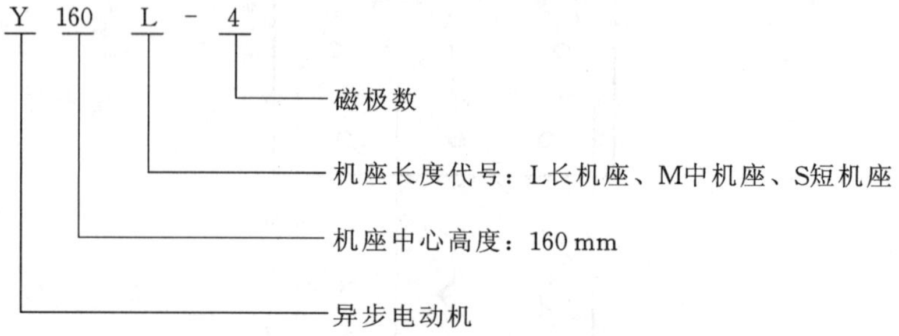

图 5.4　异步电动机型号

② 额定电压：在额定运行情况下，定子绕组端应加的线电压值。如标有两种电压值(例如 220/380 V)，则对应于定子绕组采用△/Y 连接时应加的线电压值。

③ 额定电流：在额定频率、额定电压和轴上输出额定功率时，定子的线电流值。如标有两种电流值(例如 30.3/17.5 A)，则对应于定子绕组为△/Y 连接时应加的线电流值。

④ 额定功率：在额定运行情况下，电动机轴上输出的机械功率(15 kW)。

⑤ 额定频率：在额定运行情况下，定子外加电压的频率($f=50$ Hz)。

⑥ 额定转速：在额定频率、额定电压和电动机轴上输出额定功率时，电动机的转速(1440 r/min)。

⑦ 额定功率因数 $\cos\varphi_N$：在额定频率、额定电压和电动机轴上输出额定功率时，定子的相电流与相电压之间相位差的余弦。

⑧ 接线方式：在额定电压下运行时，电动机定子三相绕组的接法(△/Y)。

5.1.2　三相异步电动机的工作原理

1. 基本原理

为了说明三相异步电动机的工作原理，我们做如下演示实验，如图 5.5 所示。

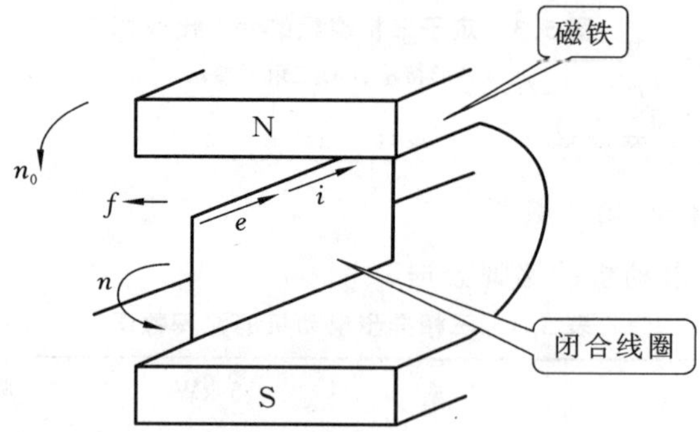

图 5.5　三相异步电动机工作原理

① 演示实验：在装有手柄的蹄形磁铁的两极间放置一个闭合导体，当转动手柄带动蹄形磁铁旋转时，将发现导体也跟着旋。若改变磁铁的转向，则导体的转向也跟着改变。

② 现象解释：当磁铁旋转时，磁铁与闭合的导体发生相对运动，鼠笼式导体切割磁力线

而在其内部产生感应电动势和感应电流。感应电流又使导体受到一个电磁力的作用，于是导体就沿磁铁的旋转方向转动起来，这就是异步电动机的基本原理。

转子转动的方向和磁极旋转的方向相同。

③ 结论：欲使异步电动机旋转，必须有旋转的磁场和闭合的转子绕组。

2. 旋转磁场

（1）产生

三相异步电动机的工作原理和其他类型的电动机是一样的，都是利用磁场与转子导体中的电流相互作用产生电磁力，进而输出电磁转矩的原理而工作的。所不同的是，在三相异步电动机中，其磁场是由定子绕组内三相电流所产生的合成磁场，且磁场是以电动机转轴为中心在空间旋转，称为旋转磁场。

三相异步电动机的定子绕组中的每一相结构相同，彼此独立。为了分析简便，假设每相绕组只有一个线匝，6 条边分别均匀嵌放在定子内圆周的 6 个槽之中，A、B、C 和 X、Y、Z 分别代表各相绕组的首端与末端。三相绕组在空间彼此相隔 120°。三相绕子的连接可以为三角形或星形。以星形连接为例来进行分析，即将 X、Y、Z 三个末端连在一起，A、B、C 接至三相对称交流电源。

图 5.6 表示最简单的三相定子绕组 AX、BY、CZ，它们在空间按互差 120°的规律对称排列，并接成星形，与三相电源 U、V、W 相连。则三相定子绕组便通过三相对称电流，随着电流在定子绕组中通过，在三相定子绕组中就会产生旋转磁场（图 5.7）。

$$\begin{cases} i_U = I_m \sin \omega t \\ i_V = I_m \sin(\omega t - 120^\circ) \\ i_W = I_m \sin(\omega t + 120^\circ) \end{cases} \tag{5.1}$$

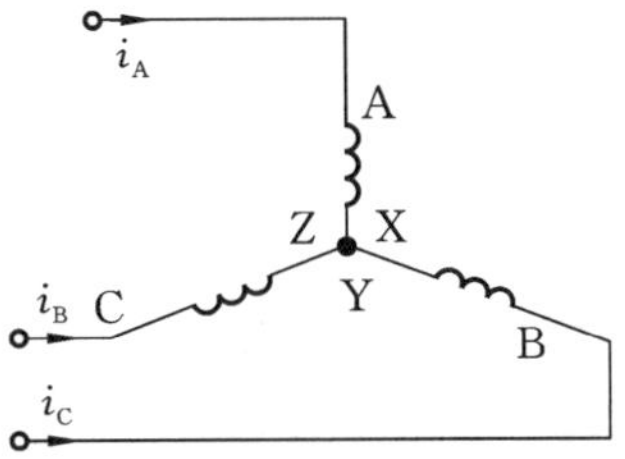

图 5.6 三相异步电动机定子接线

当 $t=0$ s 时，$i_A=0$，AX 绕组中无电流；当 i_B 为负时，BY 绕组中的电流从 Y 流入 B1 流出；当 i_C 为正时，CZ 绕组中的电流从 C 流入 Z 流出。由右手螺旋定则可得合成磁场的方向，如图 5.7(a)所示。

当 $t=1200$ s 时，$i_B=0$，BY 绕组中无电流；当 i_A 为正时，AX 绕组中的电流从 A 流入 X 流出；当 i_C 为负时，CZ 绕组中的电流从 Z 流入 C 流出。由右手螺旋定则可得合成磁场的方向，如图 5.7(b)所示。

当 $t=2400$ s 时，$i_C=0$，CZ 绕组中无电流；当 i_A 为负时，AX 绕组中的电流从 X 流入 A 流出；当 i_B 为正，BY 绕组中的电流从 B 流入 Y 流出；由右手螺旋定则可得合成磁场的方向，如图5.7(c)所示。

可见，当定子绕组中的电流变化一个周期时，合成磁场也按电流的相序方向在空间旋转一周。随着定子绕组中的三相电流不断地作周期性变化，产生的合成磁场也不断地旋转，因此称为旋转磁场。

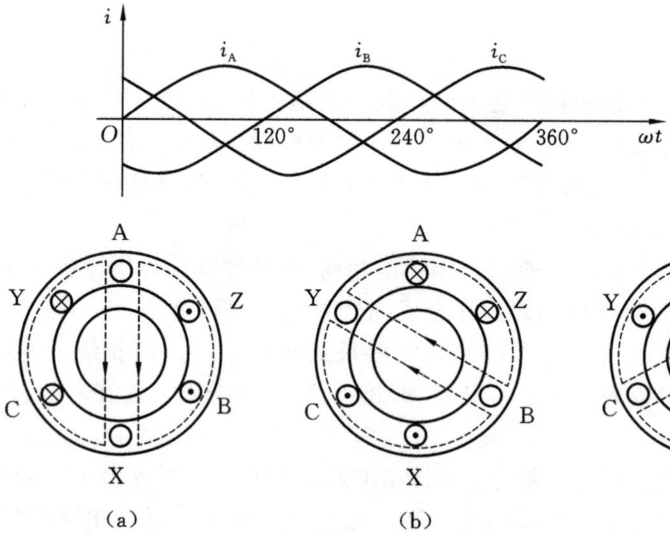

图 5.7　旋转磁场的形成

(a)$\omega t=0°$；(b)$\omega t=120°$；(c)$\omega t=240°$

(2) 旋转磁场的方向

旋转磁场的方向是由三相绕组中电流相序决定的，若想改变旋转磁场的方向，只要改变通入定子绕组的电流相序，即将三根电源线中的任意两根对调即可。这时，转子的旋转方向也跟着改变。

3. 三相异步电动机的极数与转速

(1) 极数(磁极对数 p)

三相异步电动机的极数就是旋转磁场的极数。旋转磁场的极数和三相绕组的安排有关。

当每相绕组只有一个线圈，绕组的始端之间相差 1200°空间角时，产生的旋转磁场具有一对极，即 $p=1$；

当每相绕组为两个线圈串联，绕组的始端之间相差 600°空间角时，产生的旋转磁场具有两对极，即 $p=2$；

同理，如果要产生三对极，即 $p=3$ 的旋转磁场，则每相绕组必须有均匀安排在空间的串联的三个线圈，绕组的始端之间相差 400°($=\frac{1200°}{p}$)空间角。极数 p 与绕组的始端之间的空间角 θ 的关系为

$$\theta=\frac{120°}{p} \tag{5.2}$$

(2) 转速 n

三相异步电动机旋转磁场的转速 n_0 与电动机磁极对数 p 有关,它们的关系是:

$$n_0=\frac{60f_1}{p} \tag{5.3}$$

由式(5.3)可知,旋转磁场的转速 n_0 决定于电流频率 f_1 和磁场的极数 p。对某一异步电动机而言,f_1 和 p 通常是一定的,所以磁场转速 n_0 是个常数。

在我国,工频 $f_1=50$ Hz,因此对应于不同极对数 p 的旋转磁场转速 n_0,见表 5.4。

表 5.4　不同极对数 p 的旋转磁场转速 n_0

p	1	2	3	4	5	6
n_0	3000	1500	1000	750	600	500

(3) 转差率 s

电动机转子转动方向与磁场旋转的方向相同,但转子的转速 n 不可能达到与旋转磁场的转速 n_0 相等,否则转子与旋转磁场之间就没有相对运动,因而磁力线就不切割转子导体,转子电动势、转子电流以及转矩也就都不存在。也就是说,旋转磁场与转子之间存在转速差,因此我们把这种电动机称为异步电动机,又因为这种电动机的转动原理是建立在电磁感应基础上的,故又称为感应电动机。

旋转磁场的转速 n_0 常称为同步转速。

转差率 s 用来表示转子转速 n 与磁场转速 n_0 相差的程度的物理量。即

$$s=\frac{n_0-n}{n_0}=\frac{\Delta n}{n_0} \tag{5.4}$$

转差率是异步电动机的一个重要的物理量。

当旋转磁场以同步转速 n_0 开始旋转时,转子则因机械惯性尚未转动,转子的瞬间转速 $n=0$,这时转差率 $s=1$。转子转动起来之后,$n>0$,(n_0-n) 差值减小,电动机的转差率 $s<1$。如果转轴上的阻转矩加大,则转子转速 n 降低,即异步程度加大,才能产生足够大的感应电动势和电流,产生足够大的电磁转矩,这时的转差率 s 增大。反之,s 减小。当异步电动机运行时,转速与同步转速一般很接近,转差率很小。在额定工作状态下为 0.015～0.06 之间。

根据式(5.4),可以得到电动机的转速常用公式:

$$n=(1-s)n_0 \tag{5.5}$$

【例 5-1】 有一台三相异步电动机,其额定转速 $n=975$ r/min,电源频率 $f=50$ Hz,求电动机的极数和额定负载时的转差率 s。

解: 由于电动机的额定转速接近而略小于同步转速,而同步转速对应于不同的极对数有一系列固定的数值。显然,与 975 r/min 最相近的同步转速 $n_0=1000$ r/min,与此相应的磁极对数 $p=3$。因此,额定负载时的转差率为

$$s=\frac{n_0-n}{n_0}\times 100\%=\frac{1000-975}{1000}\times 100\%=2.5\%$$

综上分析可知,三相异步电动机的工作原理如下:

① 三相定子绕组中通入对称三相电流产生旋转磁场。

② 转子导体切割旋转磁场产生感应电动势和电流。

③ 转子载流导体在磁场中受电磁力的作用，从而形成电磁转矩，进而驱动电动机的转子旋转。

5.2 三相异步电动机的定子电路和转子电路

当定子绕组接上三相电源电压（相电压为 u_1）时，则有三相电流通过（相电流为 i_1），定子三相电流产生旋转磁场，其磁力线通过定子、气隙和转子铁芯而闭合，这种磁场在定子每相绕组和转子每相绕组中分别感应出电动势 e_1 和 e_2。这种电磁关系同三相变压器类似，定子绕组相当于变压器的原绕组，转子绕组（一般是短接的）相当于副绕组。定子和转子每相绕组的匝数分别为 N_1 和 N_2，三相异步电动机的一相电路如图 5.8 所示。

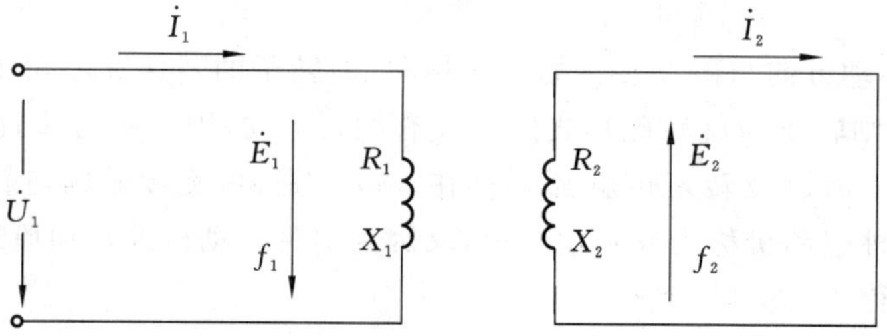

图 5.8 三相异步电动机的一相电路

5.2.1 定子电路

1. 定子每相绕组的感应电动势

旋转磁场的磁感应强度沿气隙的分布是近于正弦规律分布的。因此，当磁场旋转时，通过定子每相绕组的磁通也是随时间按正弦规律变化的。定子每相绕组中产生的感应电动势为 $e_1=-N_1\dfrac{d\phi}{dt}$，是正弦量，其有效值为

$$E_1=4.44f_1N_1k_{dp1}\Phi \tag{5.6}$$

式中 f_1——定子感应电动势的频率，Hz；

k_{dp1}——定子绕组系数；

Φ——气隙每极磁通量，Wb。

定子电流除产生旋转磁通（主磁通）外，还产生漏磁通（很小），仅在定子绕组上产生漏磁电动势，进而起电抗压降的作用。漏磁电动势压降与电动势 E_1 比较起来，常可忽略，于是 $U_1\approx E_1$。

2. 感应电动势的频率 f_1

极对数为 p 的旋转磁场每转一周，则穿过定子绕组的磁通按正弦规律交变 p 次，而旋转磁场和定子间的相对转速为 n_0，所以

$$f_1=\frac{pn_0}{60} \tag{5.7}$$

它等于定子电流的频率。

5.2.2　转子电路

1. 转子感应电动势 E_2

定子接上电源后，旋转磁场在转子绕组中产生感应电动势，从而产生转子电流。转子感应电动势就是转子电路的电源，其表达式为 $e_2=-N_2\dfrac{\mathrm{d}\phi}{\mathrm{d}t}$，其有效值为

$$E_2=4.44f_2N_2k_{\mathrm{dp2}}\Phi \tag{5.8}$$

式中　f_2——转子电动势 e_2 或转子电流 i_2 的频率，Hz；

k_{dp2}——转子绕组系数。

2. 转子电动势的频率 f_2

因为旋转磁场和转子间的相对转速为 (n_0-n)，转子绕组切割主磁通在转子回路中每秒交变的次数，即转子感应电动势的频率为

$$f_2=\frac{p(n_0-n)}{60}=\frac{n_0-n}{n_0}\frac{pn_0}{60}=sf_1 \tag{5.9}$$

可见转子频率 f_2 与转差率 s 有关，也就是与转速 n 有关。

3. 转子绕组的漏感抗 X_2

转子的感应电动势产生转子电流，而转子电流也会产生漏磁通，漏磁通会在转子每相绕组中产生漏感抗，从而在转子每相绕组中产生漏磁电动势。漏磁电动势的表达式为 $e_{\mathrm{L2}}=-L_{\mathrm{L2}}\dfrac{\mathrm{d}i_2}{\mathrm{d}t}$。因此，对于转子每相电路，转子感应电动势的表达式为

$$\dot{E}_2=\dot{I}_2R_2+(-\dot{E}_{\mathrm{L2}})=\dot{I}_2R_2+j\dot{I}_2X_2 \tag{5.10}$$

式中　R_2——转子每相绕组的电阻，Ω；

X_2——转子每相绕组的电阻和漏感抗，Ω；

I_2——转子电流，A；

j——复数单位。

由于感抗与转子频率成正比，漏感抗 X_2 的表达式为

$$X_2=2\pi f_2L_{12}=2\pi sf_1L_{12} \tag{5.11}$$

式中　L_{12}——转子绕组的漏电感，H。

在 $n=0$，即 $s=1$ 时，转子感抗为

$$X_{20}=2\pi f_2L_{12}=2\pi sf_1L_{12} \tag{5.12}$$

这时 $f_1=f_2$，转子感抗最大。

由式(5.11)和式(5.12)得出

$$X_2=sX_{20} \tag{5.13}$$

可见转子感抗 X_2 与转差率 s 有关。

转子每相绕组的阻抗为

$$Z_2=R_2+jX_2=R_2+jsX_{20}$$

4. 转子绕组的电流

转子绕组正常运行时处于短路状态，转子电流的表达式为

$$I_2=\frac{E_2}{\sqrt{R_2^2+X_2^2}}=\frac{R_2}{\sqrt{R_2^2+(sX_{20})^2}} \tag{5.14}$$

可见转子电流 I_2 也与转差率有关。当 s 增大，即转速 n 降低时，转子与旋转磁场间的相对转速 (n_0-n) 增加，转子导体被磁力线切割的速度提高，于是 E_2 增加，I_2 也增加。当 $s=0$，即 $n_0-n=0$ 时，$I_2=0$；当 s 很小时，$R_2\gg sX_{20}$，$I_2\approx\frac{sE_{20}}{R_2}$，即与 s 近似地成正比；当 s 接近 1 时，$sX_{20}\gg R$，$I_2\approx\frac{E_{20}}{X_{20}}=$常数。

5. 转子电路的功率因数

由于转子有漏磁通，相应的感抗为 X_2，因此，X_2 使 I_2 滞后 E_2 一定角度，因此转子电路的功率因数为

$$\cos\varphi_2=\frac{R_2}{\sqrt{R_2^2+X_2^2}}=\frac{R_2}{\sqrt{R_2^2+(sX_{20})^2}} \tag{5.15}$$

可见，功率因数也与转差率 s 有关。当转速很高、s 很小时，$R_2\gg sX_{20}$，$\cos\varphi_2\approx 1$；当转速降低、s 增大时，X_2 也增大，于是 $\cos\varphi_2$ 减小；当 s 接近 1 时，$\cos\varphi_2\approx R_2/(sX_{20})$。

由上可知，转子电路的各个物理量，如电动势、电流、频率、感抗及功率因数等都与转差率有关，因此转差率是异步电动机的一个重要参数。

5.3 三相异步电动机的转矩与机械特性

电动机作为一种将电能转化为机械能的装置，电磁转矩和转速是电动机的非常重要的物理量，而三相异步电动机的电磁转矩与哪些因素有关，三相异步电动机的电磁转矩和转速的相互关系即机械特性又如何呢？本节将进行详细讲解。

5.3.1 三相异步电动机的电磁转矩

三相异步电动机的电磁转矩是由旋转磁场的每极磁通 Φ 与转子电流 I_2 相互作用而产生的，它与 Φ 和 I_2 的乘积成正比。此外，它还与转子电路的功率因数 $\cos\varphi_2$ 有关。从能量的观点来分析，与有用功功率成正比的转矩只取决于转子电流 I_2 的有功分量 $I_2\cos\varphi_2$。故三相异步电动机的电磁转矩为

$$T=K_t\Phi I_2\cos\varphi_2 \tag{5.16}$$

式中　K_t——仅与电动机结构有关的常数。

将式(5.8)代入式(5.14)得：

$$I_2=\frac{s(4.44f_1N_2\Phi)}{\sqrt{R_2^2+(sX_{20})^2}} \tag{5.17}$$

再将式(5.17)和式(5.15)代入式(5.16)，则得出转矩的表达式：

$$T=K\frac{sR_2U_1^2}{R_2^2+(sX_{20})^2}=K\frac{sR_2U^2}{R_2^2+(sX_{20})^2} \tag{5.18}$$

式中　K——与电动机结构参数、电源频率有关的一个常数，$K\propto 1/f_1$；

U_1——定子绕组相电压，V；

U——电源相电压，V；

R_2——转子每相绕组的电阻，Ω；

X_{20}——当电动机静止($n=0$)时，转子每相绕组的感抗，Ω。

可见，异步电动机的电磁转矩 T 也与转差率 s 有关。

式(5.18)表示当电源电压 U_1、电源频率 f_1 及转子电阻 R_2 为一定值时，异步电动机的电磁转矩 T 随转差率 s 的变化规律即 T-s 曲线。

5.3.2　三相异步电动机的机械特性

式(5.20)表示了三相异步电动机的电磁转矩 T 随转差率 s 的变化规律即 T-s 曲线。由于 $n=(1-s)n_0$，则由 T-s 曲线就可得出 n-T 曲线，也就是三相异步电动机的机械特性 $n=f(T)$。与直流电动机不同的是，异步电动机的机械特性不是线性关系，而是曲线关系。

三相异步电动机的机械特性分为固有机械特性和人为机械特性。

1. 固有机械特性

三相异步电动机固有机械特性是指电动机在额定电压和额定频率下，按照规定的接线方式，定子和转子电路中不串联任何电阻或电抗时的机械特性，称为自然机械特性。根据式(5.18)和式(5.5)可得到三相异步电动机的固有机械特性曲线。图 5.9 所示为异步电动机处于第一象限电动运行状态时的固有机械特性曲线。曲线中有四个特殊点值得关注，这四个特殊点基本确定了机械特性曲线的形状。

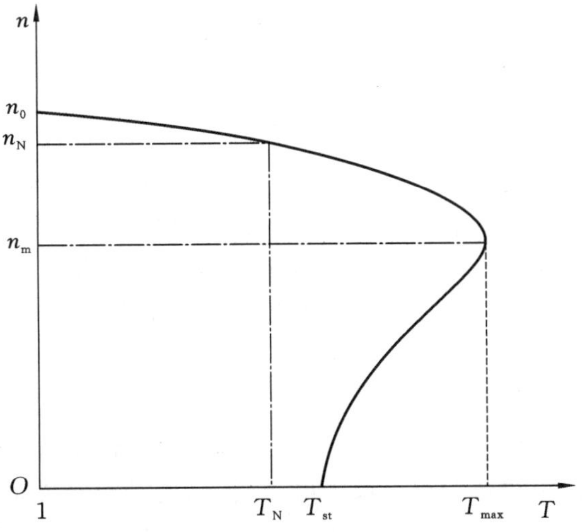

图 5.9　三相异步电动机的固有机械特性

(1) 理想空载转速点(也称同步转速点)

$T=0$，$n=n_0$时的工作点称为电动机的理想空载点，此时 $s=0$，转子电流 $I_2=0$，电动机此时不进行能量的转换。显然，如果没有外界转矩的作用，异步电动机本身不可能达到该点。

(2) 额定运行点

$T=T_{\max}$，$n=n_{\mathrm{m}}$ ($s=s_{\mathrm{m}}$)的点称为电动机的额定工作点，此时 $s=s_{\mathrm{N}}$，$I_1=I_{\mathrm{N}}$，额定运行点的转差率很小，电动机的额定转速 n_{N} 略小于同步转速 n_0，同时说明固有机械特性额定运行点附近的近似线性段硬度较大。机械特性曲线上的额定转矩是指电动机的额定电磁转矩，如忽略损耗，也可近似认为是电动机的额定输出转矩。因此额定转矩和额定转差率的计算式为

$$T_{\mathrm{N}}=9.55\frac{P_{\mathrm{N}}}{n_{\mathrm{N}}} \tag{5.19}$$

$$s_{\mathrm{N}}=\frac{n_0-n_{\mathrm{N}}}{n_0} \tag{5.20}$$

式中 P_{N}——电动机的额定功率，W；

n_{N}——电动机的额定转速，RPM，一般 $n_{\mathrm{N}}=(0.94\sim0.985)n_0$；

s_{N}——电动机的额定转差率，一般 $s_{\mathrm{N}}=0.015\sim0.06$；

T_{N}——电动机的额定转矩，N·m。

(3) 临界工作点(也称最大转矩点)

$T=T_{\max}$，$n=n_{\mathrm{m}}$ ($s=s_{\mathrm{m}}$)的点称为临界工作点，是特性曲线中线性段与非线性段的分界点。一般情况下，电动机在线性段工作是稳定的，电动机在非线性段工作是不稳定的，故分界点称为临界工作点。在此点电动机能提供最大转矩，故又称为最大转矩点。欲求转矩的最大值，可由式(5.13)令 $\mathrm{d}T/\mathrm{d}s=0$，而得临界转差率：

$$s_{\mathrm{m}}=\frac{R_2}{X_{20}} \tag{5.21}$$

再将 s_{m} 代入式(5.18)即可得：

$$T_{\max}=K\frac{U^2}{2X_{20}} \tag{5.22}$$

从式(5.21)和式(5.22)可看出，最大转矩 $T_{\max}$的大小与定子每相绕组上所加电压 U 的平方成正比，这说明最大转矩 $T_{\max}$对电源电压的波动很敏感。如果电源电压过低，最大转矩 $T_{\max}$明显下降，甚至小于负载转矩，就会造成电动机停转。最大转矩 $T_{\max}$的大小与转子电阻 R_2 的大小无关，但临界转差率 s_{m} 却只与电动机转子回路的参数有关，与电源电压及频率无关。临界转差率 s_{m} 正比于 R_2，这对线绕式异步电动机而言，在转子电路中串接附加电阻，可使 s_{m} 增大，而 $T_{\max}$却不变。

最大转矩 $T_{\max}$的大小反映了异步电动机的过载能力。异步电动机在运行中经常会遇到短时冲击负载，如果冲击负载转矩小于最大电磁转矩，电动机仍然能够运行；而电动机短时过载也不会引起剧烈发热。

通常把固有机械特性上最大电磁转矩与额定转矩之比：

$$\lambda_{\mathrm{m}}=\frac{T_{\max}}{T_{\mathrm{N}}} \tag{5.23}$$

称为电动机的过载能力系数。它表征了电动机能够承受冲击负载的能力大小，是电动机的又一个重要运行参数。一般普通的 Y 系列鼠笼式异步电动机的过载能力系数在 2.0～2.2 范围内；供起重机械和冶金机械用的 YZ 和 YZR 型线绕式异步电动机的过载能力系数在 2.5～3.0 范围内。

(4) 启动工作点

将 $n=0$，$T=T_{st}$ 的点称为启动工作点，此时 $s=1$，电动机的电磁转矩为启动转矩 T_{st}。将 $s=1$ 代入式(5.18)可得：

$$T_{st}=K\frac{R_2U^2}{R_2^2+X_{20}^2} \tag{5.24}$$

可见，异步电动机的启动转矩 T_{st} 与电源电压 U、转子回路的 R_2 及 X_{20} 有关。启动转矩与定子每相绕组上的电压 U 的平方成正比，电压下降 U 时的启动转矩会明显减小；在一定的范围内，当转子电阻适当增大时，启动转矩会增大；而若增大转子电抗则会使启动转矩大为减小。启动时只有启动转矩 T_{st} 大于负载转矩 T_L，电动机才能启动。

通常把在固有机械特性上启动转矩与额定转矩之比 $\lambda_{st}=\dfrac{T_{st}}{T_N}$ 称为电动机的启动能力系数，它是衡量异步电动机启动能力的一个重要数据，可在电动机的常用数据中查得。一般启动能力系数为 1.0～1.2。

确定了以上四点，三相异步电动机的固有机械特性曲线就可大致绘出。

2. 人为机械特性

由式(5.18)知，人为地改变电动机的参数或外加电源电压、电源频率，异步电动机的机械特性将发生变化，这时得到的机械特性称为异步电动机的人为机械特性。通过改变定子电压 U、定子电源频率 f，定子电路串电阻或电抗，转子电路串电阻或电抗等，都可得到异步电动机的人为机械特性。

在异步电动机启动、调速和制动等过程中常用的人为机械特性如下：

(1)降低电动机定子电压时的人为机械特性

只降低电动机的定子电压而电动机的其他参数不变，这时得到电动机的人为机械特性如图 5.10 所示，与电动机的固有机械特性分析比较可看出：

① 电动机的理想空载转速 n_0 和临界转差率 s_m 与电动机定子电压 U 的变化无关；

② 降低电动机的定子电压后，电动机的启动转矩 T_{st} 和最大转矩 T_{max} 均与电压降低倍数成平方关系下降。

综上所述，异步电动机定子电压越低，人为机械特性曲线越往左移。由于异步电动机的转矩与定子电压的平方成正比，电动机在运行时，如电压降低过多，会大大降低它的过载能力与启动转矩，甚至使电动机出现带不动负载或根本不能启动的现象。此外，电网电压下降，在负载转矩不变的条件下，将使电动机转速下降，转差率 s 增大，电流增加，引起电动机发热甚至烧坏。这就是异步电动机在电网电压下降时会过热的原因。

(2)改变定子电源频率的人为机械特性

由于 $U_1\approx E_1=4.44f_1N_1k_{dp1}$，当 f_1 减小时，磁通将增大(而电动机的额定磁通一般接近饱和)，会导致电流急剧增加，电动机就会过热，进而大幅缩短电动机的使用寿命。因此，

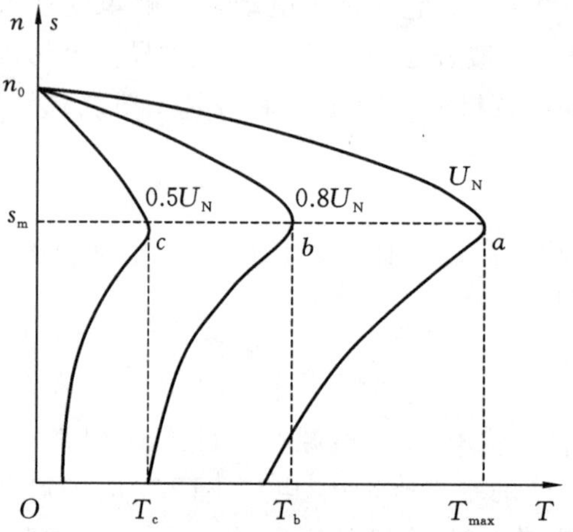

图 5.10　改变电源电压时的人为机械特性

在改变频率 f 的同时，电源电压 U 也要做相应的变化，使 U/f=常数，这在实质上是使电动机气隙磁通保持不变。由于 U/f=常数，就存在有 $n_0 \propto f$，$s_m \propto 1/f$，$T_{st} \propto 1/f$ 和 T_{max} 不变的关系，即随着频率的降低，理想空载转速要减小，临界转差率要增大，启动转矩要增大，而最大转矩基本维持不变。

以上分析的是减小定子电源频率时异步电动机的人为机械特性，如图 5.11 所示。增大定子电源频率时的人为机械特性详见调速部分的介绍。

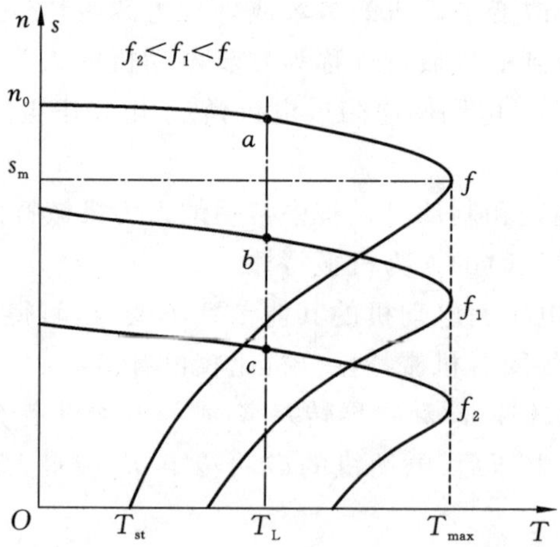

图 5.11　改变定子电源频率时的人为机械特性

(3) 转子电路串电阻时的人为机械特性

对于线绕式异步电动机，如果保持其他条件不变，仅在转子回路中串接三相对称电阻，所得到的人为机械特性即为异步电动机转子电路串电阻时的人为机械特性。当转子回路中串接三相对称电阻时，其特点如下：

同步转速 n_0 保持不变，最大转矩 T_{max} 保持不变，而临界转差率 s_m 随着转子回路总电阻的增大而成正比地增大。随着转子回路串入电阻，启动转矩 T_{st} 也随之增大，但串入的电阻不应过大，若串入的电阻过大使 $s_m>1$ 时，启动转矩 T_{st} 反而会降低。

【例 5-2】 一台三相异步电动机，额定功率 $P_N=51$ kW，电网频率为 50 Hz，额定电压 $U_N=380$ V，额定功率 $\eta_N=0.75$，额定功率因 $\cos\phi_2=0.85$，额定转速 $n_N=580$ r/min，试求：(1)同步转速 n_0；(2)电动机的极对数 p；(3)额定电流 I_N；(4)额定负载时的转差率 s_N。

解：

(1) 因电动机额定运行时转速接近同步转速 n_0，所以同步转速为 600 r/min。

(2) 电动机的极对数：

$$p=\frac{6f_1}{n_0}=\frac{60\times 50}{600}=5$$

即为 10 级电动机。

(3) 求额定电流：

$$I_N=\frac{P_N\times 10^3}{\sqrt{3}U_N\cos\phi_N\eta_N}=\frac{51\times 10^3}{\sqrt{3}\times 380\times 0.85\times 0.75}\text{A}=121.6\ \text{A}$$

(4) 求转差率：

$$s_N=\frac{n_0-n_N}{n_0}=\frac{600-580}{600}=0.03$$

【例 5-3】 一台三相异步电动机接到 50 Hz 的交流电源上，其额定转速 $n_N=1440$ r/min，试求：(1)该电动机的极对数 p；(2)额定的转差率 s_N；(3)当额定转速运行时，转子电动势的频率。

解： (1) 因电动机额定运行时转速接近同步转速 n_0，所以同步转速为 1500 r/min，

$$p=\frac{60f}{n_0}=\frac{60\times 50}{1500}=2$$

(2) $s_N=\frac{n_0-n_N}{n_0}=\frac{1500-1440}{1500}=0.04$

(3) $f_2=s_N f_1=0.04\times 50\ \text{Hz}=2\ \text{Hz}$

5.4 三相异步电动机的启动特性

电动机的启动是指电动机接通电源后，由静止状态加速到稳定运行状态的过程。异步电动机对启动的要求有：异步电动机有足够大的启动转矩；在满足生产机械能启动的情况下，启动电流越小越好；启动过程中，电动机的平滑性越好，对生产机械的冲击就越小；启动设备可靠性越高，电路越简单，操作维护就越方便。

但是，异步电动机启动的瞬间，由于转子的转速为零，在转子绕组中感应出很大的转子电势和转子电流，从而引起很大的定子电流，一般启动电流 I_{st} 可达额定电流 I_N 的 4～7 倍；而启动时由于转子功率因数 $\cos\varphi_2$ 很低，启动转矩却不大，一般 $T_{st}=(0.8\sim1.5)T_N$。解决这些矛盾，其核心问题就是减小启动电流和增大启动转矩。由于异步电动机中鼠笼式和线绕式的转子结构有差异，两者的启动方法也不同。

5.4.1 鼠笼式异步电动机的启动方法

鼠笼式异步电动机的启动方法有直接启动和降压启动。

1. 直接启动

直接启动又称全压启动，第 2 章图 2.1 所示，就是将电动机的定子绕组接在额定电压下启动。鼠笼式异步电动机在出厂时通常允许在额定电压下直接启动，这一点与直流电动机是完全不同的。在实际中鼠笼式异步电动机能否直接启动，主要依据电源及生产机械对电动机启动的要求。有独立变压器供电（即变压器供动力用电）的情况下，若电动机启动频繁，则电动机功率小于变压器容量的 20%时允许直接启动；若电动机不经常启动，电动机功率小于变压器容量的 30%时允许直接启动。如果没有独立的变压器供电的情况下，电动机启动比较频繁，则常按经验公式来估算，满足下列关系则可直接启动。

$$\frac{\text{启动电流 } I_{st}}{\text{额定电流 } I_N} \leqslant \frac{3}{4} + \frac{\text{电源总容量}}{4 \times \text{电动机功率}}$$

如果是变压器—电动机组供电方式，则允许全压启动的笼式电动机功率为不大于变压器额定容量的 80%；如果电源为小容量的发电机组，则每 1 kVA 发电机容量允许全压启动的笼式电动机功率为(0.1～0.12)kW。

2. Y-△降压启动

对于电动机正常运行时定子绕组接成三角形的鼠笼式异步电动机，在启动时将定子绕组接成星形，这时定子每相绕组上的电压为正常运行时定子每相绕组上的电压的 0.58 倍，起到了降压的作用；待转速上升一定程度后再将定子绕组接成三角形，电动机启动过程完成而转入正常运行。Y-△降压启动的原理图如第 2 章图 2.5、图 2.6 所示。

设 U_1 为电源线电压，I_{stY} 及 $I_{st\Delta}$ 为定子绕组分别接成星形及三角形的启动电流（线电流），Z 为电动机在启动时每相绕组的等效阻抗。当接成星形时，定子每相绕组上的电压为 $U_1/\sqrt{3}$；当接成三角形时，定子每相绕组上的电压为 U，故：

$$I_{stY} = \frac{U_1}{\sqrt{3}Z} \qquad I_{st\Delta} = \frac{\sqrt{3}U_1}{Z}$$

所以 $I_{stY} = I_{st\Delta}/3$。

接成星形时的启动转矩 $T_{stY} \propto (U/\sqrt{3})^2 = U_1^2/3$；接成三角形时的启动转矩 $T_{st\Delta} \propto U_1^2$，所以，$T_{stY} = T_{st\Delta}/3$。即定子接成星形降压启动时的启动电流等于接成三角形直接启动时启动电流的 1/3，而且定子接成星形时的启动转矩也只有接成三角形直接启动时启动转矩的 1/3。

Y-△降压启动的优点是设备简单、经济、启动电流小；缺点是启动转矩小，且启动电压不能调节，故只适用于生产机械为空载或轻载启动的场合，并只适用于正常运行时定子绕组额定接法为△接法的异步电动机。我国规定 4 kW 及以上的三相异步电动机，其定子额定电压为 380 V，连接方法为△接法，可采用 Y-△降压启动。4 kW 以下的三相异步电动机一般采用直接启动。

3. 定子回路串对称三相电阻或电抗器降压启动

定子回路串对称三相电阻或电抗器降压启动效果是一样的，都是通过电阻或电抗器的分压来降低电动机定子绕组电压的，进而减小启动电流。但大型电动机串电阻启动能耗太大，多采用串电抗器进行降压启动。采用电阻或电抗器降压启动时，若电压下降到额定电压

的 K 倍（$K<1$），则启动电流也下降到直接启动电流的 K 倍，但启动转矩却下降到直接启动转矩的 K^2 倍。这表明串电阻或电抗器降压启动虽然降低了启动电流，但同时启动转矩也大为降低。因此串电阻或电抗器降压启动方法只适用于电动机轻载启动，如第 2 章图 2.6 所示。

4. 自耦变压器降压启动

自耦变压器降压启动是通过将自耦变压器加到定子绕组上启动电压降低，以降低电动机的启动电流。启动时电源接自耦变压器原边，副边接电动机的定子绕组；启动结束后电源直接接在电动机的定子绕组上，如图 5.12 所示。

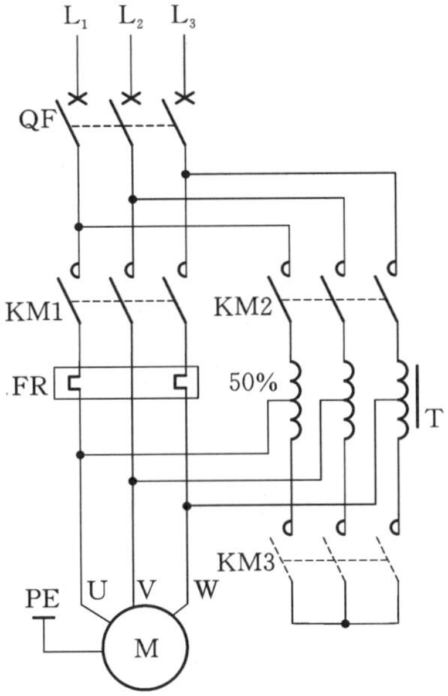

图5.12 自耦变压器降压启动时的电路图

由变压器的工作原理知，此时，副边电压与原边电压之比为 $K=\frac{U_2}{U_1}=\frac{N_2}{N_1}<1$，$U_2=KU_1$，启动时加在电动机定子每相绕组的电压是全压启动时的 K 倍，因而电流 I_2 也是全压启动时的 K 倍，即 $I_2=KI_{st}$（注意：I_2 为变压器副边电流，I_{st} 为全压启动时的启动电流）；而变压器原边电流 $I_1=KI_2=K^2I_{st}$，即此时从电网吸取的电流 I_1 是直接启动时电流 I_{st} 的 K^2 倍。由于启动转矩与定子绕组电压的平方成正比，因此自耦变压器降压启动时的启动转矩也是全压启动时的 K^2 倍。

由此可见，自耦变压器降压启动时，启动转矩和启动电流按相同比例减小。这一点与 Y-△降压启动的特性相同。只是在 Y-△降压启动时的降压系数 $K=1/\sqrt{3}$ 为定值，而自耦变压器启动时的 K 是可调节的，K 可根据电源和负载的情况取合适的值（即自耦变压器不同的抽头），这就是此种启动方法优于 Y-△启动方法之处。当需要适当控制启动电流，而又希望启动转矩不要过小时，若 Y-△降压启动不能满足要求，可以采用自耦变压器降压启动。自耦变压器降压启动的缺点是设备费用比较高。自耦变压器的抽头电压一般有 40%、60%

和 80%等。

5. 软启动

软启动是一种近年来发展起来用于控制鼠笼式异步电动机的全新启动方式。软启动装置是一种集电动机软启动、软停车、轻载节能和多种保护功能于一体的新颖电动机启动控制装置。控制三相反并联晶闸管的导通角，使被控电动机的输入电压按不同的要求而变化，就可实现不同功能的启动方式。电动机启动时电压和电流都可以从零连续调节，对电网电压无浪涌冲击，电压波动小，且电动机的转矩亦连续变化，对电动机及机械设备的机械冲击也几乎为零。

【例 5-4】 有一台三相鼠笼式异步电动机，其额定功率 $P_N=50$ kW，额定电压 $U_N=380$ V，定子为 Y 连接，额定电流 $I_N=130$ A，启动电流与额定电流之比 $K_I=6.1$，启动转矩与额定转矩之比 $K_T=1.2$，但因供电变压器的限制，允许该电动机的最大启动电流为 500 A。若拖动负载转矩 $T_L=0.3T_N$，用串有抽头 80%、60%、40%的自耦变压器启动，问用哪种抽头才能满足启动要求？

解： 自耦变压器的变压比为抽头比的倒数。

(1) 当抽头为 80%时，供电变压器流过的启动电流为

$$I'_{st}=\frac{1}{k^2}I_{st}=0.8^2\times6.1\times130\ \text{A}=507.52\ \text{A}>500\ \text{A}$$

故不能采用。

(2) 当抽头为 60%时，启动电流和启动转矩分别为

$$I'_{st}=\frac{1}{k^2}I_{st}=0.6^2\times6.1\times130\ \text{A}=285.48\ \text{A}<500\ \text{A}$$

$$T'_{st}=\frac{1}{k^2}T_{st}=0.6^2\times1.2T_N=0.432T_N>0.3T_N$$

故可以正常启动。

(3) 当抽头为 40%时，启动电流和启动转矩分别为

$$I'_{st}=\frac{1}{k^2}I_{st}=0.4^2\times6.1\times130\ \text{A}=126.88\ \text{A}<500\ \text{A}$$

$$T'_{st}=\frac{1}{k^2}T_{st}=0.4^2\times1.2T_N=0.192T_N<0.3T_N$$

故不能正常启动。

【例 5-5】 某三相鼠笼式异步电动机额定数据为 $P_N=285$ kW，$U_N=380$V，$I_N=415$ A，$n_N=1440$ r/min，启动电流倍数 $K_I=6.1$，启动转矩倍数 $K_T=1.5$，过载能力 $\lambda_m=2.5$。定子为△连接。试求：

(1) 直接启动时的电流 I_{st} 与转矩 T_{st}；

(2) 如果采用 Y-△启动，能带动 1000 N·m 的恒转矩负载启动吗？为什么？

解：(1) 直接启动时的电流：

$$I_{st}=K_I I_N=6.1\times415\ \text{A}=2531.5\ \text{A}$$

直接启动时的启动转矩：

$$T_{st}=K_1T_N=K_T\times9.55\times\frac{P_N}{n_N}=1.5\times9.55\times\frac{285\times10^3}{1440}\ \text{N}\cdot\text{m}=2835.2\ \text{N}\cdot\text{m}$$

(2) 若采用 Y-△启动时的启动转矩：

$$T'_{st}=\frac{1}{3}T_{st}=\frac{1}{3}\times2835.2\ \text{N}\cdot\text{m}=945.1\ \text{N}\cdot\text{m}<1000\ \text{N}\cdot\text{m}$$

所以不能带 1000 N·m 的负载启动。

5.4.2 线绕式异步电动机的启动方法

线绕式异步电动机启动时能在转子回路中串电阻或频敏变阻器，因此具有较大的启动转矩和较小的启动电流，即具有较好的启动特性。

1. 逐级切除启动电阻法

线绕式异步电动机转子回路中串电阻启动时，为了减小在整个启动过程中启动电流的冲击，同时又为了保证在整个启动过程中电动机能提供较大的启动转矩，一般采用分级切除启动电阻的方法。

2. 转子回路串频敏变阻器启动法

采用逐级切除启动电阻法来启动线绕式异步电动机，可以增大启动转矩，减小启动电流。若要减小启动电流及启动转矩在启动过程中的切换冲击，使启动过程平稳，就得增加切换级数，这会导致启动设备及设备控制更复杂。为了克服这一缺点，对于容量较大的线绕式异步电动机，常采用频敏变阻器来代替启动电阻，这样可自动切除启动电阻，又不需要控制电器。

频敏变阻器是一个没有二次绕组的三相芯式变压器，实质上也是一个铁芯损耗很大的三相电抗器。铁芯采用比普通变压器硅钢片厚得多的几块实心铁板或钢板叠成，其目的就是要增大铁芯损耗。一般做成三柱式，每柱上绕有一个线圈，三相线圈连成星形，然后接到线绕式异步电动机的转子电路中。当频敏变阻器接入转子电路中时，其等效为一个电阻 R 和一个电抗 X 串联。启动过程中频敏变阻器的阻抗变化如下：

一方面启动开始时，$n=0$，$s=1$，转子电流的频率 f_2 很高，铁损更大，相当于电阻更大，且电抗与转子电流的频率 f_2 成正比，所以，电抗也很大，即等效阻抗大，从而限制了动电流。另一方面由于启动时铁损大，频敏变阻器从转子取出的有功电流也较大，从而提高了转子电路的功率因数，增大了启动转矩。随着转速的逐步上升，转子频率 f_2 逐渐下降，从而使铁损减少，电抗也减小，即由电阻和电抗组成的等效阻抗逐渐减小，这就相当于启动过程中逐渐自动切除电阻和电抗。当转速 $n=n_N$ 时，f_2 很小，R 和 X 近似为零，这相当于转子被短路，启动完毕，进入正常运行。这种电阻和电抗对频率的“敏感”作用，就是频敏变阻器名称的由来。

频敏变阻器的主要优点是具有自动平滑调节启动电流和启动转矩的良好启动特性，且结构简单，运行可靠。

5.5 三相异步电动机的调速特性

三相异步电动机的调速方法主要有调压调速、转子串电阻调速、变极调速及变频调速。

5.5.1 调压调速

改变电源电压时的人为机械特性如图 5.13 所示。当电动机定子电压降低时，电动机的最大转矩 T_{max}减小，而同步转速 n_0 和临界转差率 S_m 不变。对于通风机型负载（图中特性曲线 2），电动机在全段机械特性上都能稳定运行，在不同的电压下有不同的稳定工作点为 d、e、f，且调速范围较大。对于恒转矩性负载（图中特性曲线 1），电动机只能在机械特性的线性端（$O<s<S_m$）稳定运行，在不同的电压下有不同的稳定工作点为 a、b、c，但调速范围很小。这种调速方法能够实现无级调速，但当降低电压时，转矩也按电压的平方比例减小。电动机在低速时的机械特性太软，其静差率和运行稳定性往往不能满足生产工艺要求。因此，现代的调压调速系统通常采用速度反馈的闭环控制，以提高低速时机械特性的硬度，从而在满足一定的静差率条件下，获得较宽的调速范围，同时也能保证电动机具有一定的过载能力。

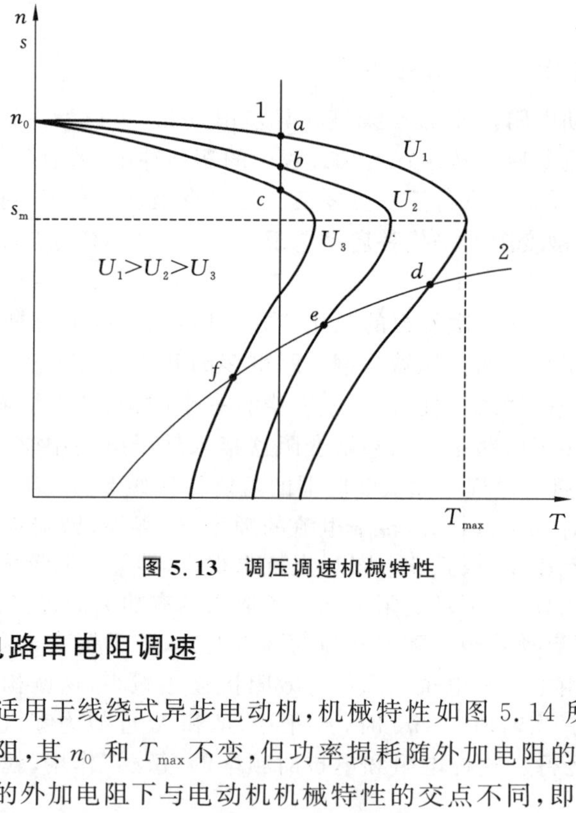

图 5.13　调压调速机械特性

5.5.2 转子电路串电阻调速

这种调速方法只适用于线绕式异步电动机，机械特性如图 5.14 所示。从图中可看出，转子电路串不同的电阻，其 n_0 和 T_{max}不变，但功率损耗随外加电阻的增大而增大。对于恒转矩负载 T_L，在不同的外加电阻下与电动机机械特性的交点不同，即可得到不同的稳定工作点。随着外加电阻的增大，电动机的转速逐渐降低。

转子电路串电阻调速简单可靠，但它是有级调速，不能实现连续平滑调速。随转速降低，特性变软，影响了系统的稳定性。转子电路的电阻损耗与转差率成正比，随着串入电阻的增大而增大。低速时损耗大，是一种不经济的调速方法。所以，这种调速方法大多用在重复短期运转且对调速性能要求不高的生产机械中，如在起重运输设备中应用非常广泛。

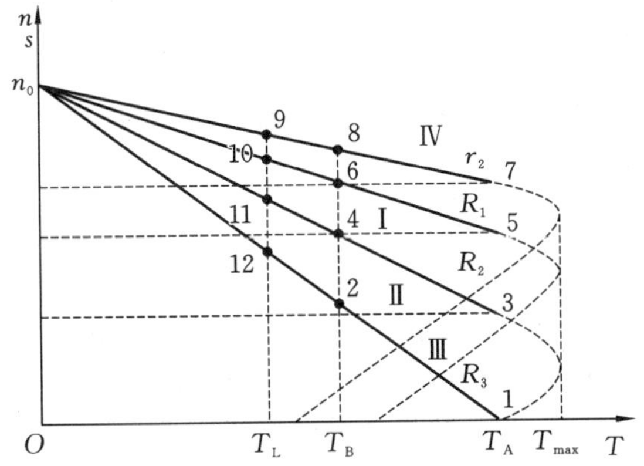

图 5.14　转子电路串电阻调速机械特性

5.5.3　变极对数调速

改变异步电动机定子的磁极对数 p，可以改变其同步转速 $n_0=\frac{60f_1(1-s)}{p}$，从而可以使电动机在某一负载下的稳定运行速度运行发生变化，达到调速的目的。

1. 变级调速原理

直流电机励磁磁极的极数在制造电机时就已经确定了，是不可变的。而异步电机气隙中旋转磁场的极对数却是可变的，它取决于定子绕组的连接方式。以 4 极变成 2 极为例来说明变极的原理。4 极电机线圈组顺接串联，由右手螺旋定则可以判定所产生的主磁势为 4 极。如果改变两个线圈组间的接线，把两个线圈组反接串联，或者反接并联，这时线圈组间的电流方向相反，由右手螺旋定则可以判定所产生的主磁势均为 2 极。由此可知，让一个线圈组的电流反向，就能使极数减少一半，同时可使电机同步转速提高一倍，得到 2∶1 两级调速。能够变极调速的电动机称为多速电动机。

以上举例说明的是一种最简单、最常用的变极方法，还有一些复杂的变极方法，可使极数不一定成倍地改变，或者一套绕组能改变成多种极数。有时，所需变极的倍数较大，利用一套绕组变极比较困难，就在定子上装两套独立的不同极数的绕组，需要用哪一挡转速时就接哪一套绕组，另一套空着。例如 YD 系列电梯用多速电动机有 6 极和 24 极两套绕组，电机的同步转速分别为 1000 r/min 和 250 r/min，我们把这两个方法结合起来，即选用定子上所装两套绕组的某一套，同时每一套通过改变接线又能改变极数，就能得到三速或四速电动机。

在分析变极调速原理时，需要注意以下两点：

① 变极数只适用于鼠笼式异步电机，因为鼠笼式异步电机转子本身没有确定的极数，其极数是由旋转磁场决定的，即完全听从于定子绕组的极数，变极时只要换接定子绕组就够了。如果是绕线式转子，则必须定转子绕组同时换接才行，过程繁琐，基本上不采用。

变换极数的同时，必须换接某两相电源的相序，这样才能保持旋转磁场的转向不变，即保持调速前后电动机的转向不变。这是因为在电机定子的圆周上，空间电角度是机械角度

的 p 倍(p 为极对数)。因此,当极对数发生改变时,必然引起三相绕组的相序发生变化。

2. 变极线路

实现变极线路的种类很多,主要有△-YY 典型线路,在前面章节已经讨论过。

3. 变极调速的应用

变极调速具有操作简单方便、运行可靠、机械特性硬、效率高、经济性好等优点。变极调速允许输出有两种,既可以用于恒功率调速,也可适用于恒转矩调速。因此,变极调速广泛用于机电联合调速的场合,特别是中、小型机床上用得极多。民用建筑中大型商场的排风兼排烟风机大多也采用双速电动机拖动。正常情况下风机低速运行排风,且与送风机组成商场的换风系统。当发生火灾时,排风机高速运行起到快速排烟作用。

变极调速的主要缺点是调速是有级的,一般为 2～4 级,因此只适用于不要平滑调速的生产机械上,有时与机械变速相结合使用。

使用中必须注意负载性质与机械特性配合使用,如机床多为恒功率负载,可用△-YY 变极调速;电梯等位能恒转矩负载,常用 Y-YY 变极调速,如 YD 系列多速电动机,正常运行时用高速挡,低速挡作为接近楼层时准确停车使用。

当定子上嵌置有两套绕组,这种异步机称为多绕组多速电动机,这种电机用料多、体积大、利用率较低,电机成本较高。现在我国已有单绕组多速电机,它的定子绕组上只有一套绕组,但能够获得比一般双速电机调速级数更多的转速。

4. 变频调速

异步电动机的同步转速,除了与极对数有关之外,还与电源频率有关,因此改变电源频率也能改变转速,即转速与电源频率成正比。所以,平滑地调节电源频率,就可以得到交流电机拖动系统在比较大的范围内无级调速。

(1) 变频的基本规律

改变电动机供电电源的频率,可以调节电动机的转速。但是我们必须考虑到,当电源频率发生变化时,是否会引起电动机其他参数的改变,这是我们要深入分析的问题。

异步电动机定子电路的电压平衡方程为

$$\dot{U}_1=-\dot{E}_1+\dot{I}_1Z_1$$

而电动机定子每相感应电动势有效值为

$$E_1=4.44f_{1N}kN\phi_m$$

式中 f_{1N}——电源频率,Hz;

N——每项绕组的匝数;

ϕ_m——电动机气隙磁通的最大值,Wb;

k——电动机的结构系数。

在忽略定子漏阻抗情况下,有:

$$U_1\approx E_1\propto f_1\phi_m$$

由上式可知,为保持电势平衡关系,当电源频率 f_{1N} 改变时,如果电源电压保持不变,则必然引起气隙磁通 ϕ_m 发生变化,但是 ϕ_m 的任何变化都会给异步电机的运行性能带来不良影响。分析过程如下:

当 f_{1N} 下降时，旋转磁场的转速 n_0 也随之下降。因磁场切割定子绕组的速度变慢，则定子绕组内的感应电势 E_1 也变小。如果电源电压 U_1 的大小保持不变，那么 U_1 与 E_1 之间的差值就增大。但是为了保持电势平衡关系，势必通过励磁电流的增加来建立起较大的气隙磁通，使得 n_0 在较低的情况下也能产生足够大的电势 E_1 与电源电压 U_1 相平衡。但是，由于一般电机在额定频率下工作时磁路已经接近饱和，且工作在磁化曲线的拐点，所以磁通的增加必然使电机的磁路过分饱和，使定子电流的励磁分量急剧增大。励磁分量急剧增大的后果是一方面降低了电动机的功率因数，另一方面还影响到电动机的负载能力。

与此相反，当频率升高时，气隙磁通将下降，使得气隙磁通小于额定值。因此，在定子电流为额定值时，电动机的输出转矩将下降，电动机的功率将得不到充分利用，造成浪费。

总之，在电源电压不变的条件下，改变电源频率就会导致气隙磁通的改变，影响电动机的运行性能。因此改变电源频率的同时要相应地改变电网电压的大小，以保证气隙磁通不变。那么电网电压的大小按什么样的规律变化才是最理想的呢？通过分析研究，一般认为，若能保持电动机带载能力 λ_m 不变，电动机的运行性能就是最理想的。

设 T_m 和 T_N 分别代表电源频率为额定频率时，电动机的最大转矩和额定转矩，而 T'_m 和 T'_N 分别代表在某一频率 f'_1 下电动机的最大转矩和额定转矩，于是根据 λ_m 不变的要求有：

$$\frac{T'_m}{T'_N}=\frac{T_m}{T_N}=\lambda_m$$

则最大转矩表达式为

$$T_m=\frac{m_1 p U_1^2}{4\pi f_1\left[r_1+\sqrt{r_1^2+(x_1+x'_2)^2}\right]}$$

其中 $x_1+x'_2=2\pi f_1(L_1+L'_2)$。当 f_1 较高时，$x_1+x'_2\gg r_1$，故可略去 r_1，于是有：

$$T_m=C\left(\frac{U_1}{f_1}\right)^2$$

其中，$C=\dfrac{mp}{8\pi^2(L_1+L'_2)}$为常数。

因此对于不同的电源电压和频率，最大转矩的表达式分别为

$$T_m=C\left(\frac{U_{1N}}{f_{1N}}\right)^2 \text{ 和 } T'_m=C\left(\frac{U'_1}{f'_1}\right)^2$$

其中，f_{1N}，U_{1N} 为额定频率和额定电压；f'_1，U'_1 为变频后的频率和电源。

根据 λ_m 不变有：

$$\frac{T_N}{T'_N}=\frac{T_m}{T'_m}=\frac{U_{1N}^2 f'^2_1}{U_1'^2 f_{1N}^2}$$

所以，可以得到要使频率变化前后电机具有同样的带载能力，定子电压应根据以下规律调节：

$$\frac{U'_1}{U_{1N}}=\frac{f'_1}{f_{1N}}\sqrt{\frac{T'_N}{T_N}}$$

因此，对于恒转矩负载（$T'_N=T_N$），只要保持$\dfrac{U'_1}{U_{1N}}=$定值，调速过程就不改变电动机的带载能力。

（2）变频调速的机械特性

变频调速的机械特性可以从几个特殊点随 f_1 变化的趋势上分析，确定了这几个特殊点，就可以大致画出机械特性的形状。

① 理想空载点

由于 $n_0=\dfrac{60f_1(1-s)}{p}$ 可知，机械特性曲线上的理想空载转速 n_0 与电源频率成正比。

② 临界点

根据 λ_m 不变，满足 $\dfrac{U_1'}{f_1'}$ = 定值。当 f_1 变化时，T_m 不变，即

$$T_m=C\left(\frac{U_1}{f_1}\right)^2=\text{定值}$$

最大转矩时的转差率为

$$S_m=\frac{r_2'}{\sqrt{r_1^2+(x_1+x_1')^2}}=\frac{r_2'}{\sqrt{r_1^2+[2\pi f_1(L_1+L_2')]^2}}$$

当 f_1 较大时，忽略 r_1，则：

$$S_m\propto\frac{1}{f_1}$$

最大转矩点的转速降为

$$\Delta n_m=\text{定值}$$

可见，S_m 与 f_1 成反比，而 Δn_m 与 f_1 无关，因此变频调速的机械特性曲线基本上是平行的上下移动。

③ 启动点

异步电动机的启动转矩：

$$T_q=\frac{m_1pU_1^2r_2'}{2\pi f_1[(r_1+r_2')^2+(x_1+x_2')^2]}$$

当考虑 f_1 较高时，$x_1+x_2'\gg r_1+r_2'$，则

$$T_q\approx\frac{m_1pU_1^2r_2'}{2\pi f_1(x_1+x_2')^2}=\frac{m_1pU_1^2r_2'}{8\pi^3f_2^2(L_1+L_2')^2}$$

当保持 $\dfrac{U_1}{f_1}$ = 定值时，

$$T_q\propto\frac{m_1pr_2'}{8\pi^3f_1(L_1+L_2')^2}\propto\frac{1}{f_1}$$

可知，当 f_1 越低时，T_q 越大；但当 f_1 很低时，r_1+r_2' 不能忽略，T_q 就不怎么增加，甚至 f_1 再减小，T_q 反而减小。

根据以上分析，利用三个特殊点随 f_1 的变化趋势，可以大致画出变频调速的机械特性曲线，如图 5.15 所示。可以看出，在基频以下，电压随频率降低，磁通 ϕ_m 基本不变，属于恒转矩调速；在基频以上，频率升高，电压不变，ϕ_m 降低，属于恒功率调速。

当 f_1 相对较小时，由于 r_1 与 x_1+x_2' 相比，r_1 的影响不能忽略，即使 $\dfrac{U_1}{f_1}$ = 定值也不能保证 ϕ_m 为常数，r_1 相当于定子电路中传入一个电阻，所以 ϕ_m 降低，f_1 越低，r_1 的影响越大，

T_m 下降越多。如图所示，f_3、f_4时 T_m 显著下降。为了保持电机在低速时有足够大的 T_m，在低速时 U_1 比 f_1 降低的比例可以小一些，使$\frac{U_1}{f_1}$的值随 f_1 的降低而增加，调速范围 $D=10\sim20$。

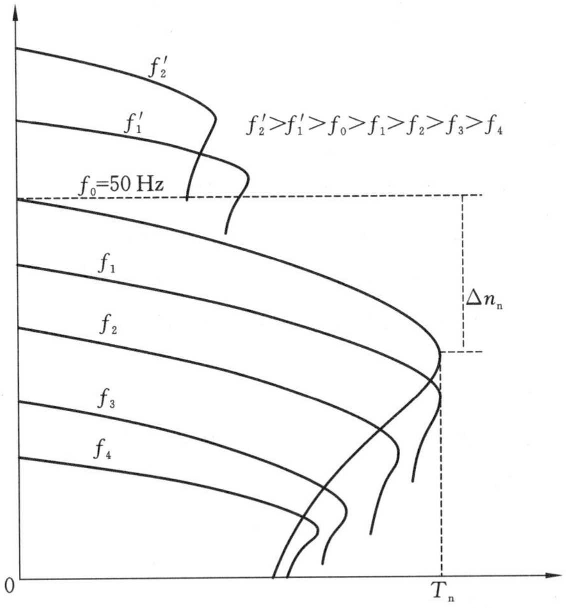

图 5.15　变频调速的机械特性曲线

(3) 变频调速的应用

采用改变电源频率的方法对异步电动机进行调速，在调速特性上可以实现平滑的无级调速，调速范围可达 1 : 10～1 : 50；变频时 U_1 按不同的规律变化可以实现恒转矩或恒功率调速，以适应不同负载要求，其调速性能可以与直流电机相当。

5.5.5　三相异步电动机的变转差率调速

在保持同步转速不变的情况下，通过改变转差率来实现调速的方法有绕线式异步电动机转子串电阻调速、串级调速和鼠笼式电机改变定子电压调速等。

1. 绕线式异步电动机转子串电阻调速

(1) 调速原理

绕线式异步电动机转子回路串接电阻可以进行逐级启动，也可以进行调速。

当转子回路接电阻 R_n后，转子回路电阻增加，使转子电流减小，转矩减小，电动机减速。由于 $S=\frac{n_0-n}{n}$，所以 s 增加至 s_1，导致 I_2'增加，T 增加，直到与负载转矩 Tz 相等，达到新的平衡。电动机以对应于 s_1的转速带动负载稳定运行。

(2) 调速特点

设备比较简单，投资小，但是能耗大，效率低；调速是有级的，但级数少，平滑性差；属于恒转矩调速；适合带载调速，且空载时调速变化小；当低速运行时，特性软，损耗大，效率更低，不适于长期工作。

基于以上特点，此种调速方法适用于各种恒转矩负载，对通风类负载也适用，可用于起重机。

2. 绕线式电动机串级调速

(1) 串级调速原理

通过前面绕线式异步电动机转子回路串电阻调速的讨论，我们知道这种调速方法的主要缺点之一是功率损耗大，经济性低，而损耗是与转差率成正比的。所以，从能量的观点分析，转子串电阻调速就是将一部分能量消耗在电阻上，输出功率减小，迫使负载转矩下降，电动机速度下降。因此，只要将电阻上损耗的能量再送回电网，这样既可以达到调速目的，又能够提高效率。

在调速时，如果负载转矩和电源电压保持不变，则电动机产生的电磁转矩也不变。使 $T=T_z$，根据 $T=C_{TJ}\phi_m I_2'\cos\varphi_2$，其中 φ_m 不变，$\cos\varphi_2$ 变化不大，所以可以近似地认为转子电流 I_2'保持不变。转子电流 I_2'为

$$I_2'=\frac{SE_2'}{\sqrt{r_2'^2+(Sx_2')^2}}$$

在正常运行时，S 很小，所以

$$I_2'\approx\frac{SE_2'}{r_2'}$$

从上式可知，当转子电路中接入电阻后，要保持 I_2'不变，必须使 s 增大，即转速 n 下降，这就是转子串电阻调速的基本原理。根据上式，如果在电路中引入一个附加电势 E_F'，频率与转子电势频率相同，则转子电流为

$$I_2'\approx\frac{SE_2'\pm E_F'}{r_2'}$$

从上式发现，s 必然发生变化，即转速发生变化，从而达到调速目的，这就是串级调速的基本原理。

3. 串级调速的应用

前面讨论了串级调速的基本原理，实现串级调速关键问题是要有一个附加电势。由于电动机转子的感应电势的频率随转速与转差率的变化而变化，这就要求附加电势的频率可调。在电机调速时，附加电势的频率随着转子电势的频率变化而变化。

串级调速中外加直流电势的作用是吸收转子的转差能量，并把它回馈到电网中去加以利用。根据回馈的方式不同，分为机械回馈式和电气回馈式，前者为恒功率调速，后者为恒转矩调速。

串级调速的主要优点是能获得较硬的机械特性，调速效果好，尤其是晶闸管串级调速，可以组成闭环控制提高特性硬度，有较宽的调速范围，能无级调速。

串级调速的主要缺点是功率因数低，特别是转子回路中串接的滤波电抗器以及晶闸管

逆变器的存在，都会降低系统的功率因数。

5.6　三相异步电动机的制动特性

异步电动机电气制动的方式同直流电动机一样，也可分为反接制动、回馈制动和能耗制动三种。

5.6.1　反接制动

1. 电源反接制动

当异步电动机处于正常运行状态时，突然改变定子绕组三相电源的相序，即电源反接，这时就改变了旋转磁场的方向，从而使转子绕组中感应电动势、电流和电磁转矩都改变了方向，因机械惯性，转子转向未变，电磁转矩与转子的旋转方向相反，电动机处于制动状态。这种制动称为电源反接制动，其机械特性如图 5.16 所示。

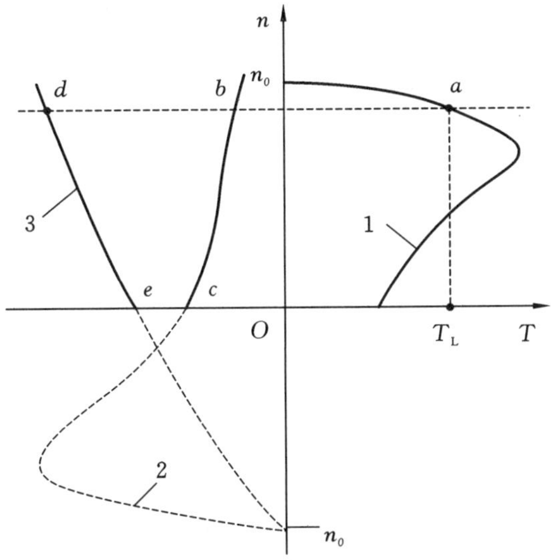

图 5.16　电源反接时反接制动的机械特性

制动前，异步电动机拖动恒转矩负载处于电动状态，运行在第一象限的机械特性曲线 1 上的点 a。电源反接后，机械特性变为第三象限的曲线 2，同步转速变为 $-n_0$，转差率 $s>1$，电流及电磁转矩的方向发生变化，由正变为负。由于机械惯性的原因，转速不能突变，电动机的工作点由点 a 移至点 b，开始进入反接制动状态。这时在电动机电磁转矩和负载转矩的共同作用下转速迅速减低，电动机沿特性曲线 2 在第二象限由点 b 逐渐运行到达点 c，$n=0$，电源反接制动结束。此时应切断电源并停车。如果是位能负载应采用机械制动措施；否则，电动机会反向启动旋转，重物开始下放。如果不及时切断电源，即使是摩擦负载，电动机也会反向旋转。电源反接时会在转子回路中感应出很大的电流。为了限制转子电流，对鼠笼式异步电动机可在定子电路中串接电阻；对线绕式异步电动机可在转子电路中串接电阻，限制电流的同时增大制动转矩。机械特性如图 5.16 中的曲线 3，制动开始时运行点由点 a

移至点 d；制动时沿特性曲线 3 减速至点 e；制动结束，$n=0$，停车并切断电源。

2. 倒拉反接制动

当线绕式异步电动机拖动位能性负载提升重物时，若在电动机的转子回路中串入很大的电阻就会出现倒拉反接制动，其机械特性如图 5.17 所示。当线绕式异步电动机提升重物匀速上升时，运行在机械特性曲线 1 的点 a，这时如果在电动机的转子回路中串入很大的电阻，机械特性就变成斜率很大的曲线 2。由于惯性作用，电动机的工作点由点 a 移至点 b，电动机的转矩变为小于负载转矩，转速下降，电动机沿曲线 2 减速至点 c，$n=0$。在点 c 处负载转矩大于电动机的转矩，在负载转矩的作用下，电动机反转，重物被下放，而电动机的电磁转矩仍然为正，电磁转矩与转速方向相反，电动机处于制动状态，性延伸至第四象限。

随着下放速度的增加，s 逐渐增大，转子电流 I_2 和电磁转矩增大，直至运行到点 d。电动机的电磁转矩等于负载转矩，重物以 $-n_d$ 匀速下放。电动机从点 c 开始，重物的下放由负载转矩倒拉拖动，电动机处于制动状态，故称倒拉反接制动。在点 d 电动机处于一种稳定运行的制动状态，点 d 的转速即重物下降速度的大小取决于转子所串电阻的阻值，电阻越大，下降速度越高。在重物下降过程中，重物下降时减少的位能转化为电动机轴上的机械功率，机械功率通过电动机转化为电功率，电动机把转化的电功率及从电源吸收的电功率均消耗在线绕式异步电动机转子所串电阻上。

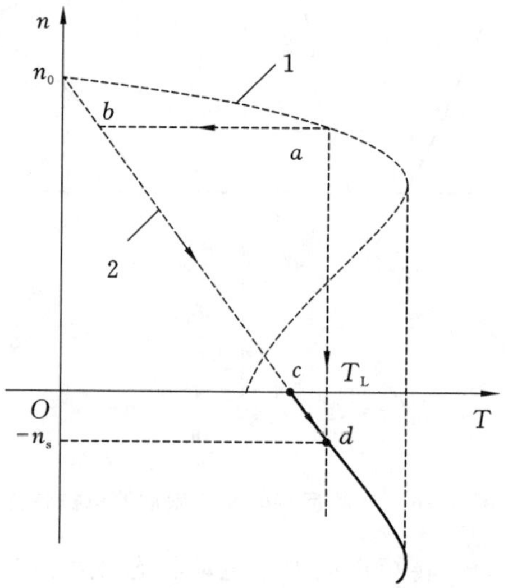

图 5.17　倒拉反接制动时的机械特性

5.6.2　回馈制动

在有些情况下，异步电动机的转速高于它的同步速度，即 $n>n_0$，$s<0$，转子导体切割旋转磁场的方向与电动状态时相反，转子电流的方向也发生了变化，电动机的转矩变为与转速方向相反，电动机处于制动状态，这种制动称为回馈制动。这时电动机处于发电机运行状态，把系统的机械能转化为电能，一部分消耗在转子回路的电阻上，剩余的大部分电能则反馈回电网。反馈制动一般出现在以下两种情况中：

1. 重物下放时的回馈制动

起重机械在下放重物时，电动机反转(在第三象限)，如图 5.18 所示。

重物开始下放时，电动机工作在反转电动状态，电动机的电磁转矩和负载转矩均与转速方向相同，均为拖动转矩。系统在电磁转矩和负载转矩的共同作用下，重物快速下降。直至电机的实际转速超过同步转速后，转子电流的方向也发生了变化，电磁转矩方向也发生了变化，成为制动转矩。当 $T=T_L$ 时，达到稳定状态，重物以一个较高的转速均匀下降。对于一定的位能负载，转子回路的电阻值越大，下放的速度就越快。为了避免重物下放时，电动机转速太高而造成运行事故，转子附加的电阻值不允许太大。

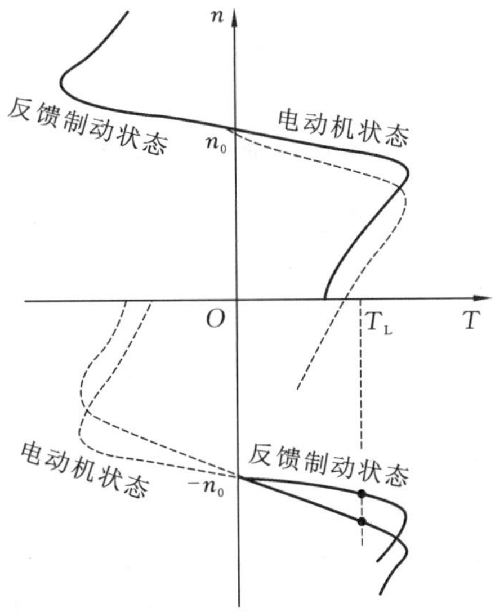

图 5.18　重物下放时回馈制动机械特性

2. 调速过程中的回馈制动

电动机在变极调速或变频调速过程中，极对数突然增多或供电频率突然降低，使同步转速突然降低时也会出现回馈制动状态。图 5.19 所示为某双速鼠笼式异步电动机，高速运行时为 4 极，同步转速为外 n_{01}；低速运行时为 8 极，同步转速为外 n_{02}。当电动机由高速挡切换到低速挡时，由于转速不能突变，在降速开始，电动机运行到同步转速为 n_{02} 的机械特性点 b，此时电动机的转速高于同步转速 n_{02}，转子所产生的电磁转矩变为与转速相反，为制动转矩，运行在第二象限。电动机电磁转矩和负载转矩一起使电动机降速，在降速过程中，电动机将运行系统中的动能转换成电能反馈到电网，直至转速降低至同步转速 n_{02}，电动机的回馈制动结束。当电动机在高速挡所储存的动能消耗完后，电动机就进入 $2p=8$ 的电动状态，进入第一象限，直到电动机的电磁转矩又重新与负载转矩相平衡，电动机稳定运行在点 c。

5.6.3　能耗制动

异步电动机在运行时，此时将定子绕组从三相交流电源上断开，将其中两相绕组接到直

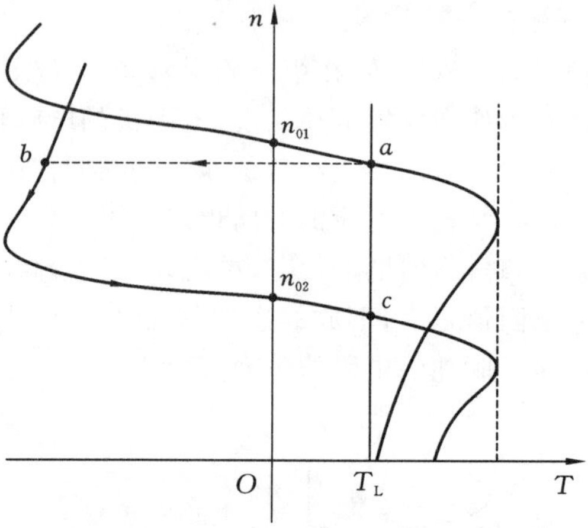

图 5.19　变极调速时回馈制动机械特性

流电源上，就构成了能耗制动。当定子绕组通入直流电源时，在电动机中将产生一个固定磁场。当转子因机械惯性继续旋转时，转子导体切割固定磁场产生感应电流，进而产生电磁转矩。该转矩与转子实际旋转方向相反，为制动转矩。在电动机的电磁制动转矩及负载转矩的作用下，电动机的转速迅速降低，转子的机械能转换为电能，消耗在转子回路的电阻上，所以称为能耗制动。

如图 5.20 所示，电动机正向运行，工作在固有机械特性曲线 1 的点 a。定子绕组改接直流电源后，因电磁转矩与转速方向相反，为制动转矩。当电动机运行在第二象限时，位于机械特性曲线 2 的点 b。在电动机的电磁制动转矩及负载转矩的作用下，系统减速直至 $n=0$，能耗制动结束。由于 $T=0$，故能准确停车，而不像反接制动那样存在电动机反转的可能。不过当电动机停止后不应再接通直流电源，因为那样将会烧坏定子绕组(定子绕组中的反电势消失)。另外，制动的后阶段，随着转速的降低，转子中的电流逐渐降低，能耗制动转矩也迅速减小，所以，制动较平稳，但制动的快速性则比反接制动差。当然，可以用改变定子励磁电流 I_f 或转子电路串入电阻(线绕式异步电动机)的大小来增大制动转矩，从而调节制动过程的快慢。

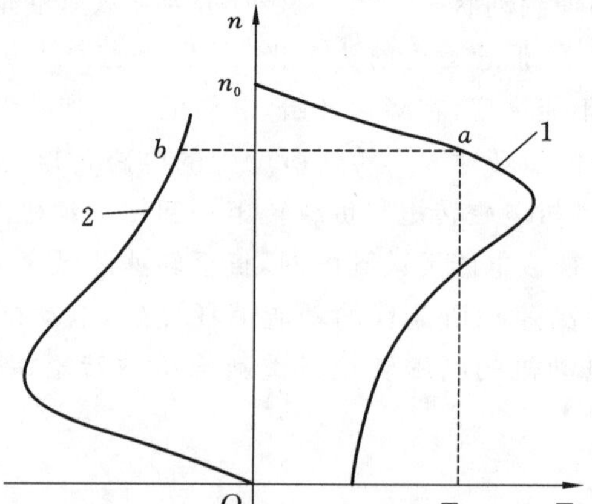

图 5.20　异步电动机能耗制动机械特性

5.7　交流调速系统

直流电动机具有很好的启、制动性能和优越的调速性能，因此，在 20 世纪上半叶，直流电动机调速获得了大量的应用。但是，直流电动机具有换向困难、容量有限、造价高和换向器寿命短等缺点。交流电动机结构简单、价格便宜且运行可靠。20 世纪六七十年代，随着电力电子技术、大规模集成电路技术、计算机控制技术的发展及现代控制理论的应用，高性能交流调速系统应运而生，其调速性、可靠性及造价等方面，都能与直流调速系统相媲美，应用不断扩大。

三相电动机速度调节有以下几种方式：改变转差率 s 调速；改变电机定子绕组极对数 p 调速；改变电动机电源频率 f_1 调速。

电磁转差离合器调速系统的应用已日渐减少，其闭环控制原理与高压调速系统相似，所以，本节着重分析交流异步电动机变压调速系统的闭环控制及变压变频调速系统。

5.7.1　异步电动机闭环控制变压调速系统

变压调速是异步电动机调速方法中比较简便的一种，也是非常常用的一种。由异步电动机有关知识可知，在忽略电动机定子漏阻抗的情况下，电磁转矩为

$$T=\frac{3U_1^2 p\dfrac{R_2'}{s}}{2\pi f_1\left[\left(\dfrac{R_2'}{s}\right)^2+(x_2')^2\right]}$$

最大转矩和其对应的临界转差率分别为

$$T_{\max}=\frac{1}{2}\frac{3pU_1^2}{2\pi f_1 X_2'}$$

$$s_{\mathrm{m}}=\frac{R_2'}{X_2'}$$

分析可知，当异步电动机电路的参数不变时，在相同转速下，电磁转矩 T 与定子电压 U_1 的平方成正比。因此，改变定子外加电压，可以改变机械特性的函数关系，从而改变电动机在一定负载下的转速。但该方式对恒转矩负载，其调速范围小，容易不稳定。如果带风机类负载运行，调速范围可以稍大一些。为了能在恒转矩负载下扩大调速范围，并使电动机在较低转速下运行不至于过热，就要求电动机转子具有较高的电阻值，这样的电动机在变压时的机械特性如图 5.21 所示。显然，带恒转矩负载时的调压范围增大了，即使堵转工作也不致烧坏电动机，这种电动机又称交流力矩电动机。

过去改变交流电压的方法多用自耦变压器或带直流磁化绕组的饱和电抗器。自从电力电子技术发展后，这些比较笨重的电磁装置就被晶闸管等大功率电力电子器件所组成的交流调压器取代了。交流调压器一般用三对晶闸管反并联或三个双向晶闸管分别串接在三相电路中，用相位控制改变输出电压。

采用高转子电阻的力矩电动机可以扩大调速范围，但机械特性又变软，因而当负载变化时转差率很大，开环控制很难解决这个矛盾，为此，对于恒转速性质的负载，要求调速范围大

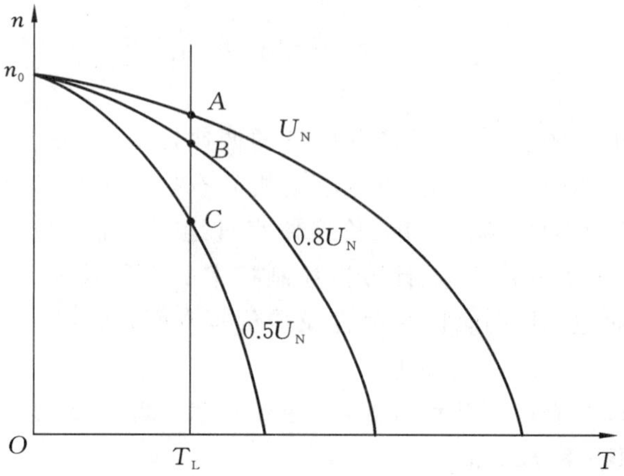

图 5.21 高转子电阻电动机(交流力矩电动机)在不同电压下的机械特性

于 2 时,往往采用带转速反馈的闭环系统,如图 5.22 所示,

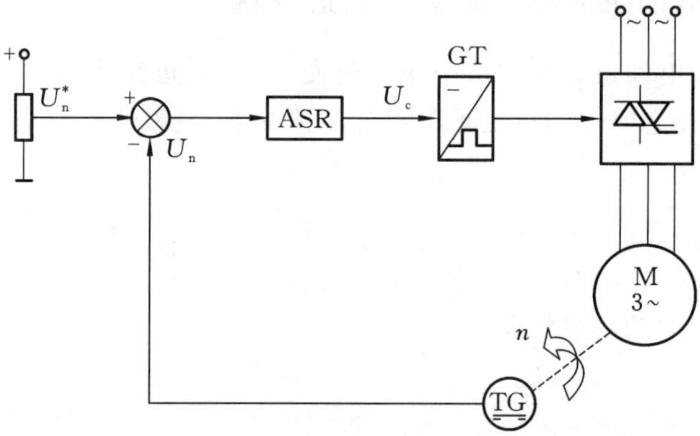

图 5.22 带转速负反馈闭环控制的交流变压调速系统

图 5.23 所示为闭环控制变压调速系统的静特性。当系统带负载 T_L 在点 A 运行时,如果负载增大引起转速下降,反馈控制作用能提高定子电压,从而在右边一条机械特性上找到新的工作点 A'。同理,当负载降低时,会在左边一条特性上得到定子电压低一些的工作点 A''。按照反馈控制规律,将 A''、A、A' 连接起来便是闭环系统的静特性。尽管异步电动机的开环机械特性和直流电动机的开环特性差别很大,但是在不同电压的开环机械特性上各取一个相应的工作点,连接起来便得到闭环系统静特性,这样的分析方法对两种电动机的闭环系统是完全一致的。尽管异步力矩电动机的机械特性很软,但由系统放大系数决定的闭环系统静特性却可以很硬。如果采用 PI 调节器,照样可以做到无静差。改变给定 K_P 信号 U_n^*,则静特性平行上下移动,可达到调速目的。

异步电动机闭环变压调速系统不同于直流电动机闭环调速系统的地方是:静特性左右两边都有极限,不能无限延长,它们是额定电压 U_N 下的机械特性和最小输出电压 U_{smin} 下的机械特性。当负载变化时,如果电压调节到极限值,闭环系统便失去控制能力,系统的工作点只能沿着极限开环特性变化。

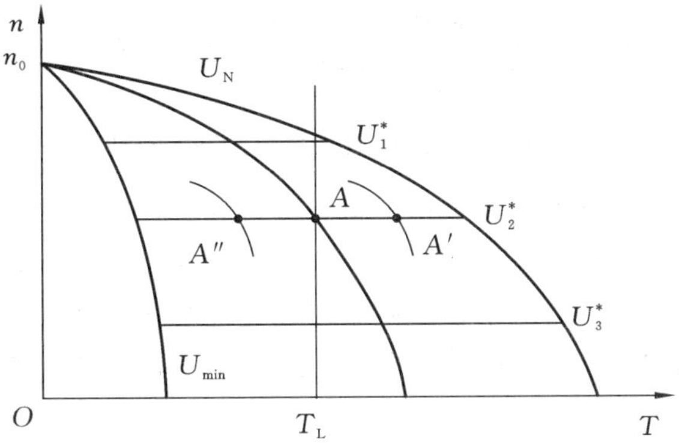

图 5.23　闭环控制变压调速系统的静特性

5.7.2　笼式异步电动机变压变频调速系统(VVVF 系统)

1. 变压变频调速的特点

异步电动机的变压变频调速系统一般简称为变频调速系统。变频调速的调速范围宽，无论高速还是低速效率都较高，通过变频控制可以得到和直流他励电动机机械特性相似的线性硬特性，能够实现高动态性能。调频变速时，可以从基频向下或向上调节。从基频向下调时，希望维持气隙磁通不变。因为电动机的主磁通在额定点时就已有点饱和，当电动机的端电压一定，降低频率时，电动机的主磁通要增大，使得主磁路过饱和，励磁电流猛增，这是不允许的。因而调频时须按比例同时控制电压，保持电动势频率比为恒值或以恒压频的控制方式，来维持气隙磁通不变。磁通恒定时转矩也恒定，属于“恒转矩调速”。从基频向上调时，由于电压无法再升高，只好仅提高频率而使磁通减弱。弱磁调速属于“恒功率调速”。需要注意的是，低频时，定子相电压和电动势都较小，定子漏磁阻抗压降所占的分量就比较显著，不能忽略。这时可以人为地把定子相电压抬高一些，以便近似地补偿定子压降。在实际应用中，由于负载不同，需要补偿的定子压降值也不一样，在控制软件中，须备有不同斜率的补偿特性，以供用户选择。

2. 电力电子变压变频器的主要类型

由于电网提供的是恒压恒频的电源，而异步电动机的变频调速系统又必须具备能够同时控制电压幅值和频率的交流电源，因此应该配置变压变频器，从整体结构上看，电力电子变压变频器可分为交—直—交和交—交两大类。

(1) 交—直—交变压变频器

交—直—交变压变频器由整流器、逆变器和中间直流环节组成(图 5.24)，先将工频交流电源通过整流器变换成直流，再通过逆变器变换成可控的交流(同时控制频率和电压)，供给电机。交—直—交变压变频器在恒频交流电源和变频交流输出之间有一个“中间直流环节”，所以又称间接式的变压变频器。交—直—交变压变频器又可分为电压型和电流型两大类(表 5.5)。

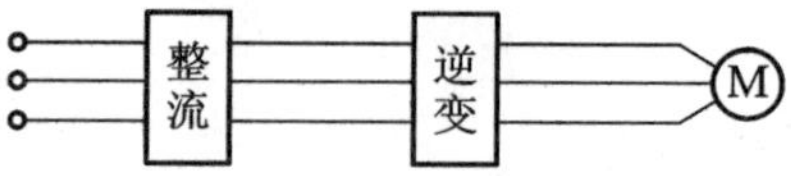

图 5.24　交-直-交变频装置基本结构

电压型变频器的特点：中间直流环节采用大电容滤波，直流电压脉动很小，近似为电压源，具有低阻抗特性；输出的三相交流电压波形为矩形波或阶梯波，不受负载参数的影响，而输出电流波形因负载的不同而不同；由于直流侧电压的极性不能改变，直流侧电流又受整流电路功率器件单向导电性的限制不能改变流向，因此普通的电压型变频器不容易实现四象限运行。

电流型变频器的特点：中间直流环节采用大电感滤波，因而直流电流脉动很小，近似为电流源，具有高阻抗特性；逆变器的开关只改变电流的方向，三相交流输出电流波形为矩形波或阶梯波，而输出电压波形及相位随负载不同而变化；由于直流侧电压可以迅速改变甚至反向，所以负载电动机可四象限运行；主电路结构安全可靠。

表 5.5　交—直—交变压变频器

<table>
<tr><th>分类</th><th>控制方式</th><th>逆变使用器件</th><th>主回路构成形式</th><th>器件要求</th><th>回馈制动时</th><th>输出波形</th><th>过流、短路保护</th><th>特点</th></tr>
<tr><td rowspan="3">电压型变频器</td><td rowspan="2">电压控制</td><td>晶闸管</td><td>可控整流+逆变</td><td rowspan="3">关断时间要短，一般对耐压要求较低</td><td rowspan="3">加制动电阻，或者反并联逆变桥</td><td rowspan="3">逆变器输出电压为矩形波，电流随附在变化接近正弦波</td><td rowspan="2">困难</td><td>通用性好</td></tr>
<tr><td>全控型器件</td><td>不可控整流+PWM逆变器</td><td>通用性好，经济性好</td></tr>
<tr><td>电流控制</td><td>全控型器件</td><td>全控型器件</td><td>较容易</td><td>响应快，功率因数高</td></tr>
<tr><td rowspan="2">电流型变频器</td><td>电压控制</td><td>晶闸管</td><td>可控整流+逆变</td><td rowspan="2">耐压高，对关断时间无特殊要求</td><td rowspan="2">方便实现</td><td rowspan="2">逆变器输出电流为矩形波，电压随附在变化接近正弦波</td><td rowspan="2">容易</td><td>便于频繁加减速</td></tr>
<tr><td>电流控制</td><td>晶闸管</td><td>可控整流+逆变</td><td>响应快</td></tr>
</table>

(2) 交—交变压变频器

交—交变压变频器只有一个变换环节，把恒压恒频(CVCF)的交流电源直接变换成VVVF的输出，因此又称直接式变压变频器。

交—交变压变频器的结构如图 5.25 所示。它是把恒压恒频(CVCF)的交流电源直接变换成变压变频(VVVF)输出，因此又称直接或变压变频器，也称周波变频器。

常用的交—交变压变频器输出的每一相都是一个由正、反两组晶闸管可控整流装置反并联的可逆线路。正、反两组按一定周期相互切换，在负载上就获得交变的输出电压 u_0，u_0

的幅值取决于各组可控整流装置的控制角 α，u_0 的频率取决于正、反两组整流装置的切换频率。当 α 角按正弦规律变化时，正向组和反向组的平均输出电压分别为正弦波的正半周和负半周。

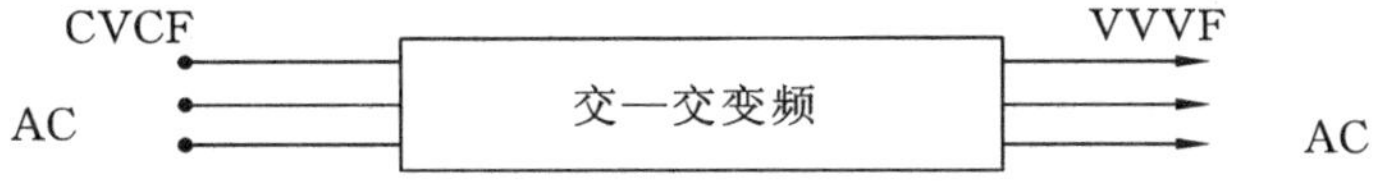

图 5.25　交—交(直接)变压变频器的结构

交—交变压变频器的特点：功率开关元件在电网电压过零点自然换相，对元件无特殊要求，可采用普通晶闸管；易于实现电机的四象限运行；最高输出频率一般不超过电网频率的1/3～1/2，否则输出波形畸变太大，将影响变频调速系统的正常工作；输入电源功率因数低，电流谐波大；电路复杂，所用晶闸管元件数量较多，设备庞大。

交—交变压变频器与交—直—交变压变频器性能比较见表 5.6 所示。

表 5.6　交—交变压变频器与交—直—交变压变频器性能比较

	交—交变压变频器	交—直—交变压变频器
换流方式	电网电压自然换流；矩阵式采用全控型器件可控关断	全控型器件可控关断，晶闸管强迫换流或负载谐振换流
使用元件数量	较多	较少
调频范围	一般较窄，输出最高频率为电网频率的 1/3～1/2	频率调节范围宽
电网功率因数	一般较低，矩阵式高	用可控整流调压时，低压时功率因数较低；用斩波器或 PWM 方式调压时，功率因数高
适用场合	低速大功率拖动	可用于各种拖动装置、稳频稳压电源和 UPS
换能形式	一次换能	两次换能
效率	较高	采用 SCR 元件时效率低，目前交—直—交变频器通常采用全控型器件，效率比 SCR 的交—交变频器高

(3) PWM 控制技术

为了使变频器输出的交流电压波形接近正弦，使电动机的输出转矩平稳，现代通用变频器中的逆变器都是由全控型电力电子开关器件构成，采用脉宽调制(Pulse Width Modulation，简称 PWM)控制的，应用最早的是正弦脉宽调制(SPWM)。

不同的 PWM 控制策略往往针对不同的技术性能指标要求，而其中比较重要的技术指标有：

① 输出电压谐波的分布

总体上讲希望输出电压中的谐波越小越好，但不同的 PWM 控制策略会使输出电压中的谐波分布不同，而不同的谐波对不同设备，甚至同一设备在不同的运行条件下的影响可能都不一样，因此考察 PWM 控制策略的谐波性能不仅要看总谐波含量的“大小”，更要看谐波的分布。

② 开关器件的开关损耗

较高的开关频率对改善逆变装置的性能(特别是改善输出谐波的分布)一般都比较有利。但是，功率器件开关频率的提高受其开关损耗和开关速度的限制。因此，如何用相对较低的开关频率尽可能地保证输出电能的质量也是设计 PWM 控制策略时必须考虑的因素。

③ 直流环节电压的利用率

为了充分发挥电机功率，一般都希望在一定的直流电压条件下，逆变器能输出较高的交流电压。这一指标可以用直流电压利用率来表示。

3. 180°导通型和 120°导通型逆变器

交—直—交变压变频器中的逆变器一般接成三相桥式电路，在三相桥式逆变器中，根据各控制开关轮流导通和关断的顺序不同可有 180°导通型和 120°导通型两种换流方式。同一桥臂上、下两管之间互相换流的逆变器称作 180°导通型逆变器，如图 5.26 所示，当 VT_1 关断后，使 VT_4 导通，而当 VT_4 关断后，又使 VT_1 导通。这时每个开关器件在一个周期内导通的区间是 180°，其他各相也均如此。不难看出，在 180°导通型逆变器中，除换流期间外，每一时刻总有 3 个开关器件同时导通。但须注意，必须防止同一桥臂的上、下两管同时导通，否则将造成直流电源短路，称为直通。为此，在换流时，必须采取“先断后通”的原则，即先给应该关断的器件发出关断信号，待其关断后留有一定的时间裕量，称为死区时间，再给应该导通的器件发出开通信号。死区时间的长短视器件的开关速度而定，对于开关速度较快的器件，所留的死区时间可以短一些。为了安全起见，设置死区时间是非常必要的，但它会造成电压波形的畸变。

120°导通型逆变器的换流是在同一排不同桥臂的左右两管之间进行的，例如，VT_1 关断后使 VT_3 导通，VT_3 关断后使 VT_5 导通，VT_4 关断后使 VT_6 导通等。这时，每个开关器件一次连续导通 120°，在同一时刻只有两个器件导通，如果负载电机绕组是 Y 连接，则只有两相导电，另一相悬空。

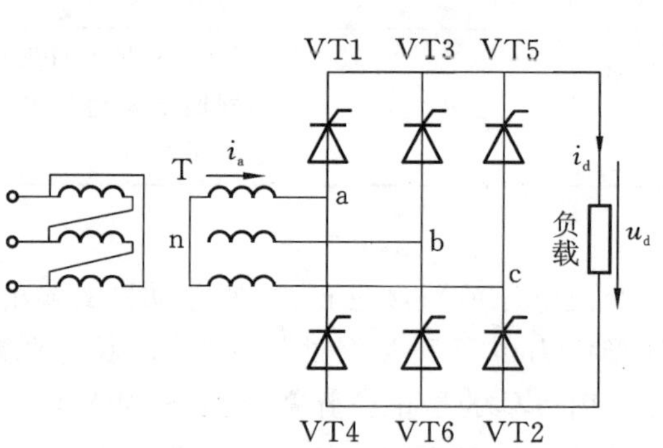

图 5.26　三相桥式逆变器电路

4. 变压变频调速系统

变频调速系统可以分为他控变频和自控变频两大类。他控变频调速系统是用独立的变频装置给电动机提供变压变频电源。自控变频调速系统是用电动机轴上所带的转子位置检测器来控制变频的装置。

（1）他控变频调速系统

SPWM变频器属于交—直—交静止变频装置，它先将50 Hz交流市电经整流变压器变到所需电压后，经二极管不可控整流和滤波，形成直流电压，再送入常用6个大功率管构成的逆变器主电路，输出三相频率和电压均可调整的等效于正弦波的脉宽调制波（SPWM波），即可拖动三相异步电动机运转。这种变频器结构简单，电网功率因数接近于1，且不受逆变器负载大小的影响，系统动态响应快，输出波形好，使电动机在近似正弦波的交变电压下运行，脉动转矩小，扩展了调速范围，提高了调速性能，因此在交流驱动中得到广泛应用。

（2）通用变频器

通用变频器的"通用"是指它具有多种可供选择的功能，可适应各种不同性质负载的异步电动机的配套使用。

通用变频器控制正弦波的产生是以恒电压频率比（U/f）保持磁通不变为基础的，再经SPWM调制驱动主电路，产生U、V、W三相交流电驱动三相交流异步电动机。为了保证驱动装置能安全可靠地工作，驱动装置具有多重自动保护。

为便于散热，制动电阻常作为附件单独装在变频器外。变频器中的定子电流和直流回路电流检测一方面用于补偿在不同频率下的定子电压，另一方面用于过载保护。

控制电路中的单片机一方面根据设定的数据，经运算输出控制正弦波信号，经SPWM调制，由驱动电路驱动6个大功率管，产生三相交流电压U、V、W驱动三相交流电动机运转，SPWM的调制和驱动电路可采用PWM大规模集成电路和集成化驱动模块；另一方面，单片机通过对各种信号进行处理，在显示器中显示变频器的运行状态，必要时可通过接口将信号取出做进一步处理。采用通用变频器进行驱动的变频调速系统属于他控变频调速。

（3）永磁同步电动机的自控变频控制

它是通过电动机轴端上的转子位置检测器（如霍尔元件、接近开关等）发出的信号来控制逆变器的换流。从而改变同步电动机的供电频率，调速时由外部控制逆变器的直流输入电压。

自控变频同步电动机在原理上和直流电动机相似，其励磁环节采用永磁转子，三相电枢绕组与6个大功率晶体管组成的逆变器相连，逆变电源为直流电压。当三相电枢绕组通有平衡的电流时，将在定子空间产生以同步转速n_0速度旋转的磁场，并带动转子以n_0的转速同步旋转。其电枢绕组电流的换向由转子位置控制，取代了直流电动机通过换向器和电刷使电枢绕组电流换向的机械换向。避免了电刷和换向器因接触产生火花的问题，同时可用交流电动机的控制方式，获得直流电动机优良的调速性能。与直流电动机不同的是这里磁极在转子上是旋转的，电枢绕组却是静止的，这显然并没有本质的区别，只是处于不同位置的相对运动而已。

永磁同步电动机利用电动机轴上所带的转子位置检测器检测转子位置也可以进行矢量变频控制。矢量控制调速系统具有动态特性好、调速范围宽、控制精度高、过载能力强且可承受冲击负载和转速突变等特点。

正是由于具有这些优良特性，近年来矢量控制随着变频技术的发展而得到了广泛的采用。

直流电动机之所以具有优良的调速性能，是因为其输出转矩只与电动机的磁通 Φ 和电枢电流 I_a 相关，而且这两个量是相互独立的。在利用频率、电压可调的变频器来实现交流电动机的调速过程中，通过“等效”的方法获得与直流电动机相同转矩特性的控制方式，称为矢量控制。就是说，把交流电动机的三相输入电流等效为直流电动机中彼此独立的电枢电流和励磁电流，然后像直流电动机一样，通过对这两个量的控制，实现对电动机的转矩控制，再通过反变换，将控制的等效直流电动机还原成三相交流电动机，这样，三相交流电动机调速特性就完全体现了直流电动机的调速特性。

习题5

5.1 有一台四极三相异步电动机，电源电压的频率为 50 Hz，满载时电动机的转差率为 0.02，求电动机的同步转速、转子转速和转子电流频率。

5.2 当三相异步电动机的负载增加时，为什么定子电流会随转子电流的增加而增加？

5.3 三相异步电动机带动一定的负载运行时，若电源电压降低了，此时电动机的转矩、电流及转速有无变化？如何变化？

5.4 三相异步电动机正在运行时，转子突然被卡住，这时电动机的电流会如何变化？对电动机有何影响？

5.5 三相异步电动机断了一根电源线后，为什么不能启动？而在运行时断了一线，为什么仍能继续转动？这两种情况对电动机将产生什么影响？

5.6 三相异步电动机在相同电源电压下，满载和空载启动时，启动电流是否相同？启动转矩是否相同？

5.7 线绕式异步电动机采用转子串电阻启动时，所串电阻愈大，启动转矩是否也愈大？

5.8 异步电动机有哪几种调速方法？各种调速方法有何优缺点？

5.9 异步电动机变极调速的可能性和原理是什么？其接线图是怎样的？

5.10 异步电动机有哪几种制动状态？各有何特点？

5.11 何谓开环控制系统？何谓闭循环系统？两者各有什么优缺点？

5.12 什么叫调速范围、静差度？它们之间有什么关系？怎样才能扩大调速范围。

5.13 生产机械对调速系统提出的静态、动态技术的指标有哪些？为什么要提出这些技术指标？

5.14 有一直流调速系统，其高速时理想的空载转速 $n_{01}=1480$ r/min，低速时的理想空载转速 $n_{02}=157$ r/min，额定负载时的转矩降 $\Delta n_N=10$ r/min，试画出该系统的静特性，并求调速范围和静差度。

5.15 为什么调速系统中加负载后转速会降低，闭环调速系统为什么可以减少转速降？

5.16 电流正负反馈在调速系统中起什么作用？如果反馈强度调得不适当会产生什么后果？

5.17 在无静差调速系统中，为什么要引入 PI 调节器？

5.18 由 PI 调节器组成的单闭环无静差调速系统的调速性能已经相当理想，为什么有的场合还要采用转速、电流双闭环调速系统呢？

第 6 章 可编程控制器概述

可编程控制器(Programmable Controller,简称 PLC 或 PC),是随着现代社会生产的发展和技术进步,现代工业生产自动化水平的日益提高及微电子技术的飞速发展,在继电器控制的基础上产生的一种新型的工业控制装置,是将 3C(Computer,Control,Communication)技术,即微型计算机技术、控制技术及通信技术融为一体,应用到工业控制领域的一种高可靠性控制器,是当代工业生产自动化的重要支柱。目前工业中应用的可编程序控制器种类繁多,不同厂家的产品各有所长,但作为工业标准设备,可编程序控制器具有一定的共性。

本章主要介绍 PLC 的一般特性,主要包括以下内容:

① PLC 的产生、定义;

② PLC 的性能指标、分类;

③ PLC 与其他工业控制系统的比较;

④ PLC 的特点及应用领域;

⑤ PLC 的发展趋势。

6.1 PLC 的产生、定义

6.1.1 PLC 的产生

PLC 的产生与发展与继电接触器控制系统有很大的关系。在 PLC 出现之前,生产线控制多采用继电接触器控制系统,其特点是结构简单、价格低廉、抗干扰能力强,能在一定范围内满足单机和自动化生产线的需要。但它存在明显的缺点,主要体现在它是一种接线程序控制系统,有触电的控制系统,触电繁多,组合复杂,通用性和灵活性较差,而且控制系统体积大,制作周期长,接线复杂、可靠性差。对于复杂的继电接触器控制系统,检修维护,查找故障非常困难。若工艺要求改变,需要重新进行硬件组合、改变线路,这无疑是非常麻烦的,不仅工期长、成本高,还可能影响生产。因此,它制约了工业的发展,为了适应市场的需求和生产的快速发展,人们对这些自动控制装置提出了更通用、更灵活、更经济和更可靠的要求,并寻求一种新型的通用控制设备取代原有的继电接触器控制系统。

一种新型的控制装置,一项先进的应用技术,总是根据工业生产的实际需要而产生的。1968 年,美国最大的汽车制造商通用汽车公司(GM)为满足市场需求,适应汽车生产工艺不断更新的需要,将汽车的生产方式由大批量、少品种转变为小批量、多品种。为此要解决因汽车不断改型而重新设计汽车装配线和各种继电器的控制线路问题,需要寻求一种比继电器更可靠,响应速度更快、功能更强大的通用工业控制器。GM 公司提出了著名的十条技术指标,在社会上公开招标,要求控制设备制造商为其装配线提供一种新型的通用工业控制器。它应具有以下特点:

① 编程简单,可在现场方便地编辑及修改程序;
② 价格便宜,其性能价格比要高于继电器控制系统的性能价格比;
③ 体积要明显小于继电器控制柜;
④ 可靠性要明显高于继电器控制系统;
⑤ 具有数据通信功能;
⑥ 输入可以是 ACl15V;
⑦ 输出为 AC 115 V,2 A 以上;
⑧ 硬件维护方便,最好是插件式结构;
⑨ 扩展时,原有系统只需做很小改动;
⑩ 用户程序存储器容量至少可以扩展到 4 K 。

于是可编程控制器应运而生。1969 年,美国数字设备公司(DEC)根据上述要求研制出世界上第一台可编程控制器,型号为 PDP-1,并在 GM 公司的汽车生产线上首次应用成功,取得了显著的经济效益。当时人们把它称为可编程序逻辑控制器(Programmable Logic Controller 简称 PLC)。

这一新技术的出现,受到国内外工程技术界的极大关注,纷纷投入力量研制。第一个把 PLC 商品化的是美国的歌德公司(GOLILD),时间也是 1969 年。1971 年,日本从美国引进了这项新技术,研制出日本第一台可编程控制器。1973—1974 年,德国和法国也都相继研制出自己的可编程控制器,德国西门子公司(SIEMNS)于 1973 年研制出欧洲第一台 PLC。我国从 1974 年开始研制,1977 年开始应用工业。

早期的 PLC 主要由分立式电子元件和小规模集成电路组成,它采用了一些计算机的技术,指令系统简单,一般只具有逻辑运算的功能,但它简化了计算机的内部结构,使之能够很好地适应恶劣的工业现场环境。随着微电子技术的发展,20 世纪 70 年代中期以来,由于大规模集成电路(LSI)和微处理器在 PLC 中的应用,PLC 的功能不断增强。它不仅能执行逻辑控制、顺序控制、计时及计数控制,还增加了算术运算、数据处理、通信等功能,具有处理分支、中断和自诊断的能力,使 PLC 更多地具有了计算机的功能。目前世界上著名的电气设备制造厂商几乎都生产 PLC 系列产品,并且使 PLC 作为一个独立的工业设备成为主导的通用工业控制器。

可编程控制器从产生到现在,尽管只有几十年的时间,但由于其编程简单、可靠性高、使用方便、维护容易和价格适中等优点,使其得到了迅猛的发展,在冶金、机械、石油、化工、纺织、轻工、建筑、运输和电力等部门得到了广泛的应用。

6.1.2 PLC 的定义

关于可编程控制器的定义,1980 年,NEMA 将可编程控制器定义为:“可编程控制器是一种带有指令存储器,数字的或模拟的输入/输出接口,以位运算为主,能完成逻辑、顺序、定时、计数和算术运算等功能,用于控制机器或生产过程的自动控制装置。”随着计算机技术和通信技术的发展,PLC 采用微处理器作为其控制核心,它的功能已不再局限于逻辑控制的范畴。1980 年美国电气制造协会(NEMA)将其命名为 Programmable Controller(PC),但为避免与个人计算机(Personal Computer)的简称 PC 混淆,习惯上仍将其称为 PLC。

1985 年 1 月，国际电工委员会（International Electro-technical commission，简称 IEC）在颁布可编程控制器标准草案第二稿时，又对 PLC 作了明确定义："可编程控制器是一种数字运算操作的电子系统，专为在工业环境下应用而设计。它采用可编程序的存储器，用来在其内部存储执行逻辑运算和顺序控制、定时、计数和算术运算等操作的指令，并通过数字的或模拟的输入和输出接口，控制各种类型的机器设备或生产过程。可编程控制器及其有关设备的设计原则是它应易于与工业控制系统连成一个整体和具有扩充功能。"该定义强调了可编程控制器是"数字运算操作的电子系统"，是一种计算机，它是"专为工业环境下应用而设计"的工业控制计算机。

6.2　PLC 的性能指标、分类

6.2.1　PLC 的性能指标

性能指标是用户评价和选购机型的依据。各种机型种类繁多，各个厂家在说明其性能指标时，主要技术项目也不完全相同。如何评价一台可编程控制器的档次高低，规模大小，适用场所，至今还没有一个统一的衡量标准。但是当用户在进行 PLC 的选型时，可以参照生产厂商提供的技术指标，从以下几个方面来考虑：

1. 处理器技术指标

处理器技术指标是可编程控制器各项性能指标中最重要的性能指标，在这部分技术指标中，应反映出 CPU 的类型、用户程序、存储器容量、可连接的 I/O 总点数（开关量多少点，模拟量多少路）、指令长度、指令条数、扫描速度（ms/字）。有的 PLC 还给出了其内部的各个通道配置，如内部的辅助继电器，特殊辅助继电器，暂存器，保持继电器，数据存储区，定时器计数器及高速计数器的配置情况，以及存储器的后备电池寿命、自诊断功能等。

2. I/O 模板技术指标

对于开关量输入模板，要反映出输入点数/块、电源类型、工作电压等级，以及 COM 端、输入电路等情况。有的 PLC 还给出了其他有关参数，如输入模板供应的电源情况，输入电阻，以及动作延时情况。

对于开关量输出模板，要反映出输出点数/块、电源类型、工作电压等级，以及 COM 端、输出的电路情况。一般可编程控制器的输出形式有 3 种：继电器输出，晶体管输出，双向晶闸管输出，要根据不同的负载性质选择 PLC 的输出电路的形式。有的 PLC 还给出了其他有关参数，如工作电流、带载能力、动作延迟时间等。

对于模拟量 I/O 模板，要反映出它的输入/输出路数、信号范围、分辨率、精度、转换时间、外部输入或输出阻抗、输出码、通道数、端子连接、绝缘方式、内部电源等情况。

3. 编程器及编程软件

反映这部分性能的指标有编程器的型式（简易编程器、图形编程器或通用计算机）、运行环境（DOS 或 Windows）编程软件及是否支持高级语言等。

4. 通信功能

随着 PLC 控制功能的不断增强和控制规模的不断增大，通信和联网的能力成为衡量现代 PLC 的重要指标。反映这部分指标主要有通信接口、通信模块、通信协议及通信指令等。PLC 的通信可分为两类：一类是通过专用的通信设备和通信协议，在同一生产厂家的各个 PLC 之间进行的通信；另一类是通过通用的通信口和通信协议，在 PLC 与上位计算机或其他智能设备之间进行的通信。

5. 扩展性

PLC 的可扩展性是指 PLC 的主机配置扩展模板的能力，它体现在两个方面：一个是(数字量 I/O 或模拟量 I/O)的扩展能力，用于扩展系统的输入/输出点数；另一个是 CPU 模板的扩展能力，用于扩展各种智能模板，如温度控制模板、高速计数器模板、闭环控制模板等，实现多个 CPU 的协调控制和信息交换。

如果只是一般性地了解可编程控制器的性能，可简单地用以下 5 个指标来评价：CPU 芯片、编程语言、用户程序存储量、I/O 点总数和扫描速度。显然，CPU 档次高、编程语言完善、用户程序存储量大、I/O 点数多、扫描速度快，这台可编程控制器的性能就越好，功能也强，价格当然也高。

6.2.2 PLC 的分类

PLC 有很多的生产厂家，种类繁多，一般来说，可以从 4 个角度对 PLC 进行分类：一是从 PLC 的控制规模大小去分；二是从 PLC 的结构形式去分；三是根据 PLC 的用途去分；四是根据厂家进行分类。

1. 按 PLC 的控制规模分类

(1) 小型机

小型机的控制点一般在 256 点之内。这类 PLC 控制点数不多，且控制功能有一定的局限性，但是它小巧、灵活、价格低，很适合于单机控制或小型系统的控制。

(2) 中型机

中型机的控制点一般不大于 2048 点。这类 PLC 控制点数较多，控制功能较强。有些 PLC 具有较强的计算能力，不仅可以用于对设备进行直接控制，还可以对多个下一级的 PLC 进行监控。它适合中型或大型控制系统。

(3) 大型机

大型机的控制点一般多于 2048 点。这类 PLC 控制点数多，控制功能很强，有很强的计算能力，同时，这类 PLC 运行速度很快，不仅能完成较复杂的算术运算，还能进行复杂的矩阵运算。它不仅可用于对设备的直接控制，还可以对多个下一级的 PLC 进行监控。

2. 按 PLC 的结构形式分类

(1) 整体式

整体式结构的特点是非常紧凑、体积小、成本低、安装方便，其缺点是输入与输出点数有限定的比例。小型机多为整体式结构。例如，日本 OMRON 公司生产的 CPMIA 就是整体式结构。

(2) 组合式

组合式结构的PLC是把PLC系统的各个组成部分按功能分成若干个模块,如CPU模块、输入模块、输出模块、电源模块、温度检测模块、位置检测模块、PID控制模块和通信模块等。中型机和大型机多为组合式结构。例如S7-400就属于组合式结构。

(3) 混合式

混合式结构集整体式结构的紧凑、体积小、安装方便和组合式结构的I/O点搭配灵活、模块尺寸统一、安装整齐等优点于一身。例如S7-200系列PLC就是采用了混装式结构的小型PLC,而S7-300系列PLC是采用了混装式的中型PLC。

3. 根据用途分类

(1) 用于顺序逻辑控制

早期的可编程控制器主要用于取代继电器控制电路,完成如顺序、联锁、计时和计数等开关量的控制,因此顺序逻辑控制是可编程控制器的最基本的控制功能,也是可编程控制器应用最多的场合。比较典型的应用如自动电梯的控制、自动化仓库的自动存取、各种管道上的电磁阀的自动开启和关闭、皮带运输机的顺序启动,或者自动化生产线的多机控制等,这些都是顺序逻辑控制。要完成这类控制不要求可编程控制器有太多的功能,只要有足够数量的I/O回路即可,因此可选用低档的可编程控制器。

(2) 用于闭环过程控制

对于闭环控制系统,除了要用开关量I/O点实现顺序逻辑控制外,还要有模拟量的I/O回路,以供采样输入和调节输出,实现过程控制中的PID调节,形成闭环过程控制系统。而中期的可编程控制器由于具有数值运算和处理模拟量信号的功能,可以设计出各种PID控制器。

现在随着可编程控制器控制规模的增大,PLC可控制的回路数已从几个增加到几十个甚至几百个,因此可实现比较复杂的闭环控制系统,实现对温度、压力、流量、位置、速度等物理量的连续调节。比较典型的应用例如连轧机的速度和位置控制、锅炉的自动给水、加热炉的温度控制等。要完成这类控制,不仅要求可编程控制器有足够数量的I/O点,还要有模拟量的处理能力,因此对PLC的功能要求高,根据能处理的模拟量的多少,至少应选用中档的可编程控制器。

(3) 用于多级分布式和集散控制系统

在多级分布式和集散控制系统中,除了要求所选用的可编程控制器具有上述功能外,还要求具有较强的通信功能,以实现各工作站之间的通信、上位机与下位机的通信,最终实现全过程自动化,形成通信网络。近期的PLC都具有很强的通信和联网功能,建立一个自动化工厂已成为可能。显然,能胜任这种工作的可编程控制器为高档PLC。

(4) 用于机械加工的数字控制和机器人控制

机械加工行业也是PLC广泛应用的领域,可编程控制器与CNC(Computer Number Control计算机数值控制)技术有机地结合起来,可以进行数值控制。PLC的处理速度不断提高和存储器容量的不断扩大,使CNC的软件不断丰富,用户对机械加工的程序编写越来越方便。

随着人工视觉等高科技技术的不断完善，各种性能的机器人相继问世，很多机器人制造公司也选用 PLC 作为机器人的控制器，因此 PLC 在这个领域的应用也将越来越多。在这类应用中，除了要有足够的开关量 I/O 和模拟量 I/O 外，还要有一些特殊功能的模板，如速度控制、运动控制、位置控制、步进电机控制、伺服电机控制、单轴控制和多轴控制等特殊功能模板，以适应特殊工作需要。

4. 根据厂家分类

PLC 的生产厂家很多。虽然每个厂家生产的 PLC，其点数、容量和功能各有差异，但都自成系列，指令及外设向上兼容。因此在选择 PLC 时若选择同一系列的产品，则可以使系统构成容易、操作人员使用方便，备品配件的通用性及兼容性好。比较有代表性的有：日本立石（OMRON）公司的 C 系列，三菱（MITSUBISHI）公司的 F 系列，东芝（TOSHIBA）公司的 EX 系列，美国歌德（GOULD）公司的 M84 系列，美国通用电气（GE）公司的 GE 系列，美国 A-B 公司的 PLC-S 系列，德国西门子（SIE1ViENS）公司的 S5 系列、S7 系列等。

6.3 PLC 与其他工业控制系统的比较

本节主要对可编程控制器与继电-接触器控制系统、集散控制系统和工业控制计算机分别做一下比较。

6.3.1 与继电-接触器控制系统的比较

最初的工业自动化控制主要是以继电-接触器控制占主导地位。继电接触控制系统的缺点是体积大、耗电多、寿命短、可靠性差以及运行速度慢等，而 PLC 的出现在技术角度上大大方便了电器控制设计人员。PLC 系统软硬件设计简便，维护方便，在体积、可靠性、耗电量等方面有很大程度的改善，从而节约了成本，并且可以通过计算机进行数据的传输和监控，这一系列的优点使 PLC 很快被接受，并代替继电接触器控制广泛应用于工业自动化控制中。两者比较 PLC 系统具有如下的特点。

(1) 灵活性和扩展性

继电-接触器控制系统是由继电器等低压电器采用硬件接线实现的，连线多而复杂，且由于继电器触点数目有限，其灵活性和扩展性差；PLC 系统是由软件和硬件组成的，通过编程来实现要求的功能。要改变控制功能，只需改变程序即可，故 PLC 系统也称“软接线”。PLC 系统外围连线少，体积小，其软继电器的触点理论上可使用无限次，因此 PLC 系统的灵活性和扩展性极佳。

(2) 可靠性和可维护性

继电-接触控制系统有大量的机械触点，其接通断开会受到电弧的损害和机械磨损，接线多，寿命短，可靠性和可维护性差；PLC 系统采用微电子技术，大量的开关动作由无触点的半导体电路来完成，寿命长，并且具有自检和检测功能，方便了现场的调试和维护。

(3) 控制速度和稳定性

继电-接触控制系统是依靠触点的机械动作实现控制，其工作频率低，触点的开合动作一般在几十毫秒，且机械触点还会出现抖动现象；PLC 系统由程序指令控制半导体电路来实现，速度极快，一般一条用户指令的执行时间在微秒级。PLC 内部还有严格的同步，不会出现抖动现象。

(4) 延时的可调性和精度

继电-接触控制系统靠时间继电器的滞后动作实现延时控制，精度不高，易受环境温度和湿度的影响，调整时间困难；PLC 系统用半导体集成电路作定时器，时基脉冲由晶体振荡器产生，不受环境影响，精度高，可根据需要设定时间值，定时精度小于 10 ms。

(5) 设计与施工

用继电-接触器实现一项控制工程，其设计、施工、调试必须依次进行，周期长且修改困难，工程越大这一问题越突出；用 PLC 完成一项控制工程，在系统设计完成以后，现场施工与控制程序设计可同时进行，周期短，调试和修改很方便。

(6) 系统价格

继电-接触器单件价格便宜；PLC 价格较高，但若将维护、改造、故障造成的损失等因素一并考虑，使用 PLC 系统相对来讲更便宜。

6.3.2　与集散控制系统的比较

可编程控制器与集散控制系统都是用于工业现场的自动控制设备，都是以微型计算机为基础的，都可以完成工业生产中大量的控制任务。但是，它们之间又有一些不同。

(1) 发展基础不同

可编程控制器是由继电器逻辑控制系统发展而来，所以它在开关量处理，顺序控制方面具有自己的绝对优势，发展初期主要侧重于顺序逻辑控制方面。集散控制系统是由仪表过程控制系统发展而来，所以它在模拟量处理、回路调节方面具有一定的优势，发展初期主要侧重于回路调节功能。

(2) 扩展方向不同

随着微型计算机的发展，可编程控制器在初期逻辑运算功能的基础上，增加了数值运算及闭环调节功能。运算速度不断提高，控制规模越来越大，并开始与网络或上位机相连，构成了以 PLC 为核心部件的分布式控制系统。集散控制系统自 20 世纪 70 年代问世后，也逐渐地把顺序控制装置，数据采集装置，回路控制仪表，过程监控装置有机地结合在一起，构成了能满足各种不同控制要求的集散控制系统。

(3) 由小型计算机构成的中小型 DCS 将被 PLC 构成的 DCS 所替代

PLC 与 DCS 从各自的基础出发，在发展过程中互相渗透，互为补偿，两者的功能越来越近。目前，很多工业生产过程既可以用 PLC 实现控制，也可以用 DCS 实现控制。但是，PLC 是专为工业环境应用而设计的，其可靠性要比一般的小型计算机高得多，所以，以 PLC 为控制器的 DCS 必将逐步占领以小型计算机为控制器的中小型 DCS 市场。

6.3.3　与工业控制计算机的比较

可编程控制器与工业控制计算机(简称工业 PC 机)都是用来进行工业控制，但是工业 PC 机与 PLC 相比，仍有一些不同。

（1）硬件方面

工业 PC 机是由通用微型计算机推广应用发展起来的，通常由微型计算机生产厂家开发生产，在硬件方面具有标准化总线结构，各种机型间兼容性强。而 PLC 则是针对工业顺序控制，由电气控制厂家研制发展起来的，其硬件结构专用，各个厂家产品不通用，标准化程度较差。但是 PLC 的信号采集和控制输出的功率强，可不必再加信号变换和功率驱动环节，而直接和现场的测量信号及执行机构对接。在结构上，PLC 采取整体密封模板组合形式；在工艺上，对印刷板、插座和机架都有严密的处理；在电路上，又有一系列的抗干扰措施。因此，PLC 的可靠性更能满足工业现场环境下的要求。

（2）软件方面

工业 PC 机可借用通用微型计算机丰富的软件资源，对算法复杂，实时性强的控制任务能较好地适应。PLC 在顺序控制的基础上，增加了 PID 等控制算法，它的编程采用梯形图语言，易于被熟悉电气控制线路而不太熟悉微机软件的工厂电气技术人员所掌握。但是，一些微型计算机的通用软件还不能直接在 PLC 上应用，还要经过二次开发。

任何一种控制设备都有自己最适合的应用领域。熟悉、了解 PLC 与继电-接触器控制系统、集散控制系统、工业 PC 机的异同，将有助于我们根据不同的控制任务和应用环境来恰当地选用最合适的控制设备，最好地发挥其效用。

6.4 PLC 的特点及应用领域

PLC 的种类虽然千差万别，但为了在恶劣的工业环境中使用，它们都有许多共同的特点，并且应用领域已经覆盖了所有工业企业。

6.4.1 PLC 的特点

1. 抗干扰能力强，可靠性极高

工业生产对电气控制设备的可靠性的要求是非常高的。它应具有很强的抗干扰能力，能在很恶劣的环境下（如温度高、湿度大、金属粉尘多、距离高压设备近、有较强的高频电磁干扰等）长期、连续、可靠地工作，平均无故障时间（MTBF）长，故障修复时间短。而 PLC 是专为工业控制设计的，能适应工业现场的恶劣环境。可以说，没有任何一种工业控制设备能够达到可编程控制器的可靠性。在 PLC 的设计和制造过程中，采取了精选元器件及多层次抗干扰等措施，使 PLC 的平均无故障时间 MTBF 通常在 10 万小时以上。有些 PLC 的平均无故障时间可以达到几十万小时以上，如三菱公司的 F1、F2 系列的 MTSF 可达到 30 万小时；有些高档机的 MTBF 还要高得多，这是其他电气设备根本做不到的。

绝大多数的用户都将可靠性作为选取控制装置的首要条件，因此 PLC 在硬件和软件方面均采取了一系列的抗干扰措施。

在硬件方面，首先是选用优质器件，采用合理的系统结构，加固并简化安装，使它能抗振动冲击。对印刷电路板的设计、加工及焊接都采取了极为严格的工艺措施。对于工业生产过程中最常见的瞬间强干扰，采取的措施主要是采用隔离和滤波技术。PLC 的输入和输出电路一般都用光电耦合器传递信号，做到电浮空，使 CPU 与外部电路完全切断了电的联系,有效地抑制了外部干扰对PLC的影响。在PLC的电源电路和I/O接口中,还设置多种滤波电路,除了采用常规的模拟滤波器(如LC滤波和R型滤波)外,还加了数字滤波,以消除和抑制高频干扰信号,同时也削弱了各种模板之间的相互干扰。用集成电压调整器对微处理器的+5 V电源进行调整,以适应交流电网的波动和过电压、欠电压的影响。在PLC内部还采用了电磁屏蔽措施,对电源变压器、CPU、存储器、编程器等主要部件采用导电、导磁良好的材料进行屏蔽,以防外界干扰。

在软件方面,PLC也采取了很多特殊措施,设置了警戒时钟WDT(Watching Dog Timer)系统。运行时对WDT定时刷新,一旦程序出现死循环,使之能立即跳出,重新启动并发出报警信号。PLC还设置了故障检测及诊断程序,用以检测系统硬件是否正常,用户程序是否正确,便于自动地做出相应的处理,如报警、封锁输出和保护数据等。当PLC检测到故障时,应立即将现场信息存入存储器,由系统软件配合对存储器进行封闭,禁止对存储器的任何操作,以防存储信息被破坏。这样,一旦检测到外界环境正常后,便可恢复到故障发生前的状态,继续原来的程序工作。另外,PLC特有的循环扫描的工作方式,有效地屏蔽了绝大多数的干扰信号。这些有效的措施,保证了可编程控制器的高可靠性。

2. 编程方便

可编程控制器的设计是面向工业企业中一般电气工程技术人员的,它采用易于理解和掌握的梯形图语言,以及面向工业控制的简单指令。这种梯形图语言既继承了传统继电器控制线路的表达形式(如线圈、触点、动合、动断),又考虑到工业企业中的电气技术人员的看图学习和微机应用水平。因此,梯形图语言对于企业中熟悉继电器控制线路图的电气工程技术人员是非常亲切的。它形象、直观,简单、易学,尤其是对于小型PLC而言,几乎不需要专门的计算机知识,只要进行短暂几天甚至几小时的培训,就能基本掌握编程方法。因此,无论是在生产线的设计中,还是在传统设备的改造中,电气工程技术人员特别愿意使用PLC。

3. 使用方便

虽然PLC种类繁多,由于其产品的系列化和模板化,并且配有品种齐全的各种软件,用户可灵活组合成各种规模和不同要求的控制系统。用户在硬件设计方面,只是确定PLC的硬件配置和I/O通道的外部接线。在PLC构成的控制系统中,只需在PLC的端子上接入相应的输入、输出信号即可,不需要诸如继电器之类的固体电子器件和大量繁杂的硬接线电路。在生产工艺流程改变,或生产线设备更新,或系统控制要求改变,需要变更控制系统的功能时,一般不必改变或很少改变外部接线,只要改变存储器中的控制程序即可,这在传统的继电器控制时是很难想象的。PLC的输入、输出端子可直接与220 V AC,24 V DC等强电相连,并有较强的带负载能力。

在PLC运行过程中,PLC的面板上(或显示器上〕可以显示生产过程中用户感兴趣的各种状态和数据,使操作人员做到心中有数,即使在出现故障甚至发生事故时也能及时处理。

4. 维护方便

PLC的控制程序可通过编程器输入到PLC的用户程序存储器中。编程器不仅能对

PLC控制程序进行写入、读出、检测、修改,还能对PLC的工作进行监护,使得PLC的操作及维护都很方便。PLC还具有很强的自诊断能力,能随时检查出自身的故障,并显示给操作人员。如I/O通道的状态、RAM的后备电池的状态、数据通信的异常、PLC内部电路的异常等信息。通过PLC的这种完善的诊断和显示能力,当PLC主机或外部的输入装置及执行机构发生故障时,操作人员能迅速检查、判断故障原因,确定故障位置,以便采取迅速有效的措施。如果是PLC本身故障,在维修时只需要更换插入式模板或其他易损件即可完成,既方便又缩短了影响生产的时间。

5. 设计、施工、调试周期短

当用可编程控制器完成一项控制工程时,由于其硬、软件齐全,设计和施工可同时进行。软件编程取代了继电器硬接线实现控制功能,使得控制柜的设计及安装接线工作量大为减少,缩短了施工周期。同时,由于用户程序大都可以在实验室模拟调试,模拟调试好后再将PLC控制系统在生产现场进行联机统调,使得调试方便、快速、安全,因此大幅缩短了设计和投运周期。

6. 易于实现机电一体化

可编程控制器的结构紧凑、体积小、重量轻、可靠性高、抗振防潮和耐热能力强,使之易于安装在机器设备内部,制造出机电一体化产品。随着集成电路制造水平的不断提高,可编程控制器体积将进一步缩小,而功能却进一步增强。可编程控制器与机械设备有机地结合起来,在CNC设备和机器人的应用中必将更加普遍,以PLC作为控制器的CNC设备和机器人装置将成为典型的机电一体化的产品。

6.4.2 PLC的应用领域

1. 开关量逻辑控制

开关量逻辑控制是PLC最基本、最广泛的应用领域。PLC的输入/输出信号都是通断的开关信号,对控制的输入/输出点数可以不受限制,从几十个到成千上万个点,理论上可以通过扩展实现。在开关量逻辑控制中,它取代了传统的继电接触器控制系统,实现逻辑控制、顺序控制。用PLC进行开关控制遍及许多行业,如机床电气控制、电梯运行控制、冶金系统的高炉上料、汽车装配线、啤酒罐装产线等。

2. 运动控制

PLC可用于直线运动和圆周运动的控制。早期直接用开关量I/O模块连接位置传感器和执行机构,现在一般使用专用的运动模块,以实现各种机械的运动控制。目前,制造商已提供了拖动步进电动机或伺服电动机的单轴或多轴位置控制模块,即把描述目标位置的数据送给模块,模块移动一轴或多轴到目标位置。当每个轴运动时,位置控制模块保持适当的速度和加速度,确保运动平滑。

3. 闭环过程控制

PLC通过模块实现模拟量和数字量的A/D和D/A转换,能够实现对模拟量的控制;也可实现对温度、压力、流量、液面高度等连续变化的模拟量的PID的控制。如锅炉、冷冻、反应堆、水处理、酿酒等。

4. 数据处理

现代的 PLC 具有数学运算(包括矩阵运算、函数运算、逻辑运算)、数据传递、排序和查表、位置操作等功能,可以完成数据的采集、分析和处理;可以与存储器中存储的参考数据相比较;也可以传送给其他智能装置或传送给打印机打印指标。现代的 PLC 具有把支持顺序控制中的 PLC 与数字控制设备紧密结合(即 CNC)的功能。数据处理一般用在大中型控制系统中。

5. 联网通信

PLC 的通信包括 PLC 与 PLC 之间、PLC 与上位计算机之间和其他的智能设备之间的通信。PLC 和计算机之间具有串行接口,利用双绞线、同轴电缆将它们连成网络,以实现信息的交换。PLC 还可以构成“集中管理,分散控制”的分别控制系统,联网增加系统的控制规模,甚至可以使整个工厂实现工厂自动化。并不是所有的 PLC 都具有上述的所有功能,有的小型的 PLC 只具有上述的部分功能,但价格比较便宜。

6.5 PLC 的发展趋势

1. 发展历史及现状

20 世纪 70 年代初出现了微处理器。人们很快将微处理器引入可编程控制器,使 PLC 增加了运算、数据传送及处理等功能,完成了真正具有计算机特征的工业控制装置。此时的 PLC 为微机技术和继电器常规控制概念相结合的产物。个人计算机发展起来后,为了方便和反映可编程控制器的功能特点,可编程控制器定名为 PLC。

20 世纪 70 年代中末期,可编程控制器进入实用化发展阶段,计算机技术已全面引入可编程控制器中,使其功能发生了飞跃。更高的运算速度、超小体积、更可靠的工业抗干扰设计、模拟量运算、PID 功能及极高的性价比奠定了它在现代工业中的地位。

20 世纪 80 年代初,可编程控制器在先进工业国家中已获得广泛应用。世界上生产可编程控制器的国家日益增多,产量日益上升。这标志着可编程控制器已步入成熟阶段。

20 世纪 80 年代至 90 年代中期,是 PLC 发展最快的时期,年增长率一直保持为 30%~40%。在这期间,PLC 在处理模拟量能力、数字运算能力、人机接口能力和网络能力得到大幅度提高。PLC 逐渐进入过程控制领域,在某些应用上取代了在过程控制领域处于统治地位的 DCS 系统。

20 世纪末期,可编程控制器的发展特点是更加适应于现代工业的需要。这个时期发展了大型机和超小型机,诞生了各种各样的特殊功能单元,生产了各种人机界面单元、通信单元,使应用可编程控制器的工业控制设备的配套更加容易。

PLC 技术随着计算机和微电子技术的发展而迅速发展,由一位机发展为 8 位机。随着微处理器 CPU 和微型计算机技术在 PLC 中的应用,形成现代意义上的 PC。之后的 PLC 产品已使用了 16 位、32 位高性能微处理器,而且实现了多处理器的多道处理。通信技术使 PLC 的应用得到进一步发展。如今,可编程序控制器技术已经比较成熟。

目前，世界上有200多个厂家生产可编程序控制器产品，比较著名的厂家有美国的A－B、通用GE，日本的三菱、欧姆龙、松下电工，德国的西门子，法国的TE等。

2. 发展趋势

可编程序控制器的总发展趋势是向高集成度、小体积、大容量、高速度、易使用、高性能方向发展。具体表现在以下几个方面：

(1) 与计算机联系密切

从功能上，PLC不仅能完成逻辑运算，计算机的复杂运算功能在PLC中也进一步得到利用；从结构上，计算机的硬件和技术越来越多地应用到PLC；从语言上，PLC已不再是单纯用梯形图语言，而且可用多种语言编程，如类似计算机汇编语言的语句表，甚至可直接用计算机高级语言编程；在通信方面，PLC与计算机可直接相连进行信息传递。

(2) 发展多样化

可编程序控制器发展的多样化体现在3个方面：产品类型、编程语言和应用领域。

(3) 模块化

PLC的扩展模块发展迅速。针对具体场合开发可扩展模块，功能明确化、专用化的复杂功能由专门模块来完成，主机仅仅通过通信设备向模块发布命令和测试状态，这使得PLC的系统功能进一步增强，控制系统设计进一步简化。

(4) 网络与通信能力增强

计算机与PLC之间以及各个PLC之间的联网和通信的能力不断增强。工业网络可以有效地节省资源、降低成本、提高系统可靠性和灵活性，这方面的应用也进一步推广。目前，工厂普遍采用生产金字塔结构的多级工业网络。

(5) 多样化与标准化

生产PLC产品的各厂家都在大力度地开发自己的新产品，以求占据市场的更大份额，因此产品向多样化方向发展，出现了欧、美、日多种流派。与此同时，为了推动技术标准化的进程，一些国际性组织，如国际电工委员会(IEC)不断为PLC的发展制定一些新的标准：如对各种类型的产品作一定的归纳或定义，或对PLC未来的发展制定一种方向或框架。

(6) 工业软件发展迅速

为了与可编程序控制器硬件技术的发展相适应，工业软件的发展非常迅速。它使系统的应用更加简单易行，大大方便了PLC系统的开发人员和操作使用人员。

习题6

1. 什么是可编程控制器？
2. 可编程控制器主要有哪些特点？
3. 可编程控制器的产生原因是什么？
4. 举例说明可编程控制器的应用场合。
5. 与其他工业控制器相比，可编程控制器的优势有哪些？
6. 简述可编程控制器的发展概况。
7. 简述未来可编程控制器的发展趋势。

第7章 可编程控制器结构和工作原理

PLC种类繁多,但其组成结构和工作原理基本相同。用可编程序控制器实施控制,PLC实质是按一定算法进行输入/输出变换,并将这个变换予以物理实现,应用于工业现场。PLC专为工业场合设计,也是一种计算机。它有着与通用计算机相类似的结构,采用了典型的计算机结构,主要是由CPU、电源、存储器和专门设计的输入/输出接口电路等组成。只不过它比一般的通用计算机具有更强的与工业过程相连的接口和更直接的适应控制要求的编程语言。

本章主要介绍以下内容:

① PLC的硬件组成;

② PLC各组成部分功能;

③ PLC控制系统等效工作电路;

④ PLC的循环扫描工作过程;

⑤ PLC与计算机的异同;

⑥ PLC与继电-接触器的异同。

7.1 PLC的结构

7.1.1 PLC的硬件组成

尽管可编程控制器的种类繁多,可以有各种不同的结构,但大体通用的结构基本一致。PLC主要由CPU模块、存储器、输入/输出模块、扩展模块、外设接口、电源模块和外部设备等组成,其结构示意如图7.1所示。

7.1.2 PLC主要组成部分功能

1. 中央处理单元

中央处理单元(CPU)一般由控制器、运算器和寄存器组成,这些电路都集成在一个芯片上。CPU通过数据总线、地址总线和控制总线与存储单元、输入/输出接口电路相连接。

用户程序和数据事先存入存储器中。当PLC处于运行方式时,CPU按扫描方式工作,从用户程序第一条指令开始,直到用户程序的最后一条指令,不停地周期性扫描,每扫描完成一次,用户程序就执行一次。

CPU的主要功能如下:

(1) 从存储器中读取指令

CPU在地址总线上给出地址,在控制总线上给出读命令,从数据总线上得到读出的存储单元中的指令,并存入CPU内的指令寄存器中。

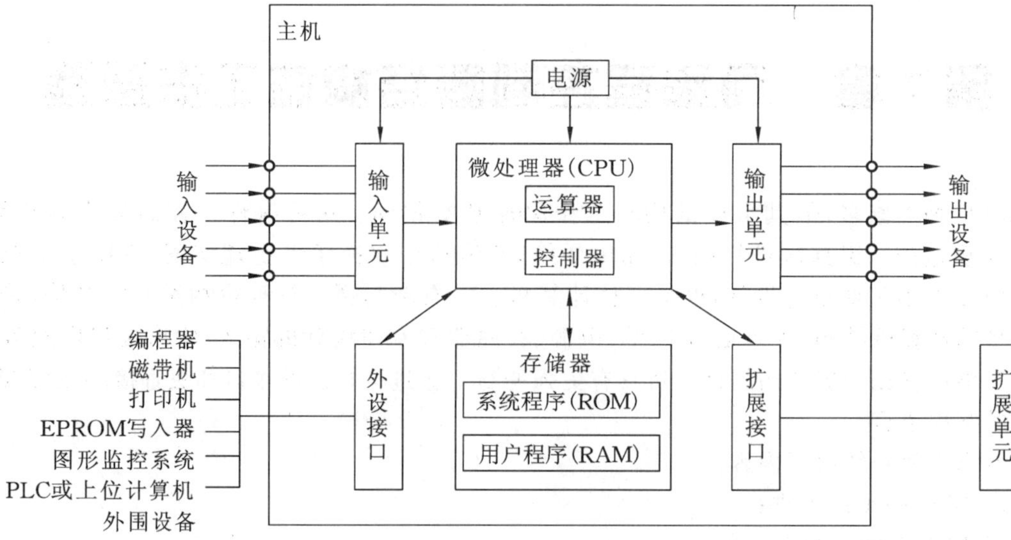

图 7.1　PLC 结构示意图

(2) 执行指令

对存放指令寄存器重点指令操作码进行译码、识别并执行指令规定的操作,如逻辑运算或算术运算,将结果输出给有关部分。

(3) 顺序取指令

CPU 执行完一条指令后,能根据条件生成下一条指令的地址,以便取出和执行下一条指令。

(4) 处理中断

CPU 除顺序执行程序外,还能接受外部或内部发来的中断请求,并进行中断处理,中断处理完成后,再返回原址,继续顺序执行。

PLC 中目前采用的 CPU 通常有 3 种:通用微处理器、单片微处理器(单片机)和位片式微处理器。

2. 存储器

可编程控制器存储器中配有两种存储系统,即用于存放系统程序的系统程序存储器和存放用户程序的用户程序存储器。

系统程序存储器主要用来存储可编程控制器内部的各种信息。在大型可编程控制器中,又可分为寄存器存储器、内部存储器和高速缓存存储器。在中、小型可编程控制器中,常把这三种功能的存储器混合在一起,统称为功能存储器,简称存储器。

一般系统程序是由 PLC 生产厂家编写的系统监控程序,不能由用户直接存取。系统监控程序主要由有关系统管理、解释指令、标准程序及系统调用等程序组成。系统程序存储器一般用 PROM 或 EPROM 构成。

由用户编写的程序称为用户程序。用户程序存放在用户程序存储器中,用户程序存储器的容量不大,主要存储可编程控制器内部的输入/输出信息,以及内部继电器,移位寄存器、累加寄存器、数据寄存器、定时器和计数器的动作状态。小型可编程控制器的存储容量一般只有几个 K 字节的容量(不超过 8 KB),中型可编程控制器的存储能力为 2～64 KB,大型可编程控制器的存储能力可达到几百 KB 以上。我们一般讲 PLC 的内存大小,是指用户程序存储器的容量,用户程序存储器常用 RAM 构成。为防止电源掉电时 RAM 中的信息丢失,常采用锂电池做后备保护。若用户程序已完全调试好,且一段时间内不需要改变功能,也可将其固化到 EPROM 中。但是用户程序存储器中必须有部分 RAM,用以存放一些必要的动态数据。

用户程序存储器一般分为两个区,程序存储区和数据存储区。程序存储区用来存储由用户编写的、通过编程器输入的程序。而数据存储区用来存储通过输入端子读取的输入信号的状态、准备通过输出端子输出的输出信号的状态、PLC 中各个内部器件的状态,以及特殊功能要求的有关数据。

当用户程序很长或需要存储的数据较多时,PLC 基本组成中的存储器容量可能不够用,这时可考虑选用较大容量的存储器或进行存储器扩展。很多 PLC 都提供了存储器扩展功能,用户可将新增加的存储器扩展模板直接插入 CPU 模板中,也有的 PLC 机是将存储器扩展模板插在中央基板上。在存储器扩展模板上通常装有可充电的锂电池(或超级电容),如果在系统运行过程中突然停电,RAM 立即改由锂电池(或超级电容)供电,使 RAM 中的信息不因停电而丢失,从而保证复电后系统可从掉电状态开始恢复工作。

目前,常用的存储器有 CMOS-SRAM,EPROM 和 EEPROM。

(1) CMOS-SRAM 可读写存储器

CMOS-SRAM 是以 CMOS 技术制造的静态可读写存储器,用以存放数据。读写时间小于 200 ms,几乎不消耗电流。用锂电池作后备电源,停电后可保存数据 3～5 年不变。静态存储器的可靠性比动态存储器 DRAM 高,因为 SRAM 不必周而复始地刷新,只有在片选信号(脉冲)有效、写操作有效时,从数据总线进入的干扰信号才能破坏其存储的内容,而这种概率是非常小的。

(2) EPROM 只读存储器

EPROM 是一种可用紫外线光擦除、在电压为 25 V 的供电状态下写入的只读存储器。使用时,写入脚悬空或接+5 V(窗口盖上不透光的薄箔),其内容可长期保存。这类存储器可根据不同需要与各种微处理器兼容,并且可以和 MCS-51 系列单片机直接兼容。EPROM 一个突出的优点是把输出元件控制(OE)和片选控制(CE)分开,保证了良好的接口特性,使其在微机应用系统中的存储器部分修改、增删设计工作量最小。EPROM 采用单一+5 V 电源、可在静态维持方式下工作以及快速编程等特点,使 EPROM 在存储系统设计中,具有快速、方便和经济等一系列优点。

使用 EPROM 芯片时,要注意器件的擦除特性。当把芯片放在波长约为 4000 Å 的光线下曝光时,就开始擦除。阳光和某些荧光灯含有 3000～4000Å 的波长,EPROM 器件暴露在照明日光灯下,约需三年才能擦除,而在直射日光下,约一周就可擦除,这些特性在使用中要特别注意。为延长 EPROM 芯片的使用寿命,必须用不透明的薄箔,贴在其窗口上,防止无意识擦除。如果真正需要对 EPROM 芯片进行擦除操作,必须将芯片放在波长为 2537Å 的短波紫外线下曝光,擦除的总光量(紫外光强×曝光时间)必须大于 15 W·s/cm^2。用 12000 $\mu W/cm^2$ 紫外线灯,擦除的时间为 15～20 min 时,需要将芯片靠近灯管约 1 in 处。

有些灯在管内放有滤光片，擦除前需把滤光片取出，才能进行擦除。

EPROM 用来固化完善的程序，写入速度为毫秒级。固化是通过与 PLC 配套的专用写入器进行的，不适宜多次反复的擦写。

(3) EEPROM 电可擦除可编程的只读存储器

EEPROM 是近年来被广泛重视的一种只读存储器。它的主要优点是能在 PLC 工作时“在线改写”，既可以按字节进行擦除和全新编程，也可进行整片擦除，且不需要专门的写入设备。写入速度也比 RPROM 快，写入的内容能在断电情况下保持不变，而不需要保护电源。它具有与 RAM 相似的高度适应性，又保留了 RAM 不易失的特点。

一些 PLC 出厂时配有 EEPROM 芯片，供用户研制调试程序时使用，内容可多次反复修改。EEPROM 的擦写电压约为 20 V，此电压可由 PLC 供给，也可由 EPROM 芯片自身提供，使用很方便。但从保存数据的长期性、可靠性来看，PLC 性能不如 EPROM。

3. 输入/输出模块

可编程序控制器的输入和输出信号类型可以是开关量、模拟量和数字量。输入/输出单元从广义上包含两部分，一是与被控设备相连接的接口电路，另一部分是输入和输出的映像寄存器。

输入单元接收来自用户设备的各种控制信号，如限位开关、操作按钮、选择开关、行程开关以及来自其他一些传感器的信号，通过接口电路将这些信号转换成中央处理器能够识别和处理的信号，并存到输入映像寄存器。运行时 CPU 从输入映像寄存器中读取输入信息并进行处理，将处理结果放到输出映像寄存器。输入/输出映像寄存器由输入/输出点相对应的触发器组成，输出接口电路将其由弱电控制信号转换成现场需要的强电信号输出，以驱动电磁阀、接触器和显示灯等被控设备的执行元件。

(1) 数字量(或开关量)输入接口

来自现场的主令元件、检测元件的信号经输入接口进入到 PLC。主令元件的信号是指由用户在控制键盘(或控制台、操作台)上发出的控制信号(如开机、关机、转换、调整、急停等信号)。检测元件的信号是指用检测元件(如各种传感器、继电器的触点，限位开关、行程开关等元件的触点)对生产过程中的参数(如压力、流量、温度、速度、位置、行程、电流、电压等)进行检测时产生的信号。这些信号有的是开关(或数字量)量，有的是模拟量，有的是直流信号，有的是交流信号，要根据输入信号的类型选择合适的输入接口。

为提高系统的抗干扰能力，各种输入接口均采取了抗干扰措施，如在输入接口内带有光电耦合电路，使 PLC 与外部输入信号进行隔离。为消除信号噪声，在输入接口内还设置了多种滤波电路。为便于 PLC 的信号处理，输入接口内有电平转换及信号锁存电路。为便于与现场信号的连接，在输入接口的外部设有接线端子排。

(2) 数字量(或开关量)输出接口

由 PLC 产生的各种输出控制信号经输出接口去控制和驱动负载(如指示灯的亮或灭、电动机的启动、停止或正反转、设备的转动、平移、升降、阀门的开闭等)。因为 PLC 的直接输出带负载能力有限，所以 PLC 输出接口所带的负载，通常是接触器的线圈、电磁阀的线圈、信号指示灯等。

同输入接口一样，输出接口的负载有的是直流量，有的是交流量，要根据负载性质选择合适的输出接口。

(3) 模拟量输入接口

模拟量输入接口的任务是把现场中被测的模拟量信号转变成PLC可以处理的数字量信号。通常生产现场可能有多路模拟量信号需要采集，各模拟量的类型和参数都可能不同。这就需要在进入模板前，对模拟量信号进行转换和预处理，把它们变换成输入接口能统一处理的电信号。经多路转换开关进行多中选一，再将已选中的那路信号进行A/D转换。转换结束进行必要处理后，送入数据总线供CPU存取，或存入中间寄存器备用。

(4) 模拟量输出接口

模拟量输出接口的任务是将CPU模板送来的数字量转换成模拟量，用以驱动执行机构，实现对生产过程或装置的闭环控制。

CPU对某一控制回路经采样、计算，得出一个输出信号。在模拟量输出接口的控制单元的指挥下，这个输出信号以数字量形式由数据总线经缓冲器存入中间寄存器。这个数字量再经光电耦合器送给D/A转换器。D/A转换器是模拟量输出模板的核心器件，它决定着该模板的工作精度和速度。经D/A转换后，控制信号已变为模拟量。通常，一个模拟量输出模板控制多个回路，即模板具有多个输出通道。经D/A转换后的信号要送到哪个通道，由CPU控制多路开关来实现这一选择。这里的多路选择开关与模拟量输入模板上的多路开关在使用方向上相反，那里是多中选一，这里是一选。D/A输出的信号经多路开关进入所选中的通道中，此信号由保持器保持，以便在新的输出信号到来之前，能维持已有的输出信号不变，从而使执行机构驱动信号得到保持。保持器的输出信号经功率放大后送到执行机构，控制执行机构按要求的控制规律动作。

控制单元指挥着模板上的各单元工作，它首先根据CPU送来的地址信号确认是否选中本模板。如果选中了本模板，则先选通缓冲器和中间寄存器，读入并锁存数据，再启动D/A芯片完成数字量到模拟量的转换，然后根据CPU送来的通道号，控制多路开关完成选择，将D/A输出的模拟信号送到指定的通道上，进行功率放大与变换。

4. 电源

PLC一般使用220 V的交流电源，电源部件将交流电转换成供PLC的中央处理器、存储器等电路工作所需的直流电，使PLC能正常工作。电源部件的位置形式可有多种，对于整体式结构的PLC，电源封装到机箱内部，有的用单独的电源部件供电；对于模块式PLC，有的采用单独电路模块，有的将电源与CPU封装到一个模块中。

5. 通信接口

随着科学技术的发展，PLC的功能也在不断增强。在一些控制工程中，PLC早已不是单机工作的局面。一台微机和一台PLC组成点对点的通信网络是不少小型控制工程采取的策略，也有不少控制工程采取一台微机和多台PLC组成多点通信网络。而大型控制工程往往采取多台微机和PLC组成的通信网络来完成。当今的控制工程，通信显得尤其重要。

6. 扩展接口

PLC的扩展接口现在有两层含义：一个是单纯的I/O(数字量I/O或模拟量I/O)扩展接口，它是为弥补原系统中I/O口有限而设置的，用于扩展输入、输出点数。当用户的PLC

控制系统所需的输入、输出点数超过主机的输入、输出点数时，就要通过 I/O 扩展接口将主机与 I/O 扩展单元连接起来；另一个含义是 CPU 模板的扩充，它是在原系统中只有一块 CPU 模板而无法满足系统工作要求时使用的，这个接口的功能是实现扩充 CPU 模板与原系统 CPU 模板，以及扩充 CPU 模板之间(多个 CPU 模板扩充)的相互控制和信息交换。

7. 外设接口

(1) 编程器

编程器用于用户程序的输入、编辑、调试和监视，还可以通过键盘去调用和显示 PLC 的一些内部继电器状态和系统参数。它经过编程器接口与 CPU 联系，完成"人—机"对话。可编程控制器的编程器一般由 PLC 生产厂家提供，它们只能用于某一生产厂家的某些 PLC 产品，可分为简易编程器和智能编程器。

(2) 打印机

打印机主要是用于把过程参数和运行结果以文字形式输出。打印机在用户程序编制阶段用来打印带注解的梯形图程序或语句表程序，这些程序对用户的维修及系统的改造或扩展是非常有价值的。在系统的实时运行过程中，打印机用来提供运行过程中发生事件的硬记录，例如，用于记录系统运行过程中报警的时间和类型。这对于分析事故原因和系统改进是非常重要的。在日常管理中，打印机可以定时或非定时打印各种生产报表。

(3) EPROM 写入器

EPROM 写入器用于将用户程序写入到 EPROM 去。它提供一个非易失性的用户程序的保存方法。同一 PLC 系统的各种不同应用场合的用户程序可以分别写入到几片 EPROM 中。在改变系统的工作方式时，只需要更换 EPROM 芯片即可。

(4) 外存储器

PLC 的 CPU 模板内的半导体存储器称为内存，可用来存放系统程序和用户程序。有时将用户程序存储在盒式磁带机的磁带或磁盘驱动器的磁盘中，作为程序备份或改变生产工艺流程时调用。磁带和磁盘称为外存，如果 PLC 内存中的用户程序被破坏或丢失，可再次将存储在外存中的程序重新装入。在可以离线开发用户程序的编程器中，外存特别有用，被开发的用户程序一般存储在磁带或磁盘中。

(5) 其他外围设备

其他外围设备包括操作面板和文本显示器等。操作面板和文本显示器不仅是一个用于显示系统信息的显示器，还是一个操作控制单元。它可以在执行程序的过程中修改某个量的数值，也可以直接设置输入或输出量，以便立即启动或停止一台外部设备的运行。

7.2 PLC 的工作原理

PLC 的工作原理是建立在计算机控制系统工作原理基础上的。为了可靠地应用在工业环境下以及便于现场电气技术人员的使用和维护，PLC 有着大量的接口器件、特定的监控软件和专用的编程器件。所以，不但其外观不像计算机，它的操作使用方法、编程语言及工作过程与计算机控制系统也是有区别的。

7.2.1 PLC 控制系统的等效工作电路

PLC 控制系统的等效工作电路可分为 3 部分，即输入部分、内部控制电路和输出部分。输入部分就是采集输入信号，输出部分就是系统的执行部件，这两部分与继电器控制电路相同。内部控制电路是通过编程方法实现的控制逻辑，用软件编程代替继电器电路的功能。PLC 控制系统的等效工作电路如图 7.2 所示。

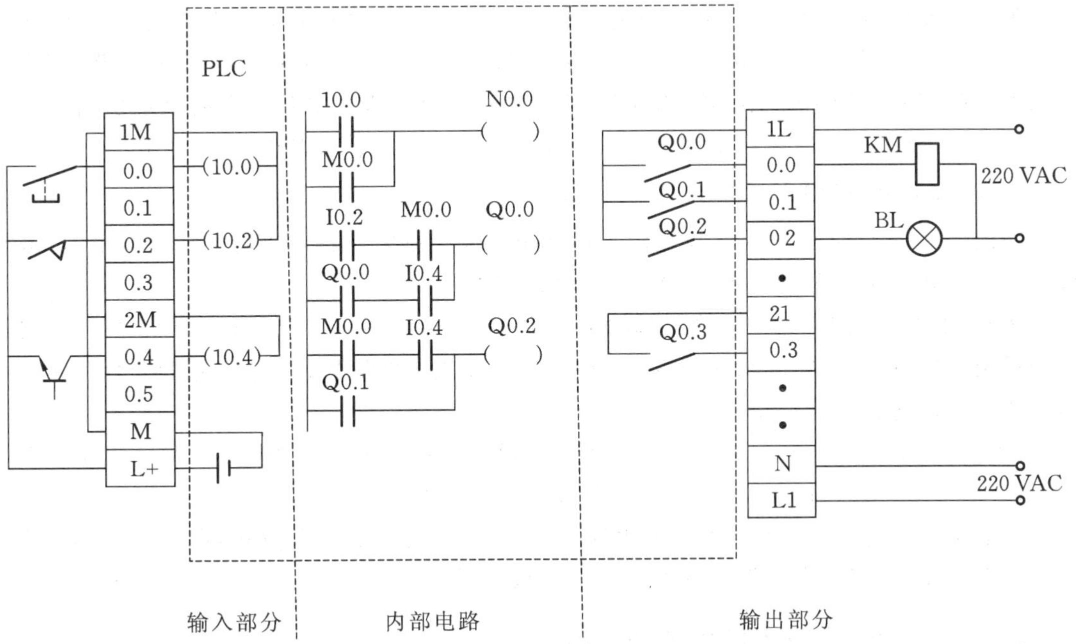

图 7.2　PLC 等效工作电路

1. 输入部分

输入部分由外部输入电路、PLC 输入接线端子和输入继电器组成。外部输入信号经 PLC 输入接线端子去驱动输入继电器的线圈。每个输入端子与其相同编号的输入继电器有着唯一确定的对应关系。当外部的输入元件处于接通状态时，对应的输入继电器线圈“得电”(注意：这个输入继电器是 PLC 内部的“软继电器”，它可以提供任意多个动合触点或动断触点供 PLC 内部控制电路编程使用)。

为使输入继电器的线圈“得电”，即让外部输入元件的接通状态写入与其对应的基本单元中去，输入回路要有电源。输入回路所使用的电源，可以用 PLC 内部提供的 24 V 直流电源，也可由 PLC 外部的独立的交流或直流电源供电。

需要强调的是，输入继电器的线圈只能是由来自现场的输入元件(如控制按钮、行程开关的触点、晶体管的基极-发射极电压、各种检测及保护器件的触点或动作信号等)的驱动，而不能用编程的方式去控制。因此，在梯形图程序中，只能使用输入继电器的触点，不能使用输入继电器的线圈。

2. 内部控制电路

所谓内部控制电路是由用户程序形成的用“软继电器”来代替硬继电器的控制逻辑。它的作用是按照用户程序规定的逻辑关系，对输入信号和输出信号的状态进行检测、判断、运算和处理，然后得到相应的输出。

一般用户程序是用梯形图语言编制的，它看起来很像继电器控制线路图。在继电器控制线路中，继电器的触点可瞬时动作，也可延时动作，而 PLC 梯形图中的触点是瞬时动作的。如果需要延时，可由 PLC 提供的定时器来完成。延时时间可根据需要在编程时设定，其定时精度及范围远远高于时间继电器。在 PLC 中还提供了计数器、辅助继电器（相当于继电器控制线路中的中间继电器）及某些特殊功能的继电器。PLC 的这些器件所提供的逻辑控制功能，可在编程时根据需要选用，且只能在 PLC 的内部控制电路中使用。

3. 输出部分（以继电器输出型 PLC 为例）

输出部分是由在 PLC 内部且与内部控制电路隔离的输出继电器的外部动合触点、输出接线端子和外部驱动电路组成，用来驱动外部负载。

PLC 的内部控制电路中有许多输出继电器，每个输出继电器除了有为内部控制电路提供编程用的任意多个动合、动断触点外，还为外部输出电路提供了一个实际的动合触点与输出接线端子相连。

驱动外部负载电路的电源必须由外部电源提供，电源种类及规格可根据负载要求去配备，只要在 PLC 允许的电压范围内工作即可。

综上所述，我们可对 PLC 的等效电路做进一步简化而深刻的理解，即将输入等效为一个继电器的线圈，将输出等效为继电器的一个动合触点。

7.2.2 PLC 的循环扫描工作过程

虽然可编程控制器的基本组成及工作原理与一般微型计算机相同，但它的工作过程与微型计算机有很大差异（这主要是由操作系统和系统软件的差异造成的）。

周期性顺序扫描是可编程控制器特有的工作方式。在运行过程中，PLC 总是处在不断循环的顺序扫描过程中。每次扫描所用的时间称为扫描时间，又称为扫描周期或工作周期。

PLC 最主要的工作方式是循环扫描（周期扫描）。连续执行用户程序、任务的循环序列称为扫描。扫描工作一般分为读输入、执行程序、处理通信请求、自诊断检查和写输出等过程，CPU 反复不停地分析处理上述各种不同的任务，这种周而复始的循环工作方式称为循环扫描。执行用户程序只是扫描周期的一个组成部分。当用户程序不运行时，PLC 也在扫描，只不过在一个周期中省略了执行用户和读输入、写输出的内容。如图 7.3 所示，PLC 在一个扫描周期中写完以下 5 个扫描过程。

1. CPU 自诊断测试

为保证设备的可靠性，及时反映所出现的故障，PLC 都具有自诊断功能。自诊断测试包括定期检查用户程序存储器、I/O 模块状态以及 I/O 扩展总线的一致性，将时间监控器复位，以及完成一些别的内部工作。

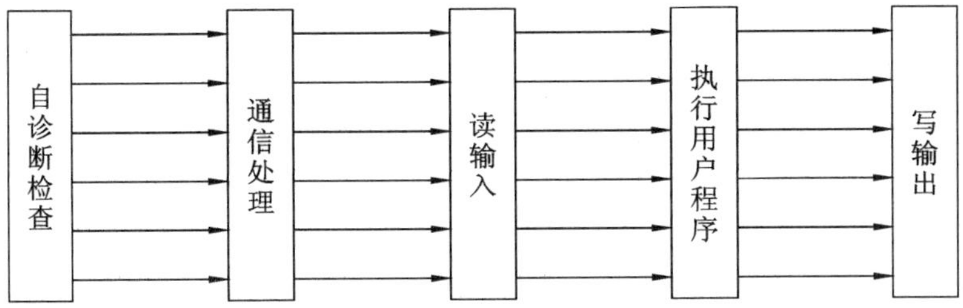

图 7.3　PLC 的扫描工作方式

2. 通信处理

当 PLC 与微机构成通信网络或由 PLC 构成分散系统时需要通信处理过程。如有智能模块,CPU 模块检查智能模块是否需要服务。如果需要,则读取智能模块的信息并存放在缓冲区中,供下一个扫描周期使用。

3. 读输入

读输入也叫输入扫描或输入刷新。在 PLC 的存储器中,设置了一片区域来存放输入信号和输出信号的状态,它们分别称为输入映像寄存器和输出映像寄存器。在读输入阶段,PLC 把所有外部输入点的状态读入输入映像寄存器。当外接的输入电路闭合时,对应的输入映像寄存器为 1 状态,梯形图中对应输入点的常开触点接通,常闭触点断开;当外接的输入电路断开时,对应的输入映像寄存器为 0 状态,梯形图中对应输入点的常开触点断开,常闭触点接通。

4. 执行用户程序

PLC 在运行工作状态下,若没有跳转指令,CPU 从第一条指令开始,逐条顺序地执行用户程序,直到结束(END)指令。

在执行指令时,从输入(输出)映像寄存器或别的映像寄存器读出其 0 或 1 状态,并根据指令的要求执行相应的逻辑运算,运算的结果写入到相应的映像寄存器中。因此,各映像寄存器(只读输入映像寄存器除外)的内容随着程序的执行而变化。

执行程序阶段,即使外部输入信号的状态发生了变化,输入映像寄存器的状态也不会随之而改变。输入信号变化了的状态只能在下一个扫描周期的读输入阶段被集中读入。

5. 写输出

写输出也叫输出扫描或输出刷新。CPU 执行完用户程序后,将输出映像寄存器的 0 或 1 状态集中送到输出模块的输出锁存器,再经输出电路传递到输出端子。当梯形图中某一输出位的线圈"通电"时,对应的输出映像寄存器为 1 状态,其对应的常开触点闭合,外部负载通电工作;若梯形图中输出点的线圈断电,对应的输出映像寄存器为 0 状态,其对应的常开触点断开,外部负载断电,停止工作。

为了现场调试方便,PLC 具有 I/O 控制功能,用户可以通过编程器等外部设备封锁或开放 I/O,所谓封锁 I/O 就是关闭 I/O 扫描。

PLC 执行的五个阶段,称为一个扫描周期。PLC 完成一个周期后,又重新执行上述过程,扫描周而复始地进行。扫描周期长短主要取决于程序的长短,它对于一般工业设备通常没有什么影响，但对控制时间要求较严格。响应速度要求快的系统，为减少扫描周期造成的响应延时等不良影响，一般在编程时应对扫描周期精确计算，并尽量缩短和优化程序代码。

7.3 PLC与其他控制器异同

7.3.1 PLC与计算机的异同

1. 与计算机的异同

(1) 相同点

① 基本结构相同

PLC和计算机都是主要由CPU、存储器、输入和输出部分构成。有的部件(如存储器)在两者中通用。

② 程序执行原理相同

PLC和计算机都采用存储程序，按地址访问和顺序执行的基本工作思想。在PLC程序执行阶段，与计算机基本相同，都是指令在内存中顺序存放，CPU从内存中顺序取指令并执行，直到最后一条指令。

(2) 不同点

两者的不同点主要体现在工作方式上。计算机工作方式是循环地取指令和执行指令。在执行指令时，每执行完成一条指令，立即产生结果，这一结果立即影响到所涉及的部件。这样不断地取指令并执行，直到最后一条指令结束。

PLC是以循环扫描的方式工作，执行用户程序只是其中的一步，而且指令的执行结果并不立即传送到输出点，只是用它改变内部的映像寄存器状态，当所有指令执行完成后，同时对各输出点刷新。

另外，PLC专门为工业应用而设计，输入/输出部件采用电气隔离技术，其元件经过精挑细选，从而更好地保证了PLC设备工作的可靠性。

总之，采用循环扫描的工作方式是PLC区别于微机的最大特点，使用者应特别注意。

7.3.2 PLC与继电器-接触器的异同

(1) 相同点

图形结构和逻辑关系相同。继电器-接触器线圈与所连触点的逻辑对应关系，与PLC的梯形图中内部线圈与内部触点的逻辑对应关系相同。

(2) 不同点

① 实现原理不同

继电器-接触器用实际电磁线圈通电吸合，使触点发生动作，用以完成控制任务。这个机械动作有一个延时过程，设计和分析控制电路时必须考虑到这一特点。PLC内部继电器有时也称作软继电器，它并不是真正的电磁线圈，而是电子元件(如触发器)，动作时间极短，使用时被认为是瞬时动作。

② 工作方式不同

继电器-接触器控制系统用实际电路实现，按同时执行的方式工作的，只要形成电流通路，就可能有几个电器同时动作。

PLC 是用程序实现内部线圈和触点的逻辑关系，并通过循环扫描的方式工作。在执行用户程序阶段通过 CPU 顺序执行程序来实现元件的逻辑关系。在任一时刻，它只能执行一条指令，梯形图中所用的触点实际起的作用是对元件的状态进行判断，并不是真正的触点，这使得用 PLC 设计程序时触点的使用非常灵活。而且 PLC 是周期性间断性对输出点进行刷新。另外，由于 PLC 用程序实现控制任务，所以系统的修改简单易行。

习题 7

1. 可编程控制器主要由哪几部分组成，各部分的功能是什么？
2. 可编程控制器与继电器-接触器控制系统相比，有何优点？
3. 可编程控制器的输入/输出规则是什么？
4. 试述可编程控制器的循环扫描工作过程。
5. 可编程控制器的滞后现象是如何产生的？
6. 简述可编程控制器的工作原理。
7. 简述可编程控制与计算机的异同。
8. 简述可编程控制器控制系统的等效工作电路。

第 8 章　可编程控制器 S7-200 软、硬件特性

前面几章介绍了 PLC 的一些共性问题，从本章开始我们选取一种常见并且应用范围很广的 SIEMENS-S7 系列 PLC 为例做进一步的讲解。德国西门子(SIEMENS)公司是世界上著名的，也是欧洲最大的电气设备制造商，是世界上研制、开发 PLC 较早的少数几个公司之一。欧洲第一台可编程控制器就是西门子公司于 1973 年研制成功的。西门子公司 1975 年推出 SIMATIC S3 系列可编程控制器，1979 年推出 SIMATIC S5 系列 PLC，20 世纪末推出 SIMATIC S7 系列 PLC。西门子公司的 PLC 在我国应用得十分普遍，尤其是大、中型 PLC，由于其可靠性高，在自动化控制领域中久负盛名。西门子公司的小型和微型 PLC，其功能也是相当强大的。

本章主要介绍以下内容：

① S7-200 概述；

② S7-200 硬件系统组成；

③ S7-200 扩展模块介绍；

④ S7-200 的内部资源介绍；

⑤ S7-200 数据类型及存储系统介绍。

8.1　S7-200 的硬件特性

8.1.1　S7-200 概述

SIMATIC 的产品目前较先进的共有 S7，M7 及 C7 三个系列。S7 系列的可编程控制器根据控制规模的不同，分成三个子系列：S7-200、S7-300、S7-400，分别对应小型、中型、大型 PLC。S7-200 系列 PLC 的 CPU 单元外观如图 8.1 所示。S7-200 系列 PLC 功能强大，不论是独立运行，还是构成网络皆能实现各种较复杂的控制功能。S7-200 系列 PLC 在集散自动化系统中充分发挥其强大功能，适用范围从替代继电器的简单控制到复杂的自动化控制，应用领域极为广泛，覆盖所有与自动检测、自动化控制有关的工业及民用领域，包括各种机床、机械、电力设施、民用设施和环境保护设备等。

8.1.2　S7-200 硬件系统组成

S7-200 是整体式结构的、具有很高的性价比的小型可编程控制器，根据控制规模的大小(即输入/输出点数的多少)，可以选择相应 CPU 的主机。S7-200 的主机单元模块外形如图 8.2 所示。

S7-200 的系统基本组成也是由主机单元加编程器。除了 CPU221 主机以外，其他 CPU 主机均可进行系统扩展。在需要进行系统扩展时，系统组成中还包括数字量扩展单元模块、模拟

图 8.1　S7-200 外观图

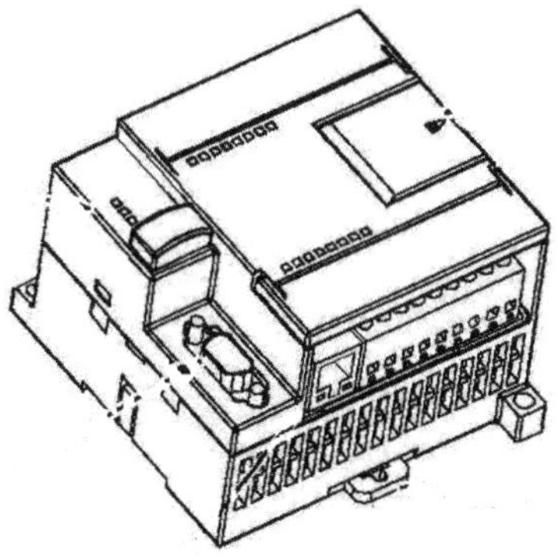

图 8.2　S7-200 系列 CPU 模块外部结构图

量扩展单元模块、通信模块、网络设备和人机界面 HMI 等。S7-200 的基本构成如图 8.3 所示。

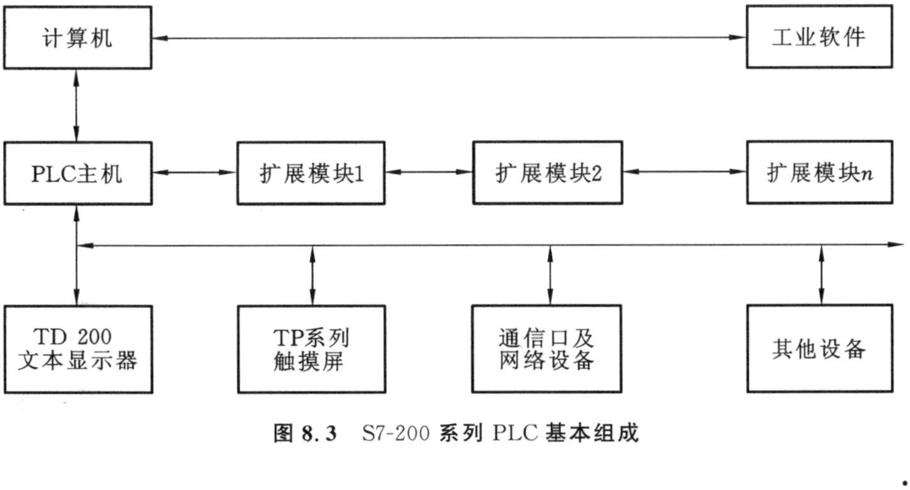

图 8.3　S7-200 系列 PLC 基本组成

S7-200 的主机单元(图 8.2)的 CPU 共有两个系列:CPU21X 及 CPU22X。CPU21X 系列包括 CPU212,CPU214,CPU215,CPU216;CPU22X 系列包括 CPU221,CPU222,CPU224,CPU224XP,CPU226 等型号。由于 CPU21X 系列属于 S7-200 的第一代产品,不再做具体介绍。

1. CPU221

① 6 输入/4 输出共 10 个数字量 I/O 点;

② 无 I/O 扩展能力;

③ 6 KB 的程序和数据存储区空间;

④ 4 个独立的 30 kHz 的高速计数器,2 路独立的 20 kHz 的高速脉冲输出;

⑤ 1 个 RS485 通信/编程口;

⑥ 具有多点接口 MPI(Multi Point Interface)通信协议;

⑦ 具有点对点接口 PPI(Point to Point Interface)通信协议。

2. CPU222

① 8 输入/6 输出共 14 个数字量 I/O 点;

② 可连接 2 个扩展模板单元,最大可扩展至 78 个数字 I/O 点或 10 路模拟量 I/O;

③ 6 KB 的程序和数据存储区空间;

④ 4 个独立的 30 kHz 的高速计数器,2 路独立的 20 kHz 的高速脉冲输出;

⑤ 具有 PID 控制器;

⑥ 1 个 RS485 通信/编程口;

⑦ 具有多点接口 MPI(Multi Point Interface)通信协议;

⑧ 具有点对点接口 PPI(Point to Point Interface)通信协议;

⑨ 具有自由通信口;

⑩ 具有全功能控制器。

3. CPU224

① 14 输入/10 输出共 24 个数字量 I/O 点;

② 可连接 7 个扩展模板单元,最大可扩展至 168 个数字 I/O 点或 35 路模拟量 I/O;

③ 13 KB 的程序和数据存储区空间;

④ 6 个独立的 30 kHz 的高速计数器,2 路独立的 20 kHz 的高速脉冲输出;

⑤ 具有 PID 控制器;

⑥ 1 个 RS485 通信/编程口;

⑦ 具有多点接口 MPI(Multi Point Interface)通信协议;

⑧ 具有点对点接口 PPI(Point to Point Interface)通信协议;

⑨ 具有自由通信口;

⑩ I/O 端子排可以很容易地整体拆卸。

4. CPU224XP

CPU224XP 除了有 CPU224 的功能之外,还新增多种功能,如内置模拟量 I/O、位控特性、自整定 PID 功能、线性斜坡脉冲指令、诊断 LED、数据记录及配方功能等,是具有模拟 I/

O 和强大控制能力的新型 CPU。

5. CPU226

① 24 输入/16 输出共 40 个数字量 I/O 点；

② 可连接 7 个扩展模板单元，最大可扩展至 248 个数字 I/O 点或 35 路模拟量 I/O；

③ 13 KB 的程序和数据存储区空间；

④ 6 个独立的 30 kHz 的高速计数器，2 路独立的 20 kHz 的高速脉冲输出；

⑤ 具有 PID 控制器；

⑥ 2 个 RS485 通信/编程口；

⑦ 具有多点接口 MPI(Multi Point Interface)通信协议；

⑧ 具有点对点接口 PPI(Point to Point Interface)通信协议；

⑨ 具有自由通信口；

⑩ I/O 端子排可以很容易地整体拆卸。

S7-200 系列 CPU 的指令功能强，有传送、比较、移位、循环移位、产生补码、调用子程序、脉冲宽度调制、脉冲序列输出、跳转、数制转换、算术运算、数字逻辑运算、浮点数运算、开平方、三角函数和 PID 控制指令等。采用主程序、最多 8 级子程序和中断程序的程序结构，用户可使用 1～255 ms 的定时中断。用户程序可设 3 级口令保护，监控定时器(看门狗)的定时时间为 300 ms。

数字量输入中有 4 个用作硬件中断，6 个用于高速功能。32 位高速加/减计数器的最高计数频率为 30 kHz(CPU224XP 达 100 kHz)。可对增量式编码器的两个互差 90°的脉冲列计数。当计数值等于设定值或计数方向改变时产生中断，在中断程序中可及时地对输出进行操作。两个高速输出可输出最高 20 kHz(CPU224XP 达 100 kHz)频率且宽度可调的脉冲列。

8.1.3　S7-200 扩展模块介绍

1. 数字量扩展模块

数字量扩展模块是为解决本机集成的数字量输入/输出点不能满足需要而使用的扩展模块。S7-200 PLC 目前总共有数字量输入、数字量输出、数字量混合 3 大类数字扩展模块。除 CPU221 外，其他 CPU 模块均可配接多个扩展模块。

(1) EM221 数字量输入扩展模块

EM221 数字量输入扩展模块有 3 种类型，分别为 8 点 24 V 直流输入，16 点 24 V 直流输入型和 8 点 120/230 V 交流输入型。

(2)EM222 数字量输出扩展模块

EM222 数字量输出扩展模块有 5 种类型，分别为 4 点、8 点 24 V 直流输出型，4 点、8 点继电器输出型和 8 点 120/230 V 交流输出型。

(3) EM223 数字量混合扩展模块

EM223 数字量混合扩展模块有 6 种类型，分别为 4 点 24 V 直流输入/4 点直流输出型；4 点 24 V 直流输入/4 点继电器输出型；8 点 24 V 直流输入/8 点直流输出型；8 点 24 V 直流输入/8 点继电器输出型；16 点 24 V 直流输入/16 点直流输出型；16 点 24 V 直流输入/16 点继电器输出型。

2. 模拟量扩展模块

在工业控制中，某些输入量(如压力、温度、流量、转速等)是模拟量，某些执行机构(如晶闸管调速装置、电动调节阀和变频器等)要求 PLC 输出模拟信号，而 PLC 的 CPU 只能处理数字量。模拟量首先要被传感器和变送器转换为标准的电流或电压信号，如 4～20 mA、1～5 V，0～10 V，然后再经 PLC 的 A/D 转换器将其转换成数字量方可处理。这些数字量可能是二进制的，也可能是十进制的。带正负号的电流或电压在 A/D 转换后用二进制补码表示。D/A 转换器将 PLC 的数字输出量转换为模拟电压或电流，再去控制执行机构。模拟量模块的主要任务就是实现 A/D 转换(模拟量输入)和 D/A 转换(模拟量输出)。

S7-200 有 3 种类型的模拟量扩展模块，它们分别为 EM231 型输入扩展模块、EM232 型模拟量输出扩展模块和 EM235 型模拟量混合扩展模块。

(1) EM231 输入扩展模块

① EM231 模拟量输入扩展模块有 4 路模拟量输入，输入信号可以是电压也可以是电流，A/D 转换器的位数为 12 位，输入信号的范围由 DIP 开关设定。

② EM231 热电偶、热电阻扩展模块具有冷端补偿电路。如果环境温度迅速变化，则会产生额外的误差，建议将热电偶、热电阻模块安装在环境温度稳定的地方。

热电偶输出的电压范围为±80 mV 范围，模块输出 15 位加符号位的二进制数。EM231 热电偶模块提供一个方便的、隔离的接口，用于 7 种热电偶类型：J，K，E，N，S，T 和 R 型。所有连到模块上的热电偶必须是相同类型。

EM231 热电阻扩展模块提供了 S7-200 与多种热电阻的连接接口。可按 3 种方式(即 2 线、3 线、4 线)将热电阻扩展模块与传感器相连，精度最高的是 4 线，精度最低的是 2 线，建议只有在用户应用中不在乎接线误差时才用 2 线。用户可以通过 DIP 开关来选择热电阻的类型、接线方式、测量单元和开路故障的方向。所有连接到模块上的热电阻必须是相同类型。DIP 组态开关位于模块的下部，为使 DIP 开关设置起作用，用户需要给 PLC 和 24 V 电源断电再通电。

(2) EM232 模拟量输出扩展模块

EM232 具有 2 路模拟量输出，输出信号可以是电压信号也可以是电流信号。数字量到模拟量的转换器(D/A)为 12 位，其输出数据格式是左端对齐的，最高有效位：0 表示是正值数据字，数据在装载到 D/A 寄存器之前，4 个连续的 0 是被裁断的，这些位不影响输出信号值。

(3) EM235 模拟量混合扩展模块

EM235 具有 4 路模拟量输入和 1 路模拟量输出。它的输入信号可以是不同量程的电压或电流信号，其电压、电流的量程由 DIP 开关设定。EM235 的输出信号可以是电压信号也可以是电流信号。

3. 智能模块

(1) 通信处理器 EM277

EM277 是连接 SIMATIC 现场总线 PROFIBUS-DP 从站的通信模板，使用 EM227 可

以将 S7-200CPU 作为现场总线 PROFIBUS-DP 的从站接到网络中。

① 在 EM227 中，有一个 RS485 接口，传输速率 9.6 kbps，19.2 kbps，45.45 kbps，93.75 kbps，187.5 kbps，500 kbps，1 Mbps，1.5 Mbps，3 Mbps，6 Mbps，12 Mbps，可自动设置。

② 连接电缆长度：93.75 kbps 以下为 1200 m；187.5 kbps 为 1000 m；500 kbps 为 400 m；1～1.5 Mbps为 200 m；3～6 Mbps 为 100 m。

③ 网络能力：站地址设为 0～99(由旋转开关设定)；每个段最多可连接的站数为 32 个；每个网络最多可连接的站数为 126 个，最大到 99 个 EM277 站；共有 6 个 MPI(Multi Point Interface 多点通信接口)，其中 2 个预留(1 个为 PG，1 个为 OP)。

(2) 通信处理器 CP243-2

CP243-2 是 S7-200(CPU 22X)的 AS-i 主站，通过连接 AS-i 可显著地增加 S7-200 的数字量输入/输出点数。每个主站最多可连接 31 个 AS-i 从站。S7-200 最多同时可以处理 2 个 CP243-2，每个 CP243-2 的 AS-i 上最大有 124DI/124DO。

(3) 位置控制模块

EM253 的控制范围从微型步进电动机到智能伺服电动机，运行快速而不受约束。集成的脉冲接口能够产生 200 kH 的脉冲信号，能指定位置、速度和方向。集成的定位开关输入能够脱离中央处理单元独立地完成位控任务。有 5 V 直流脉冲或 RS-422 输入接口，可以选择的"jerk"/S-curve 功能可以减小电气设备在启动、停止和改变速度时产生的振荡和后座。

通过用户程序可以配置和选择 25 个 profile，每个 profile 可以有多达 4 个速度改变。可实现绝对、相对和手动的定位；可以将距离和位置的单位设置为 mm、in、°(度)或者脉冲数；可以选择 4 种不同的参考点搜索模式。

(4) 调制解调器模块

EM241 调制解调器(MODEM)模块支持如下功能：Teleservice (远程维护或远程诊断)、Communication(CPU to CPU、CPU to PC 的通信)、Message(发送短消息给手机或寻呼机)。EM241 不占用 CPU 的通信口，外部调制解调器占用 CPU 的通信口。

4. 编程设备

编程器是任何一台 PLC 不可缺少的设备，一般是由制造厂专门提供的。S7-200 的编程器可以是简易的手持编程器 PG702，也可以是昂贵的图形编程器，如 PG740II，PG760II 等。为降低编程设备的成本，目前广泛采用个人计算机作为编程设备，但需配置制造厂提供的专用编程软件。S7-200 的编程软件为 STEP7-Micxo/WIN S2 V 3.1。

5. 人—机操作界面

(1) 文本显示器 TD200

TD200 是 S7-200 的操作界面，其功能如下：

① 显示文本信息。通过选择项确认的方法可显示最多 80 条信息，每条信息最多可包含 4 个变量。且可显示中文。

② 设定实时时钟。

③ 提供强制 I/O 点诊断功能。

④ 可显示过程参数并可通过输入键进行设定或修改。

⑤ 具有可编程的 8 个功能键，可以替代普通的控制按钮，从而可以节省 8 个输入点。

⑥ 具有密码保护功能。

TD200 不需要单独的电源，只需将它的连接电缆接到 CPU22X 的 PPI 接口上，用 STEP7-Micro/WIN 软件进行编程。

(2) 触摸屏 TP 070、TP170A、TP170B 及 TP7、TP27

TP 070、TP 170A、TP170B 为具有较强功能且价格适中的触摸屏，其特点是：

① 在 Windows 环境下工作。

② 可通过 MPI 及 FROFIBUS-DP 与 S7-200 连接。

③ 背光管寿命达 50000 h，可连续工作 6 年。

④ 利用 STEP 7-Micro/WIN(Pro)和 SMIATIC ProTool/Lite V5.2 进行组态。

8.2 S7-200 的软件特性

8.2.1 S7-200 的内部资源介绍

PLC 中的每一个输入/输出、内部存储单元、定时器和计数器等都称为软元件。各软元件有其不同的功能，有固定的地址。软元件的数量决定了 PLC 的规模和数据处理能力，每一种 PLC 的软元件是有限的。

软元件是 PLC 内部具有一定功能的器件，这些器件实际上是由电子电路、寄存器及存储器单元等组成。例如，输入继电器是由输入电路和输入映像寄存器构成；输出继电器是由输出电路和输出映像寄存器构成；定时器和计数器也都是由特殊功能的寄存器构成。它们都具有继电器的特性，但没有实际的机械触点。为了把这种元器件与传统电器控制中的继电器区分开来，这里把它们称为软元件或软继电器。这些软继电器的最大特点是其触点（包括常开触点和常闭触点）可以无限次使用。

编程时，用户只需记住软元件的地址即可。每一个软元件都有一个地址与之相对应，软元件的地址编排采用区域号加区域内编号的方式。即 PLC 内部根据软元件的功能不同，分成了许多区域，如输入/输出继电器区、定时器区、计数器区、特殊继电器区等。下面就分别进行介绍。

1. 输入继电器 I

输入继电器就是 PLC 的存储系统中的输入映像寄存器。它的作用是接收来自现场的控制按钮、行程开关及各种传感器等的输入信号。通过输入继电器，将 PLC 的存储系统与外部输入端子（输入点）建立起明确对应的连接关系，它的每 1 位对应 1 个数字量输入点。输入继电器的状态是在每个扫描周期的输入采样阶段接收到的由现场送来的输入信号的状态（“1”或“0”）。由于 S7-200 的输入映像寄存器是以字节为单位的寄存器，CPU 一般按“字节.位”的编址方式来读取一个继电器的状态，也可以按字节（8 位）或者按字（2 字节、16 位）来读取相邻一组继电器的状态。前面在介绍 PLC 的等效工作电路时已强调过，不能通过编程的方式改变输入继电器的状态，但可以在编程时，通过使用输入继电器的触点，无限制地使用输入继电器的状态。在输入端子上未接输入器件的输入继电器只能空着，不能挪作他用。

2. 输出继电器 Q

输出继电器就是 PLC 存储系统中的输出映像寄存器。通过输出继电器，将 PLC 的存储系统与外部输出端子(输出点)建立起明确对应的连接关系。S7-200 的输出继电器也是以字节为单位的寄存器，它的每 1 位对应 1 个数字量输出点，一般采用“字节. 位”的编址方法。输出继电器的状态可以由输入继电器的触点、其他内部器件的触点，以及它自己的触点来驱动，即完全是由编程的方式决定其状态。我们也可以像使用输入继电器触点那样，通过使用输出继电器的触点，无限制地使用输出继电器的状态。输出继电器与其他内部器件的一个显著不同在于它有一个，且仅有一个实实在在的物理动合触点，用来接通负载。这个动合触点可以是有触点的(继电器输出型)，或者是无触点的(晶体管输出型或双向晶体管输出型)。没有使用的输出继电器，可当做内部继电器使用，但一般不推荐这种用法，因为可能引起不必要的误解。

输出继电器 Q 的线圈一般不能直接与梯形图的逻辑母线连接。如果某个线圈确实不需要经过任何编程元件触点的控制，可借助于特殊继电器 SM0. 0 的动合触点。

3. 内部位存储器 M

内部位存储器的作用和继电-接触器控制系统中的中间继电器相同，它在 PLC 中没有输入/输出端与之对应。因此它的触点不能驱动外部负载。这是与输出继电器的主要区别，它主要起逻辑控制作用。

4. 特殊存储器 SM

有些内部存储器有特殊功能或存储系统的状态变量、有关的控制参数和信息的功能，称其为特殊存储器。用户可以通过特殊标志来沟通 PLC 与被控对象之间的信息，如可以读取程序运行过程中的设备状态和运算结果信息，利用这些信息实现一定的控制动作。用户也可通过直接设置某些特殊存储器位来使设备实现某种功能，例如：

SM0. 1：首次扫描为 1，以后为 0。常用来对程序进行初始化，属只读型。

SM1. 2：当机器执行数学运算的结果为负时，该位被置 1，属只读型。

SMB28 和 SMB29：分别存储模拟调节器 0 和 1 的输入值。CPU 每次扫描时判断该值，属只读型。

SMB30 和 SMB130：分别为自由口 0 和 1 的通信控制寄存器。

SMB31 和 SMB32：用于永久存储器(EEPROM)写控制。

5. 变量寄存器 V

S7-200 中有大量的变量寄存器，用于模拟量控制、数据运算、参数设置及存放程序执行过程中控制逻辑操作的中间结果。变量寄存器可以位为单位使用，也可按字节、字、双字为单位使用。变量寄存器的数量与 CPU 的型号有关，CPU222 为 V0. 0～V2047. 7，CPU224 为 V0. 0～V5119. 7，CPU226 为 V0. 0～V5119. 7。

6. 局部变量存储器 L

局部变量存储器用来存放局部变量。局部变量与变量存储器所存储的全局变量十分相似，主要区别在于全局变量是全局有效的，而局部变量是局部有效的。全局有效是指同一个变量可以被任何程序（包括主程序、子程序和中断程序）访问，而局部有效是指变量只和特定的程序相关联。

S7-200 PLC 提供 64B 的局部存储器，其中 60 个可以作暂时存储器或用于子程序传递参数。主程序、子程序和中断程序都有 64B 的局部存储参数可以使用。不同程序的局部存储器不能互相访问。机器在运行时，根据需要动态地分配局部存储器。在执行主程序时，分配给子程序或中断程序的局部变量存储区是不存在的。当子程序调用或出现中断时，需要为之分配局部存储器。新的局部存储器可以是曾经分配给其他程序块的同一个局部存储器。

7. 定时器 T

定时器是 PLC 的重要编程元件，它的作用与继电器控制线路中的时间继电器基本相似。定时器的设定值通过程序预先输入，当满足定时器的工作条件时，定时器开始计时，定时器的当前值从 0 开始按照一定的时间单位（即定时精度）增加。例如对于 10 ms 定时器，定时器的当前值间隔 10 ms 加 1，当定时器的当前值达到它的设定值时，定时器动作。

S7-200 的 CPU22X 系列的定时器数量为 256 个，T0-T255。定时器的定时精度分别为 1 ms，10 ms 和 100 ms。1 ms 的定时器有 4 个，10 ms 的定时器有 16 个，100 ms 的定时器有 236 个。这些定时器的类型可分为 3 种，接通延时定时器 TON，断开延时定时器 TOF，保持型接通延时定时器 TORN。

8. 计数器 C

计数器也是广泛应用的重要编程元件，用来对输入脉冲的个数进行累计，实现计数操作。使用计数器时要事先在程序中给出计一数的设定值（也称预置值，即要进行计数的脉冲数）。当满足计数器的触发输入条件时，计数器开始累计计数输入端的脉冲前沿的次数。当达到设定值时，计数器动作。S7-200 的 CPU22X 系列的 PLC 共有 256 个计数器，其编号为 C0～C255。每个计数器都有一个 16 位的当前位寄存器及 1 个状态位 C-bit。

计数器号包含两方面的信息，计数器当前值和计数器状态位。

计数器状态位：当计数器的当前值达到设定值时，C-bit 为“ON”。

计数器当前值：在计数器当前值寄存器中存储的当前所累计的脉冲个数，用 16 位符号整数表示。

计数器指令中所存取的是计数器当前值还是计数器状态位，取决于所用的指令。带位操作的指令存取计数器状态位，带字操作的指令存取计数器的当前值。

计数器的计数方式有 3 种，递增计数、递减计数和增/减计数。递增计数是从 0 开始，累加到设定值、计数器动作。递减计数是从设定值开始，累减到 0，计数器动作。

PLC 的计数器的设定值和定时器的设定值，一般不仅可以用程序设定，也可以通过 PLC 内部的模拟电位器或 PLC 外接的拨码开关，方便、直观地随时修改。

9. 高速计数器 HC

高速计数器的工作原理与普通计数器基本相同，它用来累计比主机扫描速率更快的高速脉冲。高速计数器的当前值是一个双字长(32 位)的整数，且为只读型。高速计数器的数量很少，编址时只用名称 HC 和编号如：HC3。

10. 累加器 AC

S7-200PLC 提供 4 个 32 位累加器，分别为 AC0、AC1、AC2、AC3。累加器 AC 是用来暂存数据的寄存器。它可以用来存放如运算数据、中间数据和结果数据，也可用来向子程序传递参数，或从子程序返回参数。使用时只表示出累加器的地址编号，如 AC0。累加器可进行读、写两种操作。累加器的可用长度为 32 位，数据长度可以是字节、字或双字，但实际应用时，数据长度取决于进出累加器的数据类型。

11. 模拟量输入映像寄存器 AI，模拟量输入映像寄存器 AQ

模拟量输入电路用以实现模拟量/数字量(A/D)之间的转换，而模拟量输出电路用以实现数字量/模拟量(D/A)之间的转换。

在模拟量输入/输出映像寄存器中，数字量的长度为 1 个字长(16 位)，且从偶数号字节进行编址来存取转换过的模拟量值，如 0、2、4、6、8 等。编址内容包括元件名称、数据长度和起始字节的地址，如 AIW6，AQW12 等。

PLC 对这两种寄存器的操作方式不同的是，模拟量输入寄存器只能进行读取操作，而对模拟量输出寄存器只能进行写入操作。

8.2.2　S7-200 的基本数据类型

在 S7-200 中，大多数指令要同具有一定大小的数据对象一起进行操作。不同的数据对象具有不同的数据类型，不同的数据类型具有不同的数制和格式选择。程序中所用的数据可指定一种数据类型，在指定数据类型时，要确定数据大小和数据位结构(表 8.1)。

表 8.1　S7-200 的基本数据类型及范围

基本数据类型	位数	说明
布尔型 BOOL	1	位范围：0，1
字节型 BYTE	8	字节范围：0～225
字型 WORD	16	字范围：0～65535
双字型 DWORD	32	双字范围：0～$(2^{32}-1)$
整型 INT	16	整数范围：－32768～＋32767
双整型 DINT	32	双字整数范围：-2^{31}～$(2^{31}-1)$
实数型 REAL	32	IEEE 浮点数

8.2.3　S7-200 存储系统介绍

1. 存储系统及功能

S7-200 系列 PLC 中 CPU 的存储区由以下 5 个部分组成：

(1)系统存储区

系统存储区(CPU 中的 RAM)用来存放操作数据,这些操作数据包括输入映像寄存器存储区的数据、输出映像寄存器存储区的数据、辅助继电器存储区的数据、定时器存储器的数据和计数器存储区的数据。

① 输入映像寄存器存储区用来存放输入状态值;

② 输出映像寄存器存储区用来存放经过程序处理的输出数据;

③ 辅助继电器存储区用来存放程序运行的中间结果;

④ 定时器存储区用来存放计时单元;

⑤ 计数器存储区用来存放计数单元。

(2)工作存储区

工作存储区(CPU 中的 RAM)用来存放 CPU 所执行的程序单元的复制件(逻辑块和数据块)。还有为执行块调用指令而安排的暂时的局部变量存储区,该局部变量寄存器在块上工作时一直保持。将块中的数据写入 L 堆栈中,数据只在块工作时有效。当调用新块时,L 堆栈重新分配。

(3) 程序存储区

程序存储区可分成动态程序存储区(CPU 中的 RAM)和可选的固定程序存储区(EEPROM)来存放用户程序。

(4) 累加器

有 4 个 32 位的累加器(AC0-AC3),用来执行装载、传送、移位、算术运算等操作。

(5)地址寄存器

地址寄存器用来存放寄存器间接寻址的指针。

S7-200 的存储系统是由 RAM 和 EEPROM 组成的。在 CPU 模块内,配置了一定容量的 RAM 和 EEPROM。

当 CFU 主机单元模板的存储器容量不够时,可通过增加 EEPROM 存储器卡的方法扩展系统的存储容量。

2. 存储系统的使用

S7-200 的程序结构一般由三部分组成:用户程序、数据块和参数块。用户程序是必不可少的,是程序的主体;数据块是用户程序在执行过程中所用到的和生成的数据;参数块是指 CPU 的组态数据。数据块和参数块是程序的可选部分。

存储系统的使用,主要有以下几个方面:

(1) 设置保持数据的存储区

为了防止系统运行时突然掉电而导致一些重要数据的丢失,可以在设置 CPU 组态参数时定义要保持数据的存储区。这些存储区包括变量存储器、通用辅助继电器、计数器和 TONR 型定时器。

(2) 永久保存数据

通过对 S7-200 中的特殊标志存储器字 SMB31 和存储器字 SMW32 的设置,可以实现将存储在 RAM 中变量存储器区任意位置的字节、字、双字数据备份到 EEPROM 存储器中。

(3) 存储器卡的使用

存储器卡的作用类似于计算机的软磁盘，可以将 PLC 的 CPU 的组态参数、用户程序和存储在 EEPROM 中的变量存储器永久区的数据进行备份。

8.3　S7-200 的通信特性

8.3.1　S7-200 通信方式选择

支持网络通信是指通过计算机和网络通信设备对图形和文字等形式的资料进行采集、存储、处理和传输等，使信息资源达到充分共享的技术。同时可以在运行 Windows 操作系统的个人电脑(PC)上安装 STEP 7-Micro/WIN 32 软件，也可在 SIMATIC 编程设备上安装软件(例如 PG 740)。在下列各通信配置内，可使用 PC 或编程设备作为主设备：

① 单主：单主设备与一个或多个从属设备相连，如图 8.4 所示。

② 多主：单主设备与一个或多个从属设备以及一个或多个多主设备相连，如图 8.5 所示。

③ 对于 11 位调制解调器用户：单主设备与一个或多个从属设备相连。主设备通过 11 位调制解调器与作为从属设备的一个 S7-200CPU 或 S7-200CPU 网络相连接。

④ 对于 10 位调制解调器用户：单主设备通过 10 位调制解调器只与一个作为从属设备的 S7-200 CPU 相连接。

图 8.4 及图 8.5 表示一台个人电脑与几台 S7-200 CPU 连接的配置。STEP 7－Micro/WIN 32 设计用于每次与一台 S7-200 CPU 进行通信，但是可以存取网络内的任何 CPU。CPU 可以是从属设备或主设备，TD200 是主设备。

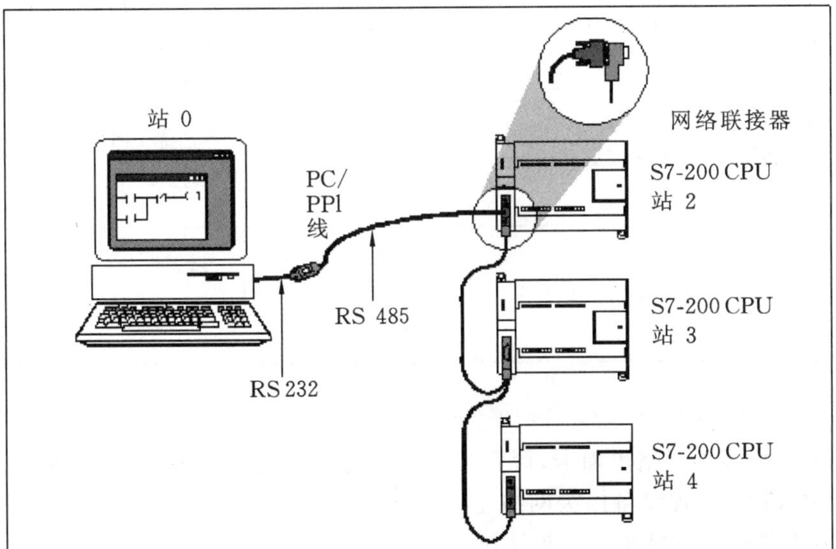

图 8.4　使用 PC/PPI 线与数个 S7-200 CPU 通信

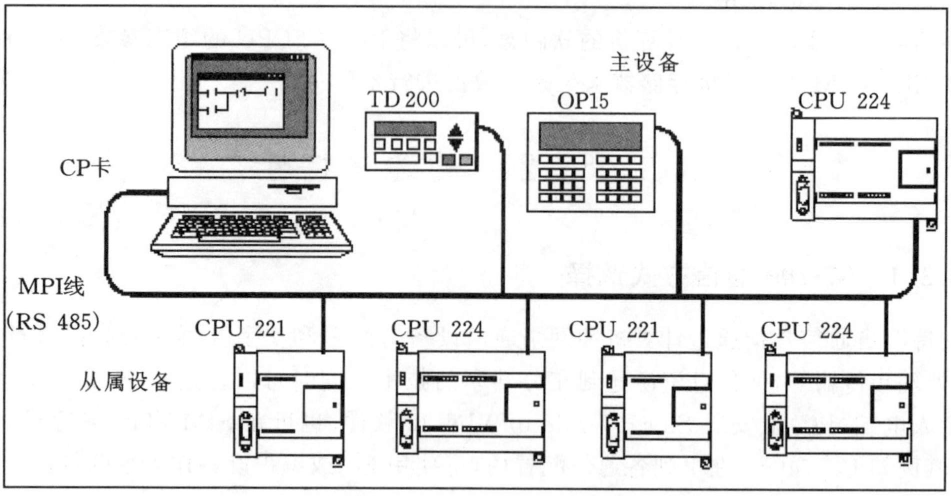

图 8.5　带有主设备及从属设备的 CP 卡举例

1. 如何选择通信配置

表 8.2 列举了可能的硬件配置以及 STEP 7-Micro/WIN 32 支持的波特率。

表 8.2　STEP 7-Micro/WIN 32 支持的硬件配置

支持的硬件	类型	所支持的波特率	注释
PC/PPI 线	电线连接器，与 PC 通信口连接	9.6 kbaud 19.2 kbaud	支持 PPI 协议
CP 5511	类型 II，PCMCIA-卡	9.6 kbaud 19.2 kbaud 187.5 kbaud	PPI，MPI，以及笔记型个人电脑的 PROFIBUS 协议
CP 5611	PCI-卡（版本 3 或更高版本）	9.6 kbaud 19.2 kbaud 187.5 kbaud	支持 PPI，MPI，以及笔记型个人电脑的 PROFIBUS 协议
MPI	集成在 PG、PC、ISA-卡内	9.6 kbaud 19.2 kbaud 187.5 kbaud	

2. 利用 CP 或 MPI 卡进行数据通信

Siemens 提供多种网络界面卡，可安装于个人电脑或 SIMATIC 编程设备上。这些卡允许 PC 或 SIMATIC 编程设备作为网络主。这些卡包含专用硬件帮助 PC 或编程设备管理多主网络，并支持几种波特率的多种协议。

特定卡及协议被设定从 STEP 7-Micro/WIN 32 内使用 PG/PC 界面。使用 Windows 系统时，可选择网络卡使用任何协议（PPI、MPI 或 PROFIBUS）。各卡提供一个单 RS-485

口,用于与 PROFIBUS 网络相连接。CP 5511 PCMCIA 卡具有提供 9 针 D 口的适配器。将 MPI 线的一端与卡的 RS485 口相连接,并将另一端与网络上的编程口相连接,详见图 8.5。欲了解有关通信处理器卡的详情,请参考 SIMATIC 组件的全部集成自动化目录 ST 70。

3. 在何处设定通信

如果使用 Windows 操作系统,则可以在以下地方设定通信:

① STEP 7-Micro/WIN 32 软件安装的最后步骤;

② 在 STEP 7-Micro/WIN 32 之内。

4. 如何在 STEP 7-Micro/WIN 32 设定通信

STEP 7-Micro/WIN 32 提供设定通信对话框,可使用此对话框配置通信设定。

① 选择菜单命令"检视"→"通信"。

② 单击 STEP 7-Micro/WIN 32 屏幕上的通信图标(图 8.6)。

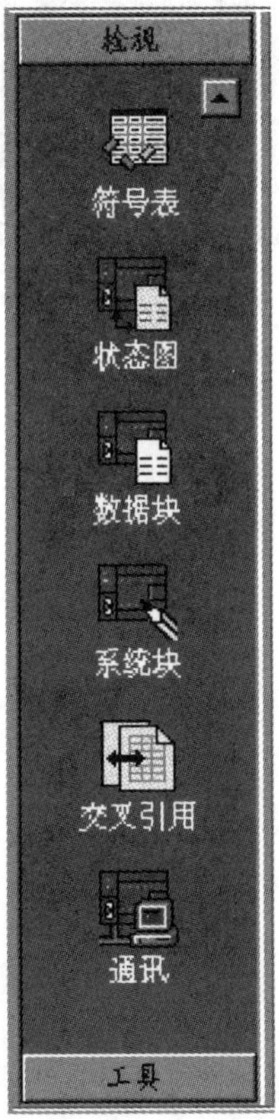

图 8.6　STEP 7-Micro/WIN 32 菜单

在通信设定对话框内,双击右手边的顶部图标,出现设定 PG/PC 界面对话框(图 8.7)。

5. 通信界面设置

可使用图 8.8 所示的安装/删除界面对话框安装或删除通信硬件。对话框的左侧列举尚未安装的硬件类型,右侧列举当前已经安装的硬件类型。如果使用 Windows NT 4.0 操

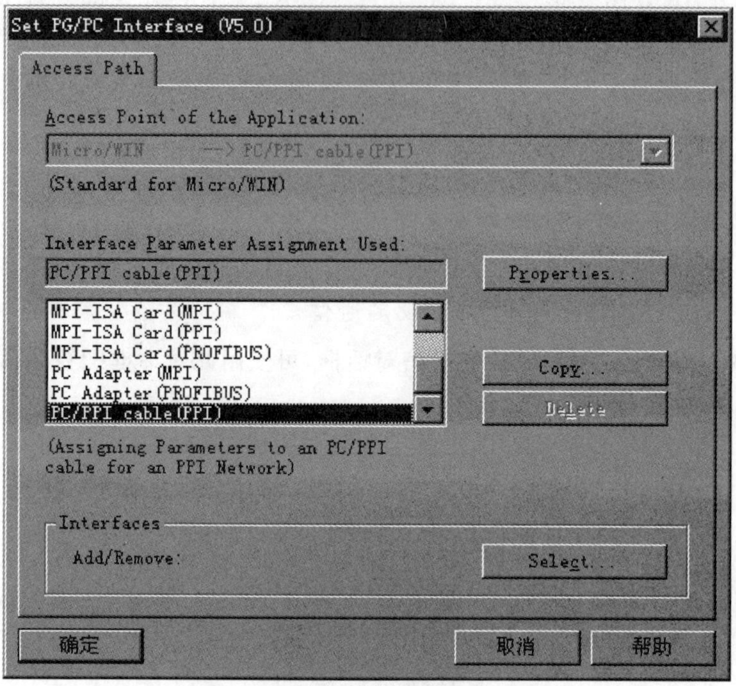

图 8.7 设定 PG/PC 界面对话框

作系统，在已安装列举栏内有一个“资源”按钮。

6. 安装硬件

欲安装硬件，应采取下列步骤：

① 在设定 PG/PC 界面对话框内（图 8.7），按“选择”按钮存取安装/删除界面对话框，如图 8.8 所示。

② 从选择列举栏，选择所要的硬件类型。在视窗下部显示选择说明。

③ 单击“安装”按钮。

④ 硬件安装完成后，单击“关闭”按钮。设定 PG/PC 界面对话框出现，选择显示在已被使用的界面参数列举栏内（图 8.7）。

7. 删除硬件

欲删除硬件，应采取下列步骤：

① 在右侧的已按照列举栏内选择硬件。

② 单击“删除安装”按钮。

③ 删除硬件完成后，单击“关闭”按钮。设定 PG/PC 界面对话框出现，选择显示在已被使用的界面参数列举栏内（图 8.7）。

8. 为 Windows NT 用户提供的特殊硬件安装信息

已经安装一套硬件后，在已安装列表栏内选择它并单击“资源”按钮（图 8.8）。资源对话框出现（图 8.9）。资源对话框允许修改实际安装的硬件的系统设定值。如果不可使用此

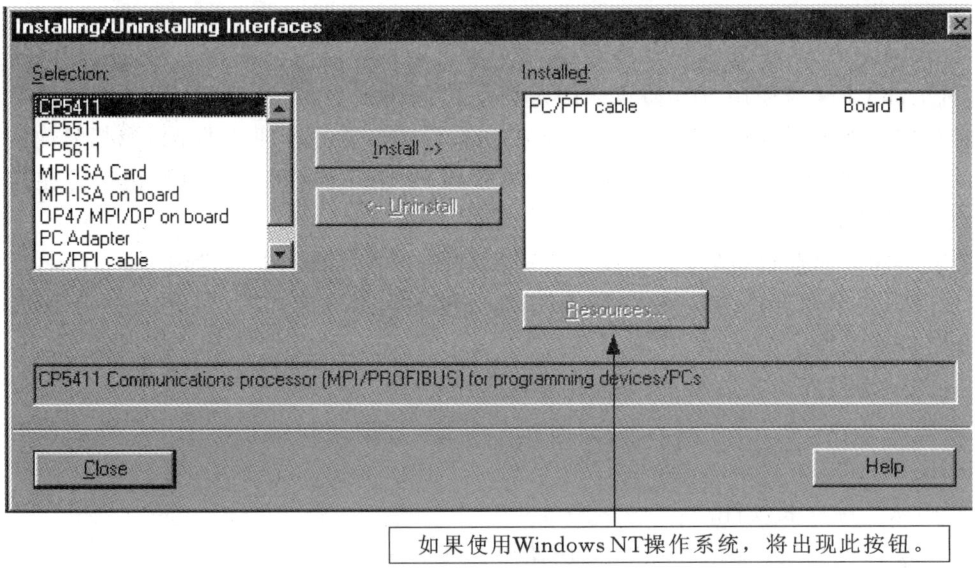

图 8.8　安装/删除界面对话框

按钮(呈灰色)，则不需进行其他任何操作。此时，可能需要参考硬件手册，根据硬件设定决定对话框内列举的各参数的设定值。可能需要试几种不同中断，才能建立正确通信。

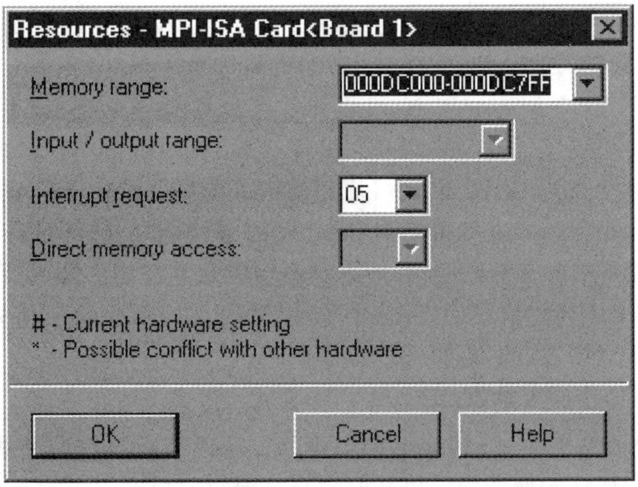

图 8.9　Windows NT 资源对话框

注：如果正在使用 Windows NT 及 PC/PPI 线，则网络内不允许存在其他主设备。

8.3.2　S7-200 的通信参数设置

1. 选择正确的界面参数组并完成设定

当遇到设定 PG/PC 界面对话框时，确保“Micro/WIN”显示在应用存取点列举框内(图 8.7)。几个不同应用都使用设定 PG/PC 界面框，例如 STEP7，因此需要告诉程序为何种应用设定参数。

选定“Micro/WIN”并安装硬件后，需要为硬件通信设定实际属性。首先决定网络使用协议，对全部CPU应使用PPI协议。决定要使用的协议后，可从设定PG/PC界面对话框内界面参数组列举栏选择正确的设定。此栏列举已经安装的各硬件类型以及括号内的协议类型。例如，一个简单设定可能要求使用PC/PPI线与一个CPU222进行通信。在这种情况下，选择“PC/PPI线(PPI)”。

选定正确界面参数组后，必须设定当前配置的单个参数。单击设定PG/PC对话框内的“属性”按钮，根据选择的参数组(图8.10)，可进入几个可能的对话框之一。下面的部分详细介绍各对话框。

总之，欲选择界面参数组，按下列步骤进行：

① 在设定PG/PC界面对话框内(图8.7)，选择存取路径标签内应用存取点列举栏内的“Micro/WIN”。

② 确认已经安装硬件。

③ 决定要使用的协议，全部CPU应使用PPI协议。

④ 从设定PG/PC界面对话框内的界面参数列举栏内选择正确的设定。

⑤ 单击设定PG/PC界面对话框内的“属性”按钮。

随后根据选定的参数组作选择。

2. 设定PC/PPI线(PPI)参数

本部分讲解如何为Windows操作系统以及PC/PPI线设定PPI参数。在设定PG/PC界面对话框，单击“属性”按钮，PC/PPI线(PPI)的属性单出现(图8.10)。

进行通信时，STEP 7-Micro/WIN 32默认设定为多主PPI协议。此协议允许STEP 7-Micro/WIN 32与其他主设备(TD 200s及操作员板)在网络内共存。选择PG/PC界面内PC/PPI线属性对话上的“多主网络”即可启动此模式。Windows NT 4.0不支持多主选项。

STEP 7-Micro/WIN 32也支持单主PPI协议。使用单主协议时，STEP 7-Micro/WIN 32假定是网络内的唯一主设备，不与其他主设备合作共享网络。通过调制解调器进行传输或在非常嘈杂的网络上传输数据时，应使用单主协议。在PG/PC界面内的PC/PPI线属性对话框上清除“多主网络”选项，即可选择单主模式。

按照下列步骤设定PPI参数：

① PPI标签站参数区域内，在地址栏内选择一个号码。此号码表示希望STEP 7-Micro/WIN 32在可编程控制器网络内所处的位置。运行STEP 7-Micro/WIN32的个人电脑的默认站地址为站地址0。网络上的第一台PLC的默认站地址为站地址2。网络内的各设备(PC、PLC等)必须具有专用站地址，不要为多个设备指定相同地址。

② 在超时栏内选择数值。此数值代表希望通信设备建立联系所花费的时间长度。默认值应已足够。

③ 决定是否希望STEP 7-Micro/WIN32参加多主网络。可以保留多主网络栏内的选项，除非正在使用调制解调器或Windows NT 4.0时不能选定该栏，因为STEP 7-Micro/WIN32不支持这项功能。

④ 设定STEP 7-Micro/WIN 32在网络上的传输波特率。PPI线支持9.6 kbaud及

19.2 kbaud。

⑤ 选择最高站地址。达到此地址时，STEP 7-Micro/WIN 32 停止寻找网络上的其他主设备。

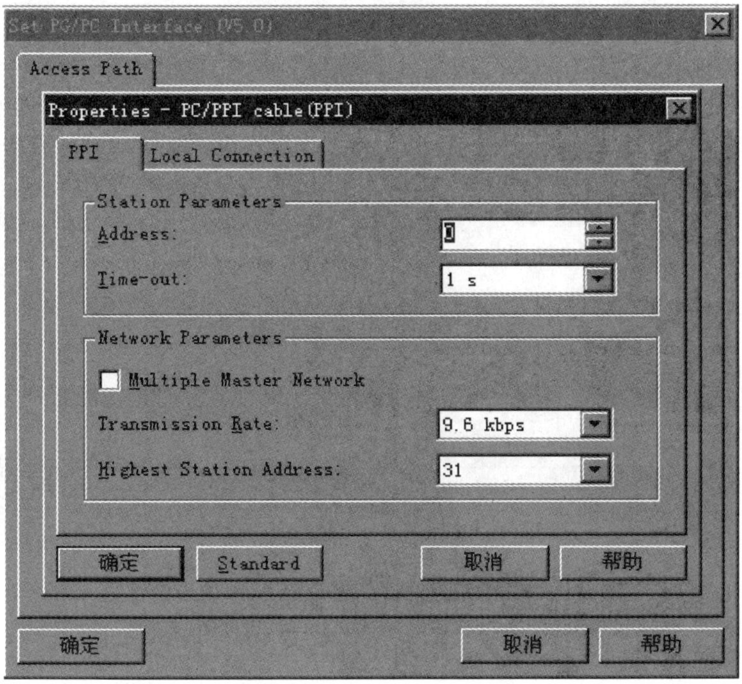

图 8.10　属性-PC/PPI 线(PPI)对话，PPI 标签

⑥ 单击本地连接标签，如图 8.11 所示。

⑦ 在本地连接标签内，选择 PC/PPI 连接的 COM 口。如果在使用调制解调器，选择调制解调器连接的 COM 口并选择调制解调器选项栏。

⑧ 单击“确定”按钮，退出设定 PG/PC 界面对话。

3. 使用带 MPI 或 CP 卡的 PC 配置：多主网络

使用多点界面卡或通信处理器卡时，可以采用多配置。两种卡均为使用 MPI 线进行网络连接提供单 RS-485 口。可以使运行 STEP 7-Micro/WIN32 编程软件(带 MPI 或 CP 卡的 PC，或 SIMATIC 编程设备)的站与包括多个主设备的网络相连接(如果已启动多个主设备，这也适用于 PC/PPI 线)。这些主设备包括操作员板及文本显示器(TD 200 单元)。图 8.12 表示将两个 TD 200 单元加入网络的配置。

注：如果正在使用 PPI 参数组，STEP 7-Micro/WIN 32 不支持两种不同应用同时在相同的 MPI 或 CP 卡上运行。通过 MPI 或 CP 卡将 STEP 7-Micro/WIN 32 接入网络，应先关闭其他应用。

在此配置内，下面列举通信可能性：

① 当 TD 200 单元(站 5 及站 1)与 CPU 224 模块(站 3 及 4)进行通信时，STEP 7-Micro/WIN 32(站 0)可监控编程站 2 的状态。

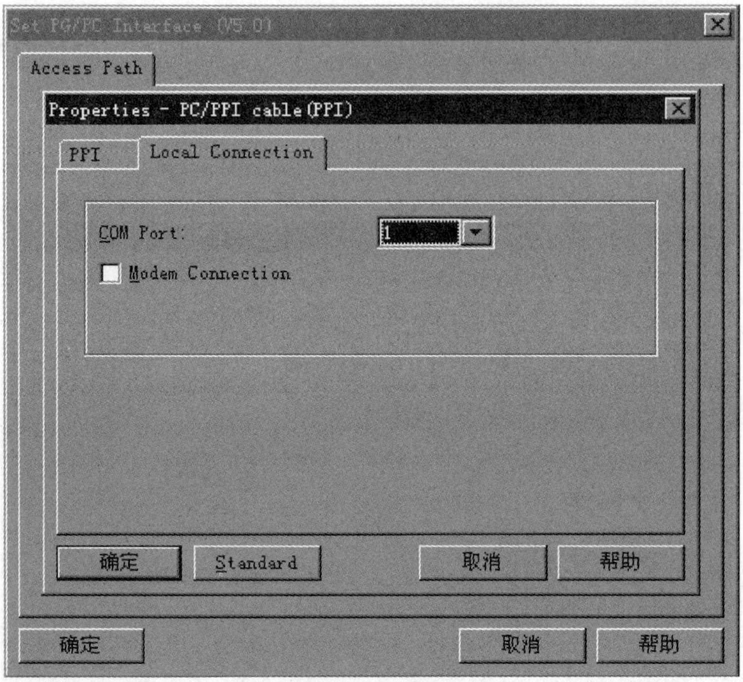

图 8.11　属性-PC/PPI 线(PPI)对话，本地连接标签

② 可启动两个 CPU 224 模块。使用网络指令(NETR 及 NETW)发送信息。

③ 站 3 可从站 2(CPU 222)及站 4(CPU 224)读取及写入数据。

④ 站 4 可从站 2(CPU 222)及站 3(CPU 224)读取及写入数据。

可使许多主站及从属站与相同网络相连接。但是，增加站对网络性能有不利影响。

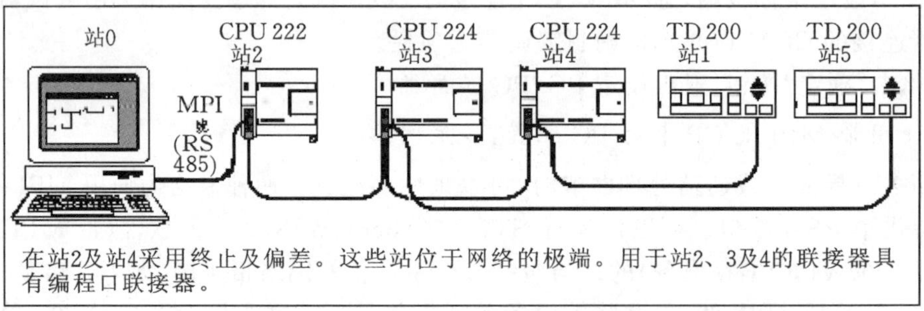

图 8.12　使用 MPI 或 CP 卡与 S7-200 CPU 通信

4. 设定 CP 或 MPI 卡(PPI)参数

本部分讲解如何为 Windows 操作系统及下列硬件设定 PPI 参数：CP5511、CP5611、MPI。

如果使用上面列举的任何 MPI 或 CP 卡及 PPI 协议，单击“属性...”按钮，XXX 卡(PPI) 的属性单出现。其中“XXX”代表安装卡的类型，例如 MPI-ISA。详见图 8.13。

注：S7-200CPU215 进行通信使用 MPI 协议。

按下列步骤设定 PPI 参数：

① 在 PPI 标签内，在地址栏内选择一个号码。此号码表示希望 STEP 7-Micro/WIN 32 在可编程控制网络内所处的位置。

② 在超时栏内选择数值。此数值代表希望通信设备建立联系所花费的时间长度。默认值应已经足够。

③ 设定 STEP 7-Micro/WIN 32 在网络上的传输波特率。

④ 选择最高站地址。达到此地址时，STEP 7-Micro/WIN 32 停止寻找网络上的其他主设备。

⑤ 单击"确定"按钮，退出设定 PG/PC 界面对话框。

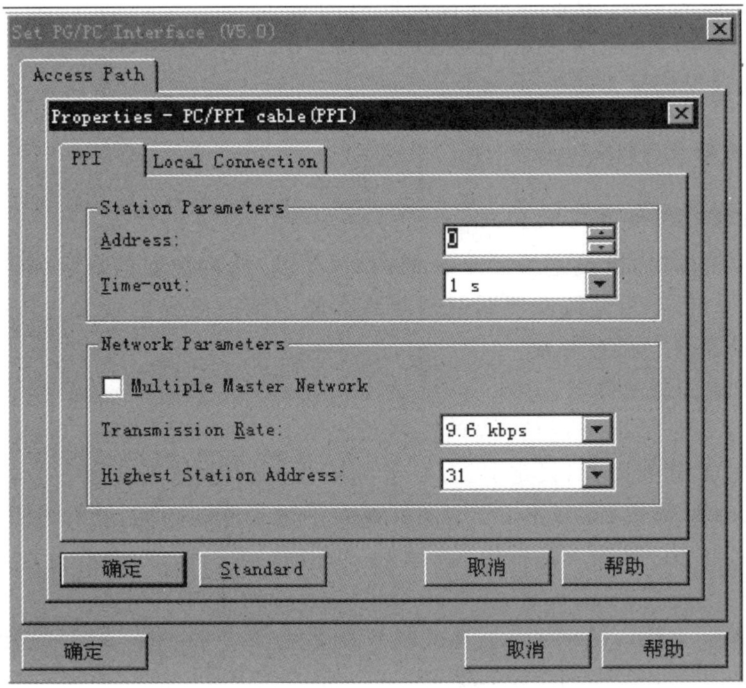

图 8.13　MPI-ISA 卡(PPI)属性单

5. 通信超时

在个人电脑上使用串行口通信及多主 PPI 协议设定，则可能发生通信超时(采用单主 PPI 协议设定时，不经常发生超时，但理论上仍可能发生)。当 FIFO 接收缓冲器设定值不够低时，将发生超时。此设定值不由 STEP 7-Micro/WIN 32 控制，但可从 Windows 存取并修改它。

注意：如果通信设定窗口显示设备图标时显示问号而不能正确表示网络内的设备，这就是发生通信超时的症状，可采用下列步骤修改此错误。

为了调节 FIFO 接收缓冲器设定预防通信超时，请按下列步骤进行：

① 从 Windows 桌面，右击"我的电脑"图标并选择属性菜单项目。

② 从系统属性对话框,选择设备管理器标签。

③ 从设备管理器标签,找到并双击“口”图标。

④ 从扩展口部分,找到并双击代表 STEP 7-Micro/WIN 32 使用的的通信口图标(可以检查 PC 或编程设备背面的连线确定正确的通信口,在 STEP 7-Micro/WIN 32 内设定通信时所选择的通信口必须与 PC 或编程设备所使用的通信口相匹配)。

⑤ 从通信口属性对话框,选择设定标签。

⑥ 从口设定标签,单击“先进”按钮。

⑦ 在先进口设定对话框内,检查“用户 FIFO 缓冲器”复选框,确定已选择该项。

⑧ 检查接收缓冲器条,如果尚未处于最低设定,将其移至最低设定。

⑨ 选择“确定”,确认选择并关闭打开的对话框。

完成这些步骤后,则不应该再发生通信超时问题。

注意:如果这样仍不能解决超时问题,请关闭其他网络应用软件或将 STEP 7-Micro/WIN 32 通信协议设定从多主改成单主。

8.3.3 调制解调器设置

1. 使用调制解调器时设定参数

使用调制解调器时,欲设定编程设备或 PC 与 CPU 之间的通信参数,必须使用 PC/PPI 线模块参数组,否则,不可使用配置调制解调器功能。确认已经启动配置调制解调器功能,然后按照下列步骤设定配置参数。

(1) 设定本地调制解调器

① 选择菜单命令检视→通信(或单击通信图标)。如果通信设定对话框显示 PC/PPI 线图标,双击 PC/PPI 线图标,设定 PG/PC 界面对话框出现,进行步骤③。如果通信设定对话框未显示 PC/PPI 线图标,双击 PC 卡图标或右手边顶部的图标,进行步骤②。

② 在设定 PG/PC 界面对话框内,选择 PC/PPI 线(PPI)。如果此选项不在列举栏内,则必须安装。

③ 单击“属性”按钮,显示 CPU 及调制解调器的 PC/PPI 线(PPI)属性单,如图 8.11 所示。

④ 在属性-PC/PPI 线(PPI)属性单内,单击本地连接标签。

⑤ 在 COM Port 区,保证使用调制解调器栏打钩。如果此栏为空,选择插入打钩记号,如图 8.11 所示。

⑥ 单击“确定”按钮,出现设定 PG/PC 界面对话框。

⑦ 单击“确定”按钮,出现通信设定对话框,现在有两个调制解调器图标及一个连接调制解调器图标(图 8.14)。

⑧ 在通信设定对话框内,双击第一个调制解调器图标。本地调制解调器设定对话框出现(图 8.15)。

⑨ 在本地调制解调器区,选择调制解调器类型。如果未列举调制解调器,选择增添按钮配置调制解调器。欲配置调制解调器,必须知道调制解调器的 AT 命令,可参考调制解调器手册。

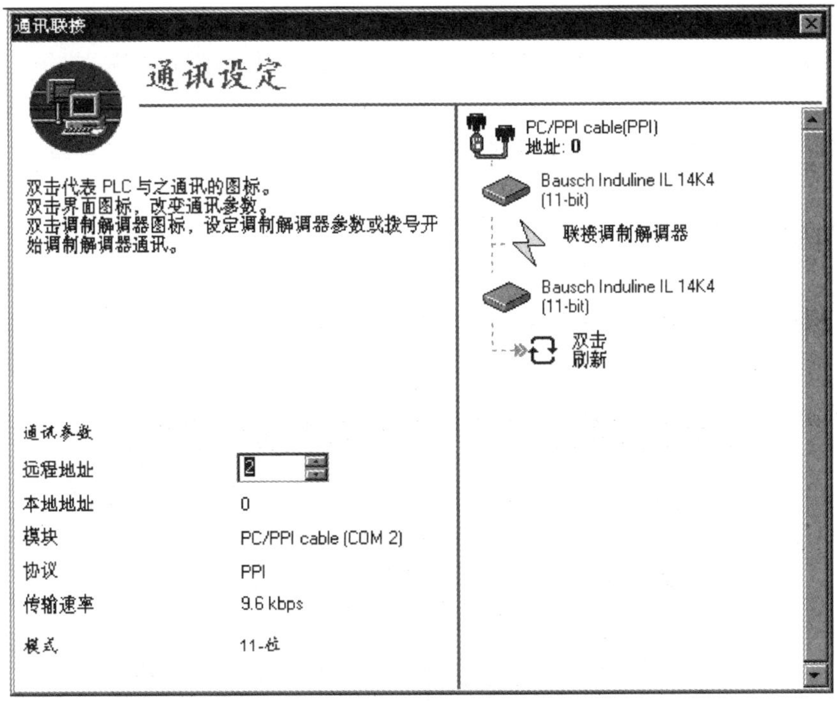

图 8.14　通信设定对话框

⑩ 在通信模式区域，选择通信模式(10-位或 11-位)。所选择的通信模式取决于调制解调器的能力。

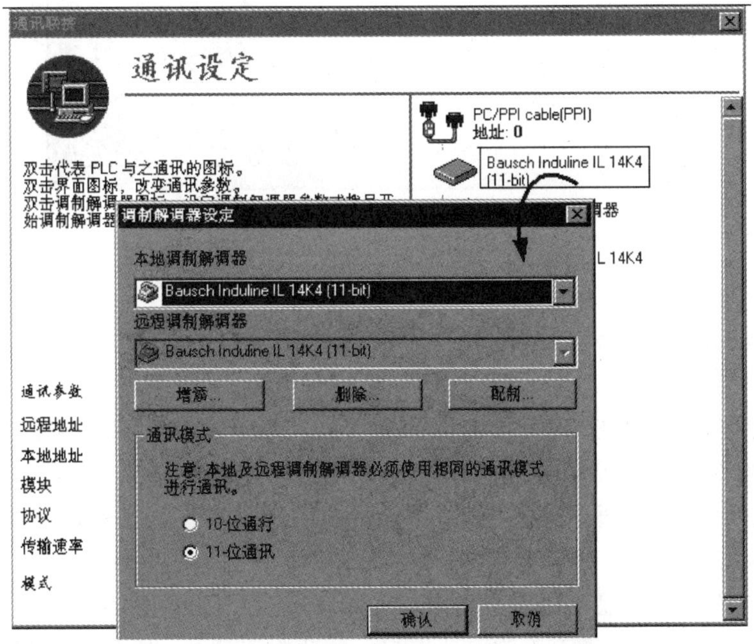

图 8.15　本地调制解调器的调制解调器设定对话框

⑪ 单击“配置”按钮，配置对话框出现（图 8.16）。如果正在使用预先定义的调制解调器，本对话框内可以编辑的唯一区域是超时区域。超时是本地调制解调器试图与远程调制解调器建立联系的时间长度。如果超时区域内指定的秒数在建立联系之前已经过去，则建立联系失败。如果不再使用预先定义的调制解调器，必须输入调制解调器的 AT 命令字符串。

⑫ 如果要测试本地调制解调器的配置，当调制解调器与本地机器（编程设备或 PC）相连接时，单击“程序/测试”按钮。这样配置调制解调器使用当前的协议及设定值，并确认调制解调器接受配置设定值。单击“OK”返回通信设定对话框。

⑬ 断开本地调制解调器，将远程调制解调器与本地机器（编程设备或 PC）相连接。

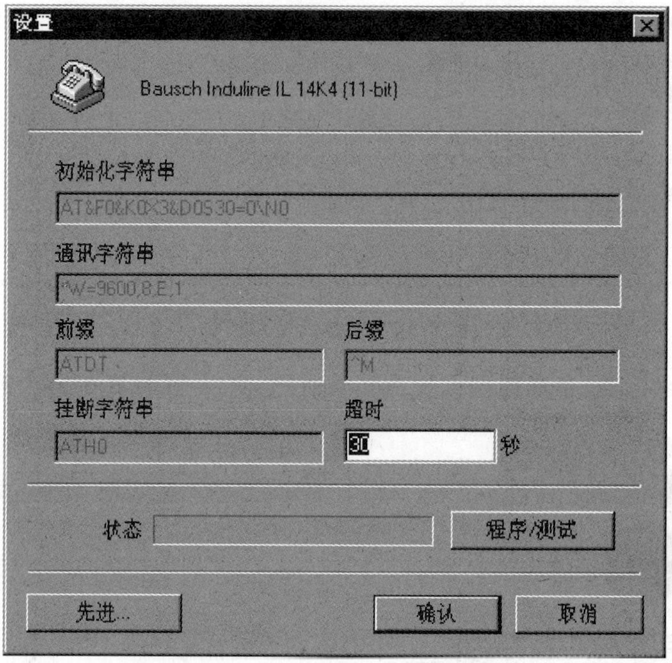

图 8.16　本地调制解调器配置

（2）设定远程调制解调器

① 在通信设定对话框内，双击第二个调制解调器图标（图 8.14）。远程调制解调器的调制解调器设定对话框出现（图 8.15）。

② 在远程调制解调器区，选择调制解调器类型。如果未列举调制解调器，选择“增加”按钮配置调制解调器。配置调制解调器时，必须知道调制解调器的 AT 命令。

③ 在通信模式区域，选择通信模式（10-位或 11-位）。所选择的通信模式取决于调制解调器的能力。

④ 单击“配置”按钮，配置对话框出现（图 8.16）。如果正在使用预先定义的调制解调器，则没有可编辑的域。如果不再使用预先定义的调制解调器，必须输入调制解调器的 AT 命令字符串。

⑤ 欲测试远程调制解调器的配置，当调制解调器与本地机器（编程设备或 PC）相连接时，单击“程序/测试”按钮。此动作将参数传输进入远程调制解调器内的内存芯片内。

⑥ 单击“确定”按钮，通信设定对话框出现。

⑦ 从本地机器（编程设备或 PC）上断开远程调制解调器。

⑧ 将远程调制解调器与 S7-200 可编程控制器相连接。

⑨ 将本地调制解调器与编程设定或 PC 相连接。

2. 连接调制解调器

① 欲连接调制解调器，双击通信设定对话框内的连接调制解调器图标，对话框出现，如图 8.17 所示。

② 在拨号对话框内的电话号码域输入电话号码。

③ 欲连接本地调制解调器与远程调制解调器，单击连接按钮。

④ 完成调制解调器设定。

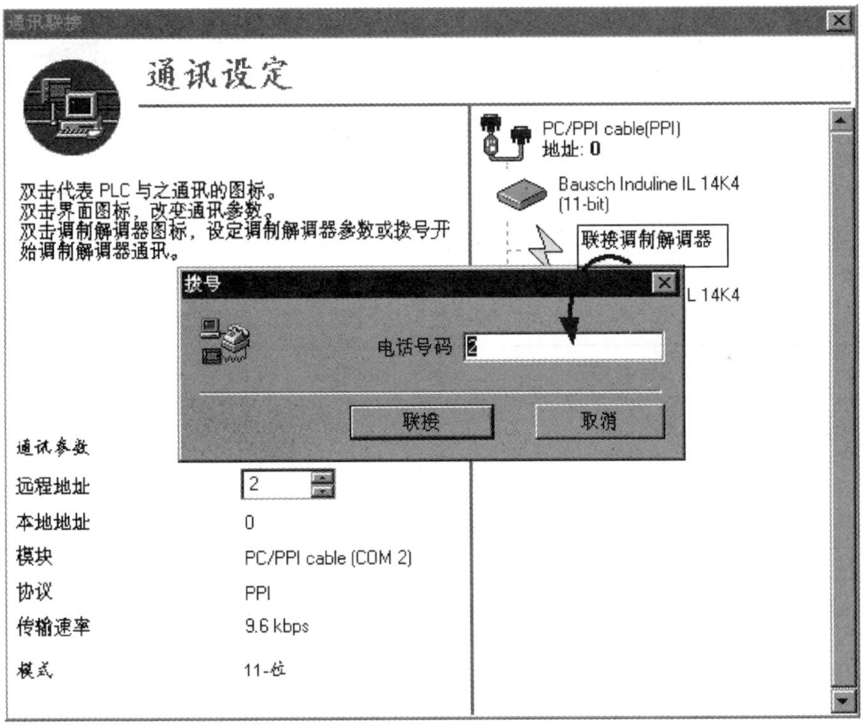

图 8.17　连接调制解调器

（1）使用 10-位调制解调器使 S7-200 CPU 与 STEP 7-Micro/WIN 32 主设备相连接

使用运行 Windows 操作系统的 PC 或 SIMATIC 编程设备（例如 PG 740）上的 STEP 7-Micro/WIN 32 作为单主设备，只能与一台 S7-200 CPU 相连接。可使用 Hayes-兼容的 10-位调制解调器与单个远程 S7-200 CPU 通信。

将需要下列设备：

① 单个 S7-200 CPU 作为从属设备。CPU 221、CPU 222、CPU 224 及 CPU 226 支持 10-位格式。先前的 S7-200 CPU 不支持 10-位格式。

② RS-232 线，使 PC 或 SIMATIC 编程设备与全双工，10-位本地调制解调器相连接。

③ 5-开关 PC/PPI 线(设定适当的波特率，10-位数据通信模式以及 DTE 模式)，连接远程调制解调器及 CPU(图 8.18)。

④ 一台可选用的 9 针至 25 针适配器(如果调制解调器连接器要求)。

注：4-开关 PC/PPI 线不支持 10-位格式。

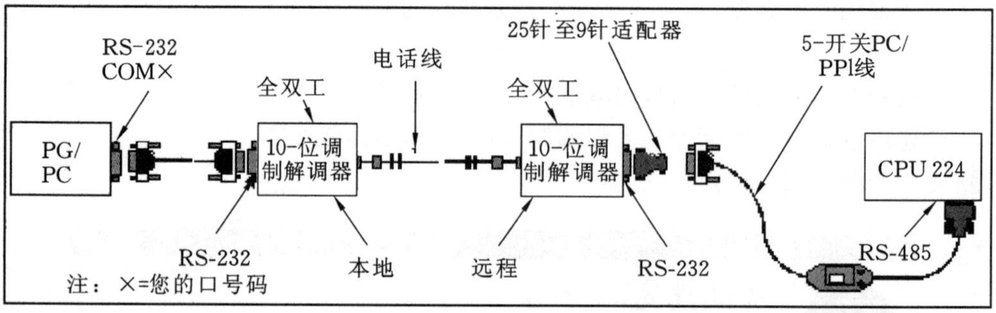

图 8.18 使用带 5-开关 PC/PPI 线的 10-位调制解调器与 S7-200 进行数据通信

这种配置只允许一台主设备及一台从属设备。在此配置内，S7-200 控制器要求 1 个起始位、8 个数据位、无奇偶位、1 个停止位、异时通信，传播速度为 9600/19,200 baud。调制解调器要求表 8.3 列举的设定值。图 8.19 所示为 25 针至 9 针适配器的针赋值。

表 8.3 10-位调制解调器要求的调制解调器设定值

调制解调器	数据格式	调制解调器与 PC 之间的传输速率	线路上的传输速率	其他特征
10-位	8 数据 1 起始 1 停止 无奇偶	9600 baud 19,200 baud	9600 baud 19,200 baud	忽略 DTR 信号 无硬件流控制 无软件流控制

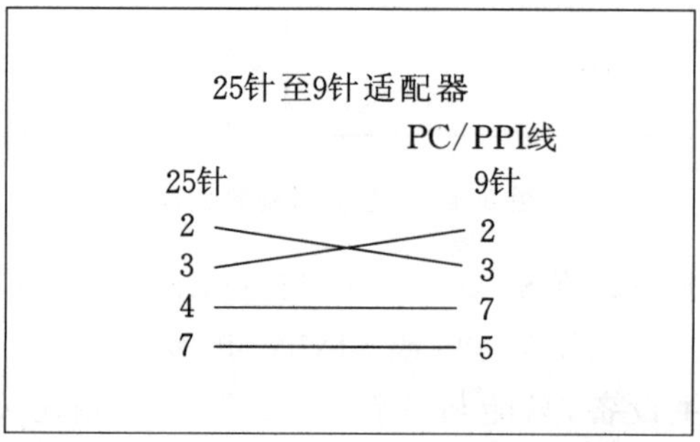

图 8.19 25 针至 9 针适配器的针赋值

(2) 使用 11-位调制解调器使 S7-200 CPU 与 STEP 7-Micro/WIN 32 主设备相连接

使用运行 Windows 操作系统的 PC 或 SIMATIC 编程设备(例如 PG 740)上的 STEP 7-Micro/WIN 32 作为单主设备,可与一台或多台 S7-200 CPU 相连接。大多数调制解调器不支持 11-位协议。需要下列设备:

① 标准 RS-232 线,使 PC 或 SIMATIC 编程机设备与全双工 11-位本地调制解调器相连接。

② 下列 PC/PPI 连线中的一种:

5-开关 PC/PPI 线(设定适当的波特率,11-位数据通信模式以及 DTE 模式),连接远程调制解调器及 CPU。

4-开关 PC/PPI 线(设定适当的波特率),以及调制解调器适配器,连接远程调制解调器及 CPU(图 8.20)。

③ 如果有多台 CPU 与远程调制解调器相连接,则需要 PROFIBUS 网络上的 Siemens 编程口连接器。

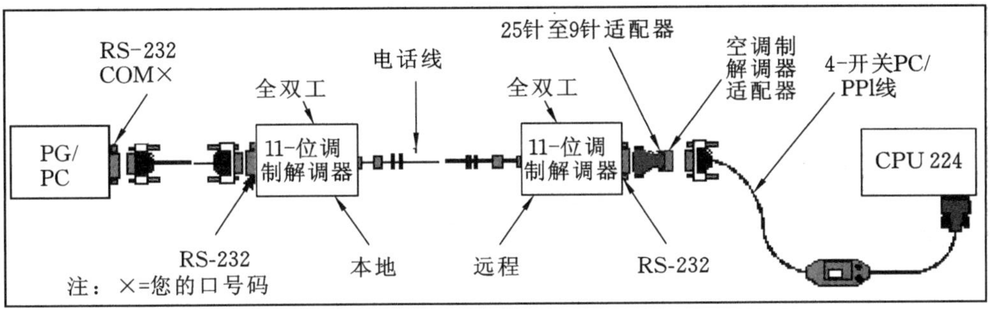

图 8.20　使用带 4-开关 PC/PPI 线的 11-位调制解调器与 S7-200 进行数据通信

这种配置只允许一台主设备并只支持 PPI 协议。为了通过 PPI 界面进行通信,S7-200 PLC 要求调制解调器使用 11-位数据字符串。在这种模式下,S7-200 控制器要求 1 个起始位、8 个数据位、1 个奇偶位(偶奇)、1 个停止位、异时通信,而且传输速度为 9600/19,200 baud。许多调制解调器不支持这种数据格式。

调制解调器要求表 8.4 列举的设定值。图 8.21 所示为空调制解调器适配器以及 25 针至 9 针适配器的针赋值。

表 8.4　11-位调制解调器要求的调制解调器设定值

调制解调器	数据格式	调制解调器与 PC 之间的传输速率	线路上的传输速率	其它特征
11-位	8 数据 1 起始 1 停止 1 奇(偶)	9600 baud 19,200 baud	9600 baud 19,200 baud	忽略 DTR 信号 无硬件流控制 无软件流控制

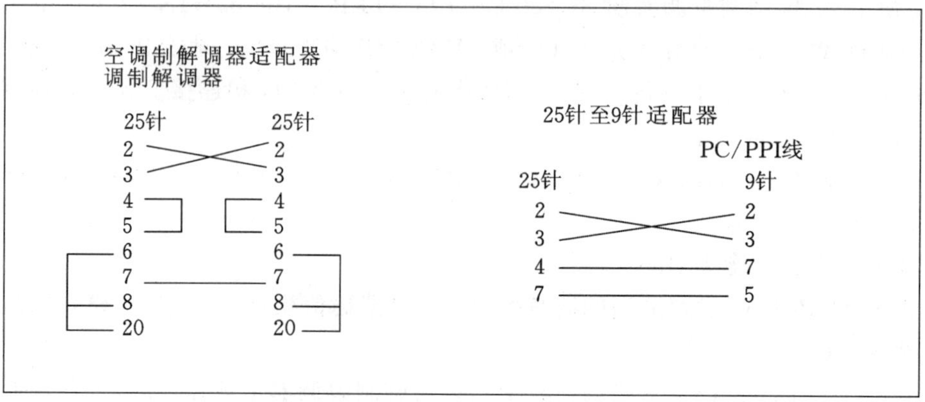

图 8.21　空调制解调器及 25 针至 9 针适配器的针赋值

习题 8

1. 可编程控制器 S7-200 主要由哪几部分组成?
2. 可编程控制器 S7-200 的扩展模块都有哪些?
3. 可编程控制器 S7-200 的内部资源都有哪些?
4. 可编程控制器 S7-200 的基本数据类型有什么?
5. 可编程控制器 S7-200 存储系统有哪几种?
6. 简述可编程控制器 S7-200 的应用场合。

第 9 章　S7-200 编程语言及基本指令系统

PLC 是通过运行编写的用户程序实现控制任务的。程序的编制是用一定的编程语言对一个控制任务进行描述。PLC 中的程序由系统程序和用户程序两部分组成。系统程序由 PLC 生产厂家提供，它支持用户程序的运行；用户程序是用户为完成特定的控制任务而编写的应用程序。要开发应用程序，首先应掌握 PLC 的编程语言。编程语言多种多样，不同的 PLC 厂家或不同 PLC 型号，采用的表达方式也不同，但基本上可以总结为五种：梯形图（LAD）、语句表（STL）、功能块图/逻辑功能图（FBD）、连续功能图（CFC）和 S7-GRAPH。用户可以选择一种语言编程，如果需要也可混合使用几种语言编程。这些编程语言都是面向用户的，它使控制程序的开发、输入、调试和修改工作大大简化。

S7-200 系列 PLC 有两类基本指令集：SIMATIC 指令和 IEC 1131-3 指令集，编程时可以任选一种。SIMATIC 指令集是 SIEMENS 公司专为 S7 系列 PLC 设计的，其特点是：指令执行时间短，可以用梯形图 LAD、语句表 STL 和功能块图 FBD 三种编程语言。IEC 1131-3 指令集是国际电工委员会（IEC）为不同 PLC 生产厂家制定的指令标准，它不能使用 STL 编程语言。在本书中，主要介绍 SIMATIC 指令集。

9.1　S7-200 编程语言

9.1.1　梯形图（LAD）

梯形图最接近于继电-接触控制系统中的电气控制原理图，它继承了继电-接触控制系统中的框架结构和逻辑关系，形象、直观、易学、实用，为广大电气技术人员所熟悉，是应用最多的一种 PLC 编程语言。

与计算机的语言相比，编程人员几乎不用去考虑系统内部的结构原理和硬件逻辑。因此，它很容易被一般的电气工程设计人员和运行维护人员所接受，是初学者理想的编程工具。所有厂商的可编程序控制器都支持梯形图语言，特别适用于开关量逻辑控制，是所有编程语言的首选，如图 9.1(a)所示。

9.1.2　语句表（STL）

语句表语言类似于计算机的汇编语言，特别适合于计算机领域的工程人员。创建的用户程序，属于面向机器硬件的语言。与其他语言相比，它更适合于熟悉可编程序控制器结构原理和逻辑编程的有经验的程序员。用语句表编写的控制程序生成的源机器代码最短，因而执行速度最快，而且用这种语言可以编写出用梯形图和功能块图无法实现的程序，如图 9.1(b)所示。

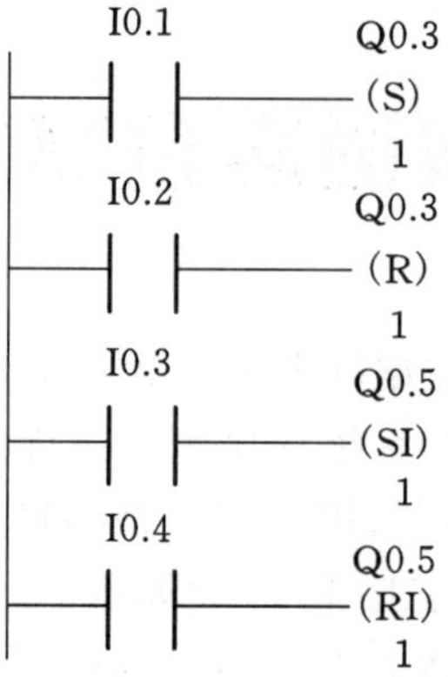

(a)

```
LD   I 0.1
S    Q 0.3, 1
LD   I 0.2
R    Q 0.3, 1
LD   I 0.3
SI   Q 0.5, 1
LD   I 0.4
RI   Q 0.5, 1
```

(b)

图 9.1　梯形图和语句表示例

9.1.3　连续功能图(CFC)

连续功能图是在原来的控制系统流程图(CSF)的基础上发展起来的，它通过绘制过程控制流程图，将各个程序块在版面上布置，然后将它们相互连接即可。因为这种编程仅仅是直接将功能程序块(可以来自系统提供的程序库，也可以是用户自行开发的程序)进行连接，所以它的特点是编程时间最短，编程工作量最小。连续功能图并不涉及所描述的控制功能的具体技术，它是一种通用的技术语言，如图 9.2 所示。

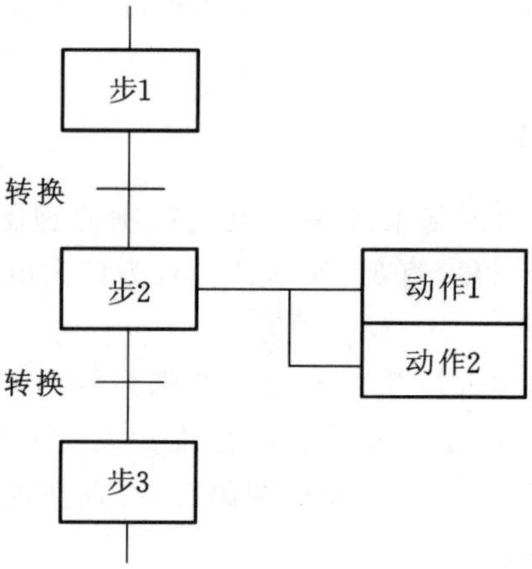

图 9.2　连续功能图示例

9.1.4　功能块图(FBD)

功能块图的图形结构与数字电子电路的结构极为相似，模块具有输入和输出端，输出和输入端的函数关系也使用与、或、非、异或等逻辑，模块之间的连接方式与电路的连接方式也基本相同。熟悉电路工作的编程人员习惯使用这种语言，如图 9.3 所示。

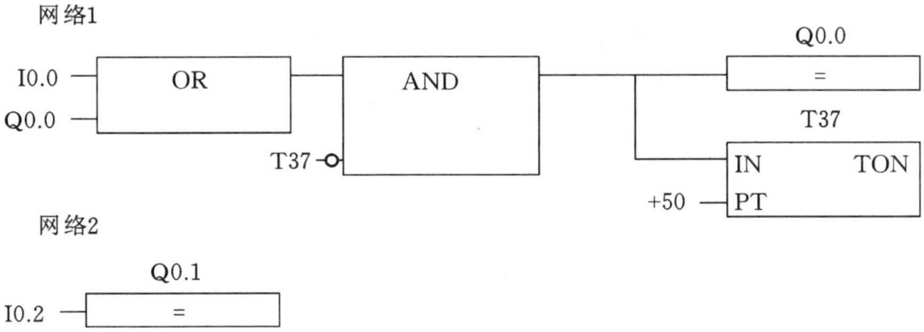

图 9.3　功能块图示例

9.1.5　S7-GRAPH

高级编程语言，适合于熟悉计算机高级语言的编程人员使用。当遇到复杂运算和处理大量数据时，使用它们可以大大地节省编程时间，而且使源程序清晰易读，降低出错率。目前 PLC 可以使用的高级语言有两大类：一是直接将诸如 Borland C/C＋＋开发环境应用到 PLC 的程序设计领域；另一类是各厂商自行开发的高级编程语言，或称之为编程工具。

S7-GRAPH 是 SIEMENS 公司 SIMATIC 工业软件中的工程工具，是专为 S7 系列的大、中型 PLC 提供的高级编程工具。S7-GRAPH 是通过绘制功能流程图的方法完成顺序控制。当用 S7-GRAPH 语言编程时，不必用复杂的书面图表来描述顺序和步进控制。这是一种特有的编程语言，所涉及的软件程序包可以使程序开发工作变得非常简单、省时，而且利用这些工具可使系统的结构体现得非常清楚。

9.2　S7-200 梯形图的特点和编程规则

梯形图(LAD，Ladder Logic Programming Language)是 PLC 使用得最多的图形编程语言，被称为 PLC 的第一编程语言。所以本节以及之后的章节我们都以梯形图作为研究对象。

9.2.1　S7-200 梯形图特点

① PLC 的梯形图是“从上到下”，按行绘制的，两侧的竖线类似电气控制图的电源线，通常称作母线(Bus Bar)，大部分梯形图只保留左母线；梯形图的每一行是“从左到右”绘制，左侧总是输入接点，最右侧为输出元素，“触点”代表逻辑输入条件，如开关、按钮、内部条件等；“线圈”通常代表逻辑输出结果，如指示灯、接触器、中间继电器和电磁阀等。对 S7-200 系列的 PLC 来说还有一种输出“盒”(功能框)，它代表附加的指令，如定时器、计数器或数学运算等功能指令，如图 9.4 所示。

② 电气控制电路左右母线为电源线，中间各支路都加有电压。当支路接通时，有电流流过支路上的触点与线圈。而梯形图的左右母线是一种界限线，并未加电压。当梯形图中的支路(逻辑行)接通时，并没有电流流动，有时称有“电流”流过，只是一种假想电流，只为了

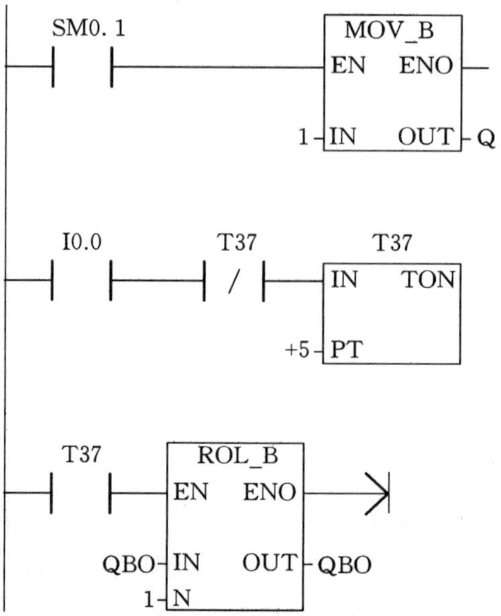

图 9.4 梯形图示例

分析方便。梯形图中的假想电流在图中只能作单方向的流动,即只能从左向右流动。层次改变(接通的程序)也只能先上后下,与程序编写时的步序号是一致的。

③ 梯形图中的输入接点如 I0.0,I0.1 等,输出线圈如 Q0.0,Q0.1 等不是物理接点和线圈,而是输入、输出存储器中输入、输出点的状态,并不是接线时现场开关的实际状态;输出线圈只对应输出映像区的相应位,该位的状态必须通过 I/O 模块上对应的输出单元才能驱动现场执行机构。

④ 梯形图中使用的各种 PLC 内部器件,如辅助继电器、定时器和计数器等,也不是真的电器器件,但具有相应的功能,因此通常按电气控制系统中相应器件的名称称呼它们。梯形图中每个继电器和触点均为 PLC 存储器中的一位。相应位为“1”,表示继电器线圈通电、常开接点闭合或常闭接点断开。相应位为“0”,表示继电器线圈断电、常开接点断开或常闭接点闭合。

⑤ 梯形图中的继电器触点既可常开又可常闭,其常开、常闭触点的数目理论上是无穷多个(也受到存容量限制)且也不会磨损。因此,在梯形图设计中,可不考虑触点数量。这给设计者带来很大方便。对外部输入信号,只要接入一个信号到 PLC 即可。

⑥ 电气控制电路中各支路是同时加上电压并行工作的,而 PLC 是采用循环扫描方式工作。梯形图中各元件是按扫描顺序依次执行的,是一种串行处理方式。由于扫描时间很短(一般不超过几十毫秒),所以控制效果同电气控制电路是基本相同的。但在设计梯形图时,对这种并行处理与串行处理的差别有时应予注意,特别是那些在程序执行阶段还要随时对输入、输出状态存储器进行刷新操作的 PLC,不要因为对串行处理这一特点考虑不够而引起偶然的误操作。

9.2.2　S7-200 梯形图编程原则

梯形图的设计必须满足控制要求，这是设计梯形图的前提条件。此外，在绘制梯形图时，还要遵守相应的绘图基本原则。

① 梯形图按“自上而下，从左到右”的顺序绘制。与每个输出线圈相连的全部支路形成一个逻辑行，即一层阶梯。它们形成一组逻辑关系，控制一个动作。如图 9.5 所示，每一个逻辑行起于左母线，然后是触点的连接，最后终止于输出线圈。绘制梯形图时应注意，输出线圈与右母线之间不能有任何触点，而输出线与左母线之间必须有触点。

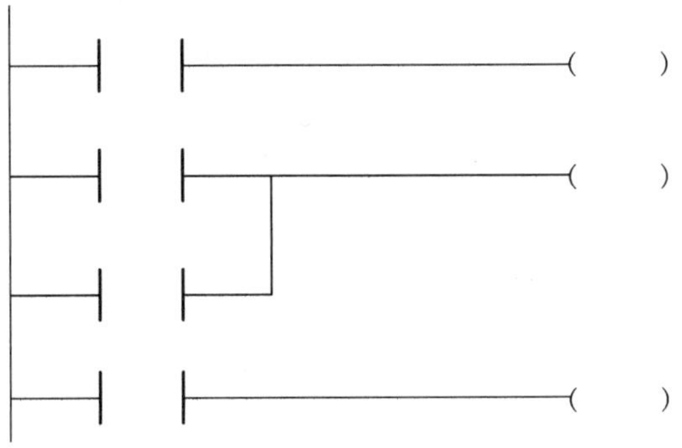

图 9.5　梯形图绘制原则示例 1

② 在每一个逻辑行上，当几条支路串联时，串联触点多的应安排在上面，如图 9.6 所示。当几条支路并联时，并联触点多的应安排在左面，如图 9.7 所示。这样可以减少编程指令。

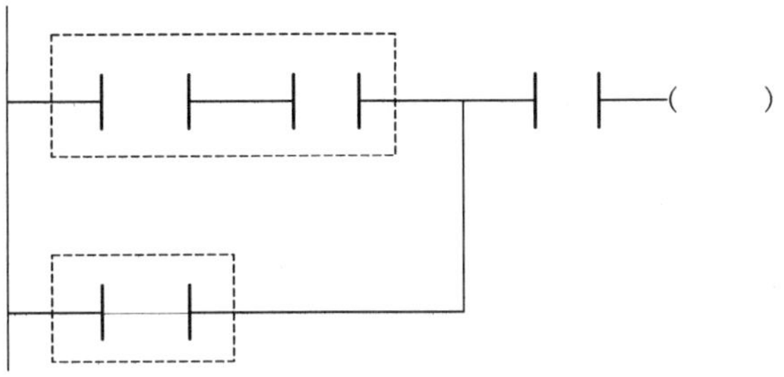

图 9.6　梯形图绘制示例 2

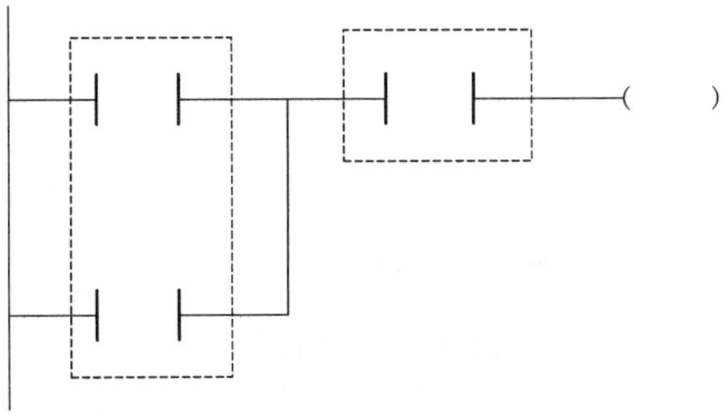

图 9.7　梯形图绘制示例 3

③ 梯形图中的触点应画在水平支路上，不应画在垂直支路上，如图 9.8 中“①”和“②”处虚线框内的支路画法都是不允许的。不包含触点的支路应放在垂直方向，不应放在水平方向，如图 9.8 中“③”处所示。

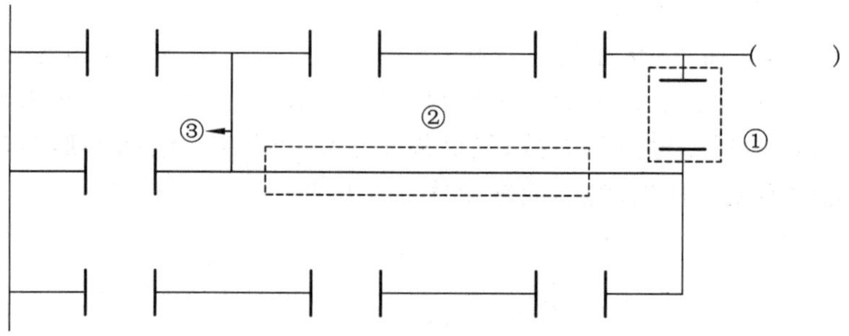

图 9.8　梯形图绘制示例 4

④ 在梯形图中的一个触点不应有双向电流通过，如图 9.9 所示。这种情况下不可编程。遇到这种情况，应将梯形图进行适当变化，变为逻辑关系明确的支路串、并联关系，并按前面的几项原则安排各元件的绘制顺序。如图 9.10 所示。

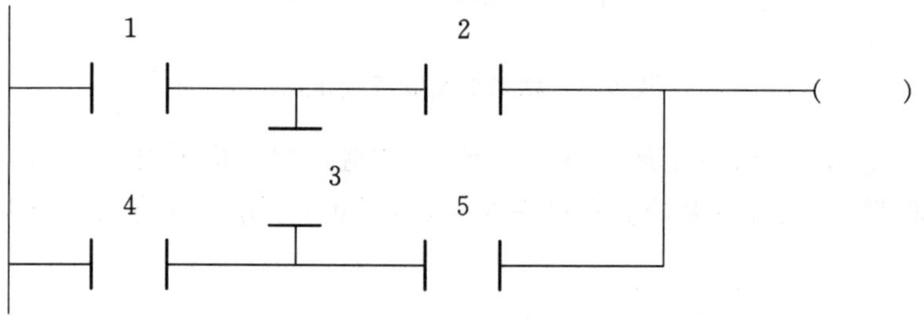

图 9.9　梯形图绘制示例 5

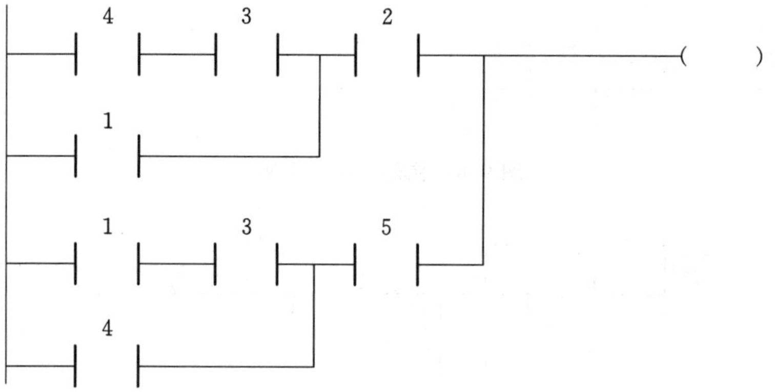

图 9.10　梯形图绘制示例 6

⑤ 在梯形图中，如果两个逻辑行之间互有牵连且逻辑关系又不清晰，应将梯形图进行变换，以便于编程，如图 9.11 变换成图 9.12。

⑥ 在梯形图中任一支路上的串联触点、并联触点及内部并联线圈的个数一般不受限制

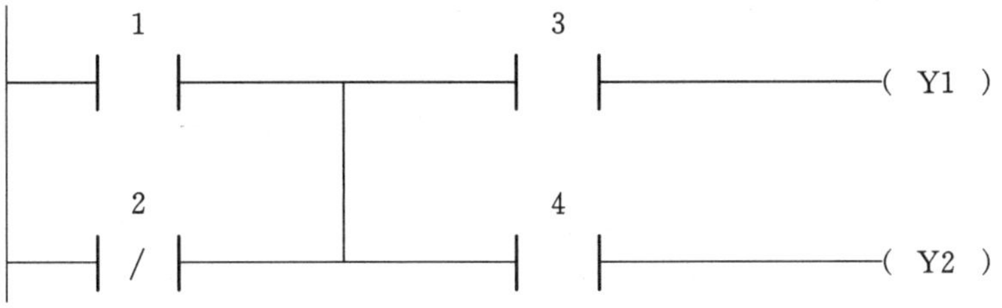

图 9.11　梯形图绘制示例 7

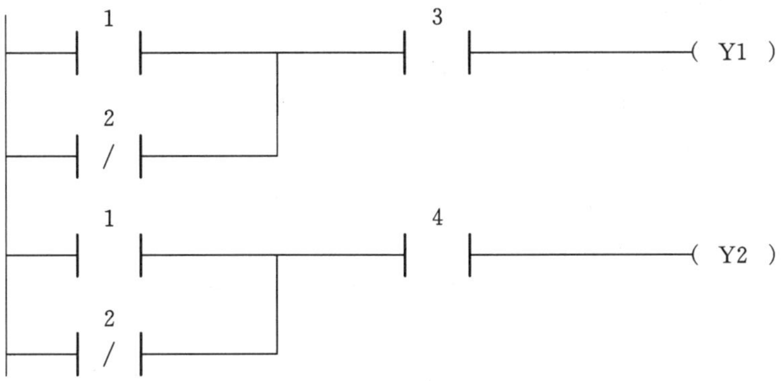

图 9.12　梯形图绘制示例 8

(有的 PLC 有自己的规定，使用时注意看相关的说明书)。在中小型 PLC 中，由于堆栈层次一般为 8 层，因此，连续进行并联支路块串联操作、串联支路块并联操作等的次数，一般不应超过 8 次。

9.2.3　S7-200 程序结构

S7-200 的程序结构属于线性化编程，其用户程序一般由 3 部分构成：用户程序、数据块和参数块。

1. 用户程序

一个完整的用户程序一般是由一个主程序、若干子程序和若干个中断处理子程序组成的。对线性化编程，主程序应安排在程序的最前面，其次为子程序和中断程序。

如果用工业编程软件 STEP 7-Micro/WIN32 在计算机上编程，可以用两种方法组织程序结构：一种方法是利用编程软件的程序结构窗口，分别双击主程序、子程序和中断程序的图标，即可进入各个程序块的编程窗口，编译时编程软件自动对各个程序段进行连接；另一种方法是只进入主程序窗口，将主程序、子程序和中断程序按顺序依次安排在主程序窗口。

2. 数据块

S7-200 中的数据块，一般为 DB1，主要用来存放用户程序运行所需的数据。在数据块中允许存放的数据类型为：布尔型、十进制、二进制或十六进制，字母、数字和字符型。

3. 参数块

在 S7-200 中，参数块中存放的是 CPU 组态数据。如果在编程软件或其他编程工具上未进行 CPU 的组态，则系统以默认值进行自动配置。

9.3 S7-200 编程器件选择

STEP7-Micro/WIN 提供 3 种程序编辑器来创建用户程序：梯形图（LAD）、语句表（STL）和功能块图（FBD）。用任何一种程序编辑器编写的程序，都可以用另外一种程序编辑器来浏览和编辑，但要遵循一些输入规则。

9.3.1 LAD 编辑器

LAD 编辑器以图形方式显示程序，与电气原理图类似。梯形图程序允许程序仿真来自电源的电流通过一系列的逻辑输入条件，决定是否能使逻辑输出。

在实际编程中，逻辑控制是分段的，程序在同一时间执行一段。

LAD 编辑器中，不同的指令用不同的图形符号表示。它包括 3 种基本形式：

① “触点”代表逻辑输入条件，例如：开关、按钮或者内部条件等；

② “线圈”通常代表逻辑输出结果，例如：灯负载、接触器、中间继电器或者内部输出条件；

③ “盒”（功能框）表示其他指令，例如：定时器、计数器、传送或者数学运算指令等。

选择 LAD 编辑器，有如下几点好处：

① 梯形图逻辑易于初学者使用；

② 图形表示法易于理解而且全世界通用；

③ LAD 编辑器能够使用 SIMATIC 和 IEC1131-3 指令集。

④ 可以使用 STL 编辑器显示所有用 LAD 编辑器编写的程序。

9.3.2 STL 编辑器

STL 编辑器按照文本语言的形式显示程序，它允许使用指令助记符来创建控制程序。STL 也允许创建用 LAD 和 FBD 编辑器无法创建的程序。这些基于文本的概念与汇编语言编程非常相似。

CPU 按照从上到下的次序执行程序的每一条指令，然后回到程序的开始重新执行。STL 使用一个逻辑堆栈来分析控制逻辑，可以插入 STL 指令来处理堆栈操作。当选择 STL 编辑器时，要考虑以下几点：

① STL 最适合有经验的程序员。

② STL 有时能够解决用 LAD 或 FBD 不容易解决的问题。

③ 当使用 STL 编辑器时，只能使用 SIMATIC 指令典。

④ 虽然可以用 STL 编辑器查看编辑用 LAD 或 FBD 编辑器编写的程序，但反之不一定成立。LAD 成 FBD 编辑器不一定总能显示所有利用 STL 编辑器编写的程序。

9.3.3 FBD 编辑器

FBD 编辑器以图形方式显示程序，由通用逻辑门图形组成。它没有梯形图编辑器中的触点和线圈，但有与之等价的指令。这些指令是作为盒指令出现的，程序逻辑由这些盒指令之间的连接决定。一条指令的输出可以作为另一条指令的输入，这样可以建立所需要的控制逻辑。这样的连接概念可以解决范围广泛的逻辑问题。

选择 FBD 编程器，有如下几点好处：

① 图形逻辑门的表示形式有利于程序流的跟踪。

② FBD 编辑器能够使用 SIMATIC 和 IEC 1131-3 指令集。

③ 可以使用 STL 编辑器显示所有用 FBD 编辑器编写的程序。

9.3.4　STEP7-Micro/WIN 32 软件介绍

STEP7-Micro/WIN 是专为 S7-200 PLC 设计的编程和配置软件，是 SIMATIC 公司 S7-200 系列 PLC 用户不可缺少的开发工具。STEP7-Micro/WIN 的使用基于 Windows 操作系统。需要注意的是，S7-200PLC 的编程软件 STEP7-Micro/WIN 与 S7-300/400PLC 编程软件 STEP7 并不通用，存在一定的差异。我们主要介绍 S7-200 所用的软件。它是一种模块化设计的交互软件工具系统，采用多种标准，实现数据共享。它具有高度开放的系统平台、高度集成的工具系统和诊断功能，实现自动化工程项目中的系统组态，编制用户程序和工程文件，进行通信设置、系统测试和过程控制。

STEP7 基本软件是用于 SIMATIC S7/M/C7 可编程控制器的标准工具。该软件一般预先安装在专用的图形编辑器 PG 720/720C、PG740、PG760 中，或者安装在 Windows 平台的 PC 上。

STEP7 基本软件为用户提供的工具主要有：

① SIMATIC 管理器：用于集中管理 SIMATIC S7/M7/C7 的所有的工具软件和数据；

② 符号编辑器：用于定义符号名称、数据类型以及对全局变量的注释；

③ 硬件配置工具：用于对自动化系统进行配置和对各模板进行参数设置；

④ 通信组态工具：用于配置通信连接；

⑤ 系统诊断工具：用于快速浏览 CPU 数据和用户程序在运行中的故障原因；

⑥ 标准化的 PLC 编程语言：语句表 STL、梯形图 LAD 及功能块图 FBD；

⑦ 转换程序：用于转换在 STEP5 或 TISOFT 中生成的程序。

除 STEP7 基本软件外，在标准工具中还有 STEP7-Mini 和 STEP7-Micro。

1. STEP7-Micro/WIN 32 编程软件

(1) 系统要求

运行 STEP7-Micro/WIN32 编程软件的计算机系统要求见表 9.1。

表 9.1　系统要求

CPU	80486 以上的微处理器
内存	8 MB 以上
硬盘	50 MB 以上
操作系统	Windows 95，Windows 98，Windows ME，Windows 2000
计算机	IBMPC 及兼容机

(2) 硬件连接

利用一根 PC/PPI(个人计算机/点对点接口)电缆可建立个人计算机与 PLC 之间的通信。这是一种单主站通信方式,不需要其他硬件,如调制解调器和编程设备等。

典型的单主站连接如图 9.13 所示。把 PC/PPI 电缆的 PC 端与计算机的 RS-232 通信口(COM1 或 COM2)连接,把 PC/PPI 电缆的 PPI 端与 PLC 的 RS-485 通信口连接即可。

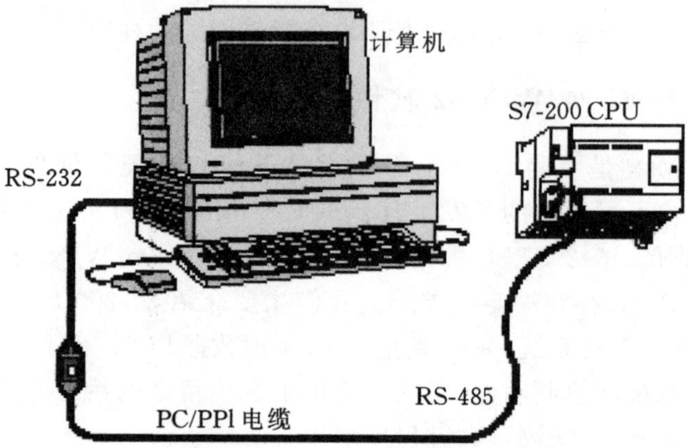

图 9.13　PLC 与计算机之间的连接

(3) 软件安装

STEP7-Micro/WIN32 编程软件可以从西门子公司的网站上下载,也可以用光盘安装,安装步骤如下:

① 双击 STEP7-Micro/WIN32 的安装程序 setup.exe,则系统自动进入安装向导。

② 在安装向导的帮助下完成软件的安装。软件安装路径可以使用默认的子目录,也可以用"浏览"按钮,在弹出的对话框中任意选择或新建一个子目录。

③ 在安装过程中,如果出现 PG/PC 接口对话框,可点击"取消"进行下一步。

④ 在安装结束时,会出现下面的选项:

是,我现在要重新启动计算机(默认选项);

否,我以后再启动计算机。

建议用户选择默认项,单击"完成"按钮,结束安装。

⑤ 软件安装结束后,会出现两个选项:

是,我现在浏览 Readme 文件(默认选项);

是,我现在进入 STEP7-Micro/WIN32;

如果选择默认选项,可以使用德语、英语、法语、西班牙语和意大利语阅读 Readme 文件,浏览有关 STEP7-Micro/WIN32 编程软件的信息。

2. STEP7-Micro/WIN32 编程软件的主要功能

(1) 基本功能

STEP7-Micro/WIN32 编程软件的基本功能是协助用户完成应用软件的开发,其主要实现以下功能:

① 在脱机(离线)方式下创建用户程序,修改和编辑原有的用户程序。在脱机方式时,计算机与 PLC 断开连接,此时能完成大部分的基本功能,如编程、编译、调试和系统组态等,但所有的程序和参数都只能存放在计算机的磁盘上。

② 在联机(在线)方式下可以对与计算机建立通信关系的 PLC 直接进行各种操作,如上载、下载用户程序和组态数据等。

③ 在编辑程序的过程中进行语法检查,可以避免一些语法错误和数据类型方面的错误。经语法检查后,梯形图中错误处的下方自动加红色波浪线,语句表达错误行前自动画上红色叉,且在错误处加上红色波浪线。

④ 对用户程序进行文档管理和加密处理等。

⑤ 设置 PLC 的工作方式、参数和运行监控等。

(2) 主界面各部分功能

STEP7-Micro/WIN32 编程软件的主界面外观如图 9.14 所示。

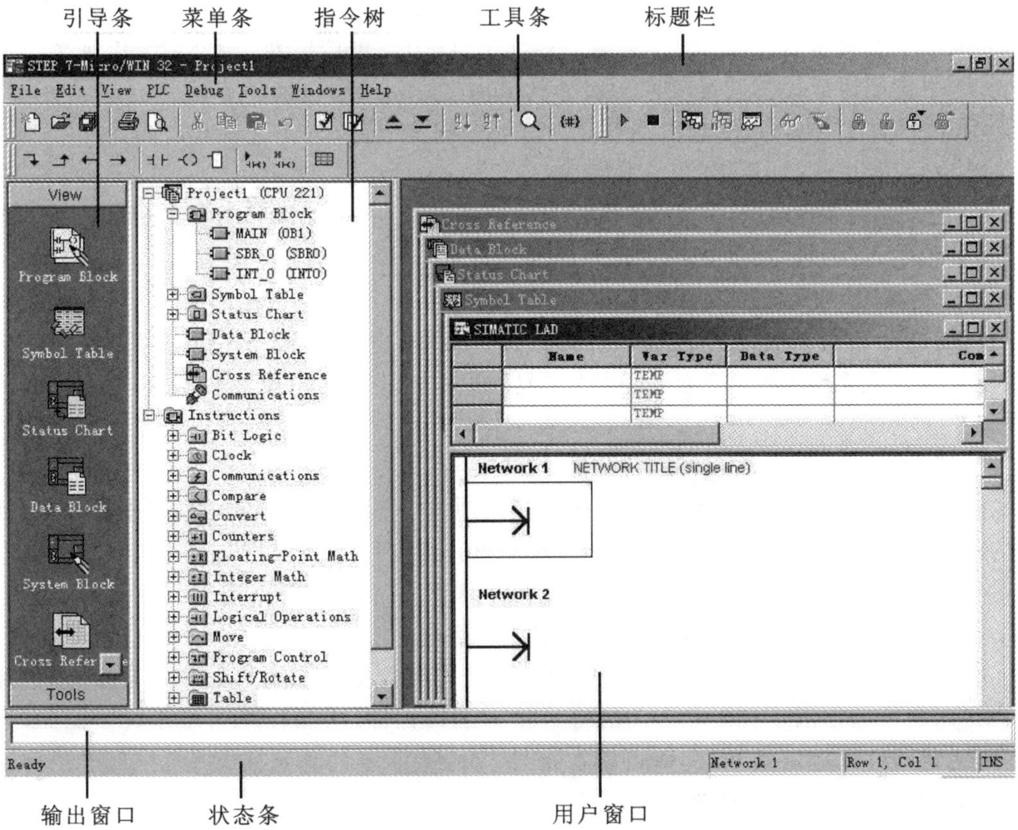

图 9.14　STEP7-Micro/WIN32 **编程软件界面**

界面一般可以分成以下几个区:标题栏、菜单条(包含 8 个主菜单项)、工具条(快捷按钮)、引导条(快捷操作窗口)、指令树(快捷操作窗口)、输出窗口、状态条和用户窗口(可同时或分别打开 5 个用户窗口)。

除菜单条外,用户可以根据需要决定其他窗口的取舍和样式。

① 菜单条

在菜单条中共有8个主菜单选项，各主菜单项的功能如下：

· 文件(File)菜单项可完成如新建、打开、关闭、保存文件、导入和导出、上传和下载程序、文件的页面设置、打印预览和打印设置等操作。

· 编辑(Edit)菜单项提供编辑程序用的各种工具，如选择、剪切、复制、粘贴程序块或数据块的操作，以及查找、替换、插入、删除和快速光标定位等功能。

· 视图(View)菜单项可以设置编程软件的开发环境，如打开和关闭其他辅助窗口(如引导窗口、指令树窗口、工具条按钮区)；执行引导条窗口的所有操作项目；选择不同语言的编程器(LAD、STL或FBD)；设置3种程序编辑器的风格(如字体、指令盒的大小等)。

· 可编程控制器(PLC)菜单项用于实现与PLC联机时的操作，如改变PLC的工作方式、在线编译、清除程序和数据、查看PLC的信息以及PLC的类型选择和通信设置等。

· 调试(Debug)菜单项用于联机调试。

· 工具(Tools)菜单项可以调用复杂指令(如PID指令、NETR/NETW指令和HSC指令)；安装文本显示器TD200；改变用户界面风格(如设置按钮及按钮样式、添加菜单项)；用"选项"子菜单可以设置三种程序编辑器的风格(如语言模式、颜色等)。

· 窗口(Windows)菜单项的功能是打开一个或多个窗口，并进行窗口间的切换。可以设置窗口的排放方式(如水平、垂直或层叠)。

· 帮助(Help)菜单项可以方便地检索各种帮助信息，还提供网上查询功能。而且在软件操作过程中，可随时按F1键来显示在线帮助。

② 工具条

将STEP7-Micro/WIN32编程软件最常用的操作以按钮形式设定到工具条，提供简便的鼠标操作。可以用"视图"菜单中的"工具"选项来显示或隐藏3种按钮：标准、调试和指令。

③ 引导条

在编程过程中，引导条提供窗口快速切换的功能，可用"视图"菜单中的"引导条"选项来选择是否打开引导条。引导条中有以下七种组件。

· 程序块(Program Block)由可执行的程序代码和注释组成。程序代码由主程序(0B1)、可选的子程序(SBR0)和中断程序(INT0)组成。

· 符号表(Symbol Table)用来建立自定义符号与直接地址间的对应关系，并可附加注释，使得用户可以使用具有实际意义的符号作为编程元件，增加程序的可读性。例如，系统的停止按钮的输入地址是I0.0，则可以在符号表中将I0.0的地址定义为stop，这样梯形图所有地址为I0.0的编程元件都由stop代替。

当编译后，将程序下载到PLC中，所有的符号地址都将被转换成绝对地址。

· 状态图(Status Chart)用于联机调试时监视各变量的状态和当前值。只需要在地址栏中写入变量地址，在数据格式栏中标明变量的类型，就可以在运行时监视这些变量的状态和当前值。

· 数据块(Data Block)可以对变量寄存器V进行初始数据的赋值或修改，并可附加必要的注释。

· 系统块(System Block)主要用于系统组态。系统组态主要包括设置数字量或模拟量输入滤波、设置脉冲捕捉、配置输出表、定义存储器保持范围、设置密码和通信参数等。

· 交叉索引(Cross Reference)可以提供交叉索引信息、字节使用情况和位使用情况信息,使得 PLC 资源的使用情况一目了然。只有在程序编辑完成后,才能看到交叉索引表的内容。在交叉索引表中双击某个操作数,可以显示含有该操作数的那部分程序。

· 通信(Communications)可用来建立计算机与 PLC 之间的通信连接以及通信参数的设置和修改。

在引导条中单击“通信”图标,则会出现一个“通信”对话框。双击其中的“PC/PPI”电缆图标,将出现“PG/PC”接口对话框,此时可以安装或删除通信接口,检查各参数设置是否正确,其中波特率的默认值是 9600。

设置好参数后,就可以建立与 PLC 的通信联系。双击“通信”对话框中的“刷新”图标,STEP7-Micro/WIN32 将检查所有已连接的 S7-200 的 CPU 站,并为每一个站建立一个 CPU 图标。

建立计算机与 PLC 的通信联系后,可以设置 PLC 的通信参数。单击引导条中“系统块”图标,将出现“系统块”对话框,单击“通信口(Port)”选项,检查和修改各参数,确认无误后,单击“确认(OK)”按钮。最后单击工具条的“下载(Download)”按钮,即可把确认后的参数下载到 PLC 主机。

用指令树窗口或视图(View)菜单中的选项也可以实现各编程窗口的切换。

④ 指令树

指令树提供编程所用到的所有命令和 PLC 指令的快捷操作。可以用视图(View)菜单的“指令树”选项来决定其是否打开。

⑤ 输出窗口

该窗口用来显示程序编译的结果信息。如各程序块的信息、编译结果有无错误以及错误代码和位置等。

⑥ 状态条

状态条也称任务栏,用来显示软件执行情况,编辑程序时显示光标所在的网络号、行号和列号,运行程序时显示运行的状态、通信波特率和远程地址等信息。

3. STEP7-Micro/WIN32 编程软件的使用

(1) 生成程序文件

程序文件的来源有三个:新建一个程序文件、打开已有的程序文件和从 PLC 上载程序文件。

① 新建程序文件

可以用“文件(File)”菜单中的“新建(New)”项或工具条中的“新建(New)”按钮新建一个程序文件。图 9.15 所示为一个新建程序文件的指令树。

在新建程序文件的初始设置中,文件以“Project1(CPU221)”命名,CPU221 是系统默认的 PLC 的 CPU 型号。在指令树中可见一个程序文件包含 7 个相关的块(程序块、符号表、状态图、数据块、系统块、交叉索引及通信),其中程序块包含一个主程序(MAIN)、一个可选的子程序(SBR_0)和一个中断服务程序(INT_0)。

用户可以根据实际编程的需要修改程序文件的初始设置。

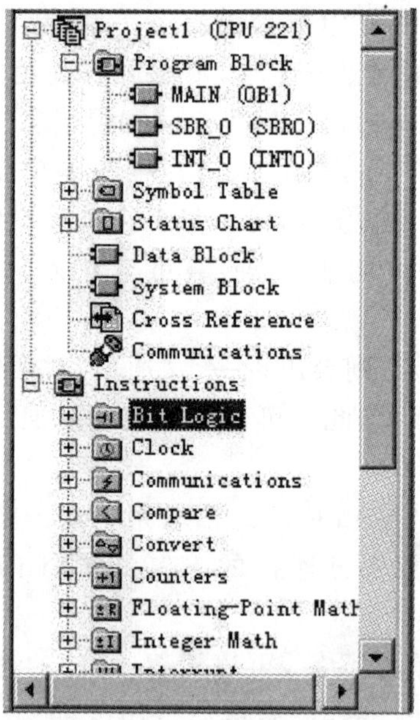

图 9.15　新建程序文件结构

a. 确定 PLC 的 CPU 型号。右击“Project1(CPU221)”图标，在弹出的按钮中单击“类型(Type)”，就可在对话框中选择实际的 PLC 型号。也可用“PLC”菜单中的“类型(Type)”项来选择 PLC 型号。

b. 程序更名。如果要更改程序的文件名，可点击“文件(File)”菜单中“另存为(Save as)”项，在弹出的对话框中键入新的文件名。

程序块中主程序的名称一般用默认名称“MAIN”，任何程序文件都只有一个主程序。

对子程序和中断程序的更名可在指令树窗口中右击需要更名的子程序或中断程序名，在弹出的选择按钮中单击“重命名(Rename)”，然后键入新名称。

c. 添加子程序或中断程序。

方法一：在指令树窗口中右击“程序块(Program Block)”图标，在弹出的选择按钮中单击“插入子程序(Insert Subroutine)”或“插入中断程序(Insert Interrupt)”项。

方法二：用“编辑(Edit)”菜单中“插入(Insert)”项下的“子程序(Subroutine)” 或“中断程序(Interrupt)”来实现。

方法三：右击编辑窗口，在弹出的选项中选择“插入(Insert)”项下的“子程序(Subroutine)” 或“中断程序(Interrupt)”命令。

新生成的子程序或中断程序会根据已有的子程序或中断程序的数目自动递增编号，用户可将其更名。

② 打开程序文件

打开磁盘中已有的程序文件，可用“文件(File)”菜单中的“打开(Open)”命令，或单击工具条中的“打开(Open)”按钮。

③ 上载程序文件

在与 PLC 建立通信的情况下，可以将存储在 PLC 中的程序和数据传送给计算机。可用“文件(File)”菜单中的“上载(Upload)”命令，或单击工具条中的“上载(Upload)”按钮来完成文件的上载。

(2) 编辑程序文件

利用 STEP7-Micro/WIN32 编程软件进行程序的编辑和修改一般采用梯形图编辑器，下面将介绍梯形图编辑器的一些基本编辑操作。语句表和功能表图编辑器的操作可类似进行。

① 输入编程元件

梯形图的编程元件有触点、线圈、指令盒、标号及连接线，可用两种方法输入。

方法一：用工具条上的一组编程按钮，如图 9.16 所示。单击触点(Contact)、线圈(Coil)或指令盒(Box)按钮，从弹出的窗口中选择要输入的指令，单击即可。

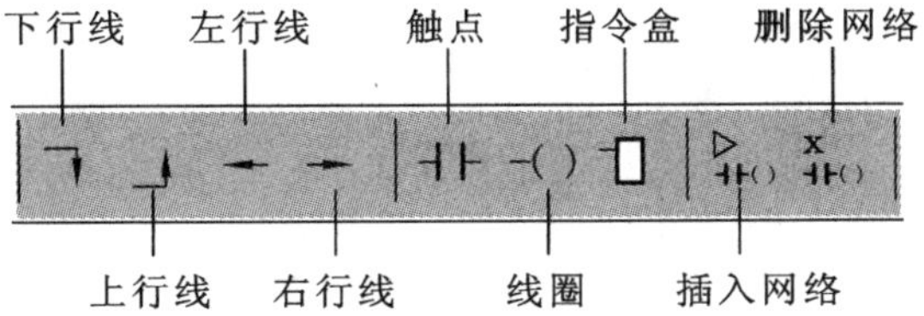

图 9.16　编辑按钮

工具条中的编程按钮有 9 个，下行线、上行线、左行线和右行线按钮用于输入连接线，形成复杂的梯形图；触点、线圈和指令盒按钮用于输入编程元件；插入网络和删除网络按钮用于编辑程序。

方法二：根据要输入的指令类别，双击指令树中该类别的图标，选择相应的指令，单击即可(图 9.17)。

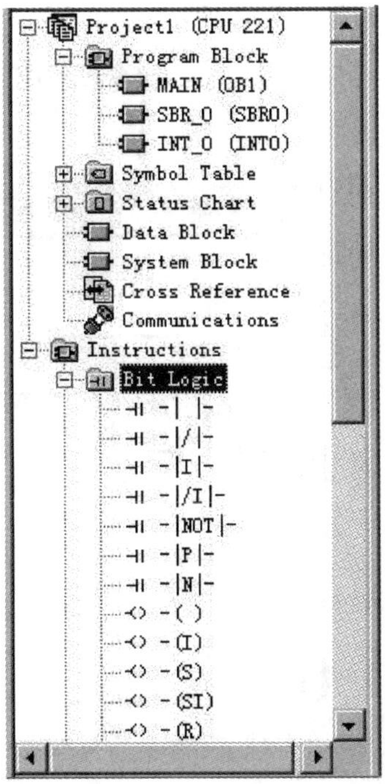

图 9.17　指令树中的位逻辑指令

输入编程元件的步骤：

a. 顺序输入编程元件。在一个网络中，如果只有编程元件的串联连接，输入和输出都无分支，则可从网络的开始依次输入各个编程元件，每输入一个编程元件，光标自动右移一列，如图 9.18 所示。

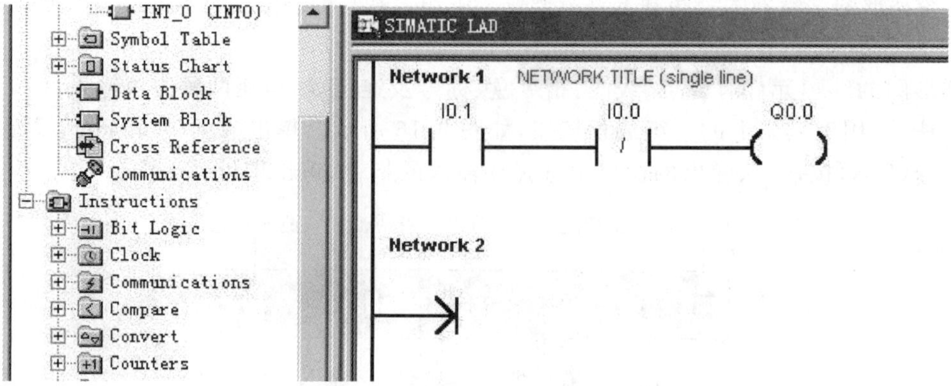

图 9.18　顺序输入编程元件

b. 输入操作数。输入编程元件后，会出现“??.?”或“????”，表示此处应输入操作数。单击“??.?”或“????”，即可键入操作数。

c. 任意添加编程元件。如果想在任意位置添加一个编程元件，只需单击这一位置，将光标移到此处，然后输入编程元件。

② 复杂结构输入

如果想编辑图 9.19 的梯形图，可单击图 9.18 中网络 1 第一行的下方，然后在光标显示处输入触点，生成新的一行。输入完成后，将光标移回到刚输入的触点处，单击工具栏中“上行线(Line Up)”按钮即可。

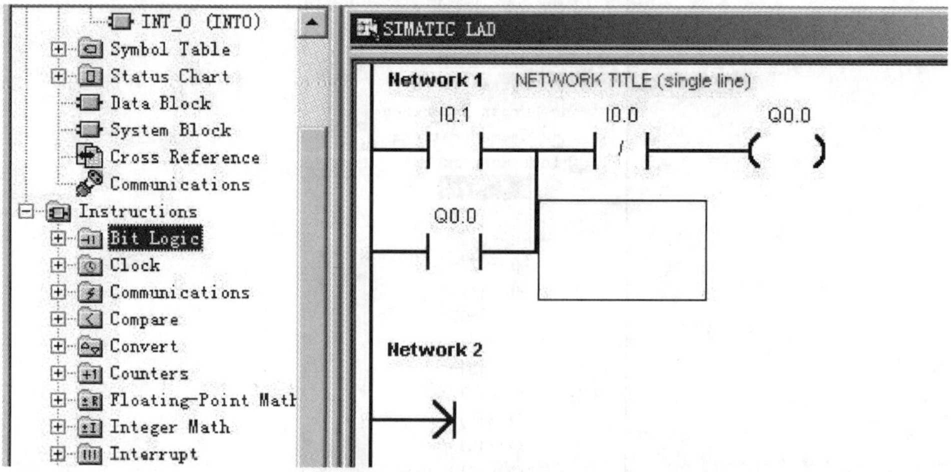

图 9.19　复杂结构输入

如果要在一行的某个元件后向下分支，可将光标移到该元件处，单击“下行线(Line

Down)”按钮即可。

③ 插入和删除

编辑程序时，经常要进行插入或删除一行、一列、一个网络、一个字程序或一个中断程序的操作，实现上述操作的方法有两种。

方法一：右击程序编辑区中要进行插入（或删除）的位置，在弹出的菜单中选择“插入(Insert)”或“删除(Delete)”，继续在弹出的子菜单中单击要插入（或删除）的选项，如行(Row)、列(Column)、向下分支(Vertical)、网络(Network)、中断程序(Interrupt)和子程序(Subroutine)。如图 9.20 所示。

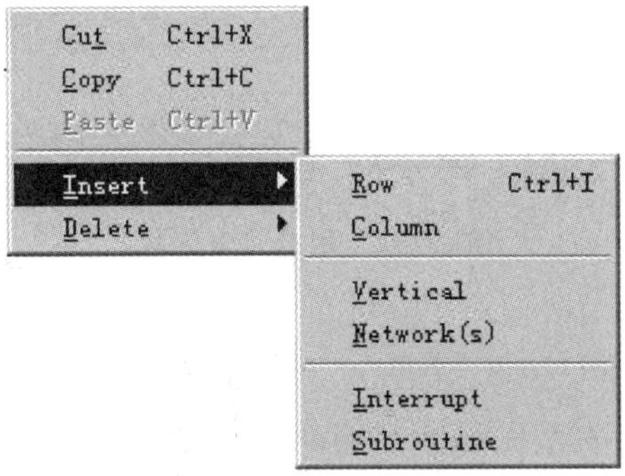

图 9.20　插入或删除操作

方法二：将光标移到要操作的位置，用“编辑(Edit)”菜单中“插入(Insert)”或“删除(Delete)”命令完成操作。

④ 块操作

块操作包括块选择、块剪切、块删除、块复制和块粘贴，可方便实现对程序的移动、复制和删除操作。

⑤ 编辑符号表

单击引导条中“符号表(Symbol Table)”图标，或使用“视图(View)”菜单中的“符号表(Symbol Table)”命令，进入符号表窗口，如图 9.21 所示。单击单元格可进行符号名、直接地址和注释的输入。图 9.19 中的直接地址编号在编写了符号表后，经编译可形成如图 9.22 的结果。

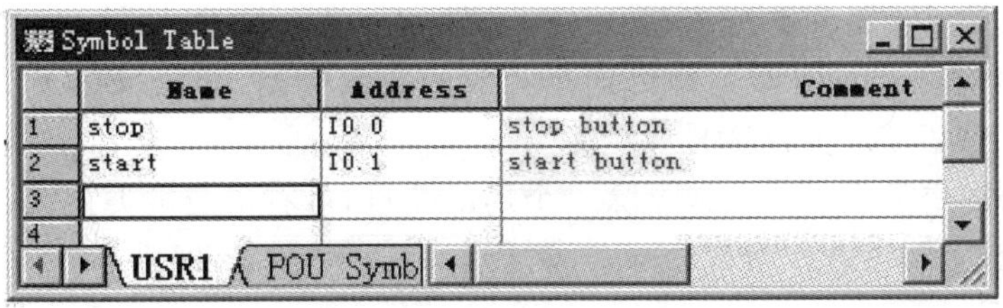

图 9.21　“符号表”窗口

要想在梯形图中显示符号，可选中“视图(View)”菜单中的“符号寻址(Symbolic Addressing)”项。反之，要在梯形图中显示直接地址，则取消“符号寻址(Symbolic Address-

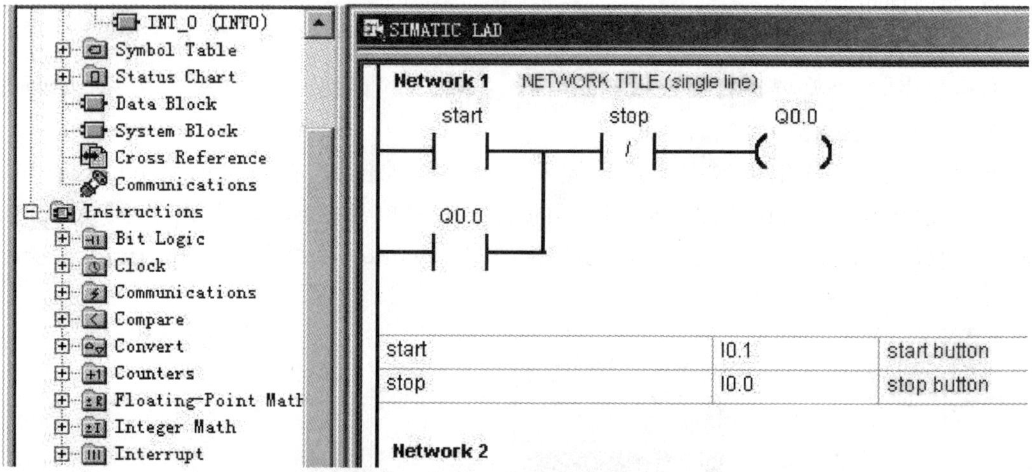

图 9.22　用符号表编程

ing)”项。

⑥ 使用局部变量表

局部变量表是用来定义有范围限制的局部变量。局部变量只能在创建它的程序单元中有效，而全局变量在各程序单元均有效，可用符号表定义全局变量。

打开局部变量表的方法是将光标移到程序编辑区的上边缘，然后向下拖动，则自动出现局部变量表，如图 9.23 所示。在局部变量表中可以设置变量名称(Name)、变量类型(Var Type)、数据类型(Data Type)和注释(Comment)，系统会自动分配局部变量的存储位置。

	Name	Var Type	Data Type	Comment
	EN	IN	BOOL	
L0.0	IN1	IN	BOOL	
LB1	IN2	IN	BYTE	
LD2	INOUT	IN_OUT	DWORD	
LD6	OUT1	OUT	DWORD	
		TEMP		

图 9.23　局部变量表

在局部变量表中，变量类型有输入(IN)、输出(OUT)、输入-输出(IN-OUT)及暂存(TEMP)四种，根据不同的参数类型可选择相应的数据类型，如位(BOOL)、字节(BYTE)、字(WORD)、整数(INT)、实数(REAL)等。

如果要在局部变量表中插入或删除一个局部变量，可右击变量类型区，在弹出的菜单中选择“插入”或“删除”，再选择“行(Row)”或“行下(Row Below)即可。

⑦ 添加注释

梯形图编辑器中的“Network *n*”表示每个网络，同时也是标题栏，可在此为每个网络添加标题或注释说明。用鼠标双击“Network *n*”区域，弹出的对话框如图 9.24 所示，在“标题(Title)”文本框中键入标题，在“注释(Comment)”文本框中键入注释。

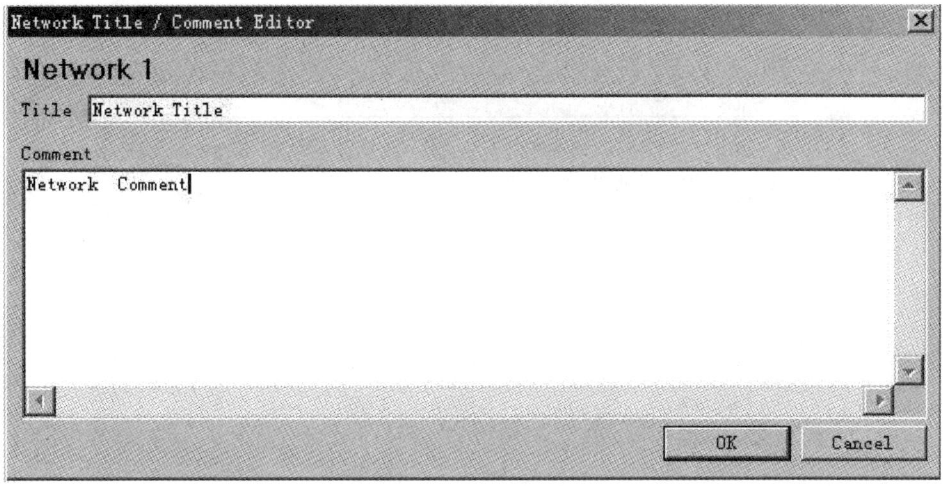

图 9.24　“标题和注释”窗口

⑧ 切换编程语言

STEP7-Micro/WIN32 编程软件可方便地进行语句表、梯形图和功能表图的相互切换。在“视图(View)”菜单中单击“STL”“LAD”或“FBD”，即可进入相应的编程环境。

⑨ 编译程序

程序文件编辑完成后，可用“PLC”菜单中的“编译(Compile)”命令，或工具栏中的“编译(Compile)”按钮进行离线编译。编译结束后，将在输出窗口中显示编译结果。

⑩ 下载程序

程序只有在编译正确后才能下载到计算机中。下载前，PLC 必须处于“STOP”状态。如果不在 STOP 状态，可单击工具条中“停止(STOP)”按钮，或选择“PLC”菜单中的“停止(STOP)”命令，也可以将 CPU 模块上的方式选择开关直接扳到“停止(STOP)”位置。

为了使下载的程序能正确执行，下载前应将 PLC 中存储的源程序清除。单击“PLC”菜单项中的“清除(Clear)”命令，在出现的对话框中选择“清除全部(Clear All)”即可。

(3) 打印程序文件

单击“文件(File)”菜单中的“打印(Print)”选项，在如图 9.25 所示的对话框中可以选择打印的内容，如阶梯(Ladder)、符号表(Symbol Table)、状态图(Status Chart)、数据块(Data Block)、交叉索引(Cross Reference)及元素使用(Element Usage)。还可以选择阶梯打印的范围，如全部(All)、主程序(MAIN)、子程序(SBR)以及中断程序(INT)。

单击图 9.25 中左下角的“选项(Options)”按钮，将出现如图 9.26 所示的对话框，可选择每页打印的列数(Number of Columns to Print)、属性(Properties)、局部变量表(Local Variable Table)及网络注释(Network Comments)。

4. 程序的调试及监控

STEP7-Micro/WIN32 编程软件允许用户在软件环境下直接调试并监控程序的运行。

(1) 选择扫描次数

当监视用户程序的执行时，可选择单次或多次扫描。应先将 PLC 的工作方式设为

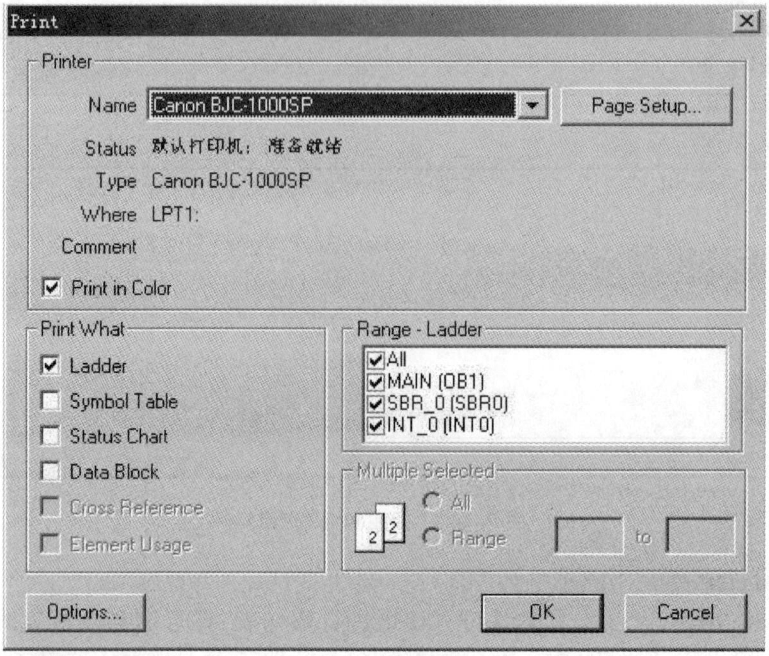

图 9.25 “打印输出”窗口

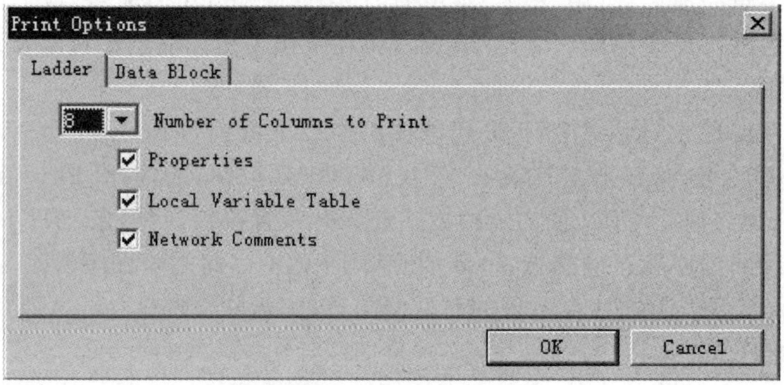

图 9.26 “打印选项”窗口

“STOP”，使用“调试(Debug)”菜单中的“多次扫描(Multiple Scans)”或“初次扫描(First Scans)”命令。在选择多次扫描时，要指定扫描的次数。

(2) 使用状态图监控程序

STEP7-Micro/WIN32 编程软件可以使用状态图来监视用户程序的执行情况，并可对编程元件进行强制操作。

① 使用状态图

在引导条窗口中单击“状态图(Status Chart)”图标，或使用“调试(Debug)”菜单中的“状态图(Status Chart)”命令就可打开状态图窗口，如图 9.27 所示。在状态图的“地址(Address)”栏中键入要监控的编程元件的直接地址(或用符号表中的符号名称)，在“格式

(Format)"栏中显示编程元件的数据类型，在"当前数值(Current Value)"栏中可读出编程元件的状态和当前值。

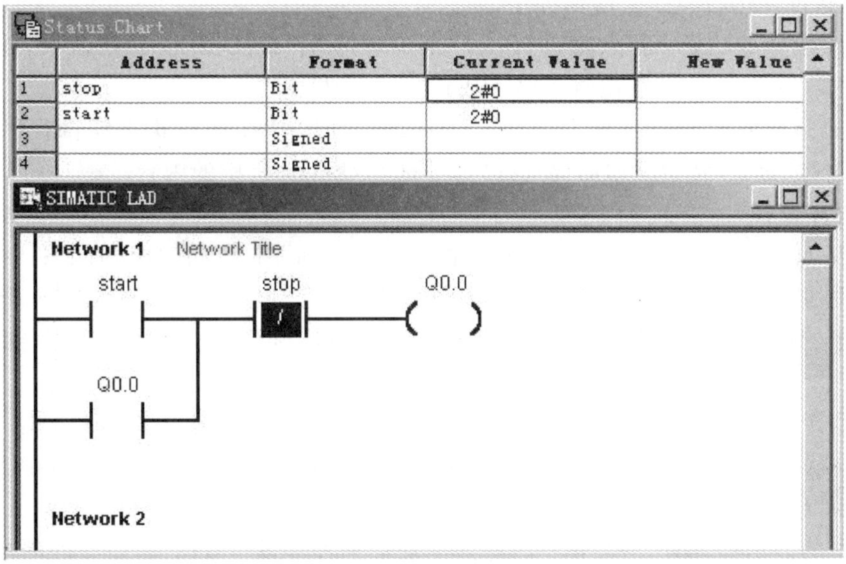

图 9.27　"状态图"窗口

工具条中状态图的编辑工具有顺序排序(Sort Ascending)、逆序排序(Sort Descending)、单次读取(Single Read)、全部写(Write All)、强制(Force)、解除强制(Unfore)、解除所有强制(Unfore All)以及读所有强制(Read All Forced)等。

② 强制操作

强制操作是指对状态图中的变量进行强制性地赋值。S7-200 允许对所有的 I/O 位以及模拟量 I/O(AI/AQ)强制赋值，还可强制改变最多 16 个 V 或 M 的数据，其变量类型可以是字节、字或双字。

a. 强制。若要强制一个新值，可在状态图的"新数值(New Value)"栏中输入新值，然后单击工具条中的"强制(Force)"按钮。如果要强制一个已经存在的值，可以单击状态图中"当前数值(Current Value)"栏，然后点击"强制(Force)"按钮。

b. 读所有强制。打开状态图，单击工具条中的"读所有强制(Read All Forced)"按钮，则状态图中所有被强制的单元格会显示强制符号。

c. 解除强制。在当前值栏中单击要取消强制的操作数，然后点击工具条中的"解除强制(Unfore)"按钮。

d. 解除所有强制。打开状态图，单击工具条中的"解除所有强制(Unfore All)"按钮。

(3) 运行模式下编辑程序

在运行模式下，可以对用户程序做少量修改。修改后的程序一旦下载将立即影响系统的运行。可进行这种操作的 PLC 有 CPU224 和 CPU226 两种。操作如下：

① 在运行模式下，选择"调试(Debug)"菜单中"在运行状态编辑程序(Program Edit in RUN)"命令。运行模式下只能对主机中的程序进行编辑，当主机中的程序与编程软件中的

程序不同时，系统会提示用户存盘。

② 屏幕弹出警告信息，单击“继续(Continue)”按钮。PLC主机中的程序将被上载到编程窗口，此时可在运行模式下编辑程序。

③ 程序编译成功后，可用“文件(File)”菜单中的“下载(Download)”命令，或单击工具条中的“下载(Download)”按钮将程序下载到PLC主机。

④ 退出运行模式编辑。使用“调试(Debug)”菜单中“在运行状态编辑程序(Program Edit in RUN)”命令，然后根据需要选择“选项(Checkmark)”中的内容。

(4) 程序监控

STEP7-Micro/WIN32提供的三种程序编辑器(梯形图、语句表及功能表图)都可以在PLC运行时监视各个编程元件的状态和各个操作数的数值。这里只介绍在梯形图编辑器中监视程序的运行状态，如图9.27所示。梯形图编辑器窗口中被点亮的元件表示处于接通状态。

程序监控的实现，可用“工具(Tools)”菜单中的“选项(Options)”命令打开选项对话框，选择“LAD状态(LAD status)”项，然后再选择一种梯形图样式。在打开梯形图窗口后，单击工具条中“程序状态(Program status)”按钮。

梯形图的显示样式有3种：指令内部显示地址和外部显示数据值；指令外部既显示地址又显示数据值；只显示数据值。

5. S7-200的出错代码

使用“PLC”菜单中的“信息(Information)”命令，可以查看程序的错误信息。S7-200的出错主要有以下三种：

(1) 致命错误

致命错误会导致CPU无法执行某个功能或所有功能，停止执行用户程序。当出现致命错误时，PLC自动进入STOP方式，点亮“系统错误”和“STOP”指示灯，关闭输出。消除致命错误后，必须重新启动CPU。

在CPU上可以读到的致命错误代码及其描述见表9.2。

表9.2 致命错误代码及描述

代码	错误描述	代码	错误描述
0000	无致命错误	000B	存储器卡上用户程序检查错误
0001	用户程序编译错误	000C	存储器卡配置参数检查错误
0002	编译后的梯形图检查错误	000D	存储器卡强制数据检查错误
0003	扫描看门狗超时错误	000E	存储器卡默认输出表值检查错误
0004	内部EEROM错误	000F	存储器卡用户数据、DB1检查错误
0005	内部EEPROM用户程序检查错误	0010	内部软件错误
0006	内部EEPROM配置参数检查错误	0011	比较触点间接寻址错误
0007	内部EEPROM强制数据检查错误	0012	比较触点非法值错误

续表 9.2

代码	错误描述	代码	错误描述
0008	内部 EEPROM 默认输出表值检查错误	0013	存储器卡空或 CPU 不识别该卡
0009	内部 EEPROM 用户数据、DB1 检查错误	0014	比较接口范围错误
000A	存储器卡失灵		

(2) 程序运行错误

在程序正常运行中，可能会产生非致命错误(如寻址错误)，此时 CPU 产生的非致命错误代码及描述见表 9.3。

表 9.3　程序运行错误代码及描述

错误代码	错误描述
0000	无错误
0001	执行 HDEF 前，HSC 禁止
0002	输入中断分配冲突并分配给 HSC
0003	到 HSC 的输入分配冲突，已分配给输入中断
0004	在中断程序中企图执行 ENI、DISI 或 HDEF 指令
0005	第一个 HSC/PLS 未执行完前，又企图执行同编号的第二个 HSC/PLS
0006	间接寻址错误
0007	TODW(写实时时钟)或 TODR(读实时时钟)数据错误
0008	用户子程序嵌套层数超过规定
0009	在程序执行 XMT 或 RCV 时，通信口 0 又执行另一条 SMT/RCV 指令
000A	HSC 执行时，又企图用 HDEF 指令再定义该 HSC
000B	在通信口 1 上同时执行 XMT/RCV 指令
000C	时钟存储卡不存在
000D	重新定义已经使用的脉冲输出
000E	PTO 个数为 0
0091	范围错误(带地址信息)：检查操作数范围
0092	某条指令的计数域错误(带计数信息)：检查最大计数范围
0094	范围错误(带地址信息)：写无效存储器
009A	用户中断程序试图转换成自由口模式
009B	非法指令(字符串操作中起始位置指定为 0)

(3) 编译规则错误

当下载一个程序时，CPU 在对程序的编译过程中如果发现有违反编译规则，则 CPU 会停止下载程序，并生成一个非致命编译规则错误代码。非致命编译规则错误代码及描述见表 9.4。

表 9.4 编译规则错误代码及描述

错误代码	错误描述
0080	程序太大无法编译，须缩短程序
0081	堆栈溢出：必须把一个网络分成多个网络
0082	非法指令：检查指令助记符
0083	无 MEND 或主程序中有不允许的指令：加条 MEND 或删去不正确的指令
0084	保留
0085	无 FOR 指令：加上 FOR 指令或删除 NEXT 指令
0086	无 NEXT 指令：加上 NEXT 指令或删除 FOR 指令
0087	无标号(LBL、INT、SBR)：加上合适标号
0088	无 RET 或子程序中有不允许的指令：加条 RET 或删去不正确的指令
0089	无 RETI 或中断程序中有不允许的指令：加条 RETI 或删去不正确的指令
008A	保留
008B	从/向一个 SCR 段的非法跳转
008C	标号重复(LBL、INT、SBR)：重新命名标号
008D	非法标号(LBL、INT、SBR)：确保标号数在允许范围内
0090	非法参数：确认指令所允许的参数
0091	范围错误(带地址信息)：检查操作数范围
0092	指令计数域错误(带计数信息)：确认最大计数范围
0093	FOR/NEXT 嵌套层数超出范围
0095	无 LSCR 指令(装载 SCR)
0096	无 SCRE 指令(SCR 结束)或 SCRE 前面有不允许的指令
0097	用户程序包含非数字编码和数字编码的 EV/ED 指令
0098	在运行模式进行非法编辑(试图编辑非数字编码的 EV/ED 指令)
0099	隐含网络段太多(HIDE 指令)
009B	非法指针(字符串操作中起始位置定义为 0)
009C	超出指令最大长度

9.4 S7-200 基本指令系统

PLC 在运行时需要处理的数据，一般都根据数据的类型不同、数据的功能不同而把数据分成几类。这些不同类型的数据被存放在不同的存储空间，从而形成不同的数据区。针对不同的数据，不同的控制要求，就有相应的控制指令。S7-200 的基本指令系统是非常丰富的，指令功能很强大。

在 S7-200 的指令系统中，有两类基本指令集：SIMATIC 指令集及 IEC 1131-3 指令集。SIMATIC 指令集是 SIEMENS 公司专为 S7 系列 PLC 设计的，可以用梯形图 LAD，语句表 STL 和功能块图 FBD 三种语言进行编程。

本节主要介绍 SIMATIC 指令集中的常用指令及其使用方法，并以梯形图为例介绍指令的结构形式、功能及相关知识，内容包括定时器、计数器指令、比较指令、运算指令、其他数据处理指令和程序控制指令等。学习本节要掌握 SIMATIC 指令集中各种常用指令的结构形式及功能，并熟练掌握梯形图的编程方法，为之后的程序编写打好基础。

9.4.1　指令组成

指令是程序的最小独立单位，用户程序是由标志符和参数组成。对于语句表和梯形图两种编程语言，尽管其表达形式不同，但表示的内容是相同或类似的。

1. 语句指令(STL)

一条语句由一个操作码和一个操作数组成，操作数由标识符和参数组成。操作码的功能是指示 CPU 执行该操作所需的信息，即用什么去做。以下是一条位逻辑操作指令。

A　I 0.0

其中，“A”是操作码，它表示执行位逻辑“与”操作；“I 0.0”是操作数，它指出这句指令是对输入继电器 I 0.0 进行的操作。

有些语句指令的操作对象是唯一的，故为简化程序，可不带操作数。例如：“NOT”是对逻辑操作结果(RLO)取反。

2. 梯形逻辑指令(LAD)

梯形逻辑指令表示是用图形元素来表示 PLC 要完成的操作数。在梯形逻辑指令中，梯形逻辑指令操作码是用图素表示的。图素能形象地说明要 CPU 做什么，其操作数的表示方法与语句指令相同。图 9.28 所示为一个梯形逻辑指令示例，其中—|　|—、—|/|—、—(　)可认为是操作码，表示赋值操作。I 0.0、I 0.1、I 0.2 和 Q 0.0 是操作数，表示赋值的对象是 I 0.0、I 0.1、I 0.2 和 Q 0.0。

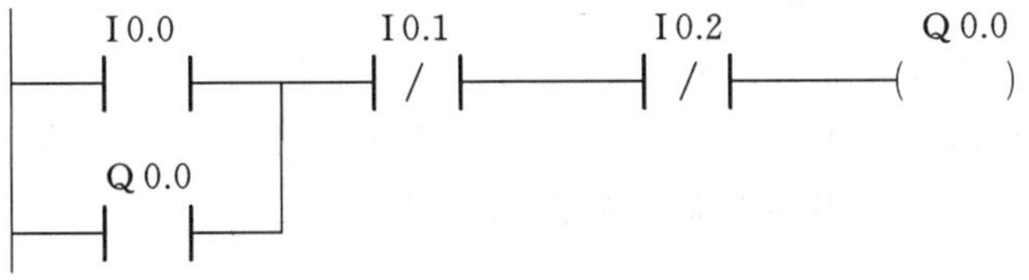

图 9.28　梯形图逻辑指令

3. 操作数标示符及其参数

一般情况下，指令的操作数在 PLC 主机的存储器中，操作数由操作数标识符和参数组成。操作数标识符说明操作数放在存储器的哪个区域及操作数位数,标识符参数则进一步说明操作数在该存储区域内的具体位置。

操作数标识符由主标识符和辅助标识符组成。主标识符表示该操作数所在的存储区,辅助标识符进一步说明操作数的位数长度。若没有辅助标识符则默认操作数的位数是一位,主标识符的种类如表 9.5 所示。

表 9.5　主标示符表

主标识符	注释	主标识符	注释
I	输入过程映像存储区	HC	高速计数器
Q	输出过程映像存储区	AC	累加器
V	变量存储区	SM	特殊存储器
M	位存储区	L	局部变量存储器
T	定时器存储区	AI	模拟量输入映像存储器
C	计数器存储区	AQ	模拟量输出映像存储器

9.4.2　寻址方式

所谓寻址,就是寻找操作数的过程。S7-200CPU 的寻址方式可以分为三种,即立即寻址、直接寻址和间接寻址。

1. 立即寻址

在一条指令中,如果操作码后的操作数就是操作码所需要的具体数据,这种指令的寻址方式就叫做立即寻址。

例如,传送指令"MOV IN OUT"中,操作码"MOV"指出该指令的功能把 IN 中的数据传送到 OUT 中。其中 IN 是被传送的源操作数,OUT 表示要传送的目标操作数。

"MOVD 25 VD500"指令的功能是将十进制数 25 传送到 VD500。这里 25 就是指令码中的源操作数,因为这个操作数的数值已经在指令中了,不用再去寻找了,这个操作数即立即数,这个寻址方式就是即寻址方式。而目标操作数的数值在指令中并未给出,只给出了要传送到的地址 VD500,这个操作数的寻址方式就不是立即寻址,而是直接寻址了。

S7-200 指令中的立即数(常数)可以为字节、字或双字。CPU 可以以二进制方式、十进制方式、十六进制方式、ASCII 方式和浮点数方式来存储。

应当指出,S7-200 CPU 不支持"数据类型"或数据的检查(例如指定常数作为整数、带符号整数或双整数来存储),且不检查某个数据的类型。

2. 直接寻址

在一条指令中,如果操作码后面的操作数是以操作数所在地址的形式出现的,这种指令的寻址方式就叫作直接寻址。

例如传送指令"MOV IN OUT",操作码"MOV"指出该指令的功能把 IN 数据传送到 OUT 中,其中 IN 是被传送的源操作数,OUT 表示要传送到的目标操作数。

“MOVD VD400 VD500”指令的功能是将 VD400 中的双字数据传送给 VD500，指令中的源操作数的数值在指令中并未给出，只给出储存操作数的地址 VD400，寻址时要到该地址 VD400 中寻找操作数，这种以给出操作数地址的形式的寻址方式是直接寻址。

在直接寻址中，指令中给出的是操作数的存放地址。在 S7-200 中，可以存放操作数的存储区有输入映像寄存器(I)存储区、输出映像寄存器(Q)存储区、变量(V)存储区、位存储器(M)存储区、顺序控制继电器(S)存储区、特殊存储器(SM)存储区、局部存储器(L)存储区、定时器(T)存储区、计数器(C)存储区、模拟量输入(AI)存储区、模拟量输出(AQ)存储区、累加器(AC)存储区和高速计数器(HC)存储区。

3. 间接寻址

在一条指令中，如果操作码后面的操作数是以操作数所在地址的地址形式出现的，这种指令的寻址方式就叫做间接寻址。

例如“MOVD 25 * VD500”，这里 * VD500 中指出的不是存放 25 的地址，而是存放 25 的地址。VD500 中存放的是 VB0，则 VB0 才是存放 25 的地址。该指令的功能是将十进制数 25 传送给 VB0 地址中。指令中的目标操作数的数值在指令中并未给出，只给出了储存操作数地址 VD500，这种以给出操作数地址的地址形式的寻址方式是间接寻址。

S7-200 的间接寻址方式适用的存储区为 I 区、Q 区、V 区、M 区、S 区、T 区(限于当前值)和 C 区(限于当前值)。此外，间接寻址还需要建立间接寻址的指针和对指针的修改。

(1) 建立指针

为了对某一存储区的某一地址进行间接访问，首先要为该地址建立指针。指针长度为双字，存放在另一个存储器的地址中。间接寻址的指针只能使用变量存储区(V)、局部存储区(L)或累加器(AC1，AC2，AC3)。为了生成指针，必须使用双字传送指令(MOVD)。将存储器某个位置的地址移入存储器的另一个位置或累加器作为指针指令的输入操作数必须使用“&”符号，它表示某一位置的地址，而不是数值。MOVD 指令把从指针处取出的数值传送到指令输出操作数标识的地址位置，例如：

```
MOVD    &VB0,VD500
MOVD    &VB0,AC2
MOVD    &VB0,LD8
```

(2) 使用指针来存取数据

在操作数前面加“ * ”号表示该操作数为一个指针，指针指出的是操作数所在的地址。

例如 MOVD &VB0，VD10 是确定了 VD10 为间接寻址的指针。

如果执行指令 MOVD * VD10，VD20，是把 VD10 指针指出的地址 VD10 中的数据传送到 VD20 中。

如果执行指令 MOVW * VD10，VW30，是把 VD10 指针指出的地址 VD10 中的数据传送到 VW30 中。

如果执行指令 MOVB * VD10，VB40，是把 VD10 指针指出的地址 VD10 中的数据传送到 VB40 中。

(3) 修改指针

在间接寻址方式中，指针指示了当前存取数据的地址。当一个数据已经存入或取出且没有及时修改指针时,就会出现以后的存取仍是使用过的地址。为了使存取地址不重复,必须修改指针。

要注意存取的数据的长度。当存取字节时,指针值加1;当存取一个字、定时器或计数器的当前值时,指针值加 2 ;当存取双字时,指针值加 4。

9.4.3 位逻辑指令

1. 触点指令

标准触点指令包括常开触点指令和常闭触点指令。标准触点指令从存储器中得到参考值(如果主标识符是 I 或 Q,则从过程映像寄存器中得到参考值)。这些指令在逻辑堆栈中对寄存器地址位置进行操作。当常开触点对应的存储器地址位为 1 时,表示该触点闭合;当常闭触点对应的存储器地址位为 0 时,表示该触点闭合。

在 STL 中,常开触点由 LD、A 及 O 指令描述,LD 将位 bit 值装入栈顶,A、O 分别将位 bit 值与、或栈顶值,运算结果仍存入栈顶;常闭触点由 LDN、AN 和 ON 指令描述,LDN 将位 bit 值取反后再装入栈顶,AN、ON 先将位 bit 值取反,再分别与、或栈顶值,其运算结果仍存入栈顶。

(1) 装载常开触点指令。在 LAD 中,常开触点的表示符号如图 9.29①所示。每个从左母线开始的单一逻辑行、每个程序块(逻辑梯级)的开始、指令盒(功能框)的输入端都必须使用 LD 和 LDN 这两条指令。以常开触点开始时用 LD 指令。本指令对各类内容编程元件的常开触点都适用。

指令格式:LD　bit

　　例:LD　I 0.1

(2) 装载常闭触点指令。每个以常闭触点开始的逻辑行都使用该指令,该指令对各类内部编程元件的常闭触点都适用。在 LAD 中,常闭触点的表示符号如图 9.29②所示。

指令格式:LDN　bit

　　例:LDN　I 0.2

(3) 与常开触点指令,即串联一个常开触点指令。

指令格式:Λ　bit

　　例:A　M 2.0

(4) 与常闭触点指令,即串联一个常闭触点的指令。

指令格式:AN　bit

　　例:AN　M 2.0

(5) 或常开触点指令(Or,o),即并联一个常开触点的指令。

指令格式:O　bit

　　例:O　M 2.1

(6) 或常闭触点指令(Or Not,ON),即并联一个常闭触点的指令。

指令格式:ON　bit

　　例:O　　M 2.1

2. 立即触点指令

立即触点的刷新并不依赖于 CPU 的扫描周期,它会立即刷新。在程序执行过程中,常开立即触点指令(LDI、AI、OI)与常闭立即触点指令(LDNI、ANI、ONI)立即得到物理输入值,但过程映像寄存器并不刷新,指令中"I"表示立即之意。只有输入继电器 I 和输出继电器 Q 可以使用立即指令。

当物理输入点状态为 1 时,常开立即触点闭合;当物理输入点状态为 0 时,常闭立即触点闭合。常开立即触点指令将相应物理输入值存入栈顶;而常闭立即触点指令则将相应物理输入值取反,再存入栈顶。

立即触点指令 LDI、LDNI、AI、ANI、OI、ONI 的用法以 LDI 指令为例。

指令格式:LDI　bit

　　例:LDI　I 0.0

在 LAD 中,立即常开触点和立即常闭触点的表示符号如图 9.29③和 9.29④所示。

3. 取反指令(NOT)

取反指令在梯形图中用来改变"流能"输入的状态。也就是说,它将栈顶值由 0 变为 1,由 1 变为 0。

指令格式:NOT (NOT 指令无操作数)。

在 LAD 中,取反指令用触点表示,其表示符号如图 9.29⑤所示。

4. 正、负跳变指令(EU,ED)

正、负跳变指令在梯形图中以触点形式使用,用于检测脉冲的正跳变(上升沿)或负跳变(下降沿)。利用跳变让"能流"接通一个扫描周期,即可以产生一个扫描周期脉冲。

(1) 正跳变量触点指令(EU)

当指令检测到每一次正跳变(由 0 到 1)时,"能流"接通一个扫描周期。对于正跳变指令,一旦发现有负跳变发生,该栈值被置为 1,否则置为 0。

指令格式:EU(无操作数)

在 LAD 中,正跳变触点的表示符号如图 9.29⑥所示。

(2) 负跳变触点指令(ED)

当指令检测到每一次负跳变(由 1 到 0)时,"能流"接通一个扫描周期。对于负跳变指令,一旦发现有负跳变发生,该栈值被置为 1,否则置为 0。

指令格式:ED(无操作数)

在 LAD 中,负跳变触点的表示符号如图 9.29⑦所示。

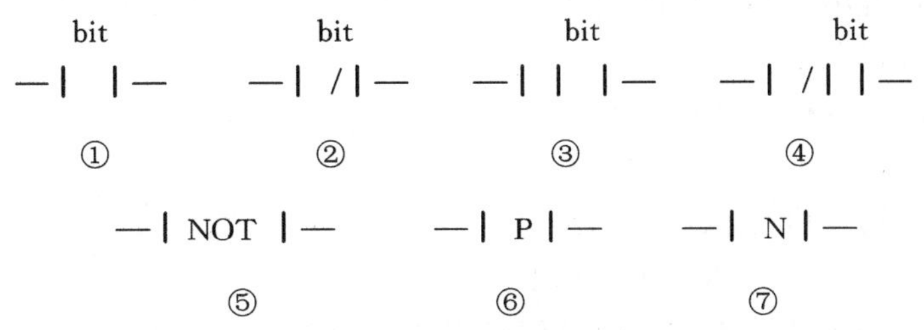

图 9.29　触电指令图 1

5. 线圈指令

(1)标准输出线圈指令(=)

标准输出线圈指令是指将新值写入输出点的过程映像寄存器。当输出指令执行时,输出过程映像寄存器中的位被接通或者断开。在 LAD 中,指定点的值等于"能流"。在 STL 中,栈顶的值复制到指定位。

指令格式:=　bit

　　例:=　Q0.0

在 LAD 中,标志输出线圈的表示符号如图 9.30①所示。

(2) 立即输出线圈指令(=I)

当指令执行时,立即输出线圈指令是指将新值同时写到物理输出点和相应的过程映像寄存器中。这一点不同于标准输出线圈指令,只把新值写入过程映像寄存器中。当立即输出指令执行时,物理输出点立即被置位为"能流"值。立即指令将栈顶的值立即赋值到物理输出点的指定位上。

指令格式:= I bit

　　例:= I Q0.0

在 LAD 中,立即输出线圈的表示符号如图 9.30②所示。

(3) 置位线圈指令(S)和复位线圈指令(R)

当执行置位和复位线圈指令时,将从指定地址开始的 N 个点置位或者复位。可以一次置位或者复位 1～255 个点。如果复位指令指定的是定时器(T)或者计数器(C),指令不但复位定时器或者计数器,而且清除定时器或者计数器的当前值。

置位线圈指令格式:S　bit,N

　　　　　　　例:S　Q0.0,1

复位线圈指令格式:R　bit,N

　　　　　　　例:R　Q0.1,1

在 LAD 中,置位线圈和复位线圈的表示符号分别如图 9.30③、④所示。

(4) 立即置位线圈指令(SI)和立即复位线圈指令(RI)

立即置位和立即复位线圈指令将从指定地址开始的 N 个物理输出点立即置位或者立即复位,指令可以一次置位或者立即复位 1～128 个点。"I"表示立即,当指令执行时,新值会同时被写到物理输出点和相应的过程映像寄存器中。这一点不同于非立即指令,只把新值写入过程映像寄存器中。

立即置位线圈指令格式:SI　bit,N

　　　　　　　　　例:SI　Q0.0,1

立即复位线圈指令格式:RI　bit,N

　　　　　　　　　例:RI　Q0.0,1

在 LAD 中,立即置位线圈和立即复位线圈的表示符号分别如图 9.30⑤、⑥所示。

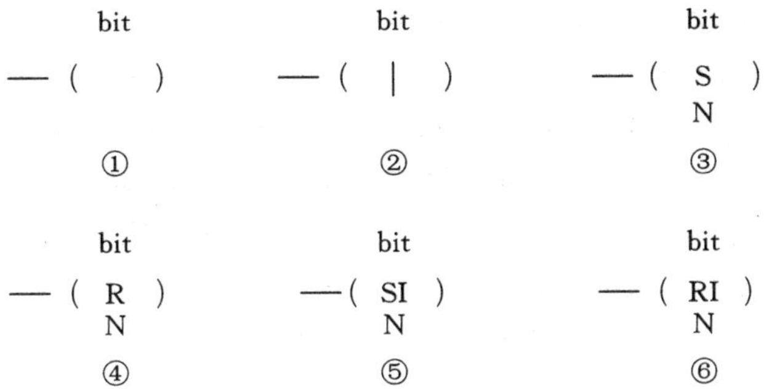

图 9.30　触电指令图

9.4.4　定时器、计数器指令

S7-200 的 CPU22X 系列的 PLC 有 3 种类型的定时器：通电延时定时器 TON，保持型通电延时定时器 TONR 和断电延时定时器 TOF。总共提供 256 个定时器(T0～T255)，其中 TONR 为 64 个，其余 192 个可定义为 TON 或 TOF。定时精度可分为 3 个等级：1 ms、10 ms 和 100 ms。

定时器的定时时间为

$$T=PT\times S$$

式中　T——定时器的定时时间；

PT——定时器的设定值，数据类型为整数型；

S——定时器的精度。

定时器指令需要 3 个操作数：编写、设定值和允许输入。

1. 接通延时定时器指令 TON

接通延时定时器 TON 用于单一间隔的定时。

在梯形图中，TON 指令以功能框的形式编程。指令名称为 TON，它有 2 个输入端：IN 为启动定时器输入端，PT 为定时器的设定值输入端，如图 9.31 所示。当定时器的输入端 IN 为 ON 时，定时器开始计时；当定时器的当前值大于等于设定值时，定时器被置位，其动合触点接通，动断触点断开，定时器继续计数时，一直计时到最大值 32767。无论何时，只要 IN 为 OFF，TON 的当前值就被复位到 0。

在语句表中，接通延时定时器的指令格式为 TON Txxx(定时器编号)，PT。

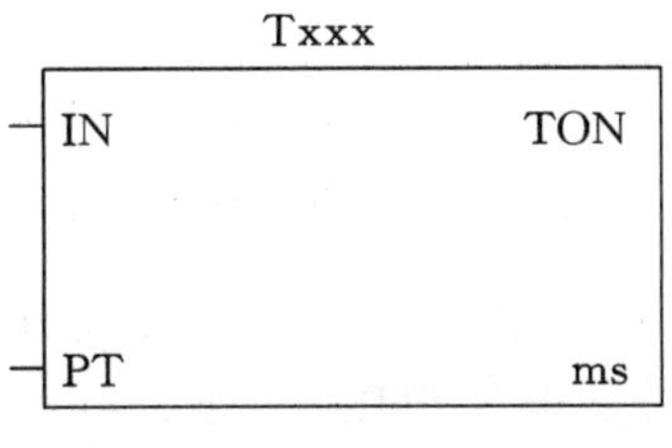

图 9.31　接通延时定时器

2. 保持型接通延时定时器指令 TONR

保持型接通延时定时器 TONR(图 9.32 所示)用于多个时间间隔的累计定时。

在梯形图中,TONR 指令以功能框的形式编程,指令名称为 TONR。它有 2 个输入端:IN 为启动定时器输入端,PT 为定时器的设定值输入端。当定时器的输入端 IN 为 ON 时,定时器开始计时;当定时器的当前值大于等于设定值时,定时器被置位,其动合触点接通,动断触点断开,定时器继续计时,一直计时到最大值 32676。当定时器的当前值小于设定值时,IN 变成 OFF,TONR 的当前值保持不变。等到 IN 又变为 ON 时,TONR 在当前值的基础上继续计时,直到当前值大于等于设定值。

在语句表中,保持型接通延时定时器的指令格式为:TONR Txxx(定时器编号),PT。

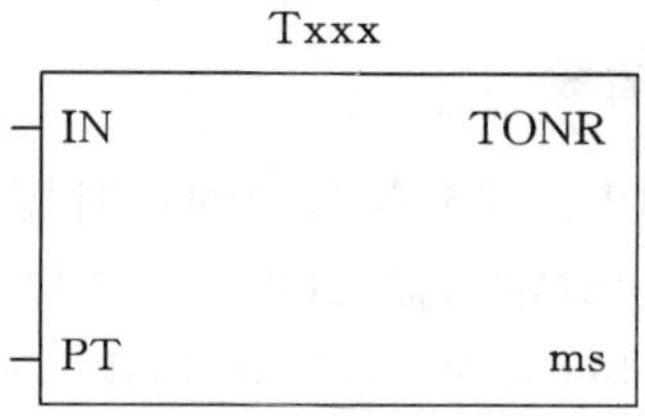

图 9.32 保持型接通延时定时器

3. 断开延时定时器指令 TOF

断开延时定时器 TOF(图 9.33 所示)用于允许输入端断开后的单一间隔定时。系统上电或首次扫描,定时器 TOF 的状态位(bit)为 OFF,当前值为 0。

在梯形图中,TOF 指令以功能框的形式编程,指令名称为 TOF。它有个输入端:IN 为启动定时器输入端,PT 为定时器的设定值输入端。当定时器的输入端 IN 为 ON 时,TOF 的状态位为 ON,其动合触点接通,动断触点断开,但是定时器的当前值仍为 0。只有当 IN 由 ON 变为 OFF 时,定时器才开始计时。当定时器的当前值大于等于设定值时,定时器被复位,其动合触点断开,动断触点接通,定时器停止计时。如果 IN 的 OFF 时间小于设定值,则定时器位始终为 ON。

在语句表中,断开延时定时器的指令格式为:TOF Txxx(定时器编号),PT。

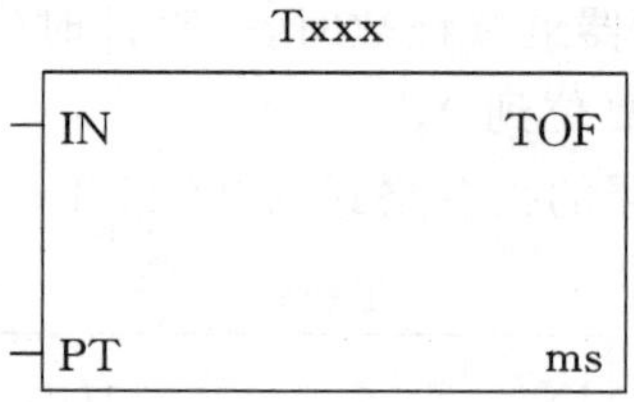

图 9.33 断开延时定时器

计数器用来累计输入脉冲的数量。S7-200 的普通计数器有 3 种类型:递增计数器 CTU,递减计数器 CTD 和增减计数器 CTUD,共计 256 个。可根据实际编程需要,对某个计数器的类型进行定义,编号为 C0~ C255。不能重复使用同一个计数器的线圈编号,即每个计数器的线圈编号只能使用 1 次。每个计数器有一个 16 位的当前值寄存器和一个状态位，最大计数值为 32767。计数器的设定值 PV 的数据类型为整数型 INT，寻址范围为：VW，IW，QW，MW，SW，SMW，LW，AIW，T，C，AC，*VD，*AC，*LD 及常数。

4. 递增计数器指令 CTU

首次扫描 CTU 时，CTU 的状态位为 OFF，其当前值为 0。

在梯形图中，递增计数器以功能框的形式编程，指令名称为 CTU，它有 3 个输入端：CU，R 和 PV。PV 为设定值输入，CU 为计数脉冲的启动输入端。当 CU 为 ON 时，在每个输入脉冲的上升沿，计数器计数 1 次，当前值寄存器加 1。如果当前值达到设定值 PV，计数器动作，状态位为 ON，当前值继续递增计数，最大可达到 32767。当 CU 由 ON 变为 OFF 时，计数器的当前值停止计数，并保持当前值不变；如果 CU 又变为 ON，则计数器在当前值的基础上继续递增计数。R 为复位脉冲的输入端，当 R 端为 ON 时，计数器复位，计数器状态位为 OFF，当前值为 0。也可以通过复位指令 R 使 CTU 计数器复位。

在语句表中，递增计数器的指令格式为(图 9.34)CTU Cxxx(计数器号)，PV。

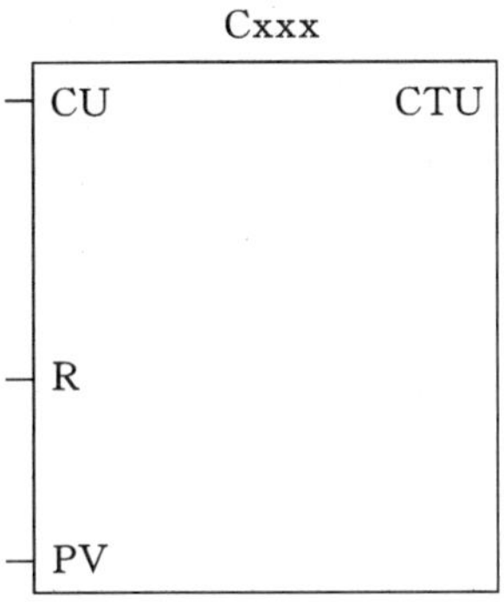

图 9.34　递增计数器指令

5. 递减计数器指令 CTD

首次扫描 CTD 时，CTD 的状态位为 OFF，其当前值为设定值。

在梯形图中，递减计数器以功能框的形式编程，指令名称为 CTD。它有 3 个输入端：CD，R 和 PV。PV 为设定值输入端。CD 为计数脉冲的输入端，在每个输入脉冲的上升沿，计数器计数 1 次，当前值寄存器减 1。如果当前值寄存器减到 0 时，计数器动作，状态位为 ON，计数器的当前值保持为 0。R 为复位脉冲的输入端，当 R 端为 ON 时，计数器复位，计数器状态位为 OFF，当前值为设定值。也可以通过复位指令 R 使 CTD 计数器复位。

在语句表中，递减计数器的指令格式为(图 9.35)CTD Cxxx(计数器号)，PV。

6. 增减计数器指令 CTUD

首次扫描时，CTUD 的状态位为 OFF，当前值为 0。

在梯形图中，增减计数器以功能框的形式编程，指令名称为 CTUD。它有 2 个脉冲输入端 CU 和 CD，1 个复位输入端 R 和 1 个设定值输入端 PV。CU 为脉冲递增计数输入端，在 CU 的每个输入脉冲的上升沿，当前值寄存器加 1；CD 为脉冲递减计数输入端，在 CD 的每个输入脉冲的上升沿，当前值寄存器减 1。如果当前值等于设定值时，CTUD 动作，其状

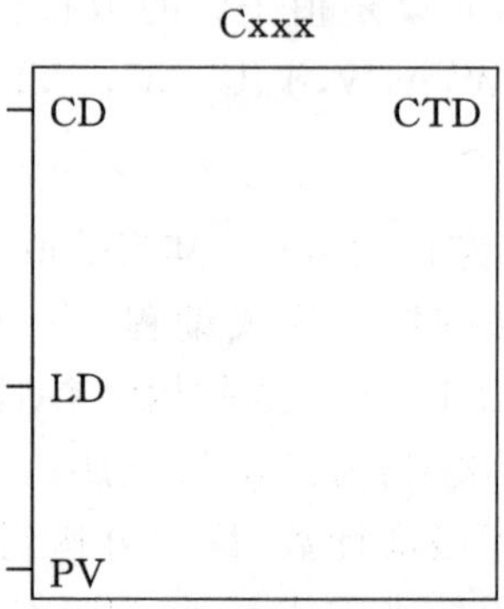

图 9.35 递减计数器指令

态位为 ON。如果 CTUD 的复位输入端 R 为 ON 时,或使用复位指令 R,可使 CTUD 复位,即使状态位为 OFF,当前值寄存器清 0。增减计数器的计数范围为 -32768～32767。当 CTUD 计数到最大值(32767)后,如 CU 端又有计数脉冲输入,在这个输入脉冲的上升沿,当前值寄存器跳变到最小值(-32768)。反之,当当前值为最小值(-32768)后,如 CD 端又有计数脉冲输入,再在这个脉冲的上升沿,当前值寄存器跳变到最大值(32767)。

在语句表中,增减计数器的指令格式为(图 9.36)CTUD Cxxx(计数器号),PV。

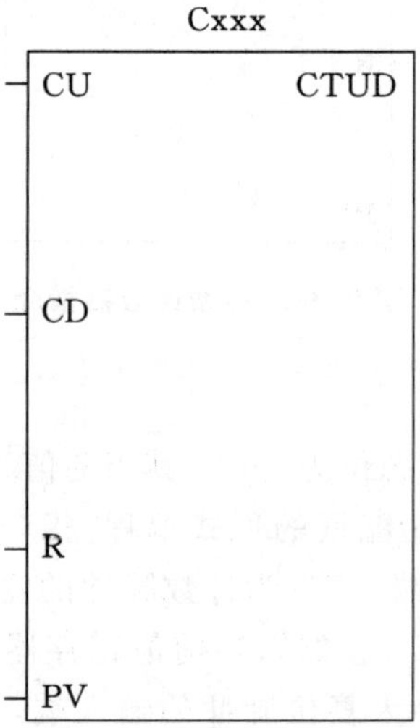

图 9.36 增减计数器指令

9.4.5 运算指令

早期 PLC 是为了取代传统的继电-接触器控制系统。随着计算机技术的发展,目前越来越多的 PLC 具备了越来越强的运算功能,拓宽了 PLC 的应用领域。

运算指令包括算术运算指令和逻辑运算指令。算术运算包括加法、减法、乘法、除法及常用的数学函数。在算术运算中,数据类型为整型 INT,双整型 DINT 和实数 REAL。逻辑运算包括逻辑与、逻辑或、逻辑非、逻辑异或以及数据比较;数据类型为字节型 BYTE,字型 WORD，双字型 DWORD。

1. 加法指令

加法操作是对两个有符号数进行相加，包括整数加法指令＋I，双整数加法指令＋D，以及实数加法指令＋R。

(1) 整数加法指令＋I

整数加法指令在 LAD 中以功能框的形式编程，如图 9.37①所示，指令名称为 ADD_I。在整数加法功能框中，EN 位允许输入端；ENO 位允许输出端；IN1 和 IN2 为 2 个需要进行相加的有符号数；OUT 为结果输出端，用于存放和。当允许输入端 EN 有效时，执行加法操作，将 2 个单字节(16 位)的符号整数 IN1 和 IN2 相加，产生 1 个 16 位的整数和 OUT，即 IN1＋IN2＝OUT。

在 STL 中，指令格式：＋I　IN1，OUT

例：＋I　VW0，VW8

这里 IN2 和 OUT 是同一个存储单元。指令的执行结果：IN1＋OUT＝OUT。

(2) 双整数加法指令＋D

双整数加法指令在 LAD 中以功能框的形式编程，如图 9.37②所示，指令名称为 ADD_DI。双整数加法指令＋D 的结构特点及使用方法与整数加法基本相同，只是加数与被加数为 2 个双字长的整数。在双整数加法功能中，EN 为允许输入端；ENO 为允许输出端；IN1 和 IN2 为 2 个需要进行相加的有符号数；OUT 用于存放和。当允许输入端 EN 有效时，执行加法操作，将 2 个双字长(32 位)的符号整数 IN1 和 IN2 相加，产生 1 个 32 位整数和 OUT，即 IN1＋IN2＝OUT。

在语句表 STL 中，指令格式：＋R　IN1，OUT

例：＋R　VD0，VD8

(3) 实数加法指令＋R：

实数加法指令在 LAD 中以功能框的形式编辑，如图 9.37③所示，指令名称为 ADD_R。实数加法指令＋R 的结构及使用方法与整数加法基本相同，只是加数与被加数为两个双字长的实数。

在语句表 STL 中，指令格式：＋R　IN1，OUT

例：＋R　VD0，VD8

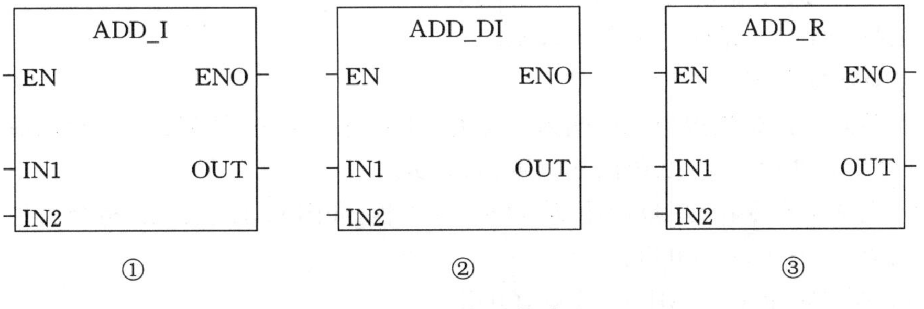

图 9.37　加法指令

2. 减法指令

减法指令是指对两个有符号数进行相减操作。与加法指令一样，也包括整数减法指令(－I)、双整数减法指令(－D)及实数减法指令(－R)，如图 9.38 所示。这三种减法指令与对应的加法指令除运算法则不同之外，其他方面基本相同。

在 LAD 中，减法指令以功能框形式编程，执行结果：IN1－IN2＝OUT。

在 STL 中，指令格式：－I　IN2，OUT(整数减法)

－D　IN2，OUT(双整数减法)

－R　IN2，OUT(实数减法)

执行结果：IN1－IN2＝OUT。

例：－I　AC0，VW2

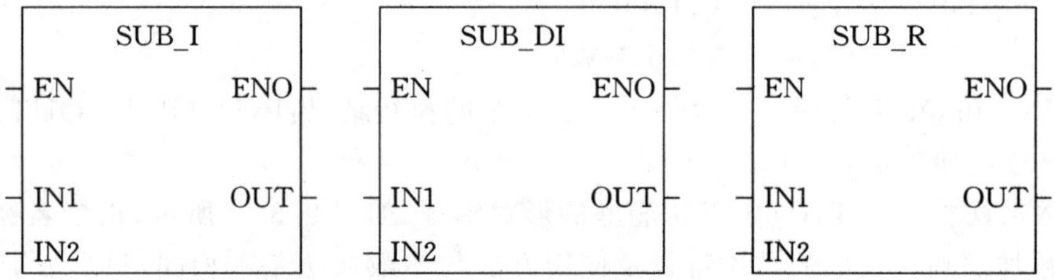

图 9.38　减法指令

3. 乘法指令

乘法指令是对 2 个有符号数进行相乘运算，包括整数乘法(*I)、完全整数乘法(MUL)、双整数乘法(*D)以及实数乘法(*R)。

(1) 整数乘法(*I)

整数乘法指令是指当允许输入 EN 有效时，将两个单字长(16 位)的有符号整数 IN1 和 IN2 相乘，产生 1 个 16 位的整数结果 OUT。如果运算结果大于 32767(16 位二进制数表示的范围)，则产生溢出。

整数乘法指令在 LAD 中用功能框形式编程，如图 9.39①所示，指令名称为 MUL_I。执行结果：IN1*IN2＝OUT。

在 STL 中的指令格式：*I　IN1，OUT

执行结果：IN1*OUT＝OUT

这里 IN2 与 OUT 是同一个存储单元。

(2) 完全整数乘法(MUL)

完全整数乘法指令是指当允许输入 EN 有效时，将 2 个单元字长(16 位)的有符号整数 IN1 和 IN2 相乘，产生 1 个 32 位的双整数结果 OUT。

完全整数乘法指令在 LAD 中用功能框形式编程，如图 9.39②所示，指令名称为 MUL。执行结果：IN1*IN2＝OUT。

在 STL 中的指令格式：MUL　IN1，OUT

执行结果：IN1*IN2＝OUT

这里 32 位的低 16 位曾被用作乘数。

(3) 双整数乘法(* D)

双整数乘法指令是指当允许输入 EN 有效时，将 2 个双字长(32)的有符号整数 IN1 和 IN2 相乘，产生 1 个 32 位的双整数结果 OUT。如果运算结果大于 32 位二进制数表示的范围，则产生溢出。

双整数乘法指令在 LAD 中用功能框编程，如图 9.39③所示，指令名称为 MUL_DI。执行结果：IN1* IN2＝OUT。

在 SLT 中的指令格式：* D　IN1，OUT

这里 IN2 与 OUT 是同一个存储单元。

(4) 实数乘法(* R)

实数乘法指令是指当允许输入 EN 有效时，将 2 个双字长(32 位)的实数 IN1 和 IN2 相乘，产生 1 个 32 位的实数结果 OUT。如果运算结果大于 32 位二进制数表示的范围，则产生溢出。

实数乘法指令在 LAD 中用功能框形式编程，如图 9.39④所示，指令名称为 MUL_R。执行结果：IN1* IN2＝OUT。

在 STL 中的指令格式：* R　IN1，OUT

执行结果：IN1* OUT＝OUT。

这里 IN2 与 OUT 是同一个存储单元。

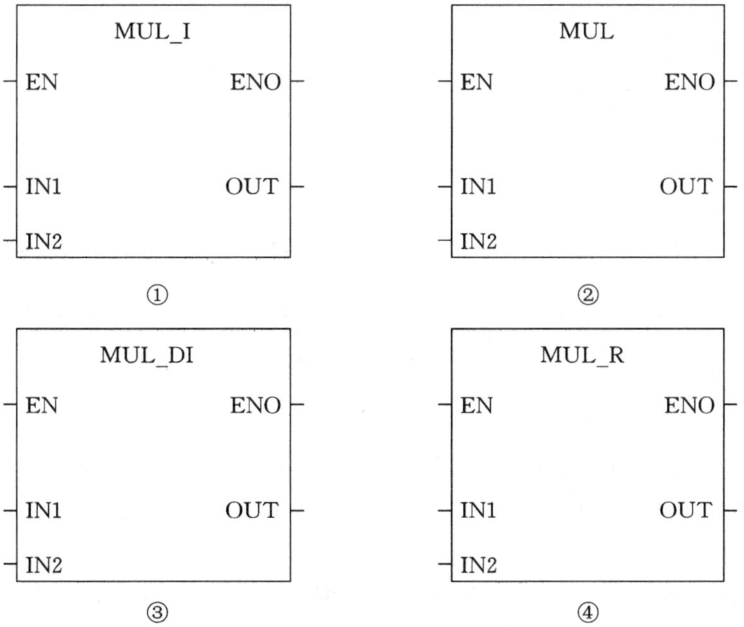

图 9.39　乘法指令

4. 除法指令

除法指令是指对 2 个有符号数进行相除运算操作，与乘法指令一样，也包括整数除法(/I)、完全整数除法(DIV)、双整数除法(/D)以及实数除法(/R)。它们在 LAD 中的表示方法如图 9.40 所示。这 4 种除法指令与所对应的乘法指令除运算法则不同外，其他方面基本相同。

在 LAD 中，除法指令以功能框形式编程，执行结果：IN1/IN2＝OUT。

在 STL 中，指令格式：

/I　IN2，OUT（整数除法）

DIV　IN2，OUT　（完全整数除法）

/D　IN2，OUT　（双整数除法）

/R　IN2，OUT　（实数除法）

执行结果：OUT/IN2＝OUT。

在整数除法中，两个 16 位的整数相除，产生一个 16 位的整数商，不保留余数。双整数除法也同样过程，只是位数变为 32 位。在完全整数除法中，两个 16 位的符号整数相除，产生一个 32 位结果，其中，低 16 位为商，高 16 位为余数。32 位结果的低 16 位运算前被兼用于存放被除数。

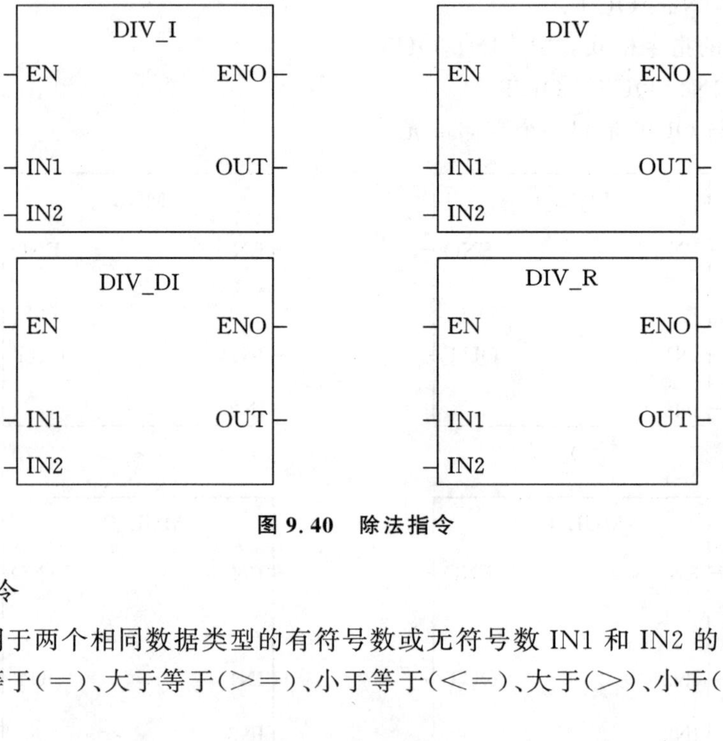

图 9.40　除法指令

5. 比较指令

比较指令用于两个相同数据类型的有符号数或无符号数 IN1 和 IN2 的比较判断操作。比较运算符有等于（＝）、大于等于（＞＝）、小于等于（＜＝）、大于（＞）、小于（＜）、不等于（＜＞）。

在梯形图中，比较指令是以动合触点的形式编程的，在动合触点的中间注明比较参数和比较运算符号。当比较的结果为真时，该动合触点闭合。

在功能块图中，比较指令以功能框的形式编程。当比较结果为真时，输出接通。

在语句表中，比较指令与基本逻辑指令 LD、A 和 O 进行组合后编程。当比较结果为真时，PLC 将栈顶置 1。

比较指令的类型有字节（BYTE）比较、整数（INT）比较、双字整数（DINT）比较和实数（REAL）比较。

（1）字节比较指令

字节比较指令用于两个无符号的整数字节 INI 和 IN2 的比较。字节比较指令的指令格式为

① LDB 比较运算符 IN1,IN2 如,LDB= VB0,VB2

② AB 比较运算符 IN1,IN2 如,AB>=MB2,MB6

③ OB 比较运算符 IN1,IN2 如,OB<> VB2,VB4

LDB、AB 或 OB 指令与比较运算符组合的原则,视比较指令的动合触点在梯形图中的具体位置而定。

（2）整数比较指令

整数比较指令用于两个有符号的相同字长的整数 IN 1 和 IN2 的比较,整数范围为十六进制的 8000 到 7FFF。在 S7-200 中,用 16＃8000～16＃7FFF 表示。

整数比较指令的指令格式为

① LDW 比较运算符 INI,IN2 如,LDW<=VW2,VW4

② AW 比较运算符 IN1,IN2 如,AW> MW0,MW2

③ OW 比较运算符 IN1,IN2 如,OW>=VW4,VW8

LDW、AW 或 OW 指令与比较运算符组合的原则,视比较指令的动合触点在梯形图中的具体位置而定。

（3）双字整数比较指令

双字整数比较指令用于两个有符号的双字长整数 IN1 和 IN2 的比较。双字整数的范围为:16＃80000000～16＃7FFFFFFF。

双字整数比较指令的指令格式为

① LDD 比较运算符 IN1,IN2 如,LDD>=VD0,VD8

② AD 比较运算符 IN1,IN2 如,AD>=MD0,MD2

③ OD 比较运算符 IN1,IN2 如,OD<>VD2,VD4

LDD、AD 或 OD 指令与比较运算符组合的原则,视比较指令的动合触点在梯形图中的具体位置而定。

（4）实数比较指令

实数比较指令用于两个有符号的双字长实数 IN1 和 IN2 的比较。正实数的范围为:＋1.175495E－38 ～ ＋3.402823E＋38;负实数的范围为:－1.175495E－38 ～ －3.402823E＋38。

实数比较指令的指令格式为

① LDR 比较运算符 IN1,IN2 如,LDR=VD2,VD20

② AR 比较运算符 IN1,IN2 如,AR>=MD4,MD12

③ OR 比较运算符 IN1,IN2 如,OR<>AC1,1234.56

LDR、AR 或 OR 指令与比较运算符组合的原则,视比较指令的动合触点在梯形图中的具体位置而定。

6. 逻辑运算指令

逻辑运算指令是对逻辑数(无符号数)进行处理,包括逻辑与、逻辑或、逻辑异或和取反

等逻辑操作，数据长度可以是字节、字、双字。

在 LAD 中，以功能框形式编程，执行结果为两数 IN1 与 IN2 逻辑运算结果；或对单数 OUT 逻辑处理(取反)，结果由 OUT 输出。

在 STL 中，执行结果为对 IN 于 OUT 两数逻辑运算结果；或对单数 OUT 进行逻辑处理(取反)的结果，结果由 OUT 输出。

(1) 字节逻辑运算指令

字节逻辑运算包括字节与(ANDB)、字节或(ORB)、字节异或(XORB)、字节取反(INVB)，如图 9.41 所示。

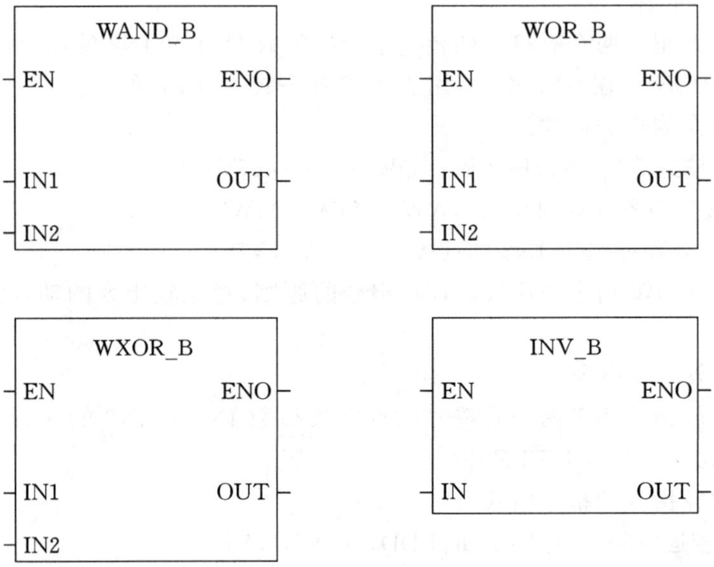

图 9.41　字节逻辑运算

① 字节与指令(ANDB)：当允许输入 EN 有效时，对 2 个 1 字节的逻辑数 IN1 和 IN2 按位相与，得到 1 字节的运算结果放入 OUT 中。

② 字节或指令(ORB)：当允许输入 EN 有效时，对 2 个 1 个字节长的逻辑数 IN1 和 IN2 按位相或，得到 1 字节的运算结果放入 OUT 中。

③ 字节异或指令(XORB)：当允许输入 EN 有效时，对 2 个 1 字节长的逻辑数 IN1 和 IN2，按位相异或，得到 1 字节的运算结果放入 OUT 中。

④ 字节取反指令(INVB)：当允许输入 EN 有效时，对 1 个 1 字节长的逻辑数 IN，按位取反，得到 1 字节的运算结果放入 OUT 中。

在 STL 中，指令格式：ANDB　IN1，OUT(字节与指令)

ORB　IN1，OUT (字节或指令)

XORB　IN1，OUT(字节异或指令)

INVB　OUT(字节取反指令)

(2) 字逻辑运算指令

字逻辑运算包括字与(ANDW)、字或(ORW)、字异或(XORW)和字取反(INVW)，其在 LAD 中的表示符号如图 9.42 所示。字逻辑运算都是在 2 个(INVW 中位 1 个)同字长的逻辑数之间进行,算法及结果的存放位置均与字节逻辑运算相同。

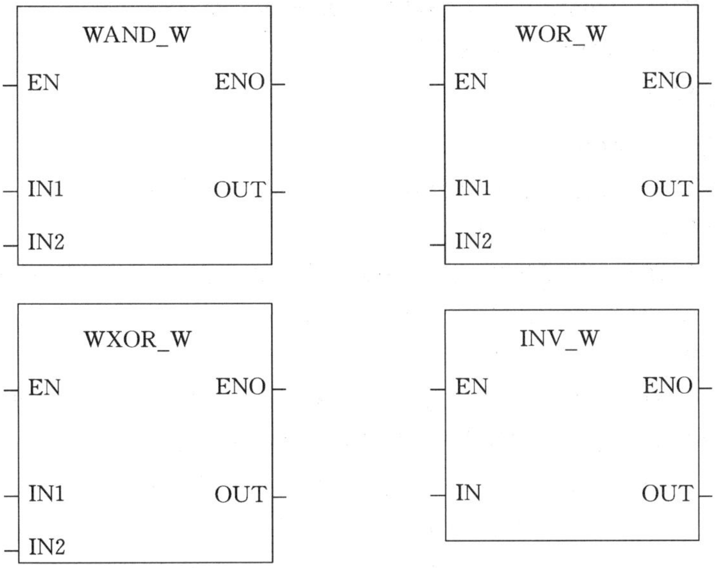

图 9.42　字逻辑运算

(3) 双字逻辑运算指令

双字逻辑运算包括双字与(ANDD)、双字或(ORD)、双字异或(XORD)、双字取反(INVD),其在 LAD 中的表示符号如图 9.43 所示。双字逻辑运算与字节逻辑运算相比,只是操作数位双字长逻辑数,其他方面均相同。

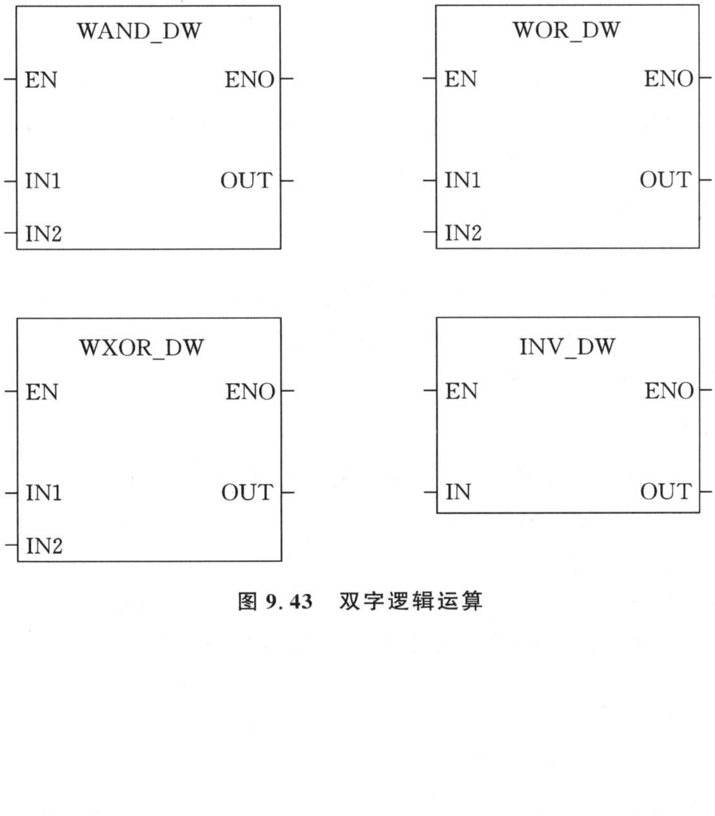

图 9.43　双字逻辑运算

9.4.6 数据处理指令

传送类指令用在各个编程元件之间进行数据传送。根据每次传送数据的数量,可分为单个传送指令(图 9.44)和块传送指令(图 9.45)。

1. 单个传送类指令

(1) 字节传送指令 MOVB、BIR、BIW

字节传送指令可分为周期性字节传送指令和立即字节传送指令。

① 周期性字节传送指令 MOVB

在梯形图中,周期性字节传送指令以功能框的形式编程,指令名称为 MOV_B。当允许输入 EN 有效时,将一个无符号的单字节数据 IN 传送到 OUT 中。

② 立即字节传送指令 BIR,BIW

立即读字节传送指令 BIR:当允许输入 EN 有效时,BIR 指令立即读取(不考虑扫描周期)当前输入继电器区中 IN 指定的字节,并传送到 OUT 中。

在梯形图中,立即读字节传送指令以功能框的形式编程,指令名称为:MOV_ BIR。当允许输入 EN 有效时,将 1 个无符号的单字节数据 IN 传送到 OUT 中。

立即写字节传送指令 BIW:当允许输入 EN 有效时,BIW 指令立即将由 IN 指定的字节数据写入(不考虑扫描周期)输出继电器中由 OUT 指定的字节。

在梯形图中,立即写字节传送指令以功能框的形式编程,指令名称为:MOV_BIW。当允许输入 EN 有效时,将 1 个无符号的单字节数据 IN 立即传送到 OUT 中。

(2) 字传送指令 MOVW

字传送指令 MOVW 将 1 个字长的有符号整数数据 IN 传送到 OUT 中。

在梯形图中,字传送指令以功能框的形式编程。当允许输入 EN 有效时,将 1 个无符号的单字长数据 IN 传送到 OUT 中。

(3) 双字传送指令 MOVD

双字传送指令 MOVD 将 1 个双字长的有符号整数数据 IN 传送到 OUT 中。

在梯形图中,双字传送指令以功能框的形式编程,指令名称为:MOV_DW。当允许输入 EN 有效时,将 1 个有符号双字长数据 IN 传送到 OUT 中。

(4) 实数传送指令 MOVR

实数传送指令 MOVR 将 1 个双字长的实数数据 IN 传送到 OUT 中。

在梯形图中,实数传送指令以功能框的形式编程。当允许输入 EN 有效时,将 1 个有符号的双字长实数数据 IN 传送到 OUT 中。

2. 块传送指令

块传送指令用来进行一次传送多个数据,最多可将 255 个数据组成 1 个数据块。数据块的类型可以是字节块、字块和双字块。

(1) 字节块传送指令 BMB

字节块传送指令 BMB 的功能是:当允许输入 EN 有效时,将从输入字节 IN 开始的 N 个字节型数据传送到从 OUT 开始的 N 个字节存储单元中。

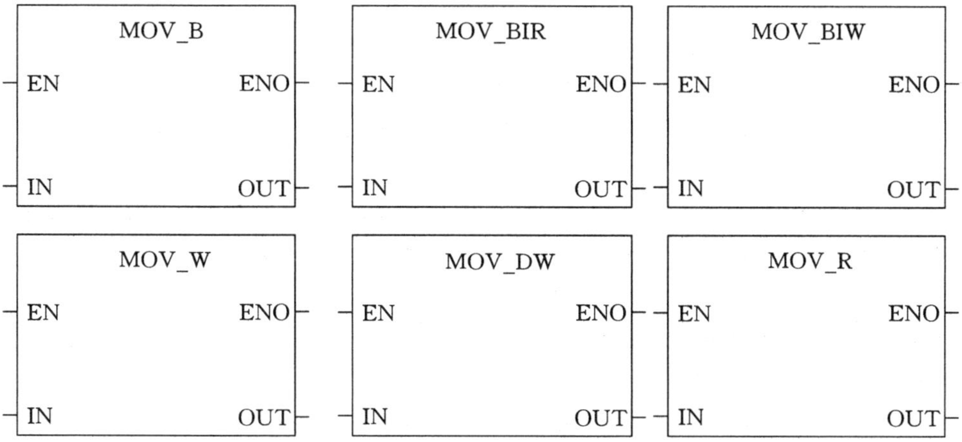

图 9.44　单个传送指令

(2) 字块传送指令 BMW

字块传送指令 BMW 的功能是:当允许输入 EN 有效时,将从输入字 IN 开始的 N 个字型数据传送到从 OUT 开始的 N 个字存储单元中。

(3) 双字块传送指令 BMD

双字块传送指令 BMD 的功能是:当允许输入 EN 有效时,将从输入双字 IN 开始的 N 个双字型数据传送到从 OUT 开始的 N 个双字存储单元中。

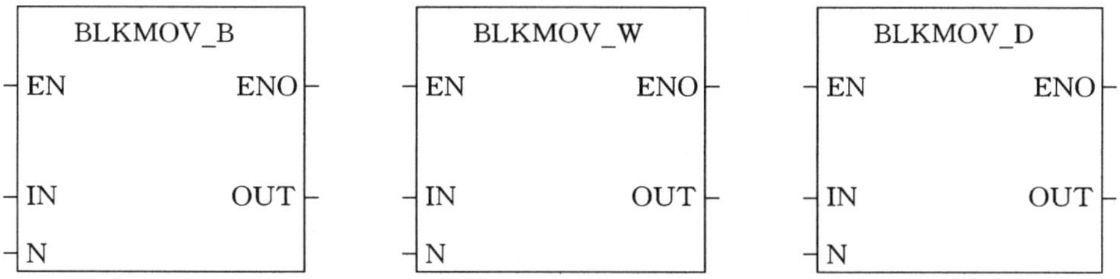

图 9.45　块传送指令

3. 移位指令

移位指令在 PLC 控制中是比较常用的指令之一。根据移位的数据长度可分为字节型移位、字型移位和双字型移位;根据移位的方向可分为左移、右移、循环左移和循环右移指令。

(1) 字节左移指令(SLB)和字节右移指令(SRB)

当允许输入 EN 有效时,将字节型端输入数据 IN 左移或右移 N 位(N<=8)后,送到 OUT 指定的字节存储单元中。

在梯形图中,指令以功能框的形式编程,如图 9.46(a)所示。指令名称分别为 SHL_B 和 SHR_B。

在 STL 中,指令格式:SLB　OUT,N(字节左移)

SRB　OUT,N(字节右移)

例:SLB　MB0,2

SRB　LB0,2

(2) 字左移指令(SLW)和右移指令(SRW)

当允许输入 EN 有效时,将字型输入数据 IN 左移或右移 N 位(N<=16)后,送到 OUT 指定的子存储单元中。

在梯形中,指令以功能框的形式编程,如图 9.46(b)所示。指令名称分别 SHL_W 和 SHR_W。字型 STL 指令格式移位方式与字节移位指令基本相同。

(3) 双字左移指令(SLD)和双字右移指令(SRD)

当允许输入 EN 有效时,将双字型输入数据 IN 左移或右移 N 位(N<=32)后,送到 OUT 指定的双字存储单元中。

在梯形中,以功能框的形式编程,如图 9.46(c)所示。指令名称分别为 SHL_DW 和 SHR_DW,双字型 STL 指令格式及移位方式与字节移位基本相同。

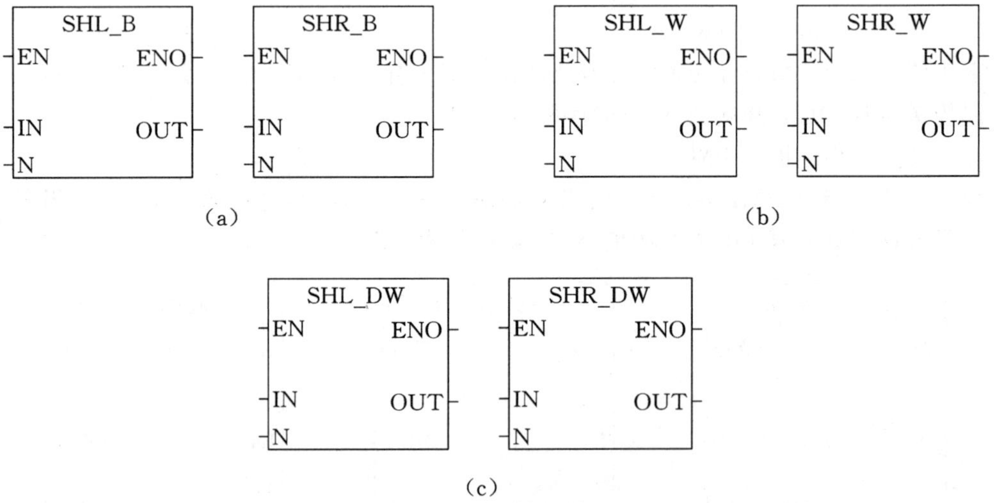

图 9.46　左移右移指令

(4) 字节循环左移指令(RLB)和字节循环右移指令(RRB)

当允许输入 EN 有效时,将字节型输入数据 IN 循环左移或循环右移 N 位后,送到 OUT 指定的字节存储单元中。

在梯形中,以功能框的形式编程,如图 9.47 所示。指令名称分别为:ROL_B 和 ROR_B。

在 STL 中,指令格式:RLB　OUT,N(字节循环左移)

RRB　OUT,N(字节循环右移)

例:RLB　MB0,2

RRB　LB0,2

(5) 字循环左移指令(RLW)和字循环右移指令(RRW)

当允许输入 EN 有效时,将字型输入数据 IN 循环左移或循环右移 N 位后,送到 OUT 指定的字存储单元中。

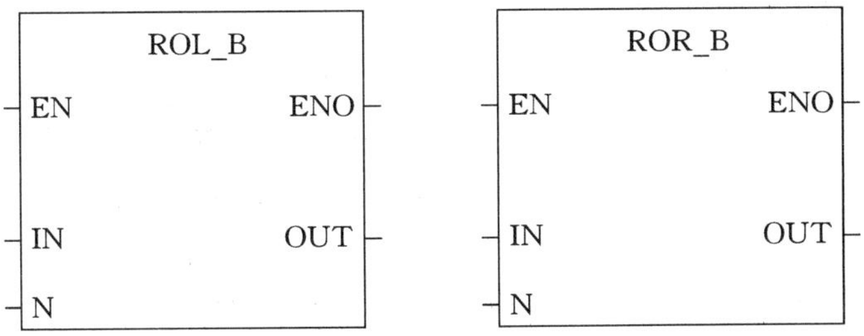

图 9.47　字节循环左移和右移指令

在梯形图中，字循环功能框与字节循环移位指令功能框只有名称变为 ROL_W 和 ROR_W，其他部分完全相同。字循环移位在 STL 中的指令格式也与字节循环移位的基本相同。

(6) 双字循环左移指令(RLD)和双字循环右移指令(RRD)

当允许输入 EN 有效时，将双字型输入数据 IN 循环左移或循环右移 N 位后，送到 OUT 指定的双字存储单元中。

在梯形图中，双字循环功能框与字节循环移位指令功能框只有名称变为 ROL_DW 和 ROR_DW，其他部分完全相同，其在 STL 中的指令格式也与字节循环移位的基本相同。

9.4.7　程序控制指令

程序控制指令主要是控制程序结构及程序执行的相关指令，包括结束、停止、看门狗复位、FOR-NEXT 循环和跳转指令等。

1. 条件结束指令(END)

END 指令根据前面的逻辑关系终止主用户程序，可以在主程序中使用条件指令，但是不能在子程序和中断服务程序中使用该指令。

在梯形图中条件结束指令以线圈形式编程，如图 9.48(a)所示。

END 指令不含操作数。指令的执行不考虑对特殊标志寄存器位和“能流”的影响。

在 STL 中指令格式：END(无操作数)

—(END)　　—(STOP)　　—(WDR)

(a)　　(b)　　(c)

图 9.48　条件结束、停止、看门狗复位指令

2. 停止指令(STOP)

STOP 指令在使能输入有效时，使 CPU 从 RUN 转入 STOP 模式，从而可以立即终止程序的执行。

STOP 指令在梯形图中以线圈形式编程，如图 9.48 (b)所示。

STOP 指令不含操作数。指令的执行不考虑对特殊标志寄存器位和“能流”的影响。

STOP 指令可以用在主程序、子程序和中断程序中。如果在中段程序中执行 STOP 指令，则中断处理立即终止，并忽略所有挂起的中断，继续向前扫描程序的剩余部分。本次扫描结束，完成 CPU 从 RUN 到 STOP 的转变。

在 STL 中指令格式:STOP(无操作数)

3. 看门狗复位指令(WDR)

WDR 指令的作用是允许 CPU 的看门狗定时器重新被触发。当使能输入有效时,每执行 WDR 指令一次,看门狗定时器就被复位一次。用本指令可以延长扫描周期,从而有效避免看门狗超时错误。

WDR 指令在 LAD 中以线圈形式编程,如图 9.48(c)所示。

使用 WDR 指令时要小心,因为如果用循环指令去阻止扫描完成或过度的延迟扫描完成的时间,那么在终止本次扫描之前,下列操作过程将被禁止:非自由口方式的通信、非立即 I/O 更新、强制更新、SM 位更新(SM0,SM5～SM29 不能被更新)和运行时间诊断等。

如果希望程序的扫描周期超过 500 ms,或者在中断时间发生时有可能使程序的扫描周期超过 500 ms,应该使用看门狗复位指令来重新触发看门狗定时器。

在 STL 中指令格式:WDR(无操作时)

4. 循环指令(FOR-NEXT)

程序循环结构可以描述需要重复进行一定次数的程序片段,即循环体。循环程序设计所用的指令有两条:FOR 和 NEXT。

(1) 循环开始指令(FOR)

循环开始指令用来标记循环体的开始,在梯形图中有 3 个数据输入端:当前循环计数 INDX,起始值 INIT,结束值 FINAL。循环开始指令在梯形图中的符号如图 9.49 所示。

(2) 循环结束指令(NEXT)

用以标记循环体的结束,并且将栈顶值置 1。该指令无操作数,如图 9.49 所示。

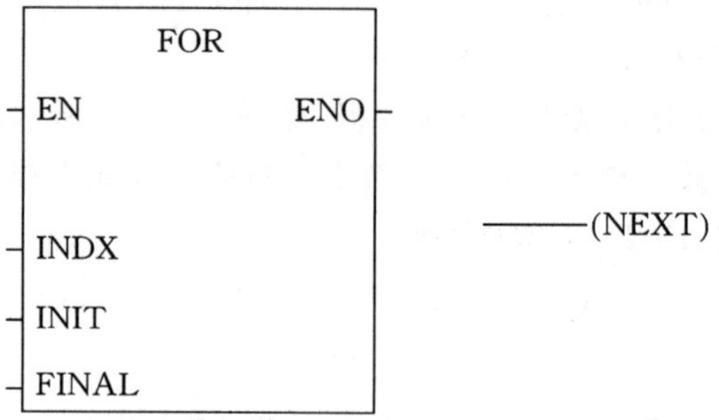

图 9.49 FOR-NEXT **循环复位**

在循环执行过程中可以修改循环结束值,也可以在循环体内部用指令修改结束值。当使能输入有效时,循环一直执行,直到循环结束。

FOR 和 NEXT 循环体内部可以再含有 FOR、NEXT、循环体,称为循环嵌套,嵌套最大深度为 8 层。

每次使能输入重新有效,指令自动将各参数复位。

指令格式:FOR　INDX,NIT,FINAL(循环开始指令);NEXT(循环结束指令)。

5. 跳转指令

跳转的实现使 PLC 的程序灵活性和智能性大大提高。主机根据对不同条件的判断,选择不同的程序段执行。跳转用跳转指令 JMP 和标号指令 LBL 配合实现，如图 9.50 所示。

(1) 跳转指令(JMP)

当使能输入有效时，程序流程跳转到指定标号为 N 的程序分支执行。当执行跳转指令时，逻辑堆栈的栈顶值总是 1。

(2) 标号指令(LBL)

标号指令用于标记程序段，作为跳转指令执行时跳转到目的位置。操作数 N 为 0～225 的字型数据。

在 STL 中指令格式：JMP　N

LBL　N

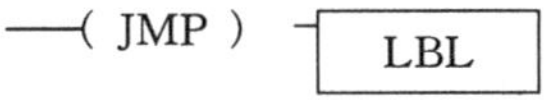

图 9.50　跳转和标号指令

习题 9

1. 可编程控制器 S7-200 的编程语言有哪几种？
2. 可编程控制器 S7-200 的梯形图编程语言有什么特点？
3. 可编程控制器 S7-200 的梯形图编程原则是什么？
4. 可编程控制器 S7-200 的基本程序结构是什么？
5. 可编程控制器 S7-200 编程器件选择原则是什么？
6. 简述可编程控制器 S7-200 的寻址方式。
7. 简述可编程控制器 S7-200 的指令组成。
8. 简述可编程控制器 S7-200 的位逻辑指令。
9. 简述可编程控制器 S7-200 的定时器、计数器指令。
10. 简述可编程控制器 S7-200 的运算指令。
11. 简述可编程控制器 S7-200 的程序控制指令。

第 10 章　可编程控制器控制系统应用设计

PLC 控制技术属于先进的实用技术，目前各种 PLC 在实际工程中应用广泛，以 PLC 为主的控制器和控制系统越来越多。应当说，在熟悉了 PLC 的组成和基本原理，掌握了 PLC 的指令系统及编程规则之后，就面临着如何将 PLC 应用到实际工程中的问题。即如何进行 PLC 控制系统的应用设计，使 PLC 能够实现对生产机械或生产过程的控制，并带来更可靠、更高的质量和更高的效益。

10.1　PLC 控制系统设计的内容与步骤

10.1.1　PLC 系统设计的基本要求

基本要求是由 PLC 自身的特点及其在工业控制中主要完成的数字控制决定的。

1. 与生产工艺结合紧密

每个控制系统都是为完成一定的生产过程控制而设计的。各种生产工艺要求不同，控制功能不同。即便是相同的生产过程，由于各设备的工艺参数都不一样，控制实现的方式也就不尽相同。各种控制逻辑、控制运算都是由生产工艺决定的，设计程序人员必须严格遵守生产工艺的具体要求去设计应用软件，不能随心所欲。

2. 与硬件控制系统结合紧密

因为硬件系统可采用不同厂家的不同系列设备，所以软件系统也就随之改变，不可能采用同一种语言形式进行程序设计，即使语言形式相同，其具体的指令也不尽相同。虽然有时选择的是同一系列的可编程序控制器的硬件，但由于硬件档次不同或系统配置的差异，所以也要有不同的应用程序与之相对应。软件设计人员不可能抛开硬件形式只孤立地考虑软件，必须根据硬件系统的形式和接口情况，编制相应的应用程序。

3. 设计人员需要具备计算机和自动化方面的双重知识

可编程序控制器是以计算机为核心的控制设备，无论是硬件设备还是软件设备都离不开计算机技术。控制系统的许多内容也是从计算机衍生而来的。而控制功能的实现，必须具备计算机和自动化控制的双重知识。

10.1.2　PLC 系统设计的基本原则

任何一种控制系统都是为了实现被控对象的工艺要求，以提高生产效率和产品质量。因此设计 PLC 控制系统时，应遵循以下基本原则：

1. 满足要求

最大限度地满足被控对象的控制要求，是设计控制系统的首要前提，这也是设计中最重要的一条原则。这就要求设计人员在设计前就要深入现场进行调查研究，收集控制现场的资料，收集控制过程中有效的控制经验，收集与本控制系统有关的先进的国内、国外资料，进行系统设计。同时要注意和现场的工程管理人员、技术人员、现场工程操作人员紧密配合，拟定控制方案，共同解决设计中的重点问题和疑难问题。

2. 安全可靠

控制系统的长期运行能否达到安全、可靠和稳定，是设计控制系统的重要原则。为了能达到这一点，要求在系统设计上、器件选择上和软件编程上全面考虑。比如说，在硬件和软件的设计上，应该保证 PLC 程序不仅在正常条件下能正确运行，而且在一些非正常情况（如突然掉电再上电，按钮按错）下，也能正常工作；程序能接受并且只能接受合法操作，对非法操作，程序能予以拒绝等。

3. 经济实用

经济实用也是系统设计的一项重要原则。一个新的控制工程固然能提高产品的质量，提高产品的数量，从而为工程带来巨大的经济效益和社会效益。但是，新工程的投入、技术的培训、设备的维护也会导致工程的投入和运行资金的增加。在满足控制要求的前提下，一方面要注意不断地扩大工程的效益，另一方面也要注意不断地降低工程的成本。这就要求，控制系统简单、经济，而且控制系统的使用和维护既方便又成本低。

4. 适应发展

社会在不断地前进，科学在不断地发展，控制系统的要求也一定会不断地提高、不断地完善。因此，在控制系统的设计时要考虑到今后的发展、完善。这就要求在选择 PLC 机型和输入/输出模块时，适应发展的需要，适当留有余量。

10.1.3　PLC 系统设计的内容

① 拟订控制系统设计的技术条件。技术条件一般以设计任务书的形式来确定，是整个设计的依据。

② 选择电气传动形式和电动机、电磁阀等执行机构。

③ 选定 PLC 的型号。

④ 绘制电气原理图及 PLC 的 I/O 的分配表。

⑤ 根据系统设计的要求编写国家软件规格说明书，然后再用相应的统计编程语言（常用梯形图）进行程序设计。

⑥ 了解并遵循用户认知心理，人性化设计人机界面。

⑦ 设计操作台、电气柜。

⑧ 编写设计说明书和使用说明书。

根据具体任务，以上内容可根据实际要求进行适当的调整。

10.1.4 PLC 系统设计的步骤

1. 分析评估及控制任务

了解控制系统的全部功能、控制规模、控制方式、输入/输出信号和数量、是否为特殊功能接口、与其他设备的关系、通信内容与方式等，并做详细记录。没有对整个控制系统的全面了解，就不能联系各种控制设备之间的功能，闭门造车、想当然都不是一个合格程序设计者的做法。

熟悉被控制对象就是按工艺说明书和软件规格书将控制对象和控制功能分类，可按相应要求、信号用途或者按控制区域划分，确定检测设备和控制设备的物理位置。深入细致地了解每一个检测信号和控制信号的形式、功能、规模、其间的关系和预见可能出现的问题，使程序设计有的放矢。

2. 确定输入/输出设备

根据系统的控制要求，确定系统所需的全部输入设备（如按钮、操作开关、位置开关、转换开关及各种传感器等）和输出设备（如继电器、接触器、电磁阀、信号灯及其他执行器等），从而确定与 PLC 有关的输入/输出设备，以确定 PLC 的 I/O 点数。

3. PLC 的选型

PLC 机型选择的基本原则是在满足功能要求及保证可靠、维护方便的前提下，力争最佳的性能价格比。PLC 的选型包括机型的选择、容量的选择、I/O 模块的选择和电源模块的选择等。

4. 设计电气原理图并编制材料清单

PLC 硬件配置确定后，根据信号图及输入/输出元件与 PLC 的 I/O 点的连接关系，设计电气原理图并编制材料清单。

5. 设计控制台

根据电气原理图及具体件的规格尺寸，设计控制台。

6. 绘制安装所需的图纸

绘制接线图和安装所需的图纸，以便进行硬件装配。

7. 程序编制

编制的程序要根据软件设计规格书的总体要求和控制系统的具体情况，确定应用程序的基本结构，按程序设计标准绘制出程序结构框图，然后根据工艺要求，绘制各功能单元的详细功能框图。程序的编制是程序设计最主要且最重要的阶段，是控制功能的具体实现过程，是核心的核心。编制程序就是通过编程器或 PC 加编程软件用编程语言对控制功能框图的程序实现。

8. 程序调试

程序调试是整个程序设计工作中一项很重要的内容，可以初步检查程序的实际效果。程序调试和程序编写是密不可分的。程序的许多功能是在调试中修改和完善的。调试时先从各功能单元入手，设定输入信号，观察输出信号的变化情况，必要时可以借用某些仪器仪表。各功能单元调试完成后，再连通全部程序，调试各部分的接口情况，直到满意为止。程序调试可以在实验室进行，也可以在现场进行，分为模拟调试和联机调试。

9. 整理和编写技术文件

编制系统的技术文件，包括设计说明书、硬件原理图、安装接线图、电气元件明细表和PLC 程序以及使用说明书等。传统的电气图，一般包括电气原理图、电气布置图及电气安装图。在 PLC 控制系统中，这些图可统称为“硬件图”。在传统电气图的基础上增加了 PLC 部分，故应增加 PLC 的 I/O 输入/输出电气连接图。在 PLC 控制系统中，电气图还包括程序图，可称之为“软件图”。它便于用户在生产发展过程或工艺改进时修改程序，或在维修时分析和排除故障。

程序设计说明书是对程序的综合性说明，是整个程序设计工作的总结。编写程序设计说明书的目的是便于程序使用者和现场调试人员使用。它是程序文件的组成部分，即使编写人员本人去现场调试，程序说明书也不可缺少。程序设计说明书一般应包括程序设计的依据、程序的基本结构、各功能单元分析、其中使用的公式和原理、各参数的来源和运算过程、程序调试情况等。

10.2　PLC 控制系统的硬件设计

10.2.1　机型的选择

目前，PLC 产品种类繁多，同一个公司生产出的 PLC 也常常推出系列产品。这需要用户去选择最符合自己要求的产品。选择硬件产品时，首要的是选定机型。

1. 根据系统类型选择机型

从选机型的角度看，控制系统可以分成单体控制小系统、慢过程大系统和快速控制大系统。这些系统在 PLC 的选型上是有区别的。

（1）单体控制的小系统

这种系统一般使用一台 PLC 就能完成控制要求，控制对象常常是一台设备或多台设备中的一个功能。如对原有系统的改造、完善或改进原有设备的某些方面功能等。这种系统对 PLC 间的通信问题要求不高，甚至没有要求。但有时功能要求全面，容量要求变化大，有些还要与原设备系统的其他机器连接。对这类系统的机型选择要注意下列几种情况：

一是设备集中，设备的功率较小，如机床。这时需选用局部式结构、低电压高密度输入/输出模板。

二是设备分散，设备的功率较大，如料场设备。这时需选用离散式结构、高电压低密度输入/输出模板。

三是有专门要求的设备，如频率较高的在线监测设备。这时输入/输出容量不是关键参数，更重要的是控制速度功能，宜选用高速计数功能模板。

(2) 慢过程大系统

慢过程大系统对运行速度要求不高,但设备间有联锁关系,设备距离远,控制动作多,如大型料场、高炉、码头、大型车站信号控制;有的设备本身对运行速度要求高,但是部分子系统要求并不高,如大型热连续轧钢厂、冷连续轧钢厂中的辅助生产机组和供油系统、供风系统等。对这一类对象一般不选用大型机,因为它编程、调试都不方便,一旦发生故障,影响面也大,一般都采用多台中小机型和低速网相连接。由于现代生产的控制器为插件式模板结构,它的价格是由输入/输出模板数和智能模板数的多少决定的。同一种机型输入/输出点数少,则价格便宜,反之则贵。所以一般使用网络相连后就不必要选大型机。这样选用每一台中小型 PLC 控制一台单体设备,功能简化,程序好编,调试容易,运行中一旦发生故障影响面小,且容易查找。

(3) 快速控制大系统

随着 PLC 在工业领域应用的不断扩大,在中小型的快速系统中,PLC 不仅能完成逻辑控制和主令控制,并已逐步进入了设备控制级,如高速线材、中低速热连轧等速度控制系统。在这样的系统中,即使选用输入/输出容量大、运行速度快、计算功能强的一台大型 PLC 也难以满足控制要求,且若用多台 PLC 则有互相间信息交换与系统响应要求快的矛盾。采用可靠的高速网能满足系统信息快速交换的要求。高速网一般价格都很贵,适用于有大量信息交换的系统。对信息交换速度要求高,但交换的信息又不太多的系统,也可以采用 PLC 的输出端口与另一台 PLC 的输入端口硬件互联,通过输出输入直接传送信息,这样传送速度快而且可靠。当然传送的信息不能太多,否则输入/输出点占用太多。

2. 根据控制对象选择机型

对控制对象要求进行估计,这对确定机型十分重要。根据控制对象要求的输入/输出点数的多少,可以估计出 PLC 的规模。根据控制对象的特殊要求,可以估计出 PLC 的性能。根据控制对象的操作规则,可以估计出控制程序所占内存的容量。有了这些初步估计,会使得机型选择的可行性更大。为了对控制对象进行粗估,首先要了解下列问题:

(1) 对输入/输出点数的估计

为了正确地估计输入/输出点数,需要了解下列问题:

① 对开关量输入,按参数等级分类统计;

② 对开关量输出,按输出功率要求及其他参数分类统计;

③ 对模拟量输出/输入,按点数进行粗估。

(2) 对 PLC 性能要求的估计

为了正确地估计 PLC 性能要求,需要了解下列问题:

① 是否有特殊控制功能要求,如高速计数器等;

② 机房离现场的最远距离为多少;

③ 现场对控制器响应速度有何要求。

在此基础上,选择控制器时需注意两个问题。其一是 PLC 可带 I/O 点数,有的手册或产品目录单上给出的最大输入点数或最大输出点数,常意味着只插输入模块或只插输出模块的容量,有时也称为扫描容量,需格外注意。其二是 PLC 通信距离和速度,手册上给出的覆盖距离,有时叫最大距离,包括远程 I/O 板在内达到的距离。但是,如果 PLC 装有远程 I/

O 模块，由于远程 I/O 模块的响应速度慢，PLC 响应速度大大下降。

（3）对所需内存容量的估计

用户程序所需内存与下列因素有关：

① 逻辑量输入/输出点数的估计；

② 模拟量输入/输出点数的估计；

③ 内存利用率的估计；

④ 程序编制者的编程水平的估计。

程序中的各条指令最后都是以机器语言的形式存放在内存中。控制系统中输入/输出点数和存放该系统用户机器语言所占用的内存字节数之比称为内存利用率。内存利用率与编程水平有关。内存利用率的提高会减少内存容量，从而降低内存投资，缩短周期时间，提高系统的响应时间。

根据本节所述防范，一般可以选择出合适的机型。最后还要校验一下所用电源的容量。在校验电源容量时，要注意 PLC 系统所需电流一定要在电源限定电流之内。

10.2.2　接口设备的选择

在选定机型之后，就要确定接口设备。PLC 接口设备对控制系统的功能至关重要。

目前 PLC 的产品很多，在选择接口设备时要注意选择质量好、控制可靠的产品。这里所说的接口设备包含两类：一类是 PLC 自身的 I/O 模块、功能模块；另一类是与接口模块相连的外部设备。对于 PLC 自身的模块的选择主要注意两个问题：

一是和 PLC 能否很好地对接。模块的型号、规格要配套，最好类型，型号一致。这样才能使对接方便、可靠、稳定。

二是这些模块能否和外部设备对接。这就考虑到模块和外部设备要匹配，要性能匹配、速度匹配、电平匹配。不仅要注意它们的稳态特性，也要注意它们的动态特性。

10.2.3　扩展模块的选用

对于小的系统，如 80 点以内的系统，一般不需要扩展；但当系统较大时，就要扩展。不同公司的产品，对系统总点数及扩展模块的数量都有限制。当扩展仍不能满足要求时，可采用网络结构。同时，有些厂家产品的个别指令不支持扩展模块，在进行软件编制时应引起注意。当采用温度等模拟量模块时，PLC 厂家也有一些规定，请参阅相关技术手册。PLC 公司的扩展模块种类很多，如单输入模块、单输出模块、输入/输出模块、温度模块和高速输入模块等。PLC 的这种模块化设计为用户的产品开发提供了方便。

10.2.4　I/O 地址的分配

首先画出 PLC 的 I/O 点与输入/输出设备的连接图或对应关系表，然后画出系统其他部分的电气电路图，包括主电路和未进入 PLC 的控制电路等。

选定 PLC 及其扩展模块和分配完 I/O 地址后，硬件设计的主要内容就是电气控制系统原理图的设计，电气控制元器件的选择和控制柜的设计。

在 PLC 控制系统中，通常用作输入器件的强电元件是控制按钮、行程开关、继电器等器件的触点。选用以上元件的优点是触点容量大、价格便宜、动作直观;缺点是动作频率低、可靠性差、容易使控制系统出现故障。因此,目前常用晶体管、光敏晶体管等无触点开关取代有触点开关,以提高系统的可靠性。PLC 的执行元件通常有接触器、电动机、电磁阀、信号灯等,要根据控制系统的需要进行选择。选定执行元件后,可以确定输出电源的种类、电压等级和容量。

确定好输入、输出器件后作出输入、输出器件分类表,表中包含 I/O 编号、设备代号、设备名称及功能等,为了维修方便还可以注明安装场所。注意在分配 I/O 编号时,尽量将相同种类信号、相同电压等级的信号排在一起,或按被控对象分组。为了便于程序设计,根据工作流程需要也可将所需的中间继电器(M)、定时器(T)、计数器(C)及存储单元(V)按类型列出表格,列出器件号、名称、设定值、用途或功能,以便编写程序和阅读程序。

在进行 I/O 地址分配时最好把 I/O 点的名称、代码和地址以表格的形式列写出来;I/O 点名称定义要简短、明确、合理;把输入/输出变量列表以备编程时使用;建立内存变量分配表应包含程序中将要用到的全部元件和变量,它是阅读程序、查找故障的依据,如把内存变量分配表写到 S7-200 PLC 的符号表内,就可以用变量名称代替变量地址编写程序。

输入/输出信号在 PLC 接线端子上的地址分配是进行 PLC 子系统设计的基础。对软件设计来说,I/O 地址分配以后才可以进行编程;对控制柜及 PLC 的外围接线来说,只有 I/O 地址确定以后,才可以绘制电气接线图、装配图。装配人员根据电路图和安装图才能安装控制柜。由 PLC 的 I/O 连接图和 PLC 外围电气电路图组成系统的电气原理图。

10.2.5 PLC 的可靠性设计

虽然 PLC 具有很高的可靠性,并且有很强的抗干扰能力,但在过于恶劣的环境或安装使用不当等情况下,都有可能引起 PLC 内部信息的破坏而导致控制混乱,甚至造成内部元件损坏。需要从硬件安装、配置和软件编程方面提出提高 PLC 系统可靠性的有效措施,其中硬件措施由电源的选择、输入/输出的保护、完善的接地系统和 PLC 自身的改进 4 部分组成。要提高 PLC 控制系统可靠性,一方面要求 PLC 生产厂要提高设备的抗干扰能力;另一方面,要求工程设计、安装施工和使用维护中引起高度重视,多方配合才能完善解决问题,有效地增强系统的抗干扰性能。PLC 控制系统通常由 PLC 和现场设备组成。PLC 包括中央处理器、主机箱、扩展机箱及相关的网络与外部设备;生产现场设备包括继电器、接触器、各种开关、极限位置、安全保护、传感器、仪表、接线盒、接线端子电动机、电源线、地线及信号线等,它们当中任何一个出现故障都会影响系统正常工作。因此,分析 PLC 控制系统可靠性影响的程度是进行可靠性设计、提高控制系统工作可靠性的重要保证。

提高 PLC 控制系统可靠性的具体措施如下:

1. 适合的工作环境

(1) 环境温度适宜

各生产厂家对 PLC 的环境温度有一定的规定,通常 PLC 允许的环境温度在 0～55℃。因此安装时不要把发热量大的元件放在 PLC 的下方;PLC 四周要有足够的通风散热空间;不要把 PLC 安装在阳光直接照射或离暖气、加热器、大功率电源等发热器件很近的场所;安装 PLC 的控制柜最好有通风的百叶窗,如果控制柜温度太高,应该在柜内安装风扇强迫通风。

(2) 环境湿度适宜

PLC工作环境的空气相对湿度一般要求小于85%,以保证绝缘性能。湿度太大也会影响模拟量输入/输出装置的精度,因此不能将PLC安装在结露、雨淋的场所。

(3) 注意环境污染

不宜把PLC安装在大量污染物、腐蚀性气体和可燃性气体的场所,尤其是有腐蚀性气体的地方,以免易造成元器件及印制电路板的腐蚀。如果只能安装在这种场所,在温度允许的条件下,可以将PLC封闭;或将PLC安装在密闭性较好的控制室内,并安装空气净化装置。

(4) 远离振动和冲击源

安装PLC的控制柜应当远离有强烈振动和冲击的场所,尤其是应避免连续、频繁的振动。必要时可以采取相应措施来减轻振动和冲击的影响,以免造成接线或插件的松动。

(5) 远离强干扰源

PLC应远离强干扰源,如大功率晶阀管装置、高频设备和大型动力设备等;同时PLC还应该远离强电磁场和强放射源以及易产生强静电的地方。

(6) 远离高压

PLC不能在高压电源和高压电源线附近安装,更不能与高压电器安装在同一个控制柜内。在柜内PLC应远离高压电源线,两者间距离应大于200 mm。

2. 电源的选择

电网干扰串入PLC系统主要通过供电电源、变送器供电电源和与PLC系统具有直接电器连接的仪表供电电源等耦合而来。

PLC系统的电源有两类:外部电源和内部电源。外部电源是用来驱动PLC输出设备和提供输入信号的,又称用户电源。同一台PLC的外部电源可能有多种规格。外部电源的容量与性能由输出设备和PLC输入电路决定。由于PLC的I/O电路都具有滤波、隔离功能,所以外部电源对PLC性能影响不大,因此对外部电源的要求不高。内部电源是PLC工作电源,即PLC内部电路的工作电源。它的性能好坏直接影响到PLC的可靠性。因此,为了保证PLC的正常工作,对内部电源有较高的要求。一般PLC的内部电源都采用开关式稳压电源或一次侧带低通滤波器的稳压电源。

在干扰较强或可靠性要求较高的场合,应该用带屏蔽层的隔离变压器。对PLC系统供电。还可以在隔离变压器二次侧串接LC滤波电路。同时,在安装时还应注意以下问题:

① 隔离变压器与PLC和I/O电源之间最好采用双绞线连接,以控制串模干扰;

② 系统的动力线应足够粗,以降低大容量设备启动时引起的电路压降;

③ 当PLC输入电路用外接直流电源时,最好采用稳压电源,以保证正确的输入信号,否则可能使PLC接收到错误的信号。

对于PLC系统供电的电源,一般都采用隔离性能较好的电源。而对于变送器供电的电源和PLC系统有直接电气连接的仪表的供电电源,并没有受到足够的重视。虽然采用了一定的隔离措施,但普遍还不够,主要是使用的隔离变压器分布参数大,抑制干扰能力差,经电源耦合而串入共模干扰、差模干扰。所以,对于变送器和共享信号仪表供电应选择分布电容小、抑制带大的配电器,以减少PLC系统的干扰。

此外，为保证电网馈电不中断，可采用在线式不间断供电电源供电，提高供电的安全可靠性，并且 UPS 还具有较强的干扰隔离性能，是一种 PLC 控制系统的理想电源。

3. 合理的布线

① I/O 线、动力线及其他控制线应分开走线，尽量不要在同一线槽中布线；

② 交流线与直流线、输入线与输出线做好分开走线；

③ 开关量与模拟量的 I/O 线最好分开走线。对于传送模拟量信号的 I/O 线最好用屏蔽线，且屏蔽线的端屏蔽层应一端接地；

④ PLC 的基本单元与扩展单元之间电缆传送的信号小、频率高，很容易受干扰，不能与其他的连线敷埋在同一线槽内；

⑤PLC 的 I/O 回路配线，必须使用压接端子连接，否则容易出现火花；

⑥ 与 PLC 安装在同一控制柜内，虽不是由 PLC 控制的感性元件，但也应并联 RC 或二极管消弧电路。

4. 输入/输出的保护

输入通道中的检测信号一般较弱，传输距离可能较长，检测现场干扰严重和电路构成等因素使输入通道成为 PLC 系统中最主要的干扰进入通道。在输出通道中，功率驱动部分和驱动对象也可能产生较严重的电气噪声，并通过输出通道耦合作用进入系统。

(1) 采用数字传感器

采用频率敏感器件或由敏感参量 R、L、C 构成的振荡器等方法使传统的模拟传感器数字化。多数情况下数字传感器输出为 TTL 电平的脉冲量，而脉冲量抗干扰能力强。

(2) 对输入/输出通道进行电气隔离

用于隔离的主要器件有隔离放大器、隔离变压器、纵向扼流圈和光耦合器等，其中应用最多的是光耦合器。利用光耦合器把两个电路的地位接地环路或物理接地隔开，两条路即拥有各自的地电位基准，它们相互独立而不会造成干扰。

(3) 模拟量的输入/输出可采用 V/F、F/V 转换器

V/F 转换过程是对输入信号的时间积分，因而能对噪声或变化的输入信号进行平滑，所以抗干扰能力强。

5. 完善接地系统

在任何包含有电子电路的设计中，接地是抑制噪声和防止干扰的重要方法。接地设计的两个原则：消除各电路电流经过一个公共地线阻抗干扰所产生的噪声电压；避免形成地环路。良好的接地是 PLC 安全可靠运行的重要条件。为了抑制干扰，PLC 一般最好单独接地，与其他设备分别使用各自的接地装置，也可以采用公共接地。

6. PLC 自身的改进

(1) PLC 电路板的抗干扰措施

① 选用脉动小，稳定性好的直流电源，连接导线用铜导线，以减少压降；

② 选用性能好的芯片，如满足抗冲击、振动、温度变化等特殊要求；

③ 对不适用的集成电路端子应妥善处理，通常接地或接高电平使其处于某种稳定状态；

④ 在设计电路时，尽量避免平行走线，在有互感的电路中间要置一根地线，起隔离作用；

⑤ 在每块印制电路板的入口处安装一个几十微法的小体积大容量的钽电容作滤波器；

⑥ 印制板的电源地线最好设计成网状结构，以减少芯片所在支路的地线瞬时干扰；

⑦ 电源正负极的走线应尽量靠近。

(2) 整机的抗干扰措施

在生产现场安装的 PLC 应用金属盒屏蔽安装，并妥善接地。至于操作台上的 PLC 要固定在铜板上，并用绝缘层与操作台隔离，且铜板应可靠接地。

7. 采用冗余系统

某些控制系统要求有极高的可靠性，如果控制系统出现故障，由此引起停产或设备损坏将造成极大的经济损失，因此仅仅通过提高 PLC 控制系统的自身可靠性是满足不了要求的。在这种要求极高可靠性的大型系统中，常采用冗余系统或备用系统来有效解决上述问题。

10.3　PLC 控制系统的软件设计

一个可编程控制器构成的控制系统，由硬件系统和软件系统两部分组成。该控制系统控制功能的强弱、控制效果的好坏是由硬件和软件系统共同决定的。有时一方对另一方虽有一定的弥补作用，但这总是有限的。在系统的硬件选定之后，主要的问题是程序设计。为了能够便于程序设计、便于日常维护，合理地分配输入/输出点，恰当地对输入/输出点进行命名、完整地编制输入/输出变量表是必要的。软件系统设计的主要工作就是应用控制程序的设计。

10.3.1　PLC 软件系统设计内容

软件系统设计就是编制 PLC 控制程序，也叫程序设计，是 PLC 应用控制系统设计的核心。根据系统的控制要求，采用合适的设计方法来设计 PLC 用户程序，以满足系统控制要求为主线。根据设计出的框图逐一编写实现各控制功能或各子任务的程序，逐步完善系统指定的功能。PLC 程序设计的基本内容一般包括参数表的定义、程序框图的绘制、程序的编制和程序说明书的编写、施工设计与硬件实施、系统调试、整理和编写技术文件等。

1. 参数表的定义

参数表的定义就是按一定格式对系统各接口进行规定和整理，为编制程序做准备，包括输入信号表、输出信号表、中间标志表和存储单元表的定义。可先对输入和输出信号表进行定义。定义输入/输出信号表的主要依据就是硬件接线原理图，格式和内容因个人的喜好和系统的情况不同而不尽相同。

一般情况下，输入/输出信号表要明显地标出模块的位置、信号端子号或线号、输入/输出地址号、信号别名、信号名称和信号的有效状态等；中间标志表的定义要包括信号地址、信号别名、信号处理和信号的有效状态等；存储单元表中要含有信号地址和信号名称，信号的顺序一般是按信号地址由小到大排列，实际中没有使用的信号也不要漏掉，这样便于在编程和调试时查找；信号的有效状态要明确表明是脉冲信号还是电平信号，上升沿有效还是下降沿有效、高电平有效还是低电平有效，或其他有效方式。

2. 程序框图的绘制

根据软件设计规格书的总体要求和控制系统具体情况，确定应用程序的基本结构。按程序设计标准绘制出程序结构框图，然后根据工艺要求，绘制各功能单元的详细功能框图。程序结构框图和控制功能框图合称控制过程框图，是编程的主要依据。程序结构框图是一台可编程序控制器的全部应用程序中各功能单元在内存中先后顺序的缩影，使用中可以根据此结构图去了解所有控制功能在整个程序中的位置；控制功能框图是描述某一种控制功能在程序中的具体实现方法及控制信号流程，设计者根据控制功能框图编制实际控制程序，使用者根据控制功能框图可以详细阅读程序清单。

程序设计时一般要先绘制程序结构框图，而后再详细绘制各种控制功能框图，以实现各种控制功能。程序结构图和控制功能框图两者缺一不可。如果有人已经做过这步工作，最好拿来借鉴一下，一定要设法弄清楚其设计思想和方法。有的系统的应用软件已经模块化，那就要对相应程序模块化进行定义，规定其功能，确定各模块之间连接关系，然后再绘制出各模块内部的详细框图。

3. 程序的编制

程序的编制是程序设计最主要且最重要的阶段，是控制功能的具体实现过程，是核心的核心。编制程序就是通过编程器或 PC 加编程软件用编程语言对控制功能框图的程序实现。首先根据操作系统所支持的编程语言，选择最合适的语言形式，运用其指令系统，按程序框图所规定的顺序和功能，一丝不苟地编制，便于后续测试所编程序是否符合工艺要求。编程是一项繁重而复杂的脑力劳动，需要清醒的头脑和足够的信心，实现一种控制功能有时要反复试验多次才能成功。

在编程语言的选择上，用梯形图编程还是用语句表编程或使用功能图编程，这主要取决于以下几点：

① 有些 PLC 使用梯形图不是很方便，则可以用语句表编程，但梯形图总比语句表直观；

② 经验丰富的人员可用语句表直接编程，就像使用汇编语言一样；

③ 如果是清晰的单程序、选择顺序或并发顺序的控制任务，则最好是用功能图来设计程序。

为了提高效率，相同或相似的程序段尽可能地用复制功能，也可以借用别人现成的程序段，但必须弄懂这些程序段，否则会给后续工作带来困难。程序编写有两种方式：一是直接用参数地址进行编写，这样对信号较多的系统不易记忆，但比较直观；二是先用容易记忆的别名编程，编完后再用信号地址对程序进行编码。两种方式编写的程序经操作系统编译和连接后得到的目标程序是完全一样的。另外，在编写程序过程中应及时对编出的程序进行注释，以免忘记其间相互关系，即要随编随注。注释要包括程序的功能、逻辑关系说明、设计思想、信号的来源和去向，以便阅读和调试。

除此之外，程序通常应包括以下内容：

① 初始化程序，在 PLC 上电后，一般都要做一些初始化的操作，为启动做必要的准备，避免系统发生误动作。初始化程序用于对某些数据区、计数器等进行清零；对某些数据区所需数据进行恢复；对某些继电器进行置位或复位；对某些初始化状态进行显示等。

② 检测、故障诊断和显示等程序，这些程序相对独立，一般在程序设计基本完成时再添加。

③ 保护和联锁程序，这是不可缺少的部分，必须认真加以考虑，以避免非法操作而引起控制逻辑混乱。

4. 程序说明书的编写

程序说明书是对整个程序内容的注释性的综合说明，主要是让使用者了解程序的基本结构和某些问题的处理方法，以及程序阅读方法和使用中应注意的事项，此外还应包括程序中所使用的注释符号、文字缩写的含义说明和程序的测试情况。

5. 施工设计与硬件实施

与一般电气施工一样，PLC 控制系统的施工设计要完成以下工作：外部电路设计、完整的电路图、电气元器件清单、电器柜内电气布置图、电气安装图等。

(1) 外部电路设计

外部电路设计主要包括与 PLC 的连接电路、各种运行方式的强电电路、电源系统及接地系统的设计。这是关系 PLC 系统的可靠性、功能及成本的问题。PLC 选型再好，程序设计再好，外部电路不配套，也不构成良好的 PLC 控制系统。

外部电路设计需注意以下几点：

① 画出主电路及不进入 PLC 的控制电路。为了保证系统的可靠性，手动电路、急停电路一般不进入 PLC 控制电路。

② 画出 PLC 输入/输出接线图。按输入/输出设备分类表的规定，将现场信号接在的对应端子上，一般输入/输出设备可以直接与 PLC 的 I/O 端子相连，但是当配线距离长或接近强干扰源，或大负荷频繁通断的外部信号时，最好加中间继电器进行再次隔离。输入电路一般由 PLC 内部提供电源，输出电路要根据负载额定电压和额定电流外界电源。输入电路要注意每个输出继电器的触点容量及公共端(COM)的容量。为了保持输出触点和防止干扰，当执行元件为感性负载时，交流负载线圈两端加浪涌吸收回路如阻容电路或压敏电阻，直流负载线圈两端加二极管。输出公共端要加熔断器保护，以免负载短路损坏 PLC。

③ 对重要的互锁，如电动机正反转、热继电器等，需在外电路用硬线再联锁。凡是有致命危险场合，设计成与 PLC 无关的硬线逻辑，仍然是目前常用的方法。

④ 画出 PLC 的电源进线接线图和执行电气供电系统图。

(2) 设计电气控制柜和操作台等部分的电气布置图及安装接线图。

(3) 设计系统各部分之间的电气互连图，画出现场布线图。

(4) 根据施工图样进行现场接线，并进行详细检查。

6. 系统调试

程序调试是整个程序设计工作中一项很重要的内容，它可以初步检查程序的实际效果。程序调试和程序编写是密不可分的，程序的许多功能是在调试中修改和完善的。调试时先从各功能单元入手，设定输入信号，观察输出信号的变化情况，必要时可以借用某些仪器仪表。各功能单元调试完成后，再连通全部程序，调试各部分的接口情况，直到满意为止。程序调试可以在实验室进行，也可以在现场进行，分为模拟调试和联机调试。

（1）模拟调试

程序模拟调试的基本思想是，以方便的形式模拟产生现场实际状态，为程序的运行创造必要的环境条件。根据产生现场信号的方式不同，模拟调试有硬件模拟法和软件模拟法两种形式：

① 硬件模拟法是使用一些硬件设备模拟产生现场的信号，并将这些信号以硬接线的方式连到 PLC 系统的输入端，其时效性较强；

② 软件模拟法是在 PLC 中另外编写一套模拟程序，模拟提供现场信号，其简单易行，但时效性不易保证。

在模拟调试过程中，可采用分段调试的方法，并利用编程器的监控功能。

硬件部分的模拟调试可在断开主电路的情况下，主要试一试手动控制部分是否正确。关于外部电路检查，可先仔细检查外部接线，然后用编写的试验程序对外部电路作扫描通电检查，这样查找故障既快又准确。由于 PLC 在低电压下高速动作，故对干扰较敏感。因此，信号引线应采用屏蔽线，且布线在遇到下述情况时，需改变走向或换线，对它们要分开整理布线：高电平和低电平信号线、高速脉冲和低速脉冲信号线、动力线和低电平信号线、输入信号和输出信号线、模拟量和数字量信号线、直流线和交流线。另外在信号线配线时应注意，同一线槽内设置不同信号电缆时必须隔离。配管线时，一个回路不许分在两个以上配管敷管，并将配管接地；不同电压等级的各种信号线不许放在一根多芯蔽电缆内，引线部分更不许捆扎在一起；为减小噪声，应尽量减小动力线与信号线平行敷设长度，当输出线长度较长时，线径要用比 1.6 mm 更粗的线，以降低内阻引起的电路压降。此外 PLC 接地最好采用专用接地，同其他盘板接地分开，或采用“浮地”方式。

软件部分的模拟调试可借助于模拟开关和 PLC 输出端的输出指示灯进行。当需要模拟量信号 I/O 时，可用电位器和万用表配合进行。将设计好的程序用编程器或 PC 导入到 PLC 中，进行编辑和检查，检查通过的程序再用模拟开关实验板，按照流程图模拟运行，I/O 信号用 PLC 的发光二极管显示。还可编制调试程序对系统可能出现的故障或误操作进行观察，发现问题，立即修改和调整程序。

（2）联机调试

联机调试是将模拟量调试通过的程序进一步进行在线统调。联机调试过程应循序渐进，从 PLC 只连接输入设备，再连接输出设备，再接上实际负载等逐步进行调试。联机调试时，可把编制好的程序下载到现场的 PLC 中。有时 PLC 也许只有这一台，这时就要把 PLC 安装到控制柜相应的位置上。调试时一定要先将主电路断电，既不带负载只带上接触器线圈、信号灯，只对控制电路进行联调。利用编程器或 PC 的监控功能，采用分段分级调试方法进行，待各部分功能都调试正常后，再带上实际负载进行。如不符合要求，则可对硬件和程序做调整，通常只需修改部分程序达到调整目的即可，这段工作所需时间不多。全部调试完毕后，交付试运行，经过一段时间运行，当不需要再修改时，可将程序固化在可擦除只读存储器(EPROM)中，以防程序丢失。

7. 整理和编写技术文件

编制系统的技术文件,包括设计说明书、硬件原理图、安装接线图、电气元件明细表、PLC 程序以及使用说明书等。传统的电气图,一般包括电气原理图、电气布置图及电气安装图。在 PLC 控制系统中,这些图可统称为“硬件图”。在传统电气图的基础上增加了 PLC 部分,故应增加 PLC 的 I/O 输入/输出电气连接图。在 PLC 控制系统中,电气图还包括程序图,可称之为“软件图”。它便于用户在生产发展过程或工艺改进时修改程序,或维修时分析和排除故障。

程序设计说明书是对程序的综合性说明,是整个程序设计工作的总结。编写程序设计说明书的目的是便于程序使用者和现场调试人员使用。它是程序文件的组成部分,即使编写人员本人去现场调试,程序说明书也不可缺少。程序设计说明书一般应包括程序设计的依据、程序的基本结构、各功能单元分析、其中使用的公式和原理、各参数的来源和运算过程、程序调试情况等。

10.3.2 PLC 典型的编程方法

1. 图解法编程

图解法是靠画图进行 PLC 程序设计。常见的主要有梯形图法、逻辑流程图法、时序流程图法和步进顺控法。

(1) 梯形图法

梯形图法是用梯形图语言去编制 PLC 程序,这是一种模仿继电器控制系统的编程方法。梯形图法的图形甚至元件名称都与继电器控制电路十分相近。这种方法很容易把原继电器控制电路移植成 PLC 的梯形图语言。这对于熟悉继电器控制的人来说,是最方便的一种编程方法。

(2) 逻辑流程图法

逻辑流程图法是用逻辑框图表示 PLC 程序的执行过程,反映输入与输出的关系。逻辑流程图法是把系统的工艺流程用逻辑框图表示出来形成系统的逻辑流程图。这种方法编制的 PLC 控制程序逻辑思路清晰、输入与输出的因果关系及联锁条件明确。逻辑流程图会使整个程序脉络清楚,便于分析控制程序;便于查找故障点;便于调试程序和维修程序。有时对一个复杂的程序,直接用语句表和用梯形图编程可能觉得难以下手,则可以先画出逻辑流程图,再为逻辑流程图的各个部分用语句表和梯形图编制 PLC 应用程序。

(3) 时序流程图法

时序流程图法是首先画出控制系统的时序图(即到某一个时间应该进行哪项控制的控制时序图),再根据时序关系画出对应的控制任务的程序框图,最后把程序框图写成 PLC 程序。时序流程图法很适合于以时间为基准的控制系统的编程方法。

(4) 步进顺控法

步进顺控法是在顺控指令的配合下设计复杂的控制程序。一般比较复杂的程序,都可以分成若干个功能比较简单的程序段,一个程序段可以看成整个控制过程中的一步。从这个角度去看,一个复杂系统的控制过程是由这样若干个步组成的。系统控制的任务实际上可以认为在不同时刻或者在不同进程中去完成对各个步的控制。为此，不同生产的厂家在自己的 PLC 中增加了步进顺控指令。在画完各个步进的状态流程图之后，可以利用步进顺控指令方便地编写出控制程序。

2. 经验法编程

经验法是运用自己的或别人的经验进行设计。多数是设计前先选择与自己工艺要求相近的程序，把这些程序看成自己的“试验程序”。结合自己工程的情况，对这些“试验程序”逐一修改，使之符合自己的工程要求。这里所说的经验，有的是来自自己的经验总结，有的可能是别人的设计经验，有的也可能是来自其他资料的典型程序。要想使自己有更多的经验，就需要日积月累，善于总结。

3. 计算机辅助设计编程

计算机辅助设计是通过 PLC 编程软件在计算机上进行程序设计、离线或在线编程、离线仿真和在线调试等。S7-200 的“STEP7-Micro/WIN 32”3.0 版本编程软件是基于 Windows 平台的应用软件，使用这些编程软件可以十分方便地在计算机上离线或在线编程、在线调试，可以十分方便地在计算机上进行程序的存取、加密以及形成运行文件。

10.4 PLC 控制系统的设计实例

本节主要介绍三个 PLC 系统设计的实例。

10.4.1 实例一：机械手的模拟控制

图 10.1 所示为传送工件的某机械手的工作示意图，其任务是将工件从传送带 A 搬运到传送带 B。

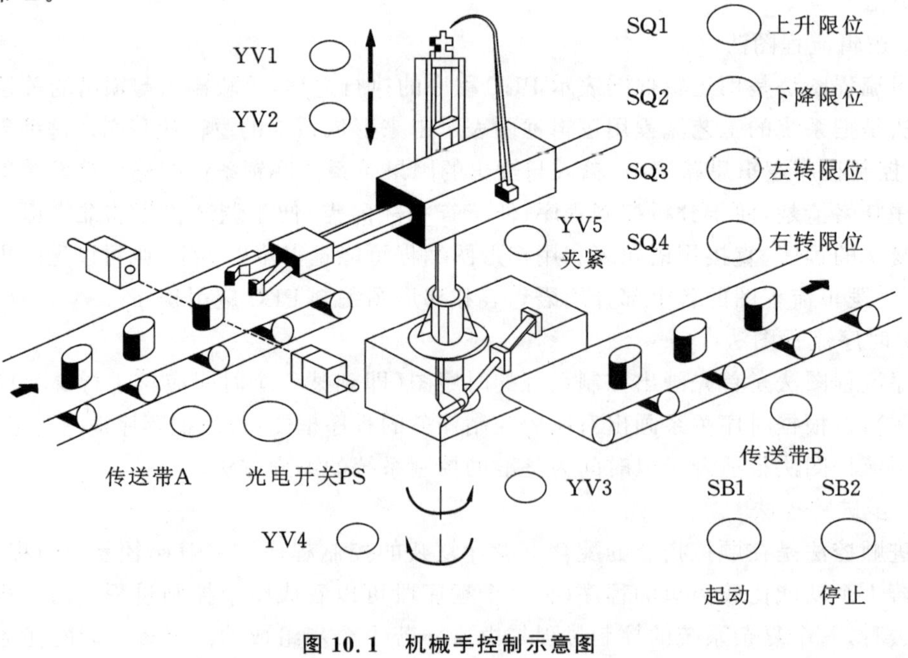

图 10.1 机械手控制示意图

1. 控制要求

按启动按钮后，传送带 A 运行直到光电开关 PS 检测到物体，才停止，同时机械手下降。下降到位后机械手夹紧物体，2 s 后开始上升，此时机械手保持夹紧。上升到位左转，左转到位下降，下降到位机械手松开，2 s 后机械手上升。上升到位后，传送带 B 开始运行，同时机械手右转，右转到位，传送带 B 停止，此时传送带 A 运行直到光电开关 PS 再次检测到物体，才停止循环。

机械手的上升、下降和左转、右转的执行，分别由双线圈二位电磁阀控制汽缸的运动来实现。当下降电磁阀通电，机械手下降，若下降电磁阀断电，机械手停止下降，保持现有的动作状态。当上升电磁阀通电时，机械手上升。同样左转/右转也是由对应的电磁阀控制。夹紧/放松则是由单线圈的二位电磁阀控制汽缸的运动来实现，线圈通电时执行夹紧动作，断电时执行放松动作，并且要求只有当机械手处于上限位时才能进行左/右移动，因此在左右转动时用上限条件作为联锁保护。由于上下运动，左右转动采用双线圈两位电磁阀控制，两个线圈不能同时通电，因此在上/下、左/右运动的电路中须设置互锁环节。

为了保证机械手动作准确，机械手上安装了限位开关 SQ1、SQ2、SQ3、SQ4，分别对机械手进行下降、上升、左转、右转等动作的限位，并给出动作到位的信号。光电开关 PS 负责检测传送带 A 上的工件是否到位，到位后机械手开始动作。

2. I/O 分配

详见表 10.1。

表 10.1　输入/输出地址分配表

输入	输出
启动按钮：I0.0	上升 YV1：Q0.1
停止按钮：I0.5	下降 YV2：Q0.2
上升限位 SQ1：I0.1	左转 YV3：Q0.3
下降限位 SQ2：I0.2	右转 YV4：Q0.4
左转限位 SQ3：I0.3	夹紧 YV5：Q0.5
右转限位 SQ4：I0.4	传送带 A：Q0.6
光电开关 PS：I0.6	传送带 B：Q0.7

3. 控制程序设计

根据控制要求先设计出功能流程图，如图 10.2 所示。根据功能流程图再设计出梯形图程序，如图 10.3 所示。流程图是一个按顺序动作的步进控制系统，在本例中采用移位寄存器编程方法。

用移位寄存器 M10.1～M11.2 位，代表流程图的各步。当两步之间的转换条件满足时，进入下一步。移位寄存器的数据输入端 DATA(M10.0)由 M10.1～M11.1 各位的常闭接点、上升限位的标志位 M1.1、右转限位的标志位 M1.4 及传送带 A 检测到工件的标志位 M1.6 串联组成。即当机械手处于原位，各工步未启动时，若光电开关 PS 检测到工件，则 M10.0 置 1，这作为输入的数据，同时这也作为第一个移位脉冲信号。以后的移位脉冲信号由代表步位状态中间继电器的常开接点和代表处于该步位的转换条件接点串联支路依次并

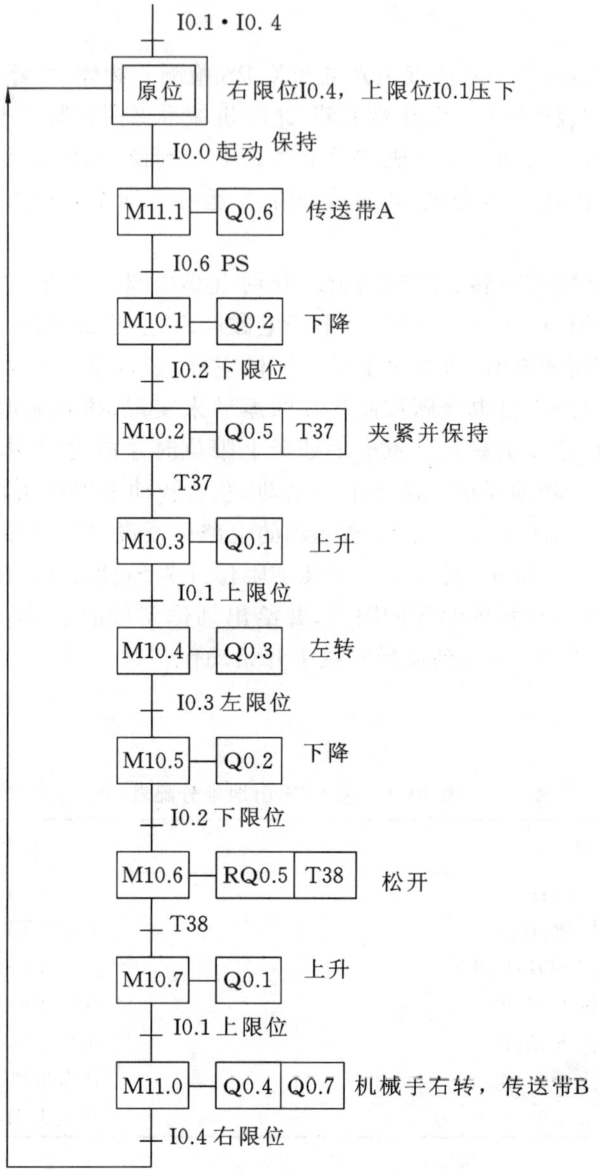

图 10.2 机械手流程图

联组成。在 M10.0 线圈回路中，串联 M10.1～M11.1 各位的常闭接点，是为了防止机械手在还没有回到原位的运行过程中移位寄存器的数据输入端再次置 1，因为移位寄存器中的“1”信号在 M10.1～M11.1 之间依次移动时，各步状态位对应的常闭接点总有一个处于断开状态。当“1”信号移到 M11.2 时，机械手回到原位，此时移位寄存器的数据输入端重新置 1。若启动电路保持接通(M0.0=1)，机械手将重复工作。当按下停止按钮时，移位寄存器复位，机械手立即停止工作。

4. 程序的调试和运行

输入梯形图程序并按控制要求调试程序。

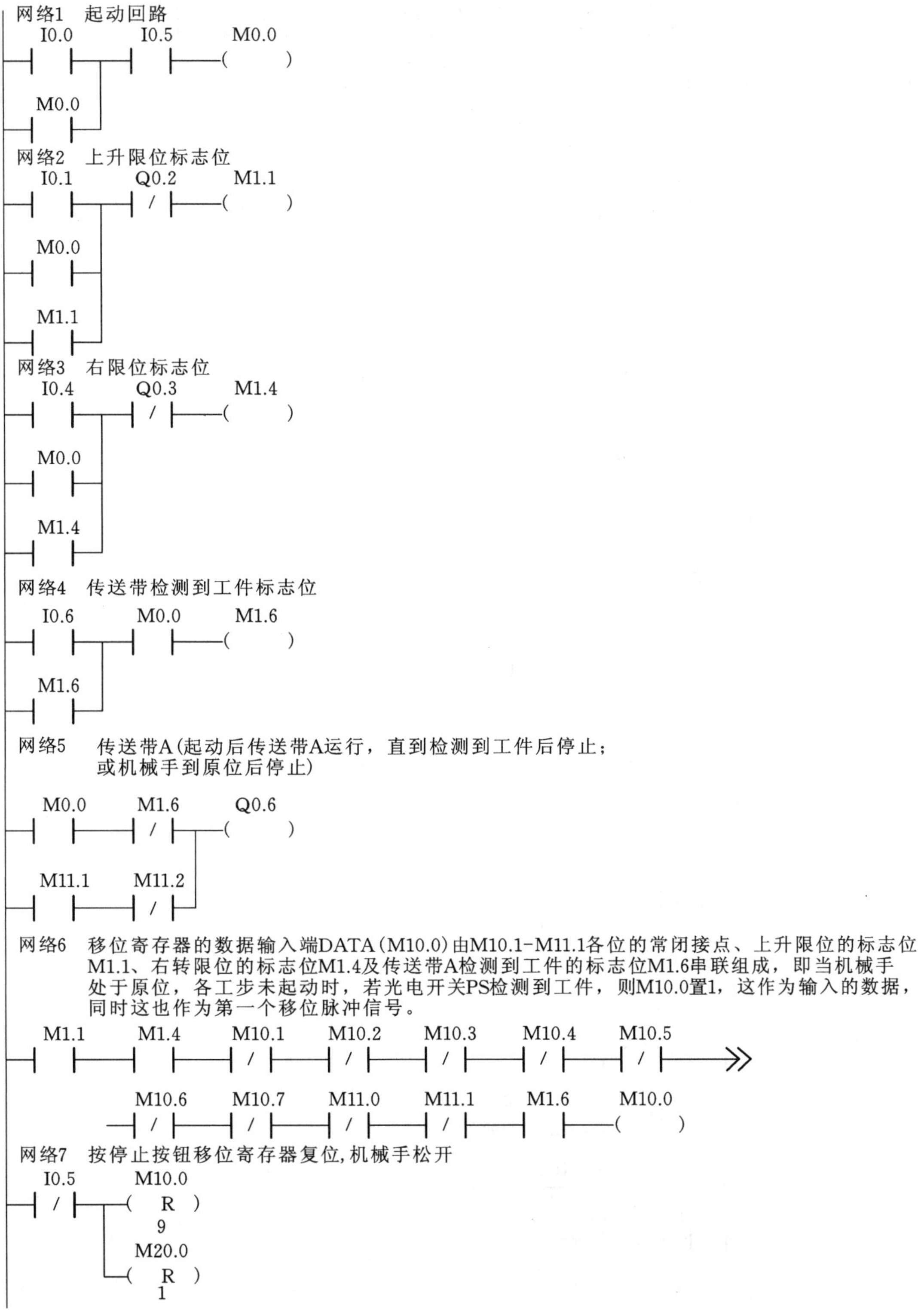
网络1　起动回路
I0.0
I0.5
M0.0
M0.0
网络2　上升限位标志位
I0.1
Q0.2
M1.1
M0.0
M1.1
网络3　右限位标志位
I0.4
Q0.3
M1.4
M0.0
M1.4
网络4　传送带检测到工件标志位
I0.6
M0.0
M1.6
M1.6
网络5　传送带A(起动后传送带A运行，直到检测到工件后停止；或机械手到原位后停止)
M0.0
M1.6
Q0.6
M11.1
M11.2
网络6　移位寄存器的数据输入端DATA(M10.0)由M10.1-M11.1各位的常闭接点、上升限位的标志位M1.1、右转限位的标志位M1.4及传送带A检测到工件的标志位M1.6串联组成，即当机械手处于原位，各工步未起动时，若光电开关PS检测到工件，则M10.0置1，这作为输入的数据，同时这也作为第一个移位脉冲信号。
M1.1
M1.4
M10.1
M10.2
M10.3
M10.4
M10.5
M10.6
M10.7
M11.0
M11.1
M1.6
M10.0
网络7　按停止按钮移位寄存器复位,机械手松开
I0.5
M10.0
R
9
M20.0
R
1

图 10.3　机械手梯形图

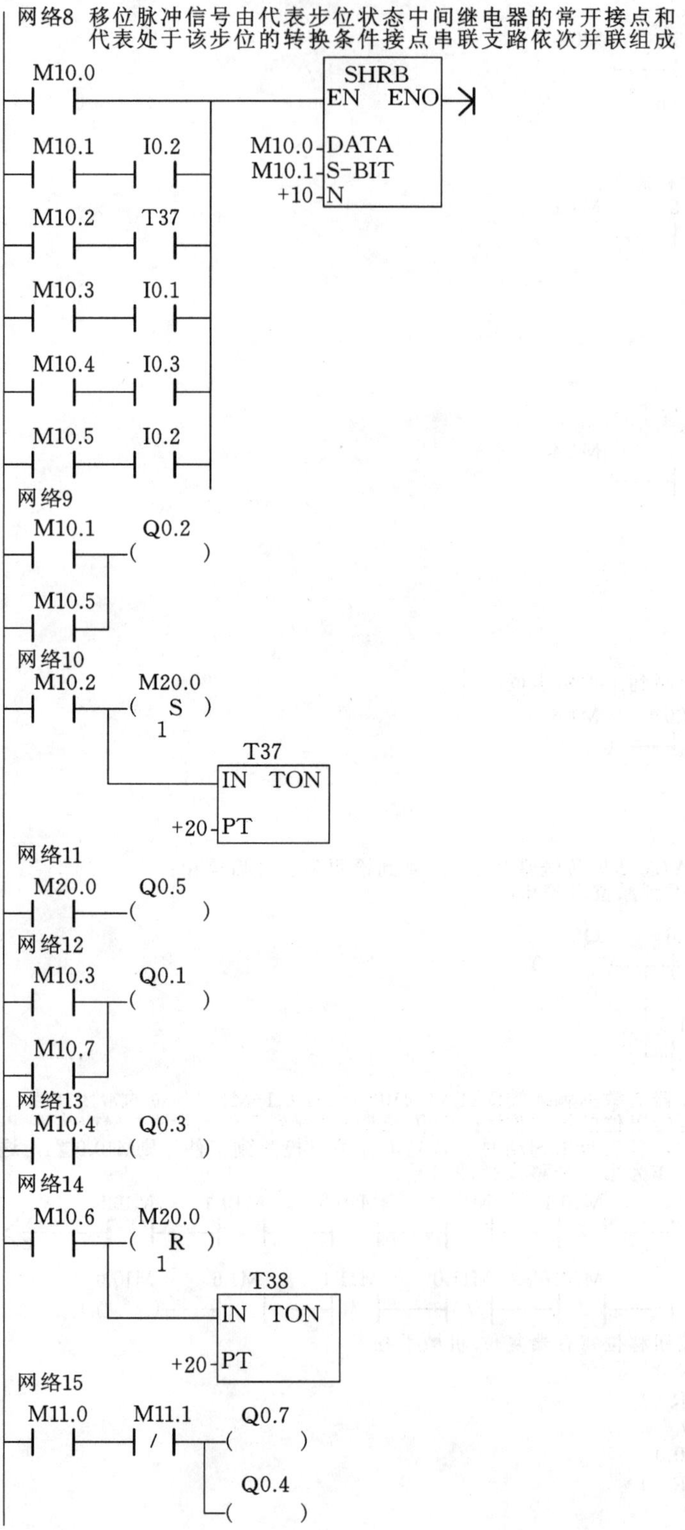
网络8 移位脉冲信号由代表步位状态中间继电器的常开接点和代表处于该步位的转换条件接点串联支路依次并联组成
M10.0
SHRB
EN ENO
M10.1 I0.2
M10.0 DATA
M10.1 S-BIT
+10 N
M10.2 T37
M10.3 I0.1
M10.4 I0.3
M10.5 I0.2
网络9
M10.1 Q0.2
M10.5
网络10
M10.2 M20.0
S
1
T37
IN TON
+20 PT
网络11
M20.0 Q0.5
网络12
M10.3 Q0.1
M10.7
网络13
M10.4 Q0.3
网络14
M10.6 M20.0
R
1
T38
IN TON
+20 PT
网络15
M11.0 M11.1 Q0.7
Q0.4

续图 10.3

10.4.2　实例二:组合机床的控制

两工位钻孔、攻丝组合机床(图 10.4)能自动完成工件的钻孔和攻丝加工,自动化程度高,生产效率高。

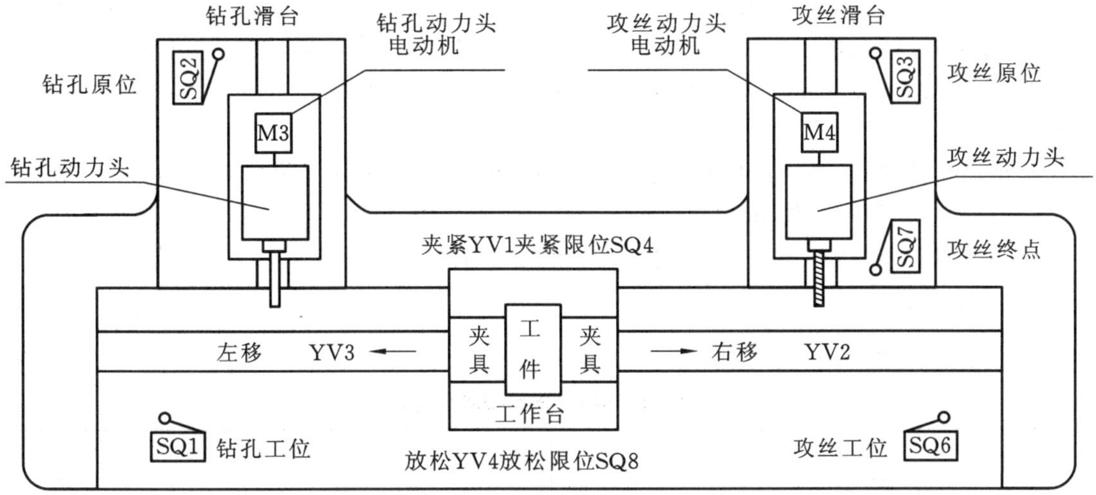

图 10.4　两工位钻孔、攻丝组合机床示意图

机床主要由床身、移动工作台、夹具、钻孔滑台、钻孔动力头、攻丝滑台、攻丝动力头、滑台移动控制凸轮和液压系统等组成。

移动工作台和夹具用以完成工件的移动和夹紧,实现自动加工。钻孔滑台和钻孔动力头用以实现钻孔加工量的调整和钻孔加工。攻丝滑台和攻丝动力头用以实现攻丝加工量的调整和攻丝加工。工作台的移动(左移、右移),夹具的夹紧、放松,钻孔滑台和攻丝滑台的移动(前移、后移),均由液压系统控制。其中两个滑台移动的液压系统由滑台移动控制凸轮来控制,工作台的移动和夹具的夹紧与放松由电磁阀控制。

根据设计要求,工作台的移动和滑台的移动应严格按规定的时序同步进行,两种运动密切配合,以提高生产效率。

1. 控制要求

系统通电,自动启动液压泵电动机 M1。若机床各部分在原位(工作台在钻孔工位 SQ1 动作,钻孔滑台在原位 SQ2 动作,攻丝滑台在原位 SQ3 动作),并且液压系统压力正常,则压力继电器 PV 动作,原位指示灯 HL1 亮。

将工件放在工作台上,按下启动按钮 SB,夹紧电磁阀 YV1 得电,液压系统控制夹具将工件夹紧,与此同时控制凸轮电动机 M2 得电运转。当夹紧限位 SQ4 动作后,表明工件已被夹紧。

启动钻孔动力头电动机 M3,且由于凸轮电动机 M2 运转,控制凸轮控制相应的液压阀使钻孔滑台前移,进行钻孔加工。当钻孔滑台到达终点时,钻孔滑台自动后退,到原位时停,M3 同时停止。

等到钻孔滑台回到原位后,工作台右移电磁阀 YV2 得电,液压系统使工作台右移。当工作台到攻丝工位时，限位开关 SQ6 动作，工作台停止。启动攻丝动力头电机 M4 正转，攻丝滑台开始前移，进行攻丝加工。当攻丝滑台到终点时(终点限位 SQ7 动作)，制动电磁铁 DL 得电，攻丝动力头制动，0.3 s 后攻丝动力头电机 M4 反转，同时攻丝滑台由控制凸轮控制使其自动后退。

当攻丝滑台后退到原位时，攻丝动力头电机 M4 停，凸轮正好运转一个周期，凸轮电机 M2 停，延时 3 s 后左移电磁阀 YV3 得电，工作台左移，到钻孔工位时停。放松电磁阀 YV4 得电，放松工件，放松限位 SQ8 动作后，停止放松。原位指示灯亮，取下工件，加工过程完成。

两个滑台的移动，是通过控制凸轮来控制滑台移动液压系统的液压阀实现的，电气系统不参与，只需启动控制凸轮电机 M2 即可。

在加工过程中，应启动冷却泵电机 M5，供给冷却液。

2. I/O 分配

详见表 10.2 所示。

表 10.2　输入/输出地址分配表

输入	输出
压力监测 PV I0.0	原点指示 HL1　Q1.4
钻孔工位限位 SQ1　I0.1	液压泵电机 MI(KM1)　Q0.1
钻孔滑台原位 SQ2　I0.2	凸轮电机 M2(KM2)　Q0.2
攻丝滑台原位 SQ3　I0.3	夹紧电磁阀 YV1　Q1.0
夹紧限位 SQ4　I0.4	钻孔动力头电机 M3(KM3)　Q0.3
攻丝工位 SQ6　I0.6	冷却泵电机 M5(KM6)　Q0.4
攻丝滑台终点 SQ7　I0.7	工作台右移电磁阀 YV2　Q1.1
放松限位 SQ8　I1.0	攻丝动力头电机 M4 正转(KM4)　Q0.5
启动按钮 SB　I1.1	制动 DL　Q0.6
自动、手动选择 SA　I1.2	攻丝动力头电机 M4 反转(KM5)　Q0.5
液压泵手动 SB1	工作台左移电磁阀 YV3　Q1.2
凸轮电机手动 SB2	放松电磁阀 YV4　Q1.3
钻孔手动 SB3	自动指示 HL2　Q1.5
手动攻丝正转 SB4	手动指示 HL3　Q1.6
手动攻丝反转 SB5	手动电源　Q1.7
冷却泵手动 SB6	
手动夹紧 SB7	
手动右移 SB8	
手动左移 SB9	
手动放松 SB10	

3. 程序设计

由加工工艺要求可知，组合机床为顺序控制过程，其功能流程图如图 10.5 所示。考虑具体情况，在设置自动顺序循环控制的同时，也设置了手动控制。在驱动回路中接入转换开关,梯形图如图 10.6 所示。在程序设计时须注意攻丝动力头 M4 正转和反转之间的互锁。

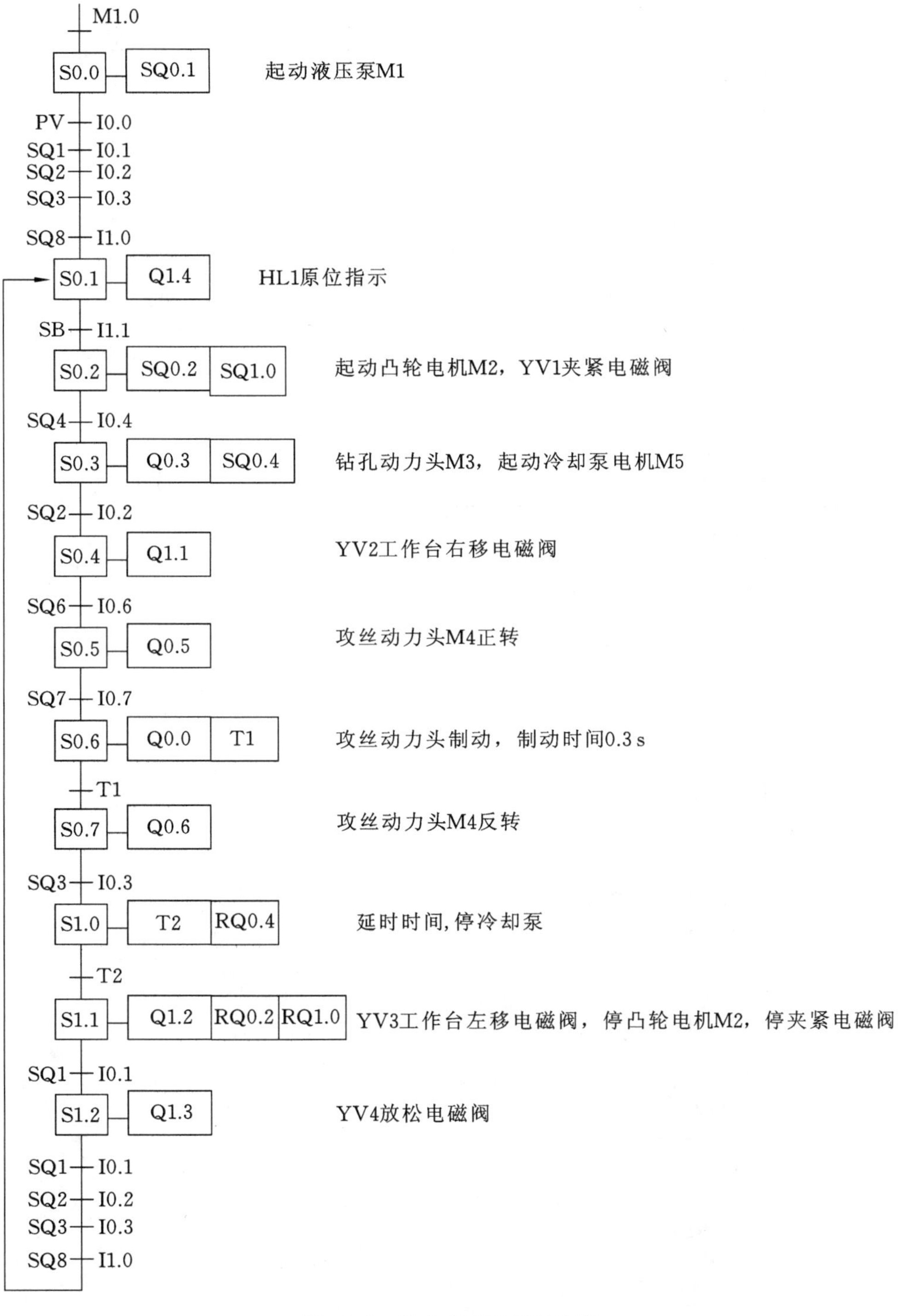

图 10.5　组合机床功能流程图

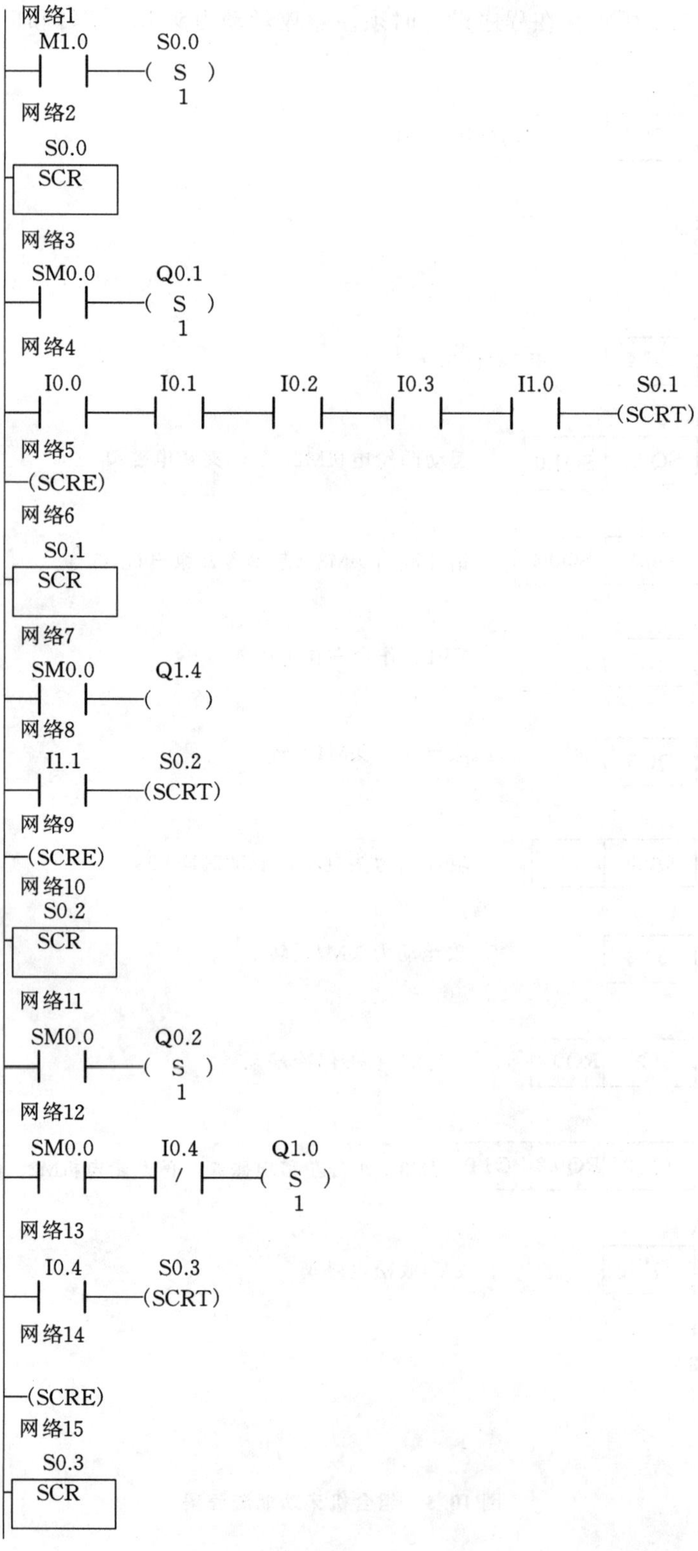

图 10.6 组合机床梯形图

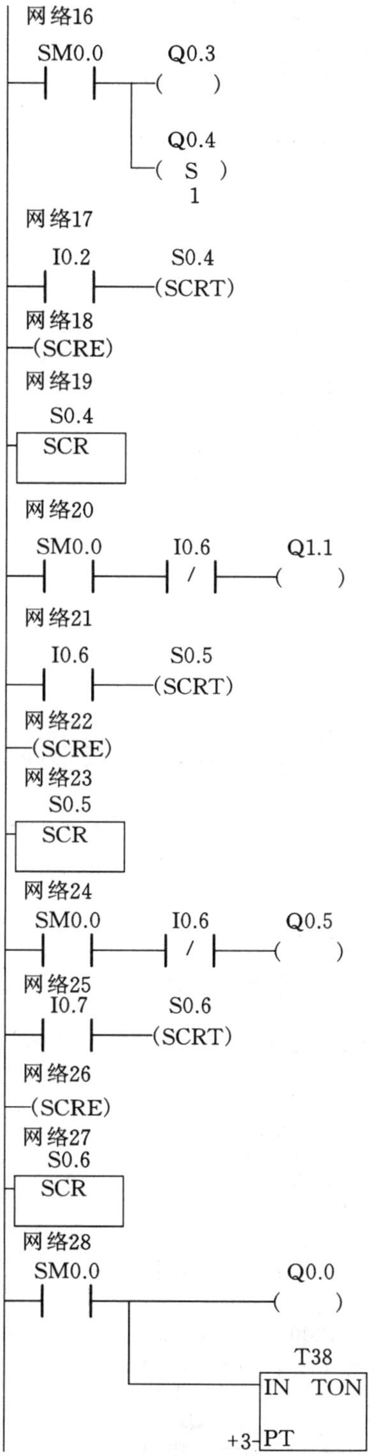
网络16
SM0.0
Q0.3
Q0.4
S
1
网络17
I0.2
S0.4
(SCRT)
网络18
(SCRE)
网络19
S0.4
SCR
网络20
SM0.0
I0.6
Q1.1
网络21
I0.6
S0.5
(SCRT)
网络22
(SCRE)
网络23
S0.5
SCR
网络24
SM0.0
I0.6
Q0.5
网络25
I0.7
S0.6
(SCRT)
网络26
(SCRE)
网络27
S0.6
SCR
网络28
SM0.0
Q0.0
T38
IN TON
+3
PT

续图 10.6

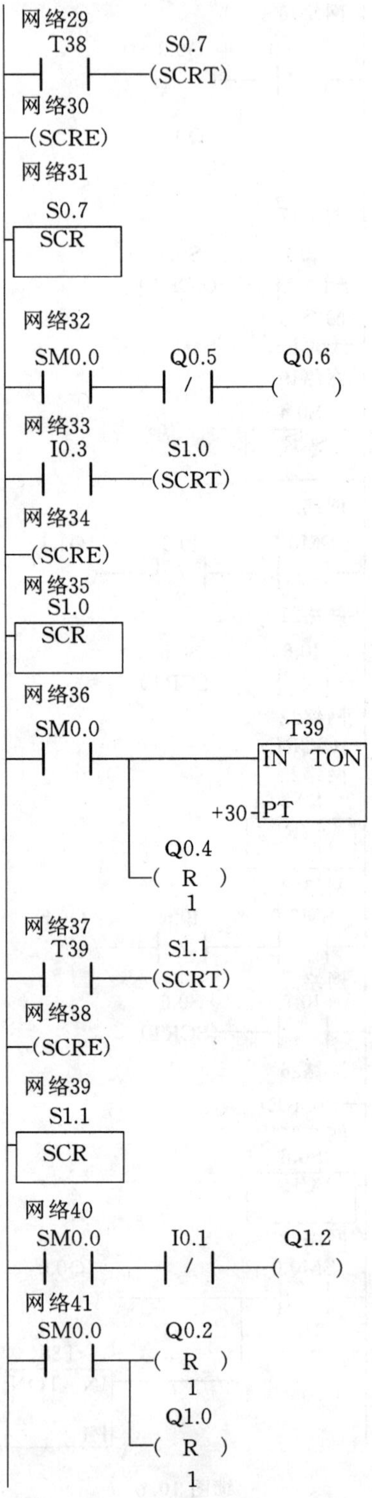
网络29
T38
S0.7
(SCRT)
网络30
(SCRE)
网络31
S0.7
SCR
网络32
SM0.0
Q0.5
Q0.6
网络33
I0.3
S1.0
(SCRT)
网络34
(SCRE)
网络35
S1.0
SCR
网络36
SM0.0
T39
IN TON
+30
PT
Q0.4
R
1
网络37
T39
S1.1
(SCRT)
网络38
(SCRE)
网络39
S1.1
SCR
网络40
SM0.0
I0.1
Q1.2
网络41
SM0.0
Q0.2
R
1
Q1.0
R
1

续图 10.6

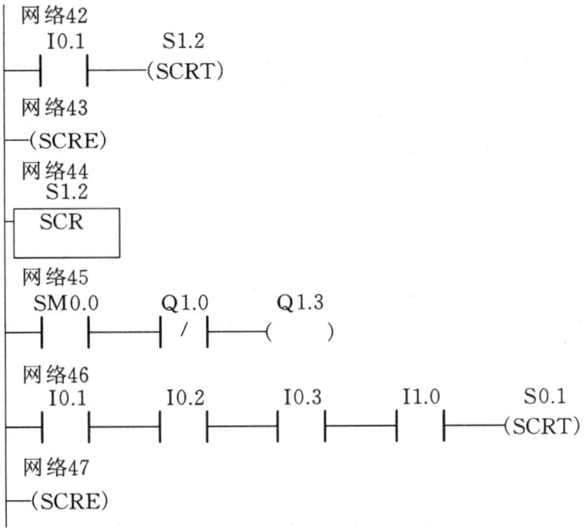

续图 10.6

4. 程序的调试和运行

输入梯形图程序并按控制要求调试程序。

10.4.3　实例三：水塔水位的模拟控制

用 PLC 构成水塔水位控制系统，如图 10.7 所示。在模拟控制中，用按钮 SB 来模拟液位传感器，用 L1、L2 指示灯来模拟抽水电动机。

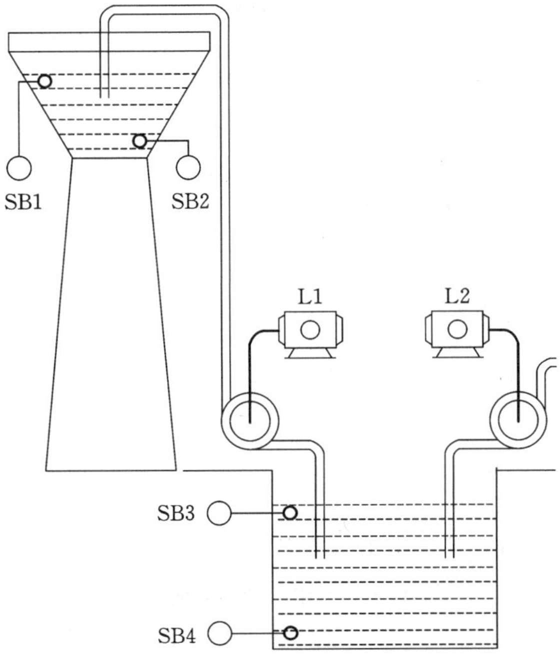

图 10.7　水塔水位控制示意图

1. 控制要求

按下 SB4，水池需要进水，灯 L2 亮；直到按下 SB3，水池水位到位，灯 L2 灭；按 SB2，表示水塔水位低需进水，灯 L1 亮，进行抽水；直到按下 SB1，水塔水位到位，灯 L1 灭，过 2 s 后，水塔放完水后重复上述过程即可。

2. I/O 分配

详见表 10.3 所示。

表 10.3 输入/输出地址分配

输入	输出
SB1：I0.1	L1：Q0.1
SB2：I0.2	L2：Q0.2
SB3：I0.3	
SB4：I0.4	

3. 程序设计

水塔水位控制的梯形图参考程序如图 10.8 所示。

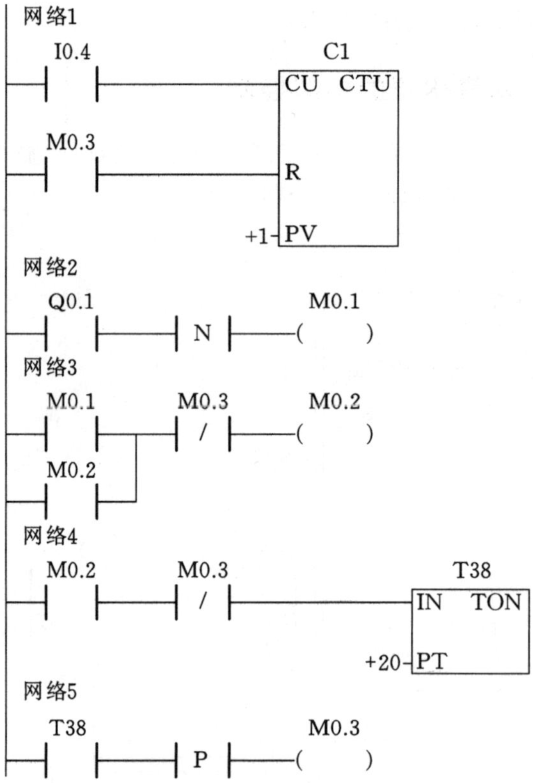

图 10.8 水塔水位控制梯形图

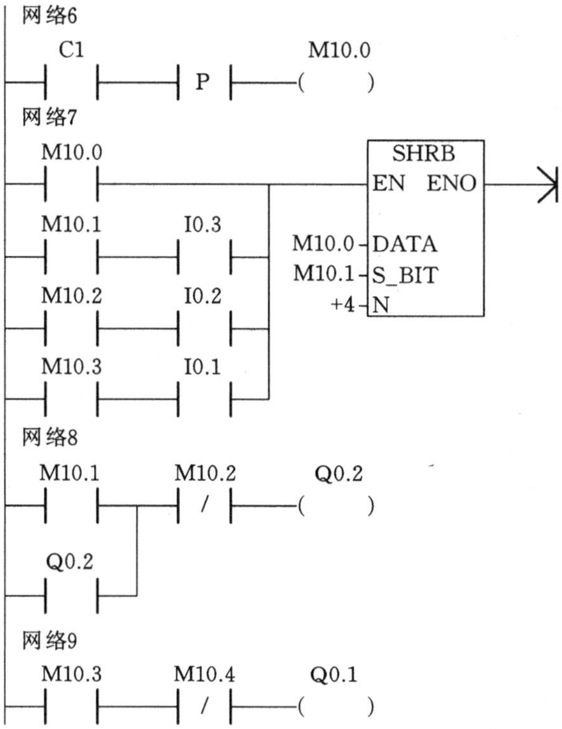

续图 10.8

4. 程序的调试和运行

输入梯形图程序并按控制要求调试程序。

10.4.4　实例四:电动机 Y/△减压启动控制

图 10.9 所示为电动机 Y/△减压启动控制主电路和电气控制的原理图。

1. 工作原理

按下启动按钮 SB2,KM1、KM3、KT 通电并自保,电动机接成 Y 型启动;2 s 后,KT 动作,使 KM3 断电,KM2 通电吸合,电动机接成△型运行。按下停止按钮 SB1,电动机停止运行。

2. I/O 分配

详见表 10.4。

表 10.4　输入/输出地址分配

输入	输出
停止按钮 SB1:I0.0	KM1:Q0.0
启动按钮 SB2:I0.1	KM2: Q0.1
过载保护 FR: I0.2	KM3:Q0.2

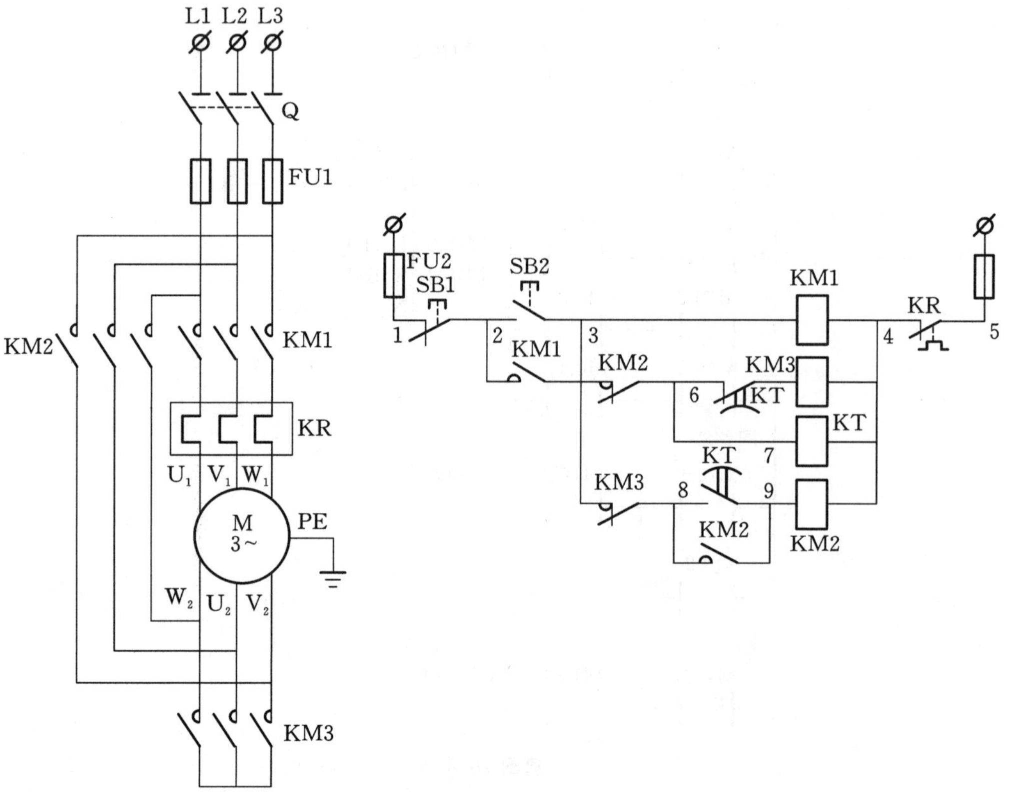

图 10.9 电动机 Y/△减压启动控制主电路和电气控制的原理图

3. 梯形图程序

转换后的梯形图程序如图 10.10 所示。为了简化电路，当多个线圈都受某一串并联电路控制时，可在梯形图中设置该电路控制的存储器的位，如 M0.0。简化后的梯形图程序如图 10.11 所示。

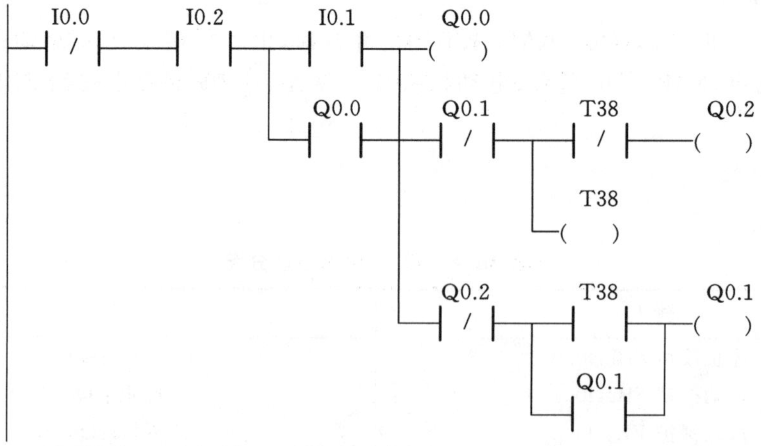

图 10.10 梯形图程序

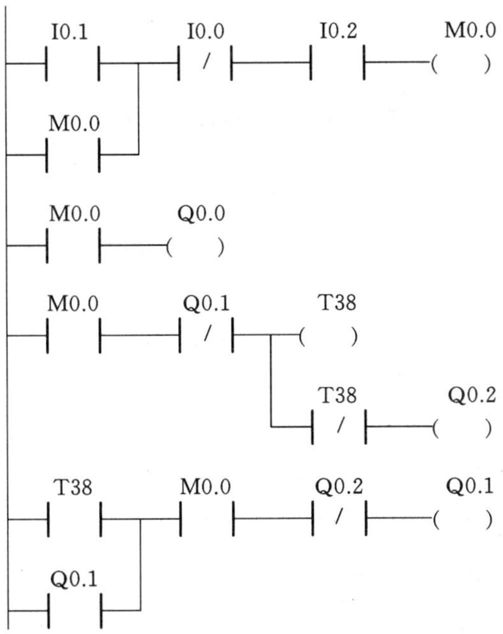

图 10.11　简化后的梯形图程序

10.4.5　实例五：交通信号灯控制

1. 控制要求

如图 10.12 所示，启动后，南北红灯亮并维持 25 s。在南北红灯亮的同时，东西绿灯也亮，1 s 后，东西车灯即甲亮。到 20 s 时，东西绿灯闪亮，3 s 后熄灭，在东西绿灯熄灭后东西黄灯亮，同时甲灭。黄灯亮 2 s 后灭东西红灯亮。与此同时，南北红灯灭，南北绿灯亮。1 s 后，南北车灯即乙亮。南北绿灯亮了 25 s 后闪亮，3 s 后熄灭，同时乙灭，黄灯亮 2 s 后熄灭，南北红灯亮，东西绿灯亮，如此循环。

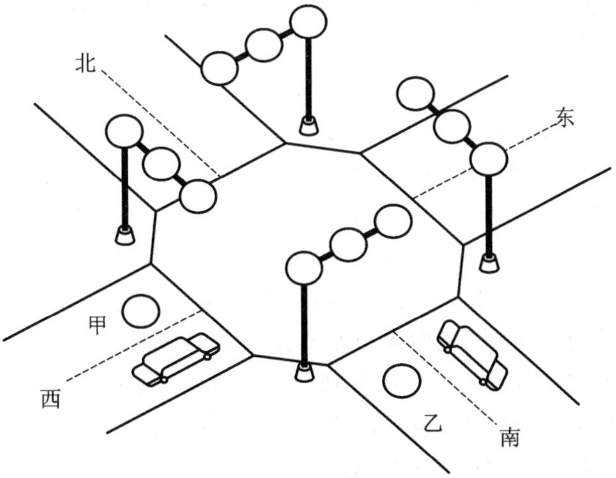

图 10.12　交通控制示意图

2. I/O 分配

详见表 10.5。

表 10.5　输入/输出地址分配

输入	输出	
启动按钮 I0.0	南北红灯:Q0.0 南北黄灯:Q0.1 南北绿灯:Q0.2 南北车灯:Q0.6	东西红灯:Q0.3 东西黄灯:Q0.4 东西绿灯:Q0.5 东西车灯:Q0.7

3. 程序设计

根据控制要求首先画出十字路口交通信号灯的时序图,如图 10.13 所示。

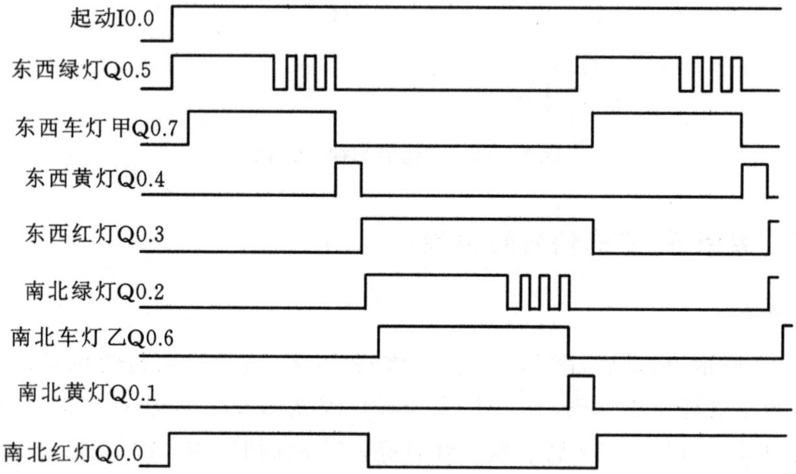

图 10.13　十字路口交通信号灯的时序图

根据十字路口交通信号灯的时序图,用基本逻辑指令设计的信号灯控制的梯形图如图 10.14 所示。

首先,找出南北方向和东西方向灯的关系:南北红灯亮(灭)的时间=东西红灯灭(亮)的时间,南北红灯亮 25 s(T37 计时)后,东西红灯亮 30 s(T41 计时)后。

其次,找出东西方向的灯的关系:东西红灯亮 30 s 后灭(T41 复位)→东西绿灯平光亮 20 s(T43 计时)后→东西绿灯闪光 3 s(T44 计时)后,绿灯灭→东西黄灯亮 2 s(T42 计时)。

再次,找出南北向灯的关系:南北红灯亮 25 s(T37 计时)后灭→南北绿灯平光 25 s(T38 计时)后→南北绿灯闪光 3 s(T39 计时)后,绿灯灭→南北黄灯亮 2 s(T40 计时)。

最后,找出车灯的时序关系:东西车灯是在南北红灯亮后开始延时(T49 计时)1 s 后,东西车灯亮,直至东西绿灯闪光灭(T44 延时到);南北车灯是在东西红灯亮后开始延时(T50 计时)1 s 后,南北车灯亮,直至南北绿灯闪光灭(T39 延时到)。

根据上述分析列出各灯的输出控制表达式:

东西红灯:Q0.3=T37　　　　南北红灯 Q0.0=M0.0・T3

东西绿灯：Q0.5＝Q0.0・T43＋T43・T44・T59　南北绿灯 Q0.2＝Q0.3・T38＋T38・T39・T59

东西黄灯：Q0.4＝T44・T42　　南北黄灯 Q0.1＝T39・T40

东西车灯：Q0.7＝T49・T44　　南北车灯 Q0.6＝T50・T39

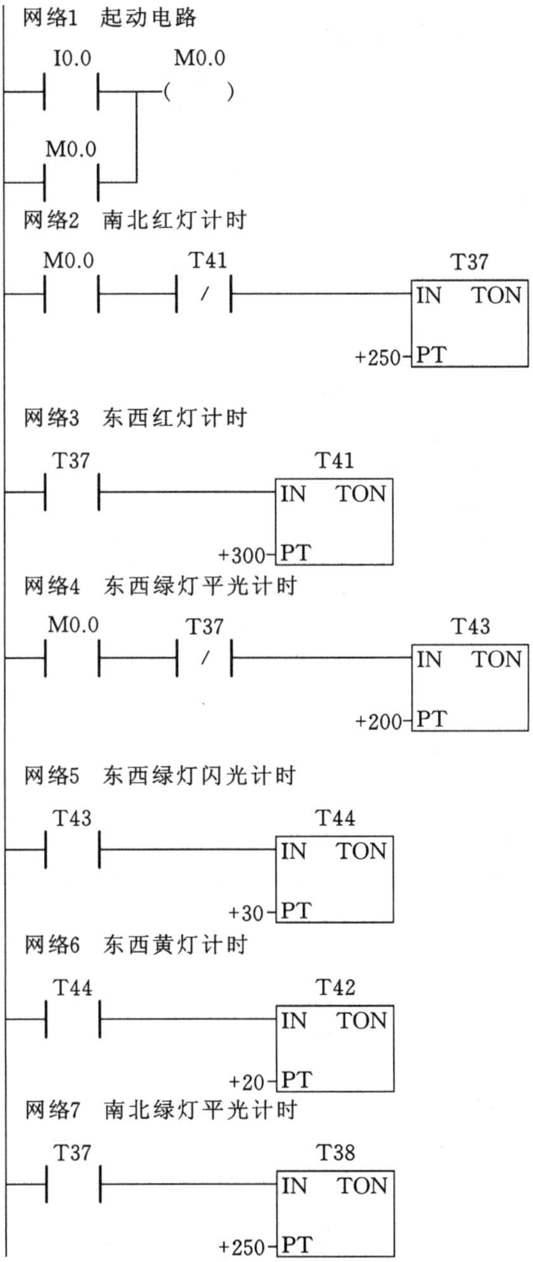

图 10.14　基本逻辑指令设计的信号灯控制的梯形图

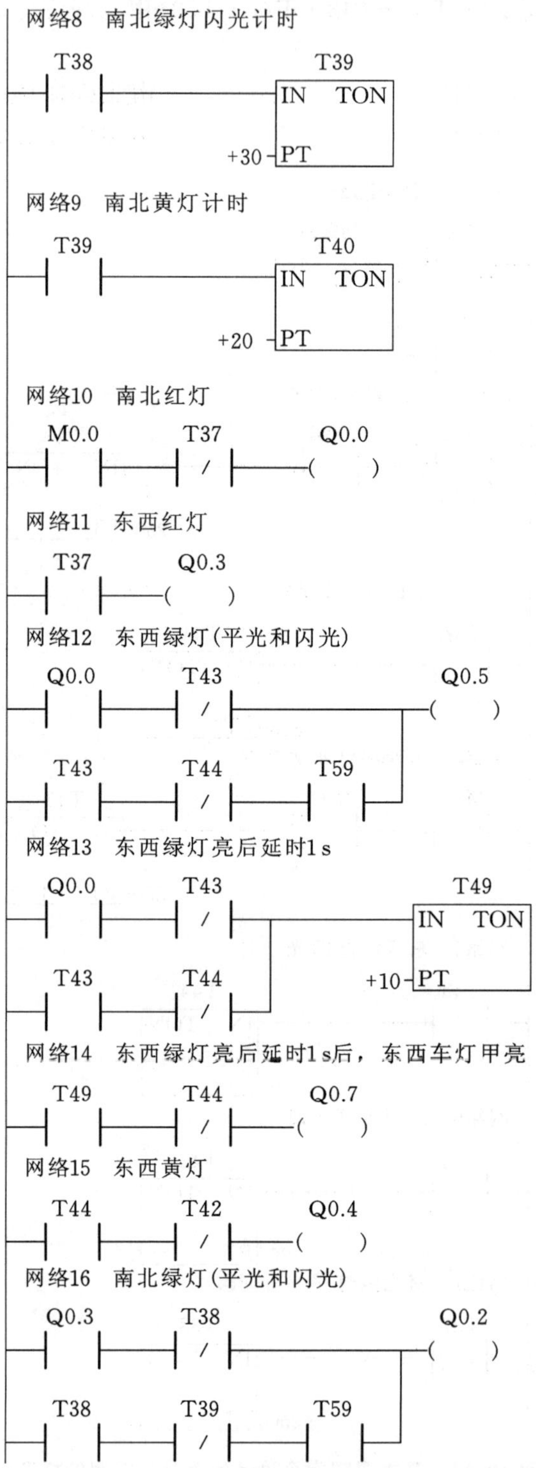
网络8 南北绿灯闪光计时
T38
T39
IN TON
+30
PT
网络9 南北黄灯计时
T39
T40
IN TON
+20
PT
网络10 南北红灯
M0.0
T37
Q0.0
网络11 东西红灯
T37
Q0.3
网络12 东西绿灯(平光和闪光)
Q0.0
T43
Q0.5
T43
T44
T59
网络13 东西绿灯亮后延时1 s
Q0.0
T43
T49
IN TON
T43
T44
+10
PT
网络14 东西绿灯亮后延时1 s后，东西车灯甲亮
T49
T44
Q0.7
网络15 东西黄灯
T44
T42
Q0.4
网络16 南北绿灯(平光和闪光)
Q0.3
T38
Q0.2
T38
T39
T59

续 10.14

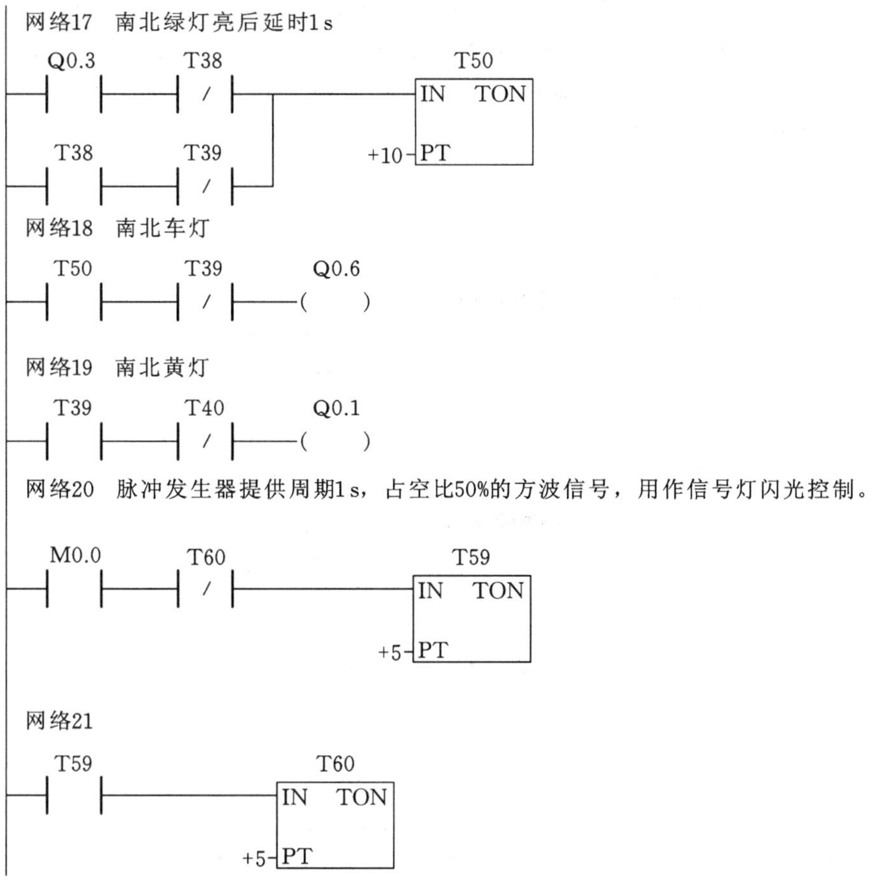

续 10.14

10.4.6　实例六:除尘室模拟控制

在制药、水厂等一些对除尘要求比较严格的车间，人、物进入这些场合首先需要进行除尘处理，为了保证除尘操作的严格进行，避免人为因素对除尘要求的影响，可以用 PLC 对除尘室的门进行有效控制。下面将介绍某无尘车间进门时对人或物进行除尘的过程。

1. 控制要求

人或物进入无污染、无尘车间前，首先在除尘室严格进行指定时间的除尘才能进入车间，否则门打不开，进入不了车间。除尘室的结构如图 10.15 所示。图中第一道门处设有两个传感器:开门传感器和关门传感器;除尘室内有两台风机，用来除尘;第二道门上装有电磁锁和开门传感器，电磁锁在系统控制下自动上锁或打开。进入室内需要除尘，出来时不需除尘。

具体控制要求如下:

进入车间时必须先打开第一道门进入除尘室，进行除尘。当第一道门打开时，开门传感器动作;当第一道门关上时，关门传感器动作。第一道门关上后，风机开始吹风，电磁锁把第二道门锁上并延时 20 s 后，风机自动停止，电磁锁自动打开，此时可打开第二道门进入室内。第二道门打开时相应的开门传感器动作。当人从室内出来时，第二道门的开门传感器先动作之后，第一道门的开门传感器才动作；关门传感器与进入时动作相同，出来时不需除尘，所以风机、电磁锁均不动作。

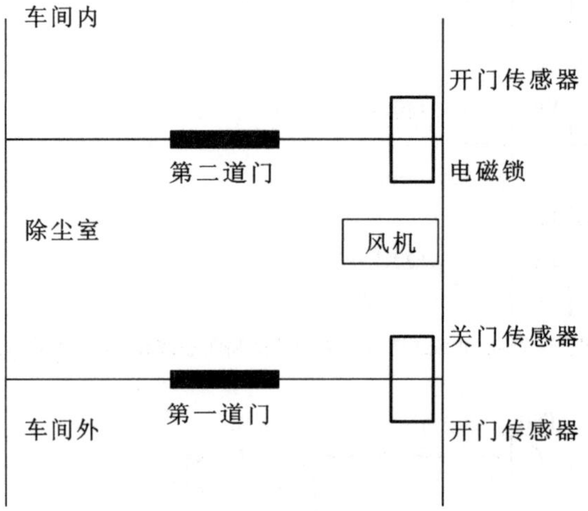

图 10.15　除尘室结构

2. I/O 分配

详见表 10.6。

表 10.6　输入/输出地址分配

输入	输出
第一道门的开门传感器 I0.0	风机 1　　Q0.0
第一道门的关门传感器 I0.1	风机 2　　Q0.1
第二道门的开门传感器 I0.2	电磁锁　　Q0.2

3. 梯形图程序

除尘室的控制系统梯形图程序，如图 10.16 所示。

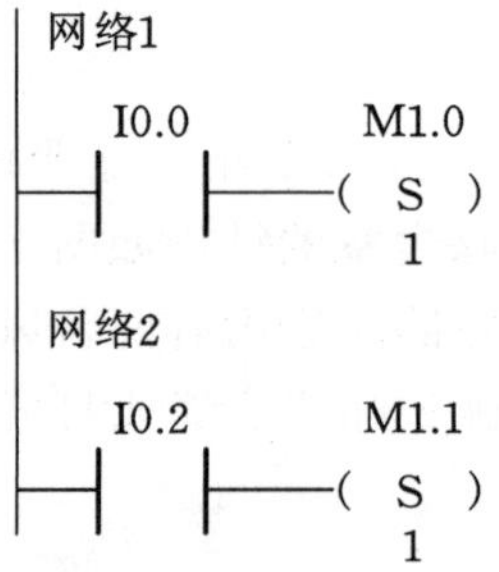

图 10.16　除尘室的控制系统梯形图程序

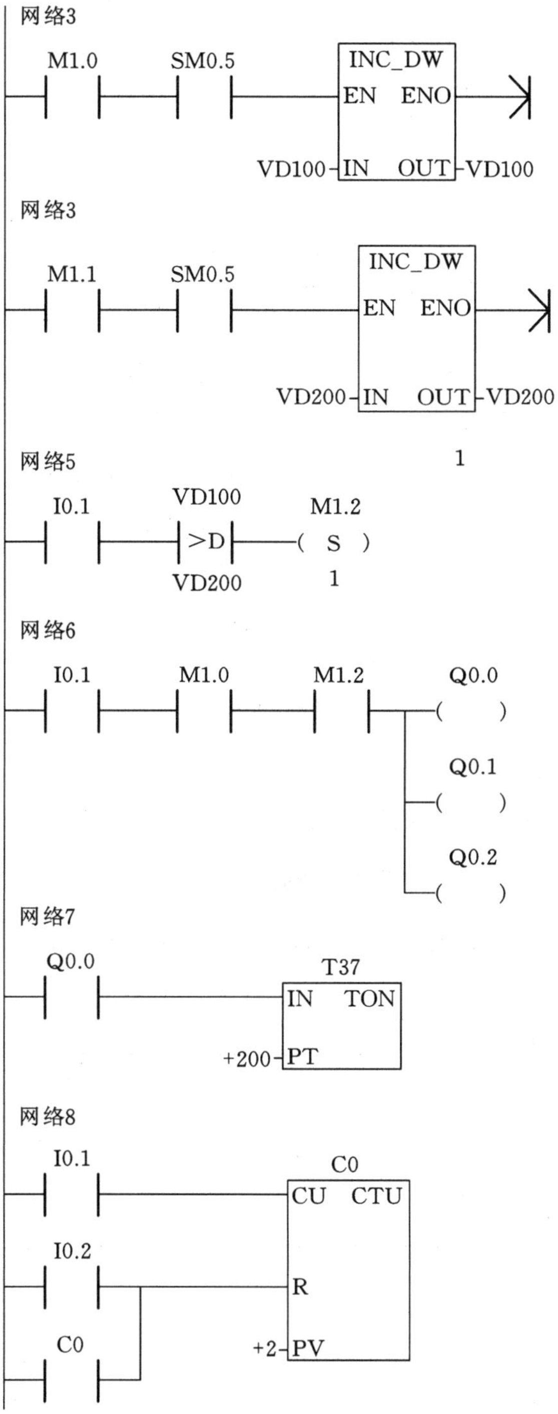
网络3
M1.0
SM0.5
INC_DW
EN
ENO
VD100
IN
OUT
VD100
网络3
M1.1
SM0.5
INC_DW
EN
ENO
VD200
IN
OUT
VD200
网络5
1
I0.1
VD100
>D
VD200
M1.2
S
1
网络6
I0.1
M1.0
M1.2
Q0.0
Q0.1
Q0.2
网络7
Q0.0
T37
IN
TON
+200
PT
网络8
I0.1
C0
CU
CTU
I0.2
R
C0
+2
PV

续图 10.16

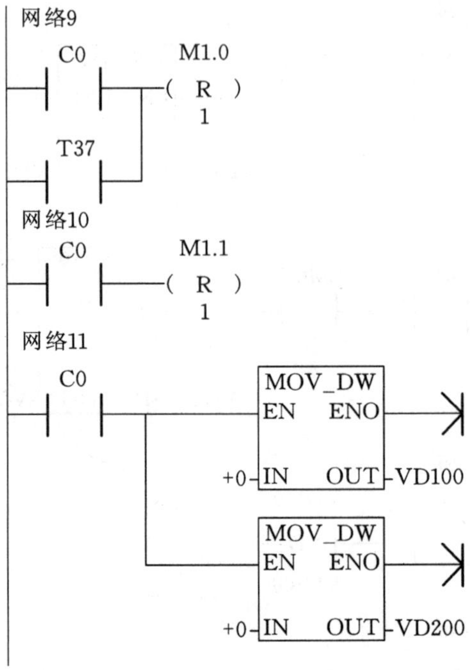

续图 10.16

4. 程序的调试和运行

输入程序编译无误后，按除尘室的工艺要求调试程序，并记录结果。

10.4.7 实例七：温度的检测与控制

用 PLC 构成温度的检测和控制系统，接线图及原理图如图 10.17、图 10.18 所示。

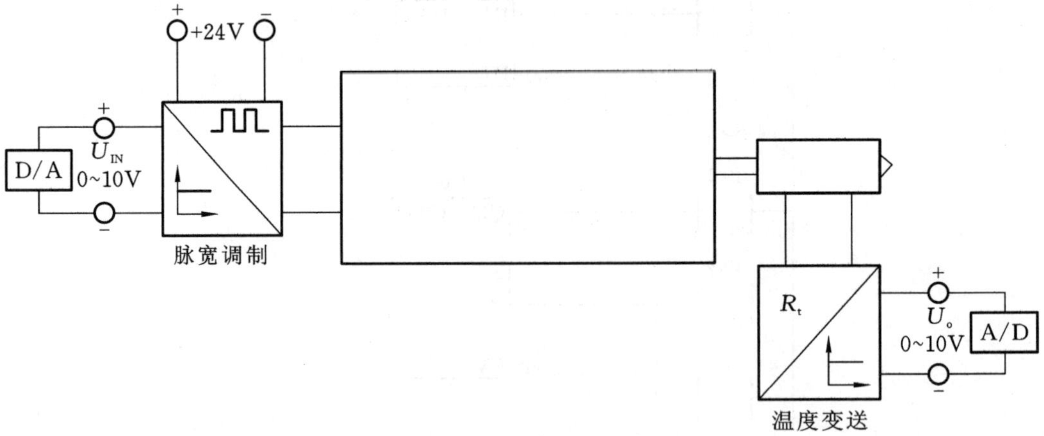

图 10.17 温度检测和控制示意图

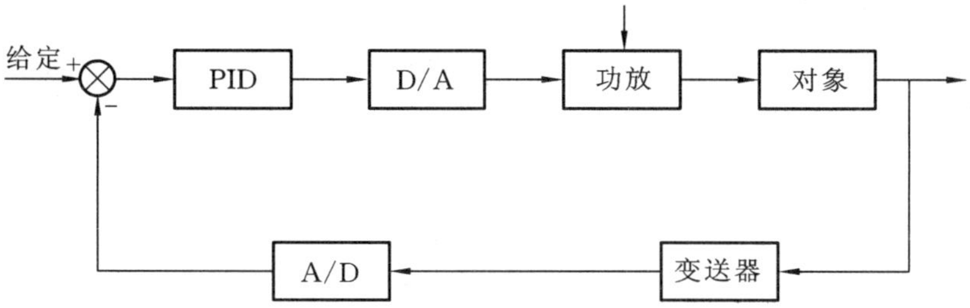

图 10.18　PID 控制示意图

1. 控制要求

温度控制原理：通过电压加热电热丝产生温度，温度再通过温度变送器变送为电压。根据加热电热丝时间的长短可产生不一样的热能，这就需用到脉冲。输入电压不同就能产生不一样的脉宽，输入电压越大，脉宽越宽，通电时间越长，热能越大，温度越高，输出电压就越高。

PID 闭环控制：通过 PLC＋A/D＋D/A 实现 PID 闭环控制。比例、积分、微分系数取得合适，系统就容易稳定，这些都可以通过 PLC 软件编程来实现。

2. 程序设计

如图 10.19、图 10.20 所示，梯形图模拟量模块以 EM235 或 EM231＋EM232 为例。

10.4.8　实例八：根据流程图设计梯形图程序

1. 使用启保停电路模式的编程方法

在梯形图中，为了实现前级步为活动步且转换条件成立时，才能进行步的转换，总是将代表前级步的中间继电器的常开接点与转换条件对应的接点串联，作为代表后续步的中间继电器得电的条件。当后续步被激活，应将前级步关断，所以用代表后续步的中间继电器常闭接点串在前级步的电路中。

如图 10.21 所示，对于输出电路的处理应注意：Q0.0 输出继电器在 M0.1、M0.2 步中都被接通，应将 M0.1 和 M0.2 的常开接点并联去驱动 Q0.0；Q0.1 输出继电器只在 M0.2 步为活动步时才接通，所以用 M0.2 的常开接点驱动 Q0.1。

使用启保停电路模式编制的梯形图程序如图 10.22 所示。

2. 使用置位、复位指令的编程方法

S7-200 系列 PLC 有置位和复位指令，且对同一个线圈置位和复位指令可分开编程，所以可以实现以转换条件为中心的编程。

当前步为活动步且转换条件成立时，用 S 将代表后续步的中间继电器置位(激活)，同时用 R 将本步复位(关断)。

图 10.21 所示的功能流程图中，用 M0.0 的常开接点和转换条件 I0.0 的常开接点串联作为 M0.1 置位的条件，同时作为 M0.0 复位的条件。这种编程方法很有规律，每一个转换都对应一个 S/R 的电路块，有多少个转换就有多少个电路块。用置位、复位指令编制的梯

形图程序如图 10.23 所示。

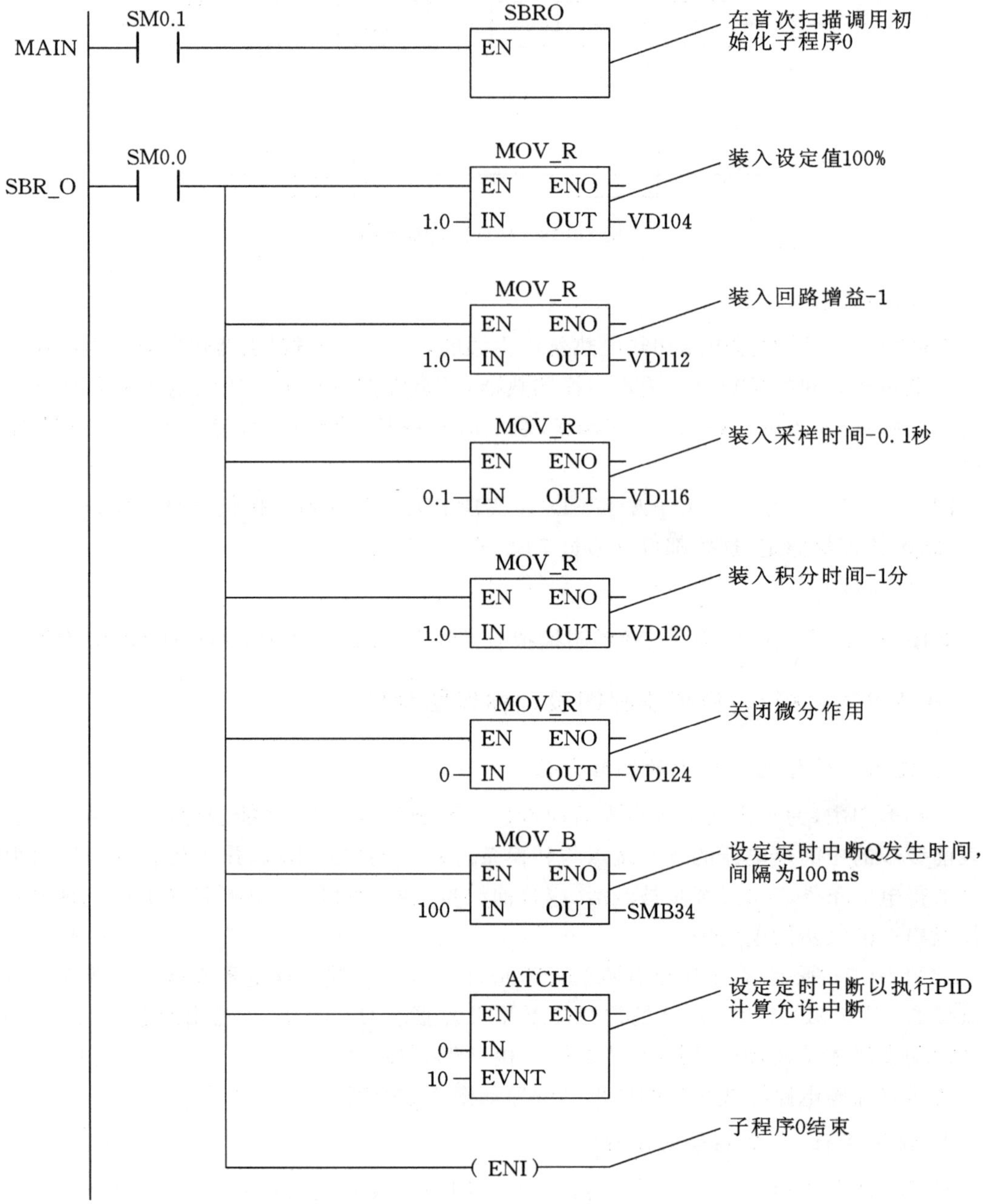

图 10.19　PID 控制梯形图

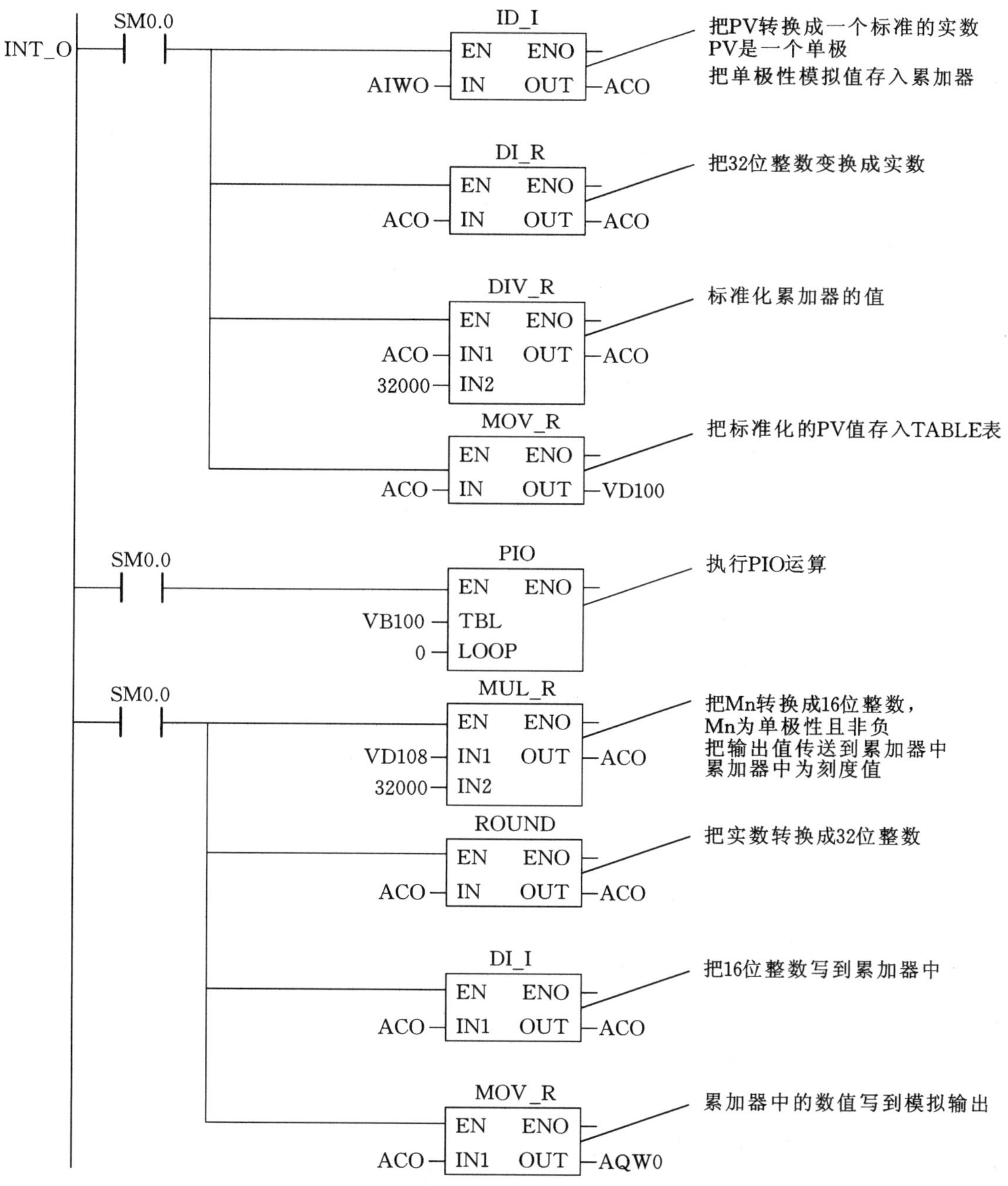

图 10.20　PID 控制梯形图(续)

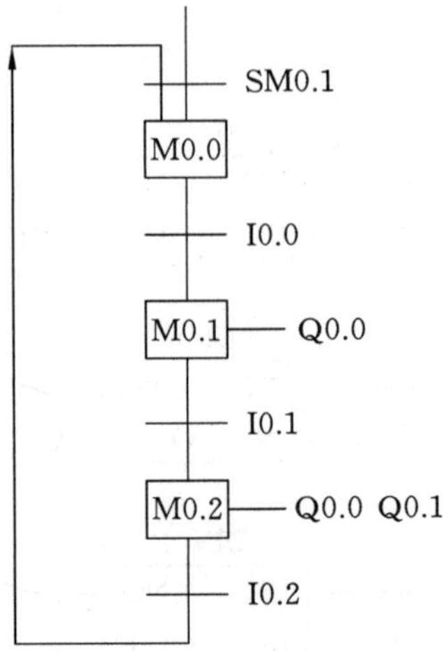

图 10.21 顺序功能流程图

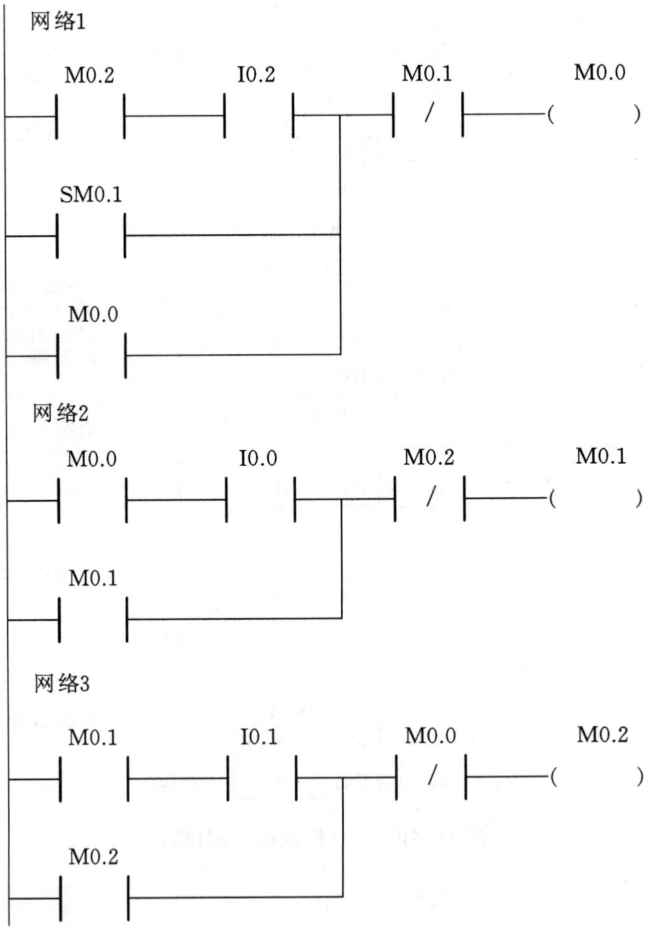

图 10.22 启保停电路模式梯形图

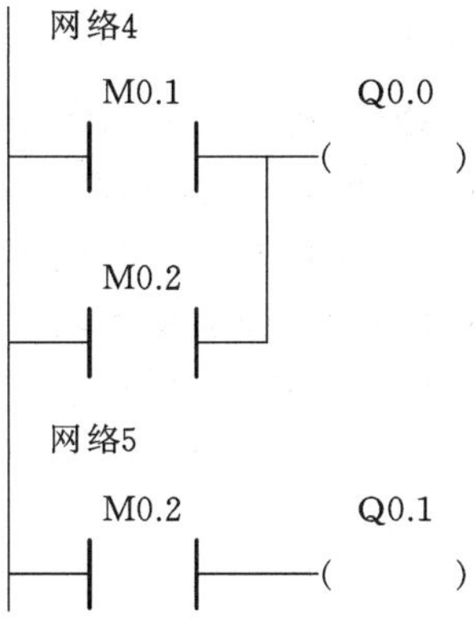

续图 10.22

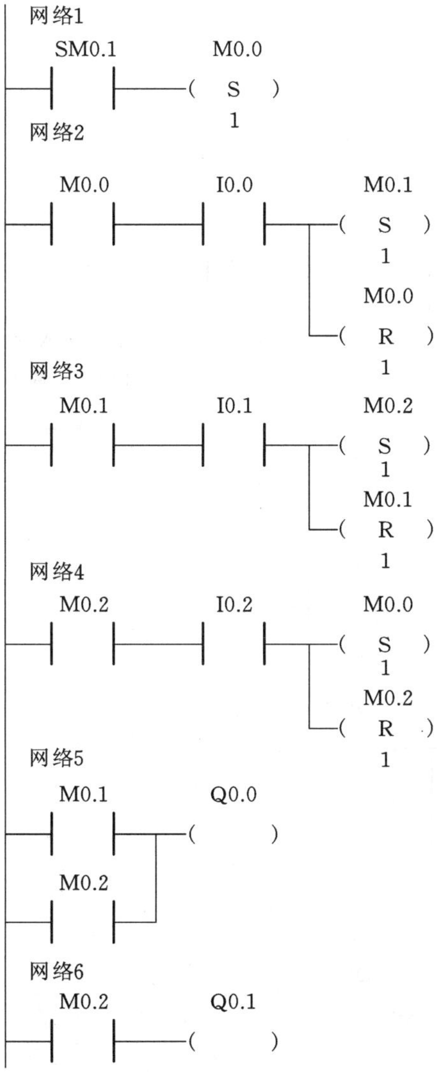

图 10.23　置位、复位指令编制的梯形图

3. 使用移位寄存器指令编程的方法

单流程的功能流程图各步总是顺序通断,并且同时只有一步接通,因此很容易采用移位寄存器指令实现这种控制。对于图 10.21 所示的功能流程图,可以指定一个两位的移位寄存器,用 M0.1、M0.2 代表有输出的两步。移位脉冲由代表步状态的中间继电器的常开接点和对应的转换条件组成的串联支路并联提供,数据输入端(DATA)的数据由初始步提供。对应的梯形图程序如图 10.24 所示。在梯形图中将对应步的中间继电器的常闭接点串联连接,可以禁止流程执行的过程中移位寄存器 DATA 端置“1”,以免产生误操作信号,从而保证了流程的顺利执行。

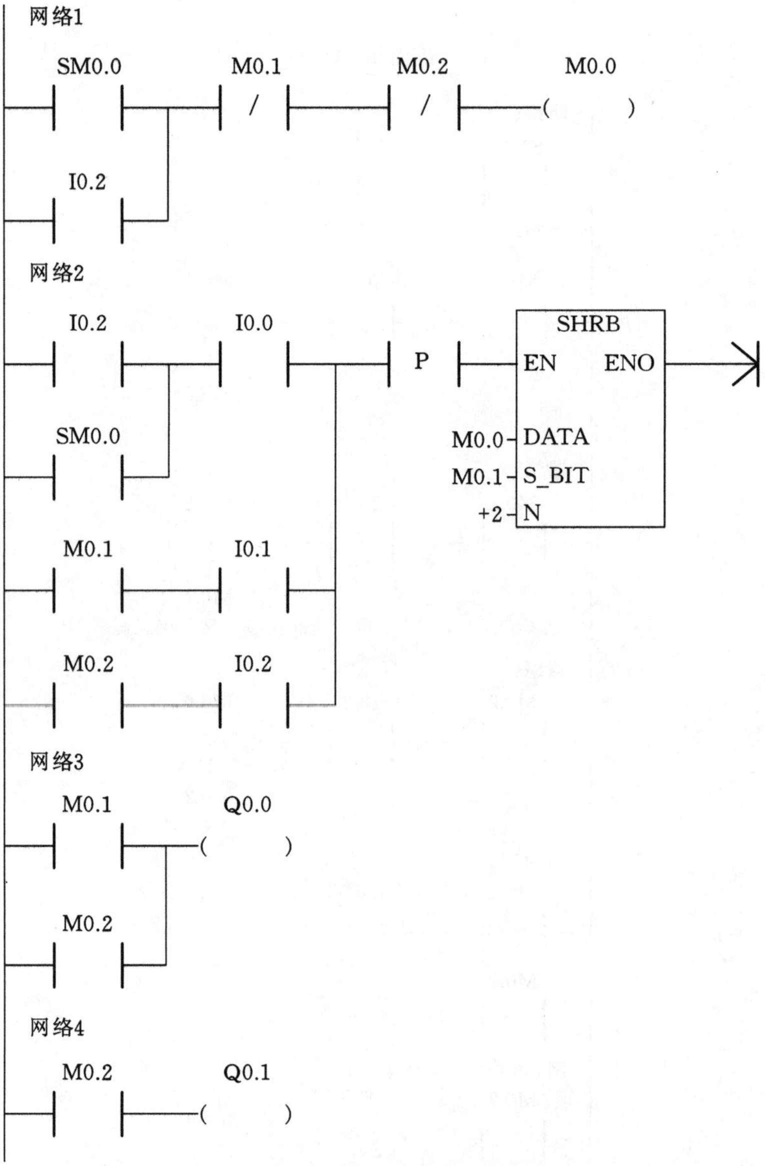

图 10.24 移位寄存器指令编制的梯形图

4. 使用顺序控制指令的编程方法

使用顺序控制指令编程，必须使用 S 状态元件代表各步，如图 10.25 所示。顺序控制指令对应的梯形图如图 10.26 所示。

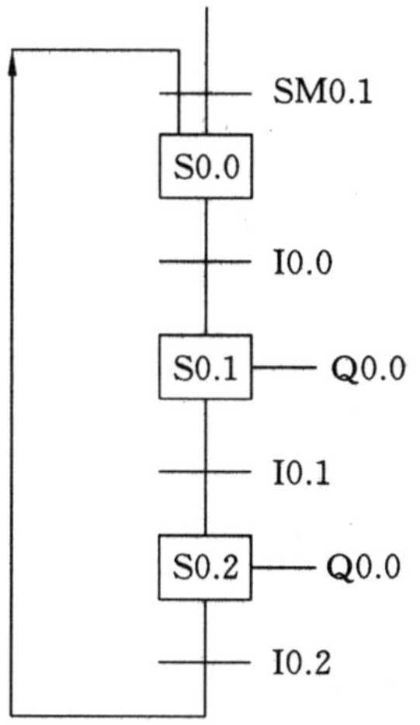

图 10.25　用 S 状态元件代表各步

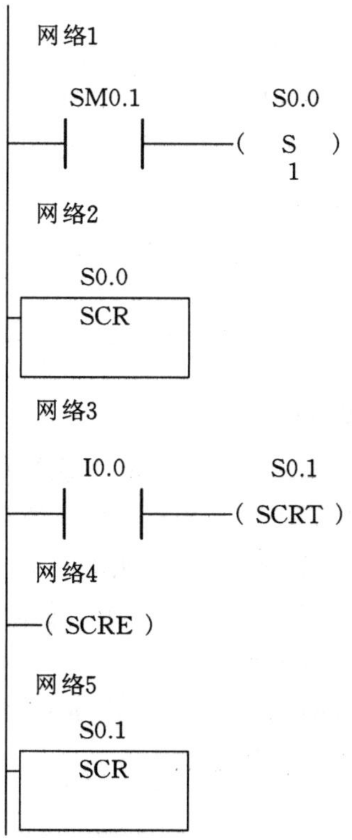

图 10.26　用顺序控制指令编程

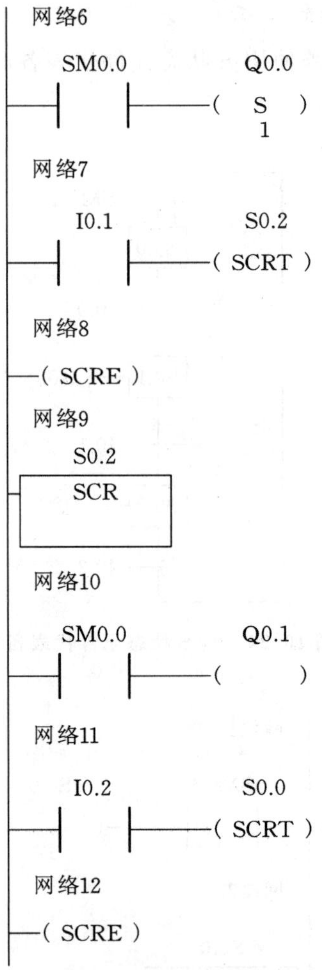

续图 10.26

5. 循环、跳转流程及编程方法

在实际生产的工艺流程中,若要求在某些条件下执行预定的动作,则可用跳转程序。若需要重复执行某一过程,则可用循环程序。如图 10.27 所示。

跳转流程:当步 2 为活动步时,若条件 f=1,则跳过步 3 和步 4,直接激活步 5。

循环流程:当步 5 为活动步时,若条件 e=1,则激活步 2,循环执行。

编程方法和选择流程类似,不再详细介绍。

需要注意的是:转换是有方向的,若转换的顺序是从上到下,即为正常顺序,可以省略箭头。若转换的顺序从下到上,箭头不能省略。

只有两步的闭环的处理:

在顺序功能图中只有两步组成的小闭环如图 10.28 所示,因为 M0.3 既是 M0.4 的前级步,又是它的后续步,所以对应的用启保停电路模式设计的梯形图程序如图 10.29 所示。从梯形图中可以看出,M0.4 线圈根本无法通电。解决的办法是在小闭环中增设一步,这一

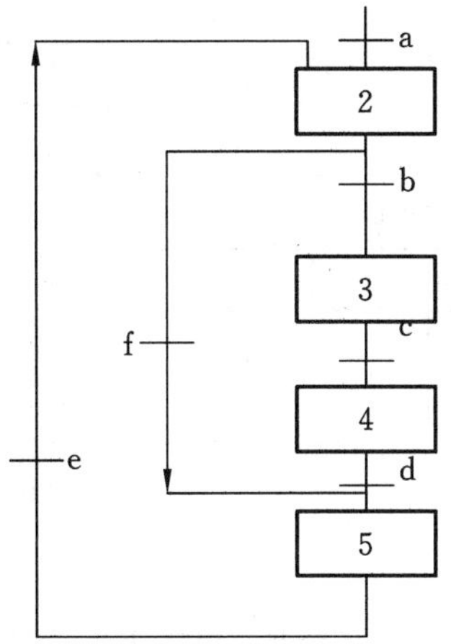

图 10.27　循环、跳转流程

步只起短延时(≤0.1 s)作用，由于延时取得很短，对系统的运行不会有什么影响，如图 10.30 所示。

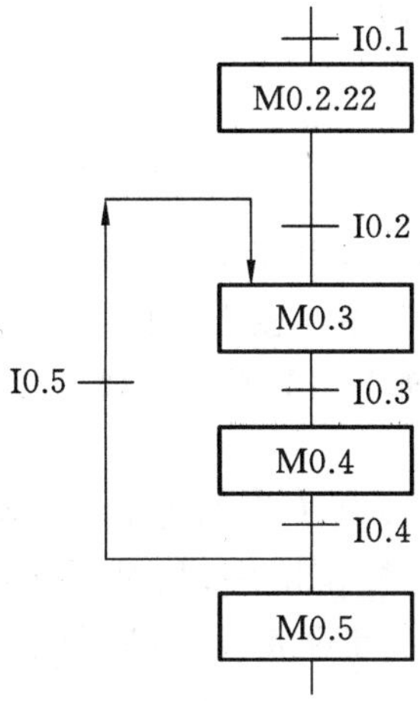

图 10.28　只有两步闭环处理流程图

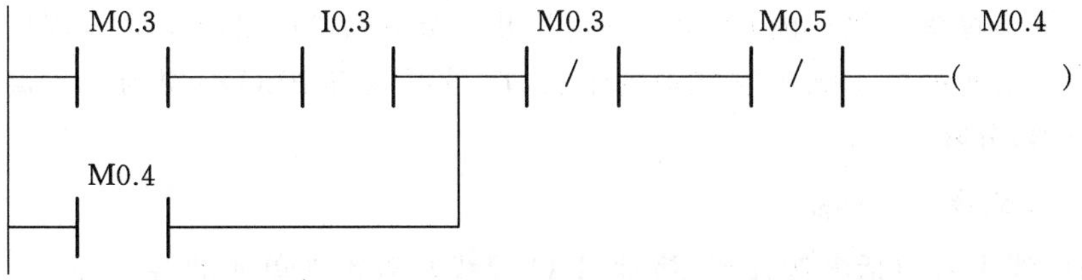

图 10.29　只有两步闭环处理梯形图

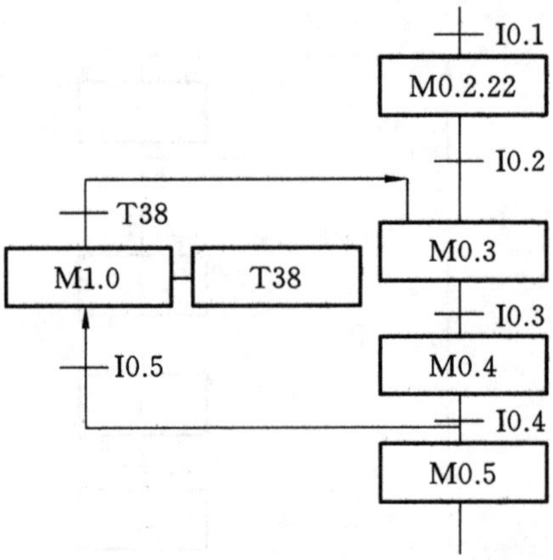

图 10.30　只有两步闭环处理改动流程图

10.5　PLC 的装配、检测和维护

10.5.1　PLC 的安装与配线

1. PLC 安装

(1) 安装方式

PLC 的安装方法有两种:底板安装和 DIN 导轨安装。底板安装是利用 PLC 机体外壳四个角上的安装孔,用螺钉将其固定在底板上。DIN 导轨安装是利用模块上的 DIN 夹子,把模块固定在一个标准的 DIN 导轨上。导轨安装既可以水平安装,也可以垂直安装。

(2) 安装环境

PLC 适用于工业现场,为了保证其工作的可靠性,延长 PLC 的使用寿命,安装时要注意周围环境条件:环境温度在 0～55℃范围内;相对湿度在 35%～85%范围内(无结霜),周围无易燃或腐蚀性气体、过量的灰尘和金属颗粒;避免过度的震动和冲击;避免太阳光的直射和水的溅射。

(3) 安装注意事项

除了环境因素,安装时还应注意:PLC 的所有单元都应在断电时安装、拆卸;切勿将导线头、金属屑等杂物落入机体内;模块周围应留出一定的空间,以便于机体周围的通风和散热。此外,为了防止高电子噪声对模块的干扰,应尽可能将 PLC 模块与产生高电子噪声的设备(如变频器)分隔开。

2. PLC 的配线

PLC 的配线主要包括电源接线、接地、I/O 接线及对扩展单元的接线等。

(1) 电源接线与接地

PLC 的工作电源有 120/230 V 单相交流电源和 24 V 直流电源。系统的大多数干扰往往通过电源进入 PLC。在干扰强或可靠性要求高的场合,动力部分、控制部分、PLC 自身电源及 I/O 回路的电源应分开配线，用带屏蔽层的隔离变压器给 PLC 供电。隔离变压器的一次侧最好接 380 V，这样可以避免接地电流的干扰。输入用的外接直流电源最好采用稳压电源，因为整流滤波电源有较大的波纹，容易引起误动作。

良好的接地是抑制噪声干扰和电压冲击保证 PLC 可靠工作的重要条件。PLC 系统接地的基本原则是单点接地，一般用独自的接地装置单独接地，接地线应尽量短，一般不超过 20 m，使接地点尽量靠近 PLC。

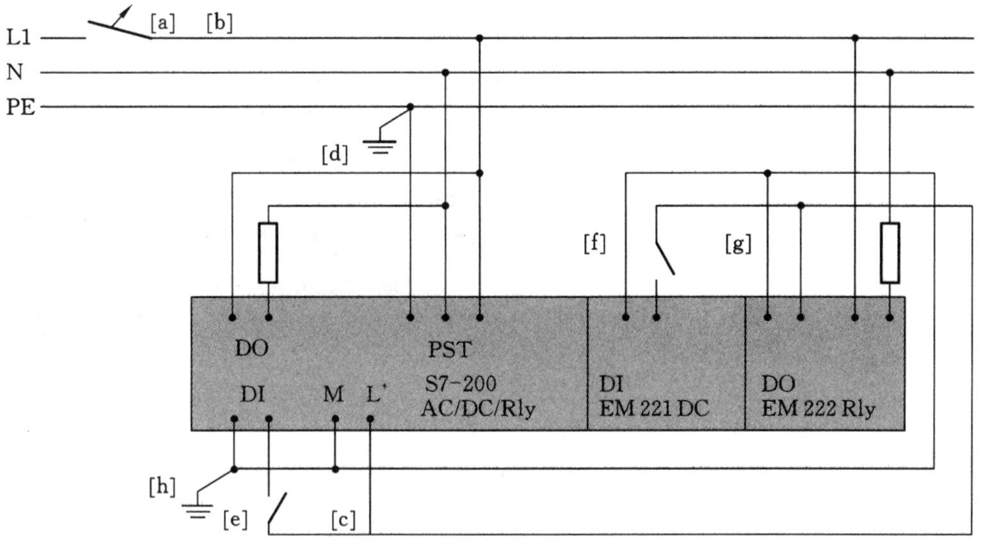

图 10.31　120/230 V 交流电源接线

交流电源接线安装如图 10.31 所示。说明如下：

① 用一个单极开关 a 将电源与 CPU 所有的输入电路和输出(负载)电路隔开。

② 用一台过流保护设备 b 以保护 CPU 的电源输出点以及输入点，也可以为每个输出点加上保险丝。

③ 当使用 Micro PLC 24 VDC 传感器电源 c 时，可以取消输入端的外部过流保护，因为该传感器电源具有短路保护功能。

④ 将 PLC 的所有地线端子同最近接地点 d 相连接以提高抗干扰能力。所有的接地端子都使用 14 AWG 或 1.5 mm^2 的电线连接到独立接地点上(也称一点接地)。

⑤ 本机单元的直流传感器电源可用来为本机单元的直流输入 e、扩展模块 f 以及输出扩展模块 g 供电。传感器电源具有短路保护功能。

⑥ 在安装中，把传感器的供电 M 端子接到地上 h 可以抑制噪声。

直流电源安装如图 10.32 所示。说明如下：

① 用一个单极开关 a，将电源同 CPU 所有的输入电路和输出(负载)电路隔开。

② 用过流保护设备 b、c、d，来保护 CPU 电源、输出点以及输入点，或在每个输出点加上保险丝进行过流保护。当使用 Micro 24 VDC 传感器电源时，不用输入点的外部过流保护，因为传感器电源内部具有限流功能。

③ 用外部电容 e 来保证在负载突变时得到一个稳定的直流电压。

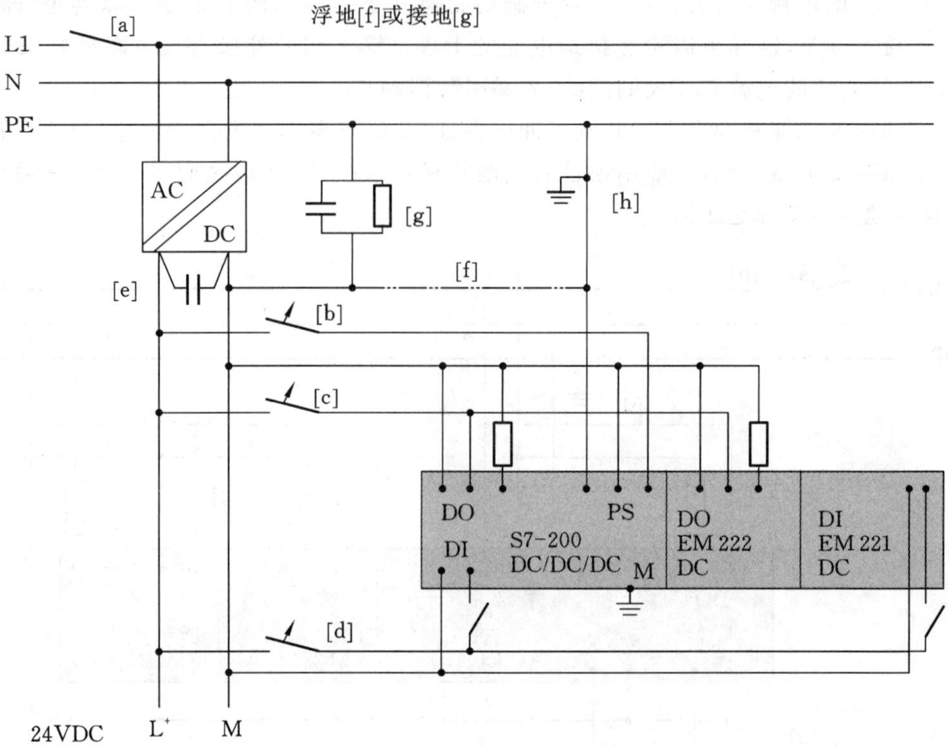

图 10.32 24 V **直流电源的安装**

④ 在应用中,把所有的 DC 电源接地或浮地 f(即把全机浮空,整个系统与大地的绝缘电阻不能小于 50 MΩ)可以抑制噪声。在未接地 DC 电源的公共端与保护线 PE 之间串联电阻与电容的并联回路 g,电阻提供静电释放通路,电容提供高频噪声通路。

⑤ 将 S7-200 所有的接地端子同最近接地点 h 连接,采用一点接地,以提高抗干扰能力。624 V 直流电源回路与设备之间以及 120/230 V 交流电源与危险环境之间,必须进行电气隔离。

(2) I/O 接线和对扩展单元的接线

可编程控制器的输入接线是指外部开关设备 PLC 的输入端口的连接线。输出接线是指将输出信号通过输出端子送到受控负载的外部接线。

I/O 接线时应注意:I/O 线与动力线、电源线应分开布线,并保持一定的距离,如需在一个线槽中布线时,须使用屏蔽电缆;I/O 线的距离一般不超过 300 m;交流线与直流线,输入线与输出线应分别使用不同的电缆;数字量和模拟量 I/O 应分开走线;传送模拟量 I/O 线应使用屏蔽线,且屏蔽层应一端接地。

PLC 的基本单元与各扩展单元的连接比较简单。接线时,先断开电源,将扁平电缆的一端插入对应的插口即可。PLC 的基本单元与各扩展单元之间电缆传送的信号小、频率高、易受干扰。因此 PLC 的基本单元与各扩展单元之间电缆不能与其他连线敷设在同一线槽内。

10.5.2　PLC 的自动检测功能及故障诊断

PLC 具有很完善的自诊断功能，如出现故障，借助自诊断程序可以方便地找到出现故障的部件，更换后就可以恢复正常工作。故障处理的方法可参看 PLC 系统手册的故障处理指南。实践证明，外部设备的故障率远高于 PLC，而当这些设备故障时，PLC 不会自动停机，使故障范围扩大。为了及时发现故障，可用梯形图程序实现故障的自诊断和自处理。

1. 超时检测

机械设备在各工步的所需的时间基本不变，因此可以用时间为参考。在可编程控制器发出信号，相应的外部执行机构开始动作时启动一个定时器开始定计时，定时器的设定值比正常情况下该动作的持续时间长 20%左右。如某执行机构在正常情况下运行 10 s 后，限位开关动作，发出动作结束的信号。在该执行机构开始动作时启动设定值为 12 s 的定时器定时，若 12 s 后还没有收到动作结束的信号，由定时器的常开触点发出故障信号，该信号停止正常的程序，启动报警和故障显示程序，使操作人员和维修人员能迅速判别故障的种类，及时采取排除故障的措施。

2. 逻辑错误检查

在系统正常运行时，PLC 的输入、输出信号和内部的信号相互之间存在着确定的关系，如出现异常的逻辑信号，则说明出了故障。因此可以编制一些常见故障的异常逻辑关系，一旦异常逻辑关系为 ON 状态，就应按故障处理。如机械运动过程中先后有两个限位开关动作，这两个信号不会同时接通。若它们同时接通，说明至少有一个限位开关被卡死，应停机进行处理。在梯形图中，用这两个限位开关对应的存储器的位的常开触点串联，来驱动一个表示限位开关故障的存储器的位就可以进行检测。

10.5.3　PLC 的维护与检修

虽然 PLC 的故障率很低，但要使 PLC 构成的控制系统可以长期稳定和可靠地工作，对它进行维护和检查是必不可少的。一般每半年应对 PLC 系统进行一次周期性检查，检修内容包括：

① 供电电源。查看 PLC 的供电电压是否在标准范围内。交流电源工作电压的范围为 85～264 V，直流电源电压应为 24 V。

② 环境条件。查看控制柜内的温度是否在 0～55℃范围内；相对湿度是否在 35%～85%范围内；有无粉尘、铁屑等积尘。

③ 安装条件。连接电缆的连接器是否完全插入旋紧；螺钉是否松动；各单元是否可靠固定、有无松动。

④ I/O 端电压。均应在工作要求的电压范围内。

10.5.4　PLC 应用中若干问题的处理

在实际应用中，经常会遇到 I/O 点数不够的问题，可以通过增加扩展单元或扩展模块的方法解决，也可以通过对输入信号和输出信号进行处理，减少实际所需 I/O 点数的方法解决。

1. 减少输入点数的方法

(1) 分时分组输入

一般系统中设有“自动”和“手动”两种工作方式，两种方式不会同时执行。将两种方式的输入分组，从而减少实际输入点。如图 10.33 所示，PLC 通过 I1.0 识别“手动”和“自动”，从而执行手动程序或自动程序。图中的二极管用来切断寄生电路，若图中没有二极管，转换开关在“自动”，S1、S2、S3 闭合，S4 断开，这时电流从 L＋端子流出，经 S3、S1、S2 形成的寄生回路电流流入 I0.1，使 I0.1 错误地变为 ON。各开关串入二极管后，则切断寄生回路。

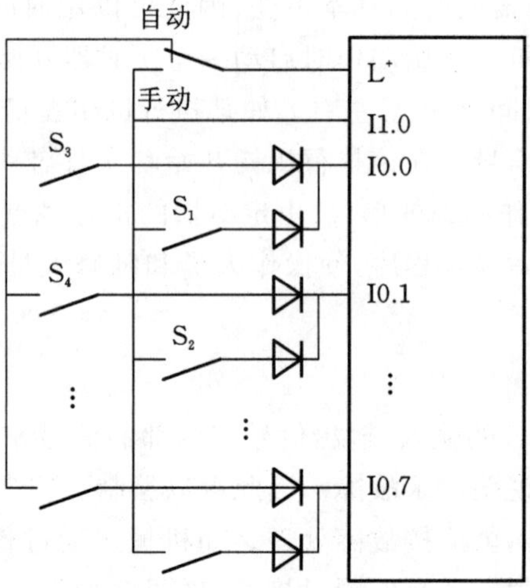

图 10.33 分时分组输入

(2) 硬件编码，PLC 内部软件译码

如图 10.34 所示。

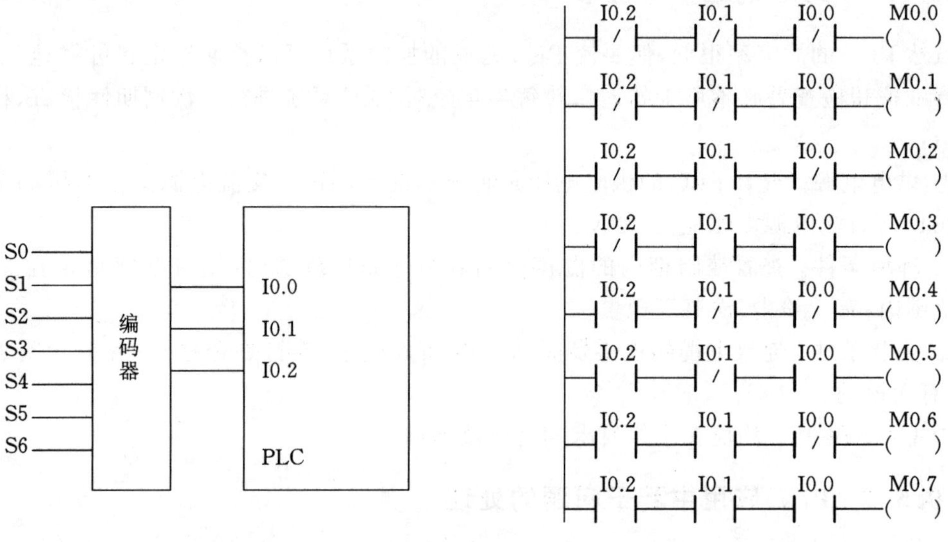

外部电路图　　　　内部译码梯形图

图 10.34 编码输入方式

（3）输入点合并

将功能相同的常闭触点串联或将常开触点并联，就只占用一个输入点。一般多点操作的启动停止按钮、保护、报警信号可采用这种方式。如图 10.35 所示。

（4）将系统中的某些输入信号设置在 PLC 之外

系统中某些功能单一的输入信号，如一些手动操作按钮、热继电器的常闭触点就没有必要作为 PLC 的输入信号，可直接将其设置在输出驱动回路当中。

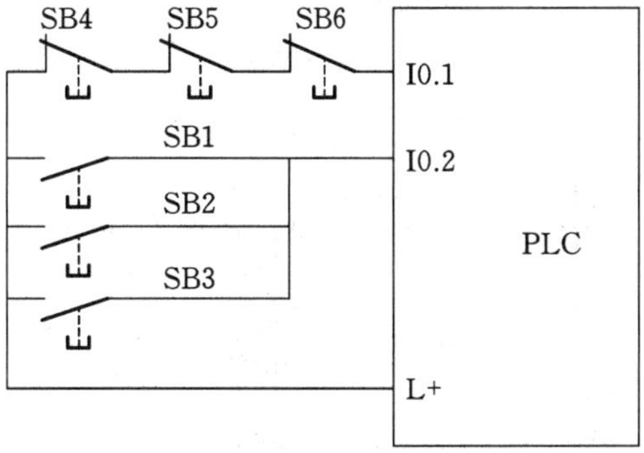

图 10.35　输入点合并

2. 减少输出点的方法

① 在可编程控制器输出功率允许的条件下，可将通断状态完全相同的负载并联共用一个输出点。

② 负载多功能化 。一个负载实现多种用途，如在 PLC 控制中，通过编程可以实现一个指示灯的平光和闪烁。这样一个指示灯可以表示两种不同的信息，节省了输出点。

习题 10

1. 简述可编程控制器系统设计的基本要求。
2. 简述可编程控制器系统设计的基本内容。
3. 简述可编程控制器系统设计的基本步骤。
4. 可编程控制器控制系统硬件设计的基本原则是什么？
5. 可编程控制器系统可靠性设计要注意些什么？
6. 简述可编程控制器软件系统设计的基本内容。
7. 如何选择合适的 PLC 类型？
8. 用 PLC 构成液体混合控制系统（图 10.36）。控制要求如下：按下启动按钮，电磁阀 Y1 闭合，开始注入液体 A，按 L2 表示液体到了 L2 的高度，停止注入液体 A。同时电磁阀 Y2 闭合，注入液体 B，按 L1 表示液体到了 L1 的高度，停止注入液体 B，开启搅拌机 M，搅拌 4 s，停止搅拌。同时 Y3 为 ON，开始放出液体至液体高度为 L3，再经 2 s 停止放出液体。同时液体 A 注入。开始循环。按停止按钮，所有操作都停止，须重新启动。要求列出 I/O 分配表，编写梯形图程序并上机调试程序。
9. 用 PLC 构成四节传送带控制系统（图 10.37）。控制要求如下：启动后，先启动最末的皮带机，1 s 后再依次启动其他的皮带机；停止时，先停止最初的皮带机，1 s 后再依次停止其他的皮带机；当某条皮带机发生故障时，该机及前面的应立即停止，以后的每隔 1 s 顺序停止；当某条皮带机有重物时，该皮带机前面的应立即停止，该皮带机运行 1 s 后停止，再 1 s 后接下去的一台停止，以此类推。要求列出 I/O 分配表，编写四节传送带故障设置控制梯形图程序和载重设置控制梯形图程序并上机调试程序。

10. PLC 对安装环境有何要求？PLC 的安装方法有几种？

11. I/O 接线时应注意哪些事项？PLC 如何接地？

12. PLC 减少输入、输出点数的方法有几种？

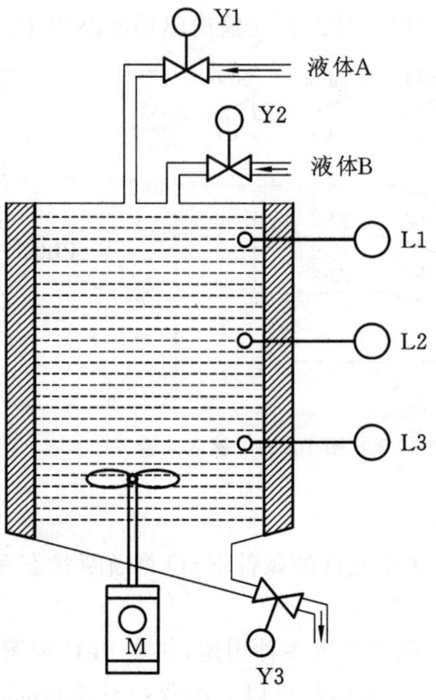

图 10.36　液体混合模拟控制系统

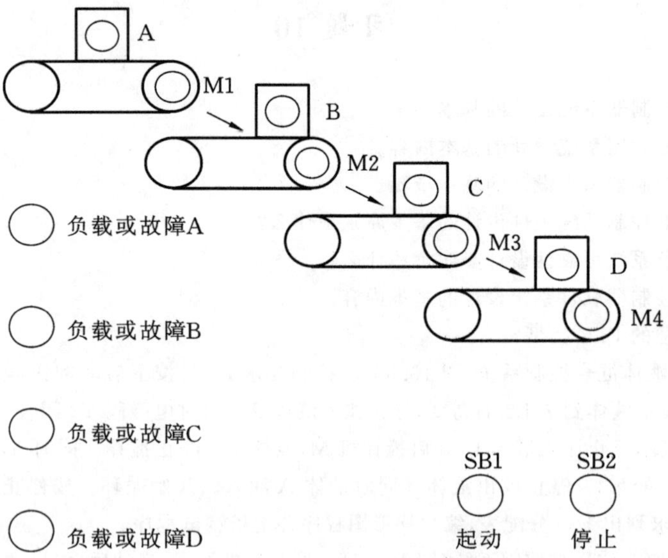

图 10.37　四节传送带控制示意图

参考文献

[1] 项万明,苏超,高峰. 机床电气控制与 PLC[M]. 北京:机械工业出版社,2020
[2] 李长久. PLC 原理及应用[M]. 第 2 版. 北京:机械工业出版社,2018
[3] 胡学林. 可编程控制器教程(基础篇)[M]. 第 2 版. 北京:电子工业出版社,2014
[4] 朱文杰. S7－200PLC 编程设计与案例分析[M]. 北京:机械工业出版社,2010
[5] 王振臣,李海滨. 机床电气控制技术[M]. 北京:机械工业出版社,2020
[6] 黄媛媛. 机床电气控制[M]. 北京:机械工业出版社,2019
[7] 常文平. 电气控制与 PLC 原理及应用[M]. 第 2 版. 西安:西安电子科技大学出版社,2014
[8] 王兰军,王炳实. 机床电气控制[M]. 第 5 版. 北京:机械工业出版社,2018
[9] 霍览宇,满莎. 机床电气控制与 PLC[M]. 北京:电子工业出版社,2018